책장을 넘기며 느껴지는
몰입의 기쁨

노력한 만큼 빛이 나는
내일의 반짝임

새로운 배움, 더 큰 즐거움

미래엔이 응원합니다!

올리드

중등 수학 3(상)

BOOK CONCEPT

개념 이해부터 내신 대비까지 완벽하게 끝내는 필수 개념서

BOOK GRADE

| 구성 비율 | 개념 | | | | 문제 |

| 개념 수준 | 간략 | | 알참 | | 상세 |

| 문제 수준 | 기본 | | 표준 | | 발전 |

WRITERS

미래엔콘텐츠연구회

No.1 Content를 개발하는 교육 전문 콘텐츠 연구회

천태선 인도네시아 자카르타한국국제학교 교사 | 서울대 수학교육과
강순모 동신중 교사 | 한양대 대학원 수학교육과
김보현 동성중 교사 | 이화여대 수학교육과
강해기 배재중 교사 | 서울대 수학교육과
신지영 개운중 교사 | 서울대 수학교육과
이경은 한울중 교사 | 서울대 수학교육과
이현구 정의여중 교사 | 서강대학교 대학원 수학교육과
정 란 옥정중 교사 | 부산대 수학교육과
정석규 세곡중 교사 | 충남대 수학교육과
주우진 서울사대부설고 교사 | 서울대 수학교육과
한혜정 창덕여중 교사 | 숙명여대 수학과
홍은지 원촌중 교사 | 서울대 수학교육과

COPYRIGHT

인쇄일 2023년 3월 2일(1판8쇄)
발행일 2019년 8월 1일

펴낸이 신광수
펴낸곳 ㈜미래엔
등록번호 제16-67호

교육개발1실장 하남규
개발책임 주석호
개발 이미래, 황규리, 장세라

디자인실장 손현지
디자인책임 김기욱
디자인 이진희, 이돈일

CS본부장 강윤구
CS지원책임 강승훈

ISBN 979-11-6413-907-1

자신감

보조바퀴가 달린 네발 자전거를 타다 보면
어느 순간 시시하고, 재미가 없음을 느끼게 됩니다.
그리고 주위에서 두발 자전거를 타는 모습을 보며
'언제까지 네발 자전거만 탈 수는 없어!'
라는 마음에 두발 자전거 타는 방법을 배우려고 합니다.

보조바퀴를 떼어낸 후
자전거도 뒤뚱뒤뚱, 몸도 뒤뚱뒤뚱.
결국에는 넘어지기도 수 십번.
넘어졌다고 포기하지 않고 다시 일어나서 자전거를 타다 보면
어느덧 혼자서도 씽씽 달릴 수가 있습니다.

올리드 수학을 만나면
개념과 문제뿐 아니라 오답까지 잡을 수 있습니다.
그래서 어느새 수학에 자신감이 생기게 됩니다.

자, 이제 올리드 수학으로 공부해 볼까요?

[첫째,

교과서 개념을 43개로 세분화
하고 알차게 정리하여 차근차근
공부할 수 있도록 하였습니다.]

[둘째,

개념 1쪽, 문제 1쪽의 2쪽 구성
으로 개념 학습 후 문제를 바로
풀면서 개념을 익힐 수 있습니다.]

[셋째,

개념교재편을 공부한 후, 익힘교
재편으로 **반복 학습**을 하여 **완
벽하게 마스터**할 수 있습니다.]

**개념
교재편**

1 개념 & 대표 문제 학습

2쪽 구성

개념 학습

개념 알아보기

각 단원에서 교과서 핵심 개념을 세분화하여 정리하
였습니다.

개념 자세히 보기

개념을 도식화, 도표화하여 보다 쉽게 개념을 이해
할 수 있습니다.

개념 확인하기

정의와 공식을 이용하여 푸는 문제로 개념을 바로
확인할 수 있습니다.

대표 문제

개념별로 1~3개의 주제로 분류하고, 주제별로 대표
적인 문제를 수록하였습니다.

TIP

문제를 해결하는 데 필요한 전략이나 어려운 개념에
대한 설명이 필요한 경우에 TIP을 제시하였습니다.

2 핵심 문제 학습

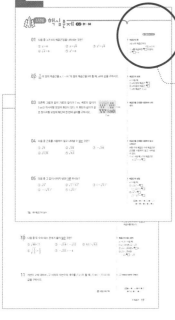

소단원 핵심 문제

각 소단원의 주요 핵심 문제만을
선별하여 수록하였습니다.

● **개념 REVIEW**

문제 풀이에 이용된 개념을 다시
한 번 짚어 볼 수 있습니다.

3 마무리 학습

중단원 마무리 문제

중단원에서 배운 내용을 종합적
으로 마무리할 수 있는 문제를
수록하였습니다.

🔆 창의·융합 문제

타 교과나 실생활과 관련된 문제
를 단계별 과정에 따라 풀어 봄
으로써 문제 해결력을 기를 수
있습니다.

교과서 속 서술형 문제

꼬리에 꼬리를 무는 구체적인 질
문으로 풀이를 서술하는 연습을
하고, 연습문제를 풀면서 서술형
에 대한 감각을 기를 수 있습니다.

개념 정리

빈칸을 채우면서 중단원별 핵심
개념을 다시 한 번 확인할 수 있
습니다.

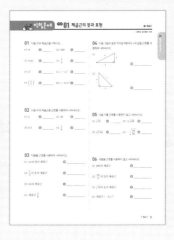

익힘 문제

개념별 기본 문제로 개념교재편
의 대표 문제를 반복 연습할 수
있습니다.

필수 문제

소단원별 필수 문제로 개념교재
편의 핵심 문제를 반복 연습할
수 있습니다.

차례 **Contents**

수학은 인간에게 전해 내려오는
그 어떤 것보다 더욱 강력한 지식의 도구이다.
- 르네 데카르트 -

01

제곱근과 실수

배운내용 Check

1 다음을 계산하시오.

(1) 4^2 (2) $(-5)^2$

2 다음 수 중에서 정수가 아닌 유리수를 모두 고르시오.

$$-1.5, \quad \frac{8}{2}, \quad 0, \quad -\frac{10}{3}, \quad 0.\dot{4}$$

정답 **1** (1) 16   (2) 25

2 $-1.5, -\frac{10}{3}, 0.\dot{4}$

제곱근의 뜻과 표현

개념 알아보기

1 제곱근의 뜻

(1) a의 제곱근: 어떤 수 x를 제곱하여 a가 될 때, 즉 $x^2=a$일 때, x를 a의 **제곱근**이라 한다.

(2) 제곱근의 개수

① 양수의 제곱근은 양수와 음수의 2개이며, 그 절댓값은 서로 같다.

└→ 수직선 위의 원점에서 수를 나타내는 점까지의 거리

② 0의 제곱근은 0의 1개이다. → 제곱하여 0이 되는 수는 0뿐이다.

③ 양수나 음수를 제곱하면 항상 양수가 되므로 음수의 제곱근은 없다.

└→ 제곱하여 음수가 되는 수는 없다.

예 $2^2=4$, $(-2)^2=4$ ➡ 4의 제곱근은 2와 -2의 2개이며, $|2|=|-2|$이다.

2 제곱근의 표현

(1) 양수 a의 제곱근 중에서 양수인 것을 양의 제곱근, 음수인 것을 음의 제곱근이라 하고, 기호 $\sqrt{}$ 를 사용하여 양의 제곱근은 $\sqrt{a}$, 음의 제곱근은 $-\sqrt{a}$로 나타낸다.

(2) 기호 $\sqrt{}$ 를 **근호**라 하며, 이것을 '제곱근' 또는 '루트'라 읽는다.

$\sqrt{a}$ ➡ 제곱근 a, 루트 a

(3) $\sqrt{a}$와 $-\sqrt{a}$를 한꺼번에 $\pm\sqrt{a}$로 나타내기도 한다.

➡ $x^2=a\,(a>0)$이면 $x=\pm\sqrt{a}$

예 2의 제곱근은 $\pm\sqrt{2}$이고, 제곱근 2는 $\sqrt{2}$이다.

참고 ① 0의 제곱근은 0이므로 $\sqrt{0}=0$이다.

② 제곱근을 나타낼 때, 근호 안의 수가 어떤 수의 제곱이면 근호를 사용하지 않고 나타낼 수 있다.

➡ 9의 제곱근: $\pm\sqrt{9}=\pm3$

개념 자세히 보기

'a의 제곱근'과 '제곱근 a'의 비교(단, $a>0$)

a의 제곱근	제곱하여 a가 되는 수	➡ $\sqrt{a}$, $-\sqrt{a}$ (2개)
제곱근 a	a의 제곱근 중 양의 제곱근	➡ $\sqrt{a}$ (1개)

» 익힘교재 2쪽

꿈: 바른답 · 알찬풀이 2쪽

개념 확인하기

1 다음 □ 안에 알맞은 수를 써넣으시오.

(1) 16의 제곱근

⇨ 제곱하여 □이 되는 수

⇨ $x^2=$ □을 만족하는 x의 값

⇨ □ , □

(2) 5의 제곱근

⇨ 제곱하여 □가 되는 수

⇨ $x^2=$ □를 만족하는 x의 값

⇨ □ , □

제곱근 구하기

01 제곱하여 다음 수가 되는 수를 모두 구하시오.

(1) 25   (2) $\dfrac{4}{9}$

(3) 0.36   (4) $(-7)^2$

02 다음 수의 제곱근을 구하시오.

(1) 64   (2) 121

(3) 0   (4) $\dfrac{16}{49}$

(5) 0.04   (6) 6^2

제곱근을 근호를 사용하여 나타내기

03 다음 수의 제곱근을 근호를 사용하여 나타내시오.

(1) 8   (2) 15

(3) $\dfrac{1}{3}$ (4) 0.1

04 다음을 근호를 사용하여 나타내시오.

(1) 7의 제곱근   (2) 13의 양의 제곱근

(3) $\dfrac{1}{2}$의 음의 제곱근   (4) 제곱근 0.8

05 오른쪽 그림과 같이 $\angle B = 90°$인 직각삼각형 ABC에 대하여 다음 물음에 답하시오.

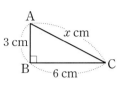

(1) 피타고라스 정리를 이용하여 x^2의 값을 구하시오.

(2) x의 값을 근호를 사용하여 나타내시오.

> **TIP** 제곱근을 이용하여 직각삼각형의 변의 길이 구하기
> 직각삼각형에서 피타고라스 정리에 의하여 $c^2 = a^2 + b^2$이고 $c > 0$이므로 $c = \sqrt{a^2 + b^2}$
>
>

제곱근을 근호를 사용하지 않고 나타내기

06 다음 수를 근호를 사용하지 않고 나타내시오.

(1) $\sqrt{4}$ (2) $-\sqrt{16}$

(3) $\pm\sqrt{36}$ (4) $\sqrt{\dfrac{9}{25}}$

(5) $-\sqrt{0.01}$ (6) $\sqrt{0.64}$

07 다음을 근호를 사용하지 않고 나타내시오.

(1) 100의 제곱근   (2) 81의 양의 제곱근

(3) $\dfrac{64}{9}$의 음의 제곱근   (4) 제곱근 0.49

➡ 익힘교재 3쪽

02 제곱근의 성질

개념 알아보기

1 제곱근의 성질

$a > 0$일 때,

(1) a의 제곱근을 제곱하면 a가 된다.

➡ $(\sqrt{a})^2 = a,\ (-\sqrt{a})^2 = a$ 예 $(\sqrt{2})^2 = 2,\ (-\sqrt{2})^2 = 2$

(2) 근호 안의 수가 어떤 수의 제곱이면 근호를 사용하지 않고 나타낼 수 있다.

➡ $\sqrt{a^2} = a,\ \sqrt{(-a)^2} = a$ 예 $\sqrt{2^2} = \sqrt{4} = 2,\ \sqrt{(-2)^2} = \sqrt{4} = 2$

$\quad\quad\quad\quad \longrightarrow \sqrt{(-a)^2} = \sqrt{(-a)\times(-a)} = \sqrt{a^2} = a$

2 $\sqrt{a^2}$의 성질

모든 수 a에 대하여

$$\sqrt{a^2} = |a| = \begin{cases} a \geq 0일\ 때,\ \sqrt{a^2} = a & \text{예}\ \sqrt{3^2} = 3 \\ a < 0일\ 때,\ \sqrt{a^2} = -a & \text{예}\ \sqrt{(-3)^2} = -(-3) = 3 \end{cases}$$

$\quad\quad\quad\quad\quad\quad\quad\quad \longrightarrow a$가 음수일 때에는 부호를 바꾸어 양수가 되도록 한다.

개념 자세히 보기 $\sqrt{a^2}$의 성질

$\sqrt{a^2}$은 a^2의 양의 제곱근이므로 절댓값의 계산과 마찬가지로 항상 음이 아닌 값을 가진다.

즉, $\sqrt{a^2}$은 $a \geq 0$이면 그대로 a가 되지만 $a < 0$이면 a 앞에 $-$를 붙여 결과가 양수가 되도록 해야 한다.

| a가 양수 ➡ $\sqrt{a^2} = a$
 부호 그대로 | ➡ | $\sqrt{(양수)^2} = (양수)$ |

| a가 음수 ➡ $\sqrt{a^2} = -a$
 부호 반대로 | ➡ | $\sqrt{(음수)^2} = -(음수) = (양수)$ |

≫ 익힘교재 2쪽

░ 바른답·알찬풀이 2쪽

개념 확인하기

1 다음 값을 구하시오.

(1) $(\sqrt{3})^2$ (2) $(-\sqrt{7})^2$ (3) $\sqrt{5^2}$ (4) $\sqrt{(-6)^2}$

2 다음 ☐ 안에 알맞은 것을 써넣으시오.

(1) $\sqrt{(2a)^2} = \begin{cases} a \geq 0일\ 때,\ \boxed{} \\ a < 0일\ 때,\ \boxed{} \end{cases}$

(2) $\sqrt{(a-1)^2} = \begin{cases} a \geq 1일\ 때,\ \boxed{} \\ a < 1일\ 때,\ \boxed{} \end{cases}$

제곱근의 성질

01 다음 값을 구하시오.

(1) $\left(\sqrt{\dfrac{1}{8}} \right)^2$ (2) $-\left(\sqrt{2.8} \right)^2$

(3) $-\left(-\sqrt{5} \right)^2$ (4) $-\sqrt{9^2}$

(5) $\sqrt{\left(-\dfrac{4}{7} \right)^2}$ (6) $-\sqrt{\left(-0.7 \right)^2}$

02 다음을 계산하시오.

(1) $(\sqrt{2})^2 + (-\sqrt{6})^2$ (2) $\sqrt{11^2} - \sqrt{(-5)^2}$

(3) $(-\sqrt{8})^2 - \sqrt{3^2}$ (4) $(\sqrt{7})^2 \times \sqrt{4}$

(5) $\sqrt{100} \times \sqrt{\left(-\dfrac{3}{2} \right)^2}$ (6) $\sqrt{24^2} \div (-\sqrt{64})$

> **TIP** 제곱근의 성질을 이용하여 주어진 수를 근호를 사용하지 않고 나타낸 후 계산한다.

03 다음을 계산하시오.

(1) $\sqrt{(-3)^2} + (-\sqrt{5})^2 - \sqrt{16}$

(2) $\sqrt{6^2} \times (-\sqrt{10})^2 \div \{-\sqrt{(-2)^2}\}$

(3) $(-\sqrt{7})^2 - \sqrt{\left(\dfrac{2}{9} \right)^2} \times (\sqrt{9})^2$

$\sqrt{a^2}$의 성질

04 $a<0$일 때, $\square$ 안에 부등호 $>$, $<$ 중 알맞은 것을 써넣고 주어진 식을 근호를 사용하지 않고 나타내시오.

(1) $\dfrac{2}{3}a \,\square\, 0$이므로 $\sqrt{\left(\dfrac{2}{3}a \right)^2} = $ _____

(2) $-3a \,\square\, 0$이므로 $\sqrt{(-3a)^2} = $ _____

05 다음 식을 간단히 하시오.

(1) $a>0$일 때, $\sqrt{a^2} - \sqrt{(-2a)^2}$

(2) $a<0$일 때, $\sqrt{(-4a)^2} - \sqrt{(2a)^2}$

$\sqrt{(a-b)^2}$의 성질

06 $a>3$일 때, $\square$ 안에 부등호 $>$, $<$ 중 알맞은 것을 써넣고 주어진 식을 근호를 사용하지 않고 나타내시오.

(1) $a-3 \,\square\, 0$이므로 $\sqrt{(a-3)^2} = $ _____

(2) $3-a \,\square\, 0$이므로 $\sqrt{(3-a)^2} = $ _____

07 다음 식을 간단히 하시오.

(1) $x<2$일 때, $\sqrt{(x-2)^2}$

(2) $a>0$, $b<0$일 때, $\sqrt{(a-b)^2}$

» 익힘교재 4쪽

03 근호 안의 수가 자연수의 제곱인 수

개념 알아보기 **1 근호 안의 수가 자연수의 제곱인 수**

(1) **제곱수**: 1, 4, 9, 16, …과 같이 어떤 자연수의 제곱인 수

(2) 근호($\sqrt{}$) 안의 수가 제곱수이면 근호를 사용하지 않고 자연수로 나타낼 수 있다.

➡ $\sqrt{(\text{제곱수})}=\sqrt{(\text{자연수})^2}=(\text{자연수})$

例 $\sqrt{49}=\sqrt{7^2}=7$, $\sqrt{64}=\sqrt{8^2}=8$

(3) **제곱수의 성질**: 제곱수를 소인수분해하면 소인수의 지수가 모두 짝수이다.

例 $36=2^2\times3^2$, $64=2^6$, $400=2^4\times5^2$

참고 다음 표와 같은 자연수의 제곱수를 기억하면 편리하다.

자연수	11	12	13	14	15	16	17	24	25
제곱수	121	144	169	196	225	256	289	576	625

개념 자세히 보기 **근호가 있는 수를 자연수로 만드는 방법**

$\sqrt{(수)\times x}$, $\sqrt{\dfrac{(수)}{x}}$의 꼴	$\sqrt{}=(\text{자연수})$가 되도록 하는 는 소인수분해하였을 때, 소인수의 지수가 모두 짝수이어야 한다.
$\sqrt{(수)+x}$, $\sqrt{(수)-x}$의 꼴	$\sqrt{}=(\text{자연수})$가 되도록 하는 는 $1^2, 2^2, 3^2, \cdots$과 같이 자연수의 제곱인 수이어야 한다.

➡ 익힘교재 2쪽

바른답 · 알찬풀이 3쪽

개념 확인하기 **1** 다음 ☐ 안에 알맞은 자연수를 써넣으시오.

(1) $\boxed{}^2=121$

(2) $\boxed{}^2=169$

(3) $\sqrt{225}=\boxed{}$

(4) $\sqrt{625}=\boxed{}$

2 다음 ☐ 안에 알맞은 자연수를 써넣으시오.

(1) $\sqrt{2^2\times5^2}=\sqrt{(2\times5)^2}=\sqrt{\boxed{}^2}=\boxed{}$

(2) $\sqrt{2^2\times3^4}=\sqrt{(2\times3^2)^2}=\sqrt{\boxed{}^2}=\boxed{}$

자연수 만들기: $\sqrt{(수) \times x}$, $\sqrt{\dfrac{(수)}{x}}$의 꼴

01 다음은 $\sqrt{12x}$가 자연수가 되도록 하는 가장 작은 자연수 x의 값을 구하는 과정이다. ☐ 안에 알맞은 수를 써넣으시오.

> 12를 소인수분해하면 $12 = 2^2 \times$ ☐
> $\sqrt{12x} = \sqrt{2^2 \times ☐ \times x}$가 자연수가 되려면 소인수의 지수가 모두 짝수가 되어야 하므로
> $x = ☐ \times (자연수)^2$의 꼴이어야 한다.
> 따라서 가장 작은 자연수 x는 ☐이다.

02 다음 수가 자연수가 되도록 하는 가장 작은 자연수 x의 값을 구하시오.

(1) $\sqrt{3 \times 5^2 \times x}$　　　　(2) $\sqrt{56x}$

03 $\sqrt{\dfrac{50}{x}}$이 자연수가 되도록 하는 가장 작은 자연수 x의 값을 구하려고 한다. 다음 물음에 답하시오.

(1) 50을 소인수분해하시오.

(2) 가장 작은 자연수 x의 값을 구하시오.

04 다음 수가 자연수가 되도록 하는 가장 작은 자연수 x의 값을 구하시오.

(1) $\sqrt{\dfrac{2^2 \times 7}{x}}$　　　　(2) $\sqrt{\dfrac{90}{x}}$

자연수 만들기: $\sqrt{(수) + x}$, $\sqrt{(수) - x}$의 꼴

05 다음은 $\sqrt{12 + x}$가 자연수가 되도록 하는 가장 작은 자연수 x의 값을 구하는 과정이다. ☐ 안에 알맞은 수를 써넣으시오.

> $\sqrt{12 + x}$가 자연수가 되기 위해서는 $12 + x$가 12보다 큰 제곱수이어야 한다.
>
> | $12 + x$가 제곱수 | 16 | 25 | 36 | ⋯ |
> |---|---|---|---|---|
> | x | ☐ | ☐ | ☐ | ⋯ |
>
> 따라서 가장 작은 자연수 x는 ☐이다.

06 $\sqrt{28 + x}$가 자연수가 되도록 하는 가장 작은 자연수 x의 값을 구하시오.

07 $\sqrt{24 - x}$가 자연수가 되도록 하는 자연수 x의 값을 모두 구하려고 한다. 다음 물음에 답하시오.

(1) 24보다 작은 제곱수를 모두 구하시오.

(2) 자연수 x의 값을 모두 구하시오.

> **TIP** $24 - x$는 24보다 작은 수이고 $\sqrt{A}$가 자연수가 되기 위해서는 A가 제곱수이어야 하므로 $24 - x$는 24보다 작은 제곱수이어야 한다.

≫ 익힘교재 5쪽

04 제곱근의 대소 관계

개념 알아보기 **1 제곱근의 대소 관계**

$a>0$, $b>0$일 때,

(1) $a<b$이면 $\sqrt{a}<\sqrt{b}$ 예 $2<3$이면 $\sqrt{2}<\sqrt{3}$

(2) $\sqrt{a}<\sqrt{b}$이면 $a<b$ 예 $\sqrt{2}<\sqrt{3}$이면 $2<3$

(3) $\sqrt{a}<\sqrt{b}$이면 $-\sqrt{a}>-\sqrt{b}$ 예 $\sqrt{2}<\sqrt{3}$이면 $-\sqrt{2}>-\sqrt{3}$

참고 근호가 있는 수와 근호가 없는 수의 대소 비교 방법

[방법 1] 근호가 없는 수를 근호가 있는 수로 바꾸어 비교한다.

예 $\sqrt{7}$, 3에서 $3=\sqrt{9}$이고 $\sqrt{7}<\sqrt{9}$이므로 $\sqrt{7}<3$

[방법 2] 각 수를 제곱하여 비교한다.

예 $\sqrt{7}$, 3에서 $(\sqrt{7})^2=7$, $3^2=9$이고 $7<9$이므로 $\sqrt{7}<3$

2 제곱근을 포함한 부등식

$a>0$, $b>0$일 때, $a<\sqrt{x}<b$를 만족하는 x의 값의 범위

➡ $a^2<(\sqrt{x})^2<b^2$ ∴ $a^2<x<b^2$

개념 자세히 보기   **정사각형의 넓이를 이용한 제곱근의 대소 관계**

오른쪽 그림과 같이 넓이가 a, b인 두 정사각형의 한 변의 길이는 각각 $\sqrt{a}$, $\sqrt{b}$
이다.

(1) 정사각형의 넓이가 넓을수록 그 한 변의 길이도 더 길다.

➡ $a<b$이면 $\sqrt{a}<\sqrt{b}$

(2) 정사각형의 한 변의 길이가 길수록 그 넓이도 더 넓다.

➡ $\sqrt{a}<\sqrt{b}$이면 $a<b$

예 오른쪽 그림에서 넓이가 3, 5인 두 정사각형의 한 변의 길이는 각각 $\sqrt{3}$, $\sqrt{5}$이다.

이때 두 정사각형의 넓이와 한 변의 길이를 각각 비교해 보면 다음과 같다.

(1) 넓이가 넓은 정사각형이 한 변의 길이도 더 길므로 $3<5$에서 $\sqrt{3}<\sqrt{5}$

(2) 한 변의 길이가 긴 정사각형이 넓이도 더 넓으므로 $\sqrt{3}<\sqrt{5}$에서 $3<5$

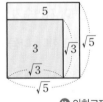

≫ 익힘교재 2쪽

☞ 바른답·알찬풀이 4쪽

개념 확인하기 **1** 다음 ☐ 안에 부등호 $>$, $<$ 중 알맞은 것을 써넣으시오.

(1) $\sqrt{5}$ ☐ $\sqrt{6}$

(2) $\sqrt{\dfrac{1}{4}}$ ☐ $\sqrt{\dfrac{1}{5}}$

(3) $\sqrt{0.5}$ ☐ $\sqrt{\dfrac{2}{3}}$

(4) $-\sqrt{7}$ ☐ $-\sqrt{3}$

(5) $-\sqrt{\dfrac{3}{4}}$ ☐ $-\sqrt{\dfrac{5}{6}}$

(6) $-\sqrt{\dfrac{3}{5}}$ ☐ $-\sqrt{0.2}$

바른답·알찬풀이 4쪽

제곱근의 대소 관계

01 다음 두 수의 대소를 비교하여 부등호로 나타내시오.

(1) $\sqrt{12}$, $\sqrt{21}$

(2) $-\sqrt{\dfrac{1}{6}}$, $-\sqrt{\dfrac{1}{7}}$

(3) 6, $\sqrt{35}$

(4) $-\sqrt{30}$, -5

(5) $\sqrt{0.5}$, 0.7

(6) $-\dfrac{3}{5}$, $-\sqrt{\dfrac{2}{5}}$

02 다음 두 수의 대소를 비교하여 부등호로 나타내시오.

(1) $\sqrt{(-6)^2}$, $\sqrt{4^2}$

(2) $-\sqrt{(-3)^2}$, $-\sqrt{8}$

03 다음 수를 작은 것부터 차례대로 나열하시오.

(1)

$$\sqrt{10}, \quad 3, \quad \sqrt{8}, \quad \sqrt{\dfrac{13}{2}}$$

(2)

$$-\sqrt{11}, \quad 4, \quad -\sqrt{6}, \quad 0, \quad \sqrt{15}$$

TIP (음수)$<0<$(양수)이므로 음수는 음수끼리, 양수는 양수끼리 대소를 비교한다.

제곱근을 포함한 부등식

04 다음 부등식을 만족하는 자연수 x의 개수를 구하시오.

(1) $\sqrt{x}<\sqrt{8}$

(2) $\sqrt{x}\leq3$

(3) $-\sqrt{x}\geq-\sqrt{6}$

(4) $-\sqrt{x}>-2$

05 다음 부등식을 만족하는 자연수 x의 개수를 구하시오.

(1) $1<\sqrt{x}<3$

(2) $4\leq\sqrt{x}<5$

(3) $-2\leq-\sqrt{x}\leq0$

(4) $\sqrt{7}<x<\sqrt{18}$

TIP 제곱근을 포함한 부등식을 만족하는 x의 값을 구할 때에는 다음을 이용한다. (단, $a>0$, $b>0$)
① $a<\sqrt{x}<b \Rightarrow a^2<x<b^2$
② $-a<-\sqrt{x}<-b \Rightarrow b<\sqrt{x}<a$
$\Rightarrow b^2<x<a^2$

06 다음은 부등식 $2<\sqrt{x+3}<3$을 만족하는 자연수 x의 값을 모두 구하는 과정이다. $\square$ 안에 알맞은 수를 써넣으시오.

$2<\sqrt{x+3}<3$의 각 변을 제곱하면
$2^2<(\sqrt{x+3})^2<\square^2$, $4<x+3<\square$
각 변에서 3을 빼면
$\square<x<\square$
따라서 자연수 x는 $\square$, $\square$, $\square$, $\square$이다.

익힘교재 6쪽

● 개념 REVIEW

01 다음 중 'x가 6의 제곱근'임을 나타내는 것은?

① $x=6$ ② $x=\sqrt{6}$ ③ $x^2=\sqrt{6}$

④ $\sqrt{x}=6$ ⑤ $x^2=6$

> **제곱근의 뜻**
> x는 a의 제곱근이다.
> (단, $a\geq 0$)
> ⇨ x를 제곱하면 **❶**□가 된다.
> ⇨ **❷**□$=a$

02 $\dfrac{9}{64}$의 양의 제곱근을 a, $(-8)^2$의 음의 제곱근을 b라 할 때, ab의 값을 구하시오.

> **제곱근의 표현**
> $a>0$일 때,
> ① a의 양의 제곱근: **❸**□
> ② a의 음의 제곱근: **❹**□
> ⇨ a의 제곱근: $\pm\sqrt{a}$

03 오른쪽 그림과 같이 가로의 길이가 7 m, 세로의 길이가 5 m인 직사각형 모양의 화단이 있다. 이 화단과 넓이가 같은 정사각형 모양의 화단의 한 변의 길이를 구하시오.

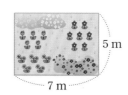
5 m
7 m

> **제곱근을 근호를 사용하여 나타내기**

04 다음 중 근호를 사용하지 않고 나타낼 수 <u>없는</u> 것은?

① $\sqrt{9}$ ② $\sqrt{24}$ ③ $-\sqrt{16}$

④ $\sqrt{1.21}$ ⑤ $\sqrt{0.\dot{1}}$

> **제곱근을 근호를 사용하지 않고 나타내기**
> 어떤 수의 제곱인 수의 제곱근은 근호를 사용하지 않고 나타낼 수 있다.
> ⇨ $a>0$일 때, a^2의 제곱근은
> $\pm\sqrt{a^2}=\pm$**❺**□

05 다음 중 그 값이 나머지 넷과 <u>다른</u> 하나는?

① $\sqrt{5^2}$ ② $\sqrt{(-5)^2}$ ③ $(-\sqrt{5})^2$

④ $-(\sqrt{5})^2$ ⑤ $(\sqrt{5})^2$

> **제곱근의 성질**
> $a>0$일 때,
> ① $(\sqrt{a})^2=$**❻**□,
> $(-\sqrt{a})^2=$**❼**□
> ② $\sqrt{a^2}=$**❽**□,
> $\sqrt{(-a)^2}=$**❾**□
>
> 답 **❶** a **❷** x^2 **❸** $\sqrt{a}$ **❹** $-\sqrt{a}$
> **❺** a **❻** a **❼** a **❽** a **❾** a

● 개념 REVIEW

 06 $\sqrt{4^2}-\sqrt{\dfrac{1}{9}}\times(-\sqrt{6}\,)^2\div\sqrt{(-2)^2}$을 계산하시오.

❯ 제곱근의 성질

07 $-3<x<2$일 때, $\sqrt{(3+x)^2}+\sqrt{(x-2)^2}$을 간단히 하시오.

❯ $\sqrt{a^2}$의 성질
모든 수 a에 대하여
$a\geq0$이면 $\sqrt{a^2}=$❶□
$a<0$이면 $\sqrt{a^2}=$❷□

08 $\sqrt{\dfrac{108}{x}}$이 자연수가 되도록 하는 가장 작은 자연수 x의 값을 구하시오.

❯ 자연수 만들기;
$\sqrt{(수)\times x}$, $\sqrt{\dfrac{(수)}{x}}$의 꼴
❶ 근호 안의 수를 소인수분해 한다.
❷ 소인수의 지수가 모두 ❸□수가 되도록 하는 x의 값을 구한다.

09 다음 중 $\sqrt{18+x}$가 자연수가 되도록 하는 자연수 x의 값이 <u>아닌</u> 것은?

① 7   ② 18   ③ 25
④ 31   ⑤ 46

❯ 자연수 만들기;
$\sqrt{(수)+x}$, $\sqrt{(수)-x}$의 꼴
(1) $\sqrt{(수)+x}$의 꼴
⇨ 근호 안의 수보다 ❹□ 제곱수를 찾는다.
(2) $\sqrt{(수)-x}$의 꼴
⇨ 근호 안의 수보다 ❺□□ 제곱수를 찾는다.

10 다음 중 두 수의 대소 관계가 옳지 <u>않은</u> 것은?

① $\sqrt{48}<7$ ② $-\sqrt{14}<-\sqrt{12}$ ③ $0.1>\sqrt{0.1}$
④ $\sqrt{\dfrac{1}{3}}>\dfrac{1}{2}$ ⑤ $-\sqrt{15}>-4$

❯ 제곱근의 대소 관계
$a>0$, $b>0$일 때
① $a<b$이면 $\sqrt{a}<\sqrt{b}$
② $\sqrt{a}<\sqrt{b}$이면 a❻□b
③ $\sqrt{a}<\sqrt{b}$이면
$-\sqrt{a}$❼□$-\sqrt{b}$

11 자연수 x에 대하여 $\sqrt{x}$ 이하의 자연수의 개수를 $f(x)$라 할 때, $f(30)-f(12)$의 값을 구하시오.

❯ $\sqrt{x}$ 이하의 자연수 구하기

≫ 익힘교재 7쪽

답 ❶ a ❷ $-a$ ❸ 짝 ❹ 큰
❺ 작은 ❻ $<$ ❼ $>$

무리수와 실수

 **1 무리수**

(1) **무리수**: 유리수가 아닌 수, 즉 순환소수가 아닌 무한소수로 나타내어지는 수

- 예 $\sqrt{2}=1.414213\cdots$, $\sqrt{3}=1.732050\cdots$, $\pi=3.141592\cdots$
- 주의 $\sqrt{4}=2$, $-\sqrt{9}=-3$과 같이 근호를 사용하였지만 근호를 없앨 수 있는 수는 유리수이다.

(2) **소수의 분류**

$$
소수 \begin{cases} 유한소수 \\ 무한소수 \begin{cases} 순환소수 \\ 순환소수가\ 아닌\ 무한소수 \end{cases} \end{cases}
$$

순환소수 ➡ 유리수
순환소수가 아닌 무한소수 ➡ 무리수

2 실수

(1) **실수**: 유리수와 무리수를 통틀어 **실수**라 한다.

(2) **실수의 분류**

$$
실수 \begin{cases} 유리수 \begin{cases} 정수 \begin{cases} 양의\ 정수(자연수): 1, 2, 3, \cdots \\ 0 \\ 음의\ 정수: -1, -2, -3, \cdots \end{cases} \\ 정수가\ 아닌\ 유리수: \dfrac{1}{2}, -\dfrac{3}{5}, 0.7, 0.1\dot{2}, \cdots \end{cases} \\ 무리수(순환소수가\ 아닌\ 무한소수): -\sqrt{2}, \sqrt{3}+1, \pi, \cdots \end{cases}
$$

정수가 아닌 유리수 아래: 유한소수, 순환소수
무리수 아래: 유리수가 아닌 실수

- 참고 앞으로 특별한 말이 없을 때에는 수라 하면 실수를 의미한다.

개념 자세히 보기 **유리수와 무리수의 비교**

유리수	$\dfrac{(정수)}{(0이\ 아닌\ 정수)}$의 꼴로 나타낼 수 있는 수	정수, 유한소수, 순환소수	근호를 없앨 수 있는 수
무리수	$\dfrac{(정수)}{(0이\ 아닌\ 정수)}$의 꼴로 나타낼 수 없는 수	순환소수가 아닌 무한소수	근호를 없앨 수 없는 수

❯❯ 익힘교재 2쪽

▷ 바른답·알찬풀이 5쪽

개념 확인하기 **1** 다음 수가 유리수이면 '유', 무리수이면 '무'를 써넣으시오.

(1) -2 (　　)   (2) $3.1\dot{4}$ (　　)   (3) $0.123456\cdots$ (　　)

(4) $\sqrt{7}$ (　　)   (5) $1+\sqrt{5}$ (　　)   (6) $-\sqrt{81}$ (　　)

유리수와 무리수 구분하기

01 아래 **보기**의 수 중에서 다음에 해당하는 수를 모두 고르시오.

┤보기├
$$\sqrt{0.9}, \quad -\sqrt{\dfrac{1}{16}}, \quad \sqrt{35}, \quad 0.\dot{3}, \quad \dfrac{\sqrt{3}}{2}$$

(1) 유리수

(2) 무리수

TIP 근호를 사용하여 나타낸 수 중에서 근호를 없앨 수 있는 것은 유리수이다.

[02~03] 소수를 분류하면 다음과 같다. 물음에 답하시오.

$$\text{소수}\begin{cases}\text{유한소수}\\ \boxed{\text{(개)}}\end{cases}\begin{cases}\text{순환소수}\\ \boxed{\text{(내)}}\end{cases}$$

02 (개), (내)에 알맞은 말을 각각 써넣으시오.

03 다음 **보기**의 수 중에서 (내)에 해당하는 수를 모두 고르시오.

┤보기├
ㄱ. $\sqrt{12}$ ㄴ. $\sqrt{\dfrac{3}{25}}$ ㄷ. $\sqrt{0.09}$
ㄹ. $\dfrac{5}{8}$ ㅁ. $-\sqrt{6}$ ㅂ. $\sqrt{144}$

무리수의 이해

04 다음 중 옳은 것은 ○표, 옳지 않은 것은 ×표를 하시오.

(1) 유한소수는 유리수이다. ( )

(2) 무한소수는 무리수이다. ( )

(3) 순환소수 중에는 유리수가 아닌 것도 있다. ( )

(4) 무리수는 모두 무한소수로 나타낼 수 있다. ( )

실수의 분류

[05~06] 실수를 분류하면 다음과 같다. 물음에 답하시오.

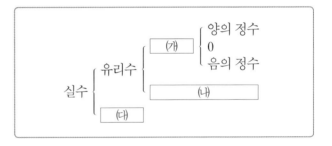

05 (개), (내), (대)에 알맞은 말을 각각 써넣으시오.

06 다음 **보기**의 수 중에서 (대)에 해당하는 수를 모두 고르시오.

┤보기├
ㄱ. $\sqrt{\dfrac{1}{64}}$ ㄴ. $-\sqrt{1.6}$ ㄷ. $\sqrt{15}$
ㄹ. $\sqrt{7^2-1}$ ㅁ. $\dfrac{\sqrt{10}}{2}$ ㅂ. $\sqrt{0.\dot{4}}$

➡ 익힘교재 8쪽

2 무리수와 실수 **19**

실수와 수직선

개념 알아보기

1 무리수 $\sqrt{2}$와 $-\sqrt{2}$를 수직선 위에 나타내기

한 변의 길이가 1인 정사각형의 대각선의 길이를 이용하여 두 무리수 $\sqrt{2}$, $-\sqrt{2}$를 수직선 위에 나타낼 수 있다.

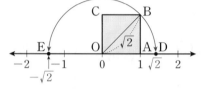

❶ 수직선 위에 원점을 한 꼭짓점으로 하고 한 변의 길 이가 1인 정사각형을 그려 대각선의 길이를 구한다.

➡ 정사각형 OABC에서 대각선 OB의 길이는 $\sqrt{1^2+1^2}=\sqrt{2}$ ┌△OAB는 ∠A=90°인 직각삼각형이므로 피타고라스 정리를 이용하여 빗변 OB의 길이를 구할 수 있다.

❷ 원점 O를 중심으로 하고 대각선 OB를 반지름으로 하는 원을 그릴 때, 원과 수직선이 만나는 두 점 D, E는 각각 무리수 $\sqrt{2}$, $-\sqrt{2}$를 나타낸다. ➡ D($\sqrt{2}$), E($-\sqrt{2}$)

2 실수와 수직선

(1) 수직선은 유리수와 무리수, 즉 실수를 나타내는 점들 전체로 완전히 메울 수 있다.

(2) 모든 실수는 수직선 위의 점으로 하나씩 나타낼 수 있고, 수직선 위의 모든 점은 실수를 하나씩 나타낸다.

(3) 서로 다른 두 실수 사이에는 무수히 많은 실수가 있다.

개념 자세히 보기

무리수를 수직선 위에 나타내기

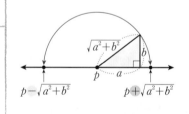

❶ 피타고라스 정리를 이용하여 직각삼각형의 빗변의 길이를 구한다.
➡ (빗변의 길이) $=\sqrt{a^2+b^2}$

❷ 기준점을 찾고 수직선 위의 점이 나타내는 수를 구한다.
➡ 좌표가 p인 기준점을 중심으로 하고 빗변을 반지름으로 하는 원을 그릴 때, 원과 수직선이 만나는 점이 나타내는 수는

기준점의 $\begin{cases} \text{오른쪽에 있으면 } p+\sqrt{a^2+b^2} \\ \text{왼쪽에 있으면 } \quad p-\sqrt{a^2+b^2} \end{cases}$

≫ 익힘교재 2쪽

⫸ 바른답·알찬풀이 6쪽

개념 확인하기

1 오른쪽 그림과 같이 수직선 위에 $\overline{AB}$를 한 변으로 하는 정사각형 ABCD가 있다. $\overline{AC}=\overline{AP}=\overline{AQ}$가 되도록 수직선 위에 두 점 P, Q 를 정할 때, 다음을 구하시오.

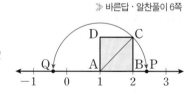

(1) $\overline{AC}$의 길이

(2) 점 P가 나타내는 수

(3) 점 Q가 나타내는 수

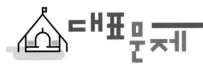

무리수를 수직선 위에 나타내기

01 다음 그림과 같이 수직선 위에 $\overline{AB}$를 한 변으로 하는 정사각형 ABCD가 있다. $\overline{AC}=\overline{AP}$가 되도록 수직선 위에 점 P를 정할 때, 점 P가 나타내는 수를 구하시오.

(1)
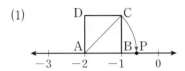

(2)
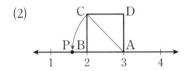

(3)
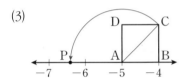

02 오른쪽 그림은 한 눈금의 길이가 1인 모눈종이 위에 수직선과 직각삼각형 ABC를 그린 것이다.
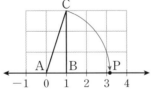
$\overline{AC}=\overline{AP}$가 되도록 수직선 위에 점 P를 정할 때, 다음을 구하시오.

(1) $\overline{AC}$의 길이

(2) 점 P가 나타내는 수

> **TIP** 직각삼각형 ABC에서 피타고라스 정리를 이용하여 $\overline{AC}$의 길이를 구한 후 $\overline{AC}=\overline{AP}$임을 이용하여 점 P가 나타내는 수를 구한다.

03 다음 그림은 한 눈금의 길이가 1인 모눈종이 위에 수직선을 그린 것이다. $\overline{AB}=\overline{AP}$가 되도록 수직선 위에 점 P를 정할 때, 점 P가 나타내는 수를 구하시오.

(1)
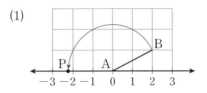

(2)
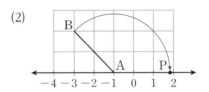

(3)
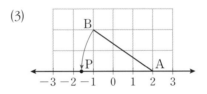

실수와 수직선

04 다음 중 옳은 것은 ○표, 옳지 않은 것은 ×표를 하시오.

(1) −1과 1 사이에는 1개의 유리수가 있다. (　　)

(2) $\sqrt{2}$와 $\sqrt{3}$ 사이에는 무수히 많은 무리수가 있다. (　　)

(3) 수직선 위의 한 점은 한 유리수를 나타낸다. (　　)

(4) 수직선은 유리수와 무리수를 나타내는 점들로 완전히 메울 수 있다. (　　)

▶ 익힘교재 9쪽

실수의 대소 관계

개념 알아보기 **1 실수의 대소 관계**

실수의 대소를 비교할 때에는 다음 세 가지 방법 중 하나를 이용한다.

(1) a, b가 실수일 때, $a-b$의 값의 부호를 이용한다.

① $a-b>0$이면 $a>b$ ② $a-b=0$이면 $a=b$ ③ $a-b<0$이면 $a<b$

참고 a, b가 실수일 때, $a-b>0$, $a-b=0$, $a-b<0$ 중에서 반드시 하나만 성립한다.

예 $2-\sqrt{3}$ ☐ 1 ➡ $(2-\sqrt{3})-1=1-\sqrt{3}<0$ ∴ $2-\sqrt{3}$ $<$ 1

(2) 부등식의 성질을 이용한다.

➡ $a<b$이면 $a+c<b+c$, $a-c<b-c$

예 $3-\sqrt{3}$ ☐ $2-\sqrt{3}$ $\xrightarrow[+\sqrt{3}]{양변에}$ $3>2$ ∴ $3-\sqrt{3}$ $>$ $2-\sqrt{3}$

(3) 제곱근의 어림한 값을 이용한다.

➡ 근호 안의 수와 가까운 제곱수를 찾아 제곱근의 어림한 값을 구하여 비교한다.

예 $\sqrt{3}$ ☐ $\sqrt{2}+1$ ➡ $\sqrt{3}=1.\times\times\times$, $\sqrt{2}+1=2.\times\times\times$ ∴ $\sqrt{3}$ $<$ $\sqrt{2}+1$
$\quad\quad\quad$ └ $\sqrt{1}<\sqrt{2}<\sqrt{4}$이므로 $\sqrt{2}=1.\times\times\times$
$\quad\quad\quad\quad$ ∴ $\sqrt{2}+1=2.\times\times\times$

개념 자세히 보기 **수직선과 실수의 대소 관계**

(1) 수직선에서 원점을 기준으로 오른쪽에 있는 수를 양의 실수(양수), 왼쪽에 있는 수를 음의 실수(음수)라 한다.

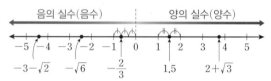

(2) 모든 실수는 수직선 위의 점으로 하나씩 나타낼 수 있으므로 실수의 대소 관계는 유리수의 대소 관계와 마찬가지로 다음이 성립한다.

① 양수는 0보다 크고, 음수는 0보다 작다. ➡ (음수) $<0<$ (양수)

② 양수끼리는 절댓값이 큰 수가 더 크고 음수끼리는 절댓값이 큰 수가 더 작다.

❯❯ 익힘교재 2쪽

※ 바른답·알찬풀이 6쪽

개념 확인하기 **1** 다음은 두 수의 차를 이용하여 주어진 두 수의 대소를 비교하는 과정이다. ☐ 안에는 알맞은 수를, ◯ 안에는 부등호 $>$, $<$ 중 알맞은 것을 써넣으시오.

(1) 2, $1+\sqrt{5}$

$2-(1+\sqrt{5})=$ ☐
그런데 1 ◯ $\sqrt{5}$이므로 $1-\sqrt{5}$ ◯ 0
∴ 2 ◯ $1+\sqrt{5}$

(2) $6-\sqrt{7}$, 3

$(6-\sqrt{7})-3=$ ☐
그런데 3 ◯ $\sqrt{7}$이므로 $3-\sqrt{7}$ ◯ 0
∴ $6-\sqrt{7}$ ◯ 3

두 실수의 대소 관계

01 다음 □ 안에 부등호 $>$, $<$ 중 알맞은 것을 써넣으시오.

(1) $\sqrt{12}-3$ □ 1

(2) 5 □ $\sqrt{15}+1$

(3) $1-\sqrt{11}$ □ -2

(4) 3 □ $-2+\sqrt{10}$

02 다음은 부등식의 성질을 이용하여 두 수 $-3+\sqrt{3}$과 $\sqrt{3}-4$의 대소를 비교하는 과정이다. □ 안에는 알맞은 수를, ○ 안에는 부등호 $>$, $<$ 중 알맞은 것을 써넣으시오.

두 수 -3, -4에 대하여 -3 ○ -4
양변에 □ 을 더하면
$-3+$ □ ○ $-4+$ □
$\therefore -3+\sqrt{3}$ ○ $\sqrt{3}-4$

TIP 부등식의 양변에 같은 수를 더하거나 양변에서 같은 수를 빼도 부등호의 방향은 바뀌지 않는다.
⇨ $a<b$이면 $a+c<b+c$, $a-c<b-c$

03 다음 □ 안에 부등호 $>$, $<$ 중 알맞은 것을 써넣으시오.

(1) $1+\sqrt{13}$ □ $\sqrt{13}-1$

(2) $\sqrt{5}-2$ □ $\sqrt{7}-2$

(3) $\sqrt{6}-3$ □ $-5+\sqrt{6}$

04 다음은 부등식의 성질을 이용하여 두 수 $4+\sqrt{11}$과 $\sqrt{11}+\sqrt{15}$의 대소를 비교하는 과정이다. □ 안에는 알맞은 수를, ○ 안에는 부등호 $>$, $<$ 중 알맞은 것을 써넣으시오.

두 수 4, $\sqrt{15}$에 대하여 $4=\sqrt{16}$이고
$\sqrt{16}$ ○ $\sqrt{15}$이므로 4 ○ $\sqrt{15}$
양변에 □ 을 더하면
$4+\sqrt{11}$ ○ $\sqrt{15}+\sqrt{11}$
$\therefore 4+\sqrt{11}$ ○ $\sqrt{11}+\sqrt{15}$

05 다음 □ 안에 부등호 $>$, $<$ 중 알맞은 것을 써넣으시오.

(1) $\sqrt{7}+2$ □ $\sqrt{7}+\sqrt{2}$

(2) $\sqrt{8}-\sqrt{5}$ □ $3-\sqrt{5}$

(3) $-2+\sqrt{6}$ □ $\sqrt{6}-\sqrt{3}$

06 다음은 제곱근의 어림한 값을 이용하여 두 수 3과 $\sqrt{6}+1$의 대소를 비교하는 과정이다. □ 안에는 알맞은 수를, ○ 안에는 부등호 $>$, $<$ 중 알맞은 것을 써넣으시오.

$\sqrt{4}<\sqrt{6}<\sqrt{9}$, 즉 $2<\sqrt{6}<3$에서
$\sqrt{6}=$ □.×××이므로 $\sqrt{6}+1=$ □.×××
$\therefore 3$ ○ $\sqrt{6}+1$

세 실수의 대소 관계

07 다음 세 수 a, b, c에 대하여 ◯ 안에 부등호 $>$, $<$ 중 알맞은 것을 써넣고, 물음에 답하시오.

$$a=\sqrt{5}+3, \qquad b=5, \qquad c=3+\sqrt{6}$$

(1) $a-b=(\sqrt{5}+3)-5=\sqrt{5}-2 \bigcirc 0$

$\Rightarrow a \bigcirc b$

(2) $a-c=(\sqrt{5}+3)-(3+\sqrt{6})=\sqrt{5}-\sqrt{6} \bigcirc 0$

$\Rightarrow a \bigcirc c$

(3) 세 수 a, b, c의 대소 관계를 부등호를 사용하여 나타내시오.

> **TIP** 두 수의 차의 부호를 각각 구하여 세 수의 대소 관계를 구한다.
> $\Rightarrow$ 세 수 a, b, c에 대하여 $a<b$, $b<c$이면 $a<b<c$

08 다음 세 수 a, b, c의 대소 관계를 부등호를 사용하여 나타내시오.

(1) $a=\sqrt{3}+2$, $b=\sqrt{5}+2$, $c=3$

(2) $a=\sqrt{11}-1$, $b=2$, $c=-2+\sqrt{11}$

(3) $a=3-\sqrt{17}$, $b=3-\sqrt{15}$, $c=-1$

09 다음 수를 큰 것부터 차례대로 나열할 때, 세 번째에 오는 수를 구하시오.

$$3, \quad -\sqrt{2}+1, \quad 0, \quad \sqrt{8}, \quad \sqrt{3}+2$$

두 실수 사이의 수

10 아래 **보기**의 수 중에서 다음에 주어진 두 수 사이에 있는 수를 모두 구하시오.

┤보기├

$$\sqrt{3}, \quad \sqrt{5}, \quad \sqrt{7.1}, \quad \sqrt{\frac{17}{2}}, \quad \sqrt{16.2}$$

(1) 2, 4

(2) 3, 5

> **TIP** $\sqrt{c}\,(c>0)$가 두 자연수 a, b 사이의 수인지 알아보려면 $a=\sqrt{a^2}$, $b=\sqrt{b^2}$임을 이용하여 $\sqrt{a^2}<\sqrt{c}<\sqrt{b^2}$인지 확인한다.

11 다음은 두 수 $\sqrt{7}$과 $1+\sqrt{20}$ 사이에 있는 정수를 모두 구하는 과정이다. ☐ 안에 알맞은 수를 써넣으시오.

$\sqrt{4}<\sqrt{7}<\sqrt{9}$이므로 ☐$<\sqrt{7}<$☐

$\sqrt{16}<\sqrt{20}<\sqrt{25}$, 즉 ☐$<\sqrt{20}<$☐이므로

☐$<1+\sqrt{20}<$☐

따라서 $\sqrt{7}$과 $1+\sqrt{20}$ 사이에 있는 정수는

☐, ☐, ☐이다.

≫ 익힘교재 10쪽

08 제곱근의 값

개념

 1 제곱근표

(1) **제곱근표**: 1.00에서 99.9까지의 수에 대한 양의 제곱근의 값을 반올림하여 소수점 아래 셋째 자리까지 나타낸 표

(2) **제곱근표 읽는 방법**: 처음 두 자리 수의 가로줄과 끝자리 수의 세로줄이 만나는 곳에 있는 수를 읽는다.

수	0	1	2	⋯
⋮	⋮	⋮	⋮	⋮
1.9	1.378	1.382	1.386	⋯
2.0	1.414	1.418	1.421	⋯
2.1	1.449	1.453	1.456	⋯
⋮	⋮	⋮	⋮	⋮

예 오른쪽 제곱근표에서 $\sqrt{2.01}$의 값은 2.0의 가로줄과 1의 세로줄이 만나는 곳에 있는 수인 1.418이다.

즉, $\sqrt{2.01}=1.418$ ← ⌐ 제곱근표에 있는 값은 대부분 제곱근의 값을 어림한 값이지만 등호를 사용하여 나타내기로 한다.

2 무리수의 정수 부분과 소수 부분

(1) 무리수는 순환소수가 아닌 무한소수로 나타내어지는 수이므로 정수 부분과 소수 부분으로 나눌 수 있다. $0<($소수 부분$)<1$

(2) 무리수의 소수 부분은 무리수에서 정수 부분을 뺀 것과 같다.

➡ (무리수)=(정수 부분)+(소수 부분)

∴ (소수 부분)=(무리수)−(정수 부분)

예 $\sqrt{2}=1.414\cdots=1+0.414\cdots=1+(\sqrt{2}-1)$

정수 부분 ┘ └→ (소수 부분)=(무리수)−(정수 부분)

개념 자세히 보기 | **무리수의 정수 부분과 소수 부분**

$a>0$일 때, 제곱근의 대소 관계를 이용하여 $\sqrt{a}$와 가장 가까운 정수 2개를 찾아 $\sqrt{a}$의 정수 부분을 찾은 후 $\sqrt{a}$의 소수 부분을 찾는다. (단, n은 정수)

➡ $n<\sqrt{a}<n+1$ ➡ $\begin{cases}(\sqrt{a}$의 정수 부분$)=n\\(\sqrt{a}$의 소수 부분$)=\sqrt{a}-n\end{cases}$

예 무리수 $\sqrt{5}$에서 $2^2=4$, $3^2=9$이므로 $\sqrt{4}<\sqrt{5}<\sqrt{9}$ ∴ $2<\sqrt{5}<3$

➡ $\sqrt{5}$의 정수 부분은 2, 소수 부분은 $\sqrt{5}-2$이다.

≫ 익힘교재 2쪽

▦ 바른답·알찬풀이 8쪽

 1 다음 수의 정수 부분과 소수 부분을 각각 구하시오.

[정수 부분]   [소수 부분]

(1) $\sqrt{12}$ ⇨ _____ ⇨ _____

(2) $\sqrt{30}$ ⇨ _____ ⇨ _____

(3) $\sqrt{75}$ ⇨ _____ ⇨ _____

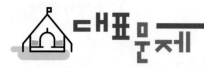

》》바른답·알찬풀이 8쪽

제곱근표

[01~02] 아래 제곱근표를 이용하여 다음 제곱근의 값을 구하시오.

01

수	0	1	2	3	4
1.2	1.095	1.100	1.105	1.109	1.114
1.3	1.140	1.145	1.149	1.153	1.158
1.4	1.183	1.187	1.192	1.196	1.200
1.5	1.225	1.229	1.233	1.237	1.241

(1) $\sqrt{1.2}$ (2) $\sqrt{1.31}$

(3) $\sqrt{1.42}$ (4) $\sqrt{1.54}$

02

수	2	3	4	5	6
22	4.712	4.722	4.733	4.743	4.754
23	4.817	4.827	4.837	4.848	4.858
24	4.919	4.930	4.940	4.950	4.960

(1) $\sqrt{22.5}$ (2) $\sqrt{24.2}$

03 $\sqrt{x}$의 값이 다음과 같을 때, 아래 제곱근표를 이용하여 x의 값을 구하시오.

수	0	1	2	3	4
9.5	3.082	3.084	3.085	3.087	3.089
9.6	3.098	3.100	3.102	3.103	3.105
9.7	3.114	3.116	3.118	3.119	3.121
9.8	3.130	3.132	3.134	3.135	3.137

(1) $\sqrt{x}=3.085$ (2) $\sqrt{x}=3.1$

(3) $\sqrt{x}=3.121$ (4) $\sqrt{x}=3.135$

무리수의 정수 부분과 소수 부분

04 다음은 $2+\sqrt{2}$의 정수 부분과 소수 부분을 구하는 과정이다. ☐ 안에 알맞은 수를 써넣으시오.

> ☐$<\sqrt{2}<2$이므로 각 변에 2를 더하면
> ☐$<2+\sqrt{2}<4$
> 따라서 $2+\sqrt{2}$의 정수 부분은 ☐이고,
> 소수 부분은 $(2+\sqrt{2})-$☐$=$☐이다.

05 다음은 $3-\sqrt{3}$의 정수 부분과 소수 부분을 구하는 과정이다. ☐ 안에 알맞은 수를 써넣으시오.

> $1<\sqrt{3}<2$이므로 ☐$<-\sqrt{3}<$☐
> 각 변에 3을 더하면
> ☐$<3-\sqrt{3}<$☐
> 따라서 $3-\sqrt{3}$의 정수 부분은 ☐이고,
> 소수 부분은 $(3-\sqrt{3})-$☐$=$☐이다.

06 다음 수의 정수 부분과 소수 부분을 각각 구하시오.

(1) $1+\sqrt{6}$

(2) $4-\sqrt{5}$

> **TIP** 무리수의 소수 부분은 그 수에서 정수 부분을 뺀 것과 같다.
> ⇨ 무리수 $\sqrt{a}$의 정수 부분을 n이라 하면 $\sqrt{a}$의 소수 부분은 $\sqrt{a}-n$이다.

》 익힘교재 11쪽

● 개념 REVIEW

01 다음 수 중에서 순환소수가 아닌 무한소수는 모두 몇 개인지 구하시오.

$$3.1415, \quad -\sqrt{0.9}, \quad \sqrt{\dfrac{1}{49}}, \quad 0.2\dot{3}, \quad 4-\sqrt{2}, \quad -\sqrt{(-5)^2}$$

> 유리수와 무리수 구분하기
> 무리수는 ❶□□□가 아닌 수,
> 즉 순환소수가 아닌
> ❷□□□□이다.

02 다음 중 $\sqrt{2}$에 대한 설명으로 옳지 않은 것은?

① 무리수이다.   ② 2의 양의 제곱근이다.

③ 제곱하면 유리수가 된다.   ④ 기약분수로 나타낼 수 있다.

⑤ 소수로 나타내면 순환소수가 아닌 무한소수가 된다.

> 무리수의 이해

03 다음 중 유리수가 아닌 실수인 것은?

① $\sqrt{0.25}$ ② $\sqrt{0.\dot{4}}$ ③ $-\sqrt{100}$

④ $\sqrt{12.1}$ ⑤ $-\dfrac{1}{\sqrt{36}}$

> 실수의 분류
> 실수는 유리수와 ❸□□□를
> 통틀어 말한다.

04 오른쪽 그림은 점 O를 중심으로 하고 한 변의 길이가 1인 정사각형 OABC의 대각선 OB를 반지름으로 하는 원을 그려 $\sqrt{2}$인 점 D를 수직선 위에 나타낸 것이다. $\overline{OE}=\overline{OP}$가 되도록 수직선 위에 점 P를 정할 때, 점 P가 나타내는 수를 구하시오.

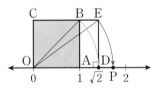

> 무리수를 수직선 위에 나타내기

05 다음 보기 중 옳은 것을 모두 고르시오.

┤ 보기 ├
ㄱ. 모든 실수는 수직선 위에 나타낼 수 있다.
ㄴ. -2와 2 사이에는 무수히 많은 정수가 있다.
ㄷ. $\sqrt{2}$와 $\sqrt{5}$ 사이에는 2개의 무리수가 있다.
ㄹ. 서로 다른 두 유리수 사이에는 무수히 많은 무리수가 있다.

> 실수와 수직선
> 수직선은 ❹□□를 나타내는
> 점들 전체로 완전히 메울 수 있
> 다.

답 ❶ 유리수 ❷ 무한소수 ❸ 무리수
❹ 실수

● 개념 REVIEW

 06 다음 중 두 수의 대소 관계가 옳지 <u>않은</u> 것은?

① $\sqrt{5}+1>3$

② $8-\sqrt{6}<6$

③ $3<\sqrt{2}+2$

④ $\sqrt{11}-5<\sqrt{11}-\sqrt{24}$

⑤ $\sqrt{10}+2<5$

> **두 실수의 대소 관계**
> a, b가 실수일 때, $a-b$의 값의 부호를 이용한다.
> ⇨ ① $a-b>0$이면 a❶☐ b
> ② $a-b=0$이면 a❷☐ b
> ③ $a-b<0$이면 a❸☐ b

07 다음 수직선 위의 점 중에서 $\sqrt{13}-2$를 나타내는 점을 구하시오.

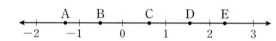

> **두 실수 사이의 수**
> $\sqrt{c}\,(c>0)$는 두 자연수 a, b 사이의 수이다.
> ⇨ $\sqrt{a^2}<\sqrt{c}<$❹☐이 성립한다.

08 다음 중 두 수 $\sqrt{3}$과 $\sqrt{5}$ 사이에 있는 수가 <u>아닌</u> 것은? (단, $\sqrt{3}=1.732$, $\sqrt{5}=2.236$)

① $\sqrt{3}+0.2$

② $\sqrt{5}-0.1$

③ 2

④ $\dfrac{\sqrt{3}+\sqrt{5}}{2}$

⑤ $1+\sqrt{3}$

> **두 실수 사이의 수**
> 두 실수 사이에 있는 실수는 다음과 같은 방법으로 구할 수 있다.
> ① 두 실수의 평균을 구한다.
> ② 각각의 수에 두 수의 차보다 작은 수를 더하거나 뺀다.

09 오른쪽 제곱근표에서 $\sqrt{56.4}=x$이고 $\sqrt{y}=7.616$일 때, $10x+y$의 값을 구하시오.

수	0	1	2	3	4
56	7.483	7.490	7.497	7.503	7.510
57	7.550	7.556	7.563	7.570	7.576
58	7.616	7.622	7.629	7.635	7.642
59	7.681	7.688	7.694	7.701	7.707

> **제곱근표**
> 제곱근표에서 제곱근의 값은 근호 안의 수의 처음 두 자리 수의 ❺☐☐줄과 끝자리 수의 ❻☐☐줄이 만나는 곳에 있는 수를 읽는다.

10 $6-\sqrt{15}$의 정수 부분을 a, 소수 부분을 b라 할 때, $b-a$의 값은?

① $-\sqrt{15}$

② $2-\sqrt{15}$

③ $3-\sqrt{15}$

④ $-2+\sqrt{15}$

⑤ $\sqrt{15}$

> **무리수의 정수 부분과 소수 부분**
> $a>0$이고 n이 정수일 때, $n<\sqrt{a}<n+1$이면
> ⇨ ($\sqrt{a}$의 정수 부분)$=n$
> ($\sqrt{a}$의 소수 부분)
> $=\sqrt{a}-$❼☐

> 답 ❶ > ❷ = ❸ < ❹ $\sqrt{b^2}$
> ❺ 가로 ❻ 세로 ❼ n

>> 익힘교재 12쪽

01 다음 중 옳은 것을 모두 고르면? (정답 2개)

① -2는 -4의 음의 제곱근이다.

② 49의 제곱근은 ± 7이다.

③ $\sqrt{9}$의 값은 ± 3이다.

④ 제곱근 5는 $\pm\sqrt{5}$이다.

⑤ 10은 100의 양의 제곱근이다.

서술형

02 $(-11)^2$의 양의 제곱근을 a, $\sqrt{81}$의 음의 제곱근을 b라 할 때, ab의 값을 구하시오.

03 다음 수의 제곱근 중 근호를 사용하지 않고 나타낼 수 있는 것의 개수를 구하시오.

$$2, \quad \sqrt{36}, \quad \sqrt{144}, \quad (-5)^2, \quad 1.\dot{7}$$

04 다음 중 옳지 <u>않은</u> 것은?

① $(\sqrt{16})^2 = 16$

② $-\sqrt{0.3^2} = -0.3$

③ $\left(-\sqrt{\dfrac{2}{7}}\right)^2 = \dfrac{2}{7}$

④ $-\left(-\sqrt{\dfrac{1}{3}}\right)^2 = \dfrac{1}{3}$

⑤ $\sqrt{(-1.5)^2} = 1.5$

05 다음을 계산하시오.

$$\sqrt{169} + (-\sqrt{8})^2 \times \left(-\sqrt{\dfrac{1}{4}}\right) - \sqrt{(-6)^2}$$

06 $a < 0$일 때, 다음 **보기** 중 옳은 것을 모두 고르시오.

보기

ㄱ. $-\sqrt{a^2} = -a$ ㄴ. $-(\sqrt{-a})^2 = a$

ㄷ. $\sqrt{(-a)^2} = -a$ ㄹ. $(-\sqrt{-a})^2 = a$

07 $a > 0$, $b < 0$일 때, $\sqrt{(-7a)^2} + \sqrt{4b^2}$을 간단히 하면?

① $-7a - 4b$ ② $-7a + 2b$

③ $7a - 2b$ ④ $7a - 4b$

⑤ $7a + 4b$

08 다음 중 $\sqrt{150x}$가 자연수가 되도록 하는 자연수 x의 값이 <u>아닌</u> 것은?

① 6 ② 12 ③ 24

④ 54 ⑤ 96

09 $\sqrt{20-x}$가 정수가 되도록 하는 자연수 x의 개수는?

① 1개   ② 2개   ③ 3개

④ 4개   ⑤ 5개

10 다음 중 두 수의 대소 관계가 옳지 <u>않은</u> 것은?

① $\sqrt{2}<2$ ② $\sqrt{17}>4$

③ $\sqrt{\dfrac{3}{4}}<\dfrac{3}{2}$ ④ $\dfrac{1}{\sqrt{5}}<\dfrac{1}{\sqrt{6}}$

⑤ $0.7<\sqrt{0.7}$

UP
11 $0<a<1$일 때, 다음 수를 작은 것부터 차례대로 나열하시오.

$$a, \quad \sqrt{\dfrac{1}{a}}, \quad a^2, \quad \sqrt{a}$$

서술형
12 다음 두 부등식을 동시에 만족하는 모든 자연수 x의 값의 합을 구하시오.

$$3<\sqrt{x}<4, \quad \sqrt{80}<x<\sqrt{150}$$

UP
13 자연수 n에 대하여 $\sqrt{n}$보다 작은 자연수의 개수를 $f(n)$이라 하자.

$$f(1)+f(2)+f(3)+ \cdots +f(x)=16$$

일 때, 자연수 x의 값을 구하시오.

14 다음 수 중에서 그 제곱근이 무리수가 <u>아닌</u> 것을 모두 고르면? (정답 2개)

① 0   ② 12   ③ 32

④ 49   ⑤ 160

15 다음 그림은 한 눈금의 길이가 1인 모눈종이 위에 수직선을 그린 것이다. $\overline{AB}=\overline{AP}$, $\overline{CD}=\overline{CQ}$인 두 점 P($a$), Q($b$)에 대하여 a, b의 값을 각각 구하시오.

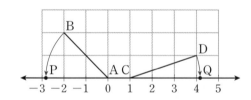

16 다음 중 옳은 것을 모두 고르면? (정답 2개)

① $\sqrt{6}$과 $\sqrt{12}$ 사이에는 1개의 자연수가 있다.

② 0과 1 사이에는 무리수가 없다.

③ $-\sqrt{6}$과 1 사이에는 3개의 유리수가 있다.

④ $\dfrac{1}{3}$과 $\dfrac{1}{2}$ 사이에는 무수히 많은 유리수가 있다.

⑤ 순환소수가 아닌 무한소수는 수직선 위의 점으로 나타낼 수 없다.

17 다음 중 세 실수 $a=5-\sqrt{7}$, $b=2$, $c=4-\sqrt{6}$의 대소 관계를 바르게 나타낸 것은?

① $a<b<c$ ② $a<c<b$
③ $b<a<c$ ④ $b<c<a$
⑤ $c<b<a$

18 다음 수들을 수직선 위에 나타낼 때, 왼쪽에서 두 번째에 위치하는 수는?

① $\sqrt{5}+\sqrt{3}$ ② $-1-\sqrt{5}$ ③ -3
④ $-\sqrt{5}$ ⑤ $3+\sqrt{5}$

19 다음 제곱근표를 이용하여 $\sqrt{a}=5.505$, $\sqrt{b}=5.666$을 만족하는 a, b에 대하여 $\sqrt{\dfrac{a+b}{2}}$의 값을 구하시오.

수	0	1	2	3	4
30	5.477	5.486	5.495	5.505	5.514
31	5.568	5.577	5.586	5.595	5.604
32	5.657	5.666	5.675	5.683	5.692

20 $\sqrt{5}$의 정수 부분을 a, $2+\sqrt{3}$의 소수 부분을 b라 할 때, $2a-b$의 값을 구하시오.

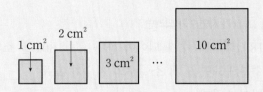

창의·융합 문제

다음 그림과 같이 넓이가 $1\,\mathrm{cm}^2$인 처음 정사각형에서 넓이를 $1\,\mathrm{cm}^2$씩 늘려서 10개의 정사각형을 그렸다. 이때 한 변의 길이가 무리수인 정사각형의 개수를 구하시오.

해결의 길잡이

❶ 10개의 정사각형의 한 변의 길이를 각각 근호를 사용하여 나타내어 구한다.

❷ 한 변의 길이가 유리수인 정사각형의 개수를 구한다.

❸ 한 변의 길이가 무리수인 정사각형의 개수를 구한다.

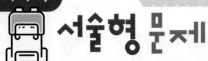
1 $\sqrt{180x}$가 자연수가 되도록 하는 가장 작은 두 자리 자연수 x의 값을 구하시오.

2 $\sqrt{\dfrac{700}{x}}$이 자연수가 되도록 하는 가장 작은 세 자리 자연수 x의 값을 구하시오.

❶ $\sqrt{180x}$가 자연수가 되려면?

180x가 제곱수가 되어야 한다. 즉, $180x$를 소인수분해하였을 때 소인수의 지수가 모두 □가 되어야 한다.

❶ $\sqrt{\dfrac{700}{x}}$이 자연수가 되려면?

❷ 180을 소인수분해하면?

$180 = 2^2 \times \boxed{}^2 \times \boxed{}$ ⋯ 40 %

❷ 700을 소인수분해하면?

❸ $\sqrt{180x}$가 자연수가 되도록 하는 자연수 x의 값은?

$\sqrt{180x} = \sqrt{2^2 \times \boxed{}^2 \times \boxed{} \times x}$가 자연수가 되려면 소인수의 지수가 모두 □가 되어야 하므로
$x = \boxed{} \times (\text{자연수})^2$의 꼴이어야 한다.
따라서 자연수 x는
$5,\ 5 \times \boxed{}^2,\ 5 \times \boxed{}^2,\ 5 \times 4^2,\ \cdots$

❸ $\sqrt{\dfrac{700}{x}}$이 자연수가 되도록 하는 자연수 x의 값은?

❹ $\sqrt{180x}$가 자연수가 되도록 하는 가장 작은 두 자리 자연수 x의 값은?

이때 x는 가장 작은 두 자리 자연수이므로
$x = 5 \times \boxed{}^2 = \boxed{}$ ⋯ 60 %

❹ $\sqrt{\dfrac{700}{x}}$이 자연수가 되도록 하는 가장 작은 세 자리 자연수 x의 값은?

3 다음 그림과 같이 정사각형과 삼각형 모양으로 붙여서 만든 우리가 있다. 이 우리와 넓이가 같은 정사각형 모양의 우리를 만들려고 할 때, 새로 만들어지는 우리의 한 변의 길이를 구하시오.

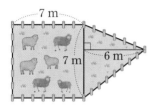

✏ 풀이 과정

답 _____

4 $xy < 0$, $x < y$일 때,
$\sqrt{(-4x)^2} - \sqrt{y^2} + \sqrt{(x-2y)^2}$을 간단히 하시오.

✏ 풀이 과정

답 _____

5 다음 그림과 같이 수직선 위에 한 변의 길이가 1인 정사각형 ABCD가 있다. $\overline{AC} = \overline{AP}$, $\overline{BD} = \overline{BQ}$이고 점 P가 나타내는 수가 $\sqrt{2} - 2$일 때, 점 Q가 나타내는 수를 구하시오.

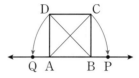

✏ 풀이 과정

답 _____

6 두 수 $\sqrt{5} - 6$과 $6 - \sqrt{5}$ 사이에 있는 정수의 개수를 구하시오.

✏ 풀이 과정

답 _____

독서 자극 명언

예로부터 '시간이 없어서 책을 읽지 못하는 사람은 시간이 있어도 책을 읽지 않는다.'라는 말이 있습니다. 독서와 관련된 아래의 명언을 통해 독서의 중요성을 느껴 보세요.

"남의 책을 많이 읽어라. 남이 고생하여 얻은 지식을 아주 쉽게 내 것으로 만들 수 있고, 그것으로 자기 발전을 이룰 수 있다." – 소크라테스

"필기는 정확한 사람을 만들고, 담론은 재치 있는 사람을 만들며, 독서는 완성된 사람을 만든다."
– 프랜시스 베이컨

"나는 책 한 권을 책꽂이에서 뽑아 읽었다. 그리고 그 책을 꽂아 놓았다. 그러나 나는 이미 조금 전의 내가 아니다." – 앙드레 지드

"한 인간의 존재를 결정짓는 것은 그가 읽은 책과 그가 쓴 글이다." – 도스토예프스키

"지금의 나를 만든 것은 하버드 대학도 아니고 미국이라는 나라도 아니고 내 어머니도 아니다. 내가 살던 마을의 작은 도서관이었다. 하버드 졸업장보다 소중한 것이 독서하는 습관이다." – 빌 게이츠

02

근호를 포함한 식의 계산

배운내용 Check

1 다음을 계산하시오.

(1) $4 \times (-6) \div 3$

(2) $(-8) \div 2 \times \left(-\dfrac{1}{4}\right)$

2 다음 식을 간단히 하시오.

(1) $(x+5)+(2x-7)$

(2) $3(x-y)-(5x+2y)$

정답 **1** (1) -8 (2) 1
2 (1) $3x-2$ (2) $-2x-5y$

09 제곱근의 곱셈

개념 알아보기

1 제곱근의 곱셈

제곱근끼리 곱할 때에는 근호 안의 수끼리, 근호 밖의 수끼리 곱한다.

$a>0$, $b>0$이고 m, n이 유리수일 때,

(1) $\sqrt{a}\times\sqrt{b}=\sqrt{a}\sqrt{b}=\sqrt{ab}$ 　예 $\sqrt{2}\times\sqrt{3}=\sqrt{2\times3}=\sqrt{6}$

(2) $m\sqrt{a}\times n\sqrt{b}=mn\sqrt{ab}$ 　예 $3\sqrt{2}\times4\sqrt{3}=(3\times4)\times\sqrt{2\times3}=12\sqrt{6}$

　참고 ① $\sqrt{a}\times\sqrt{b}$는 곱셈 기호 $\times$를 생략하고 $\sqrt{a}\sqrt{b}$와 같이 나타내기도 한다.

　　　② $a>0$, $b>0$, $c>0$일 때, $\sqrt{a}\times\sqrt{b}\times\sqrt{c}=\sqrt{abc}$가 성립한다.

2 근호가 있는 식의 변형 (1)

(1) 근호 안의 수가 제곱인 인수를 가지면 근호 밖으로 꺼낼 수 있다. ▶ 약수를 인수라고도 한다.

　$a>0$, $b>0$일 때, $\sqrt{a^2b}=\sqrt{a^2}\sqrt{b}=a\sqrt{b}$

　예 $\sqrt{18}=\sqrt{3^2\times2}=\sqrt{3^2}\sqrt{2}=3\sqrt{2}$

　참고 $a\sqrt{b}$의 꼴로 나타낼 때, 보통 근호 안의 수는 가장 작은 자연수가 되도록 한다.

(2) 근호 밖의 양수는 제곱하여 근호 안으로 넣을 수 있다.

　$a>0$, $b>0$일 때, $a\sqrt{b}=\sqrt{a^2}\sqrt{b}=\sqrt{a^2b}$

　예 $2\sqrt{3}=\sqrt{2^2}\sqrt{3}=\sqrt{2^2\times3}=\sqrt{12}$

　참고 근호 밖의 수를 근호 안으로 넣을 때, 반드시 양수만 제곱하여 넣어야 한다.

　예 $-2\sqrt{6}=\sqrt{(-2)^2\times6}=\sqrt{24}\ (\times)$, $-2\sqrt{6}=-\sqrt{2^2\times6}=-\sqrt{24}\ (\bigcirc)$

개념 자세히 보기

• 제곱근의 곱셈

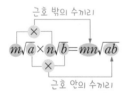

근호 밖의 수끼리

$m\sqrt{a}\times n\sqrt{b}=mn\sqrt{ab}$

근호 안의 수끼리

➡ $3\sqrt{5}\times2\sqrt{6}=(3\times2)\times\sqrt{5\times6}=6\sqrt{30}$

• 근호가 있는 식의 변형 (1)

근호 밖으로

$\sqrt{a^2b}=a\sqrt{b}$ ➡ $\sqrt{50}=\sqrt{5^2\times2}=5\sqrt{2}$

$a\sqrt{b}=\sqrt{a^2b}$ ➡ $3\sqrt{5}=\sqrt{3^2\times5}=\sqrt{45}$

근호 안으로

≫ 익힘교재 13쪽

✏ 바른답 · 알찬풀이 12쪽

개념 확인하기

1 다음 □ 안에 알맞은 수를 써넣으시오.

(1) $\sqrt{3}\times\sqrt{7}=\sqrt{3\times\square}=\sqrt{\square}$

(2) $2\sqrt{5}\times3\sqrt{2}=(2\times\square)\times\sqrt{5\times\square}=\square\sqrt{10}$

(3) $\sqrt{8}=\sqrt{\square^2\times2}=\square\sqrt{2}$

(4) $3\sqrt{3}=\sqrt{\square^2\times3}=\sqrt{\square}$

바른답·알찬풀이 12쪽

제곱근의 곱셈

01 다음을 계산하시오.

(1) $\sqrt{5}\sqrt{2}$

(2) $\sqrt{7}\sqrt{10}$

(3) $\sqrt{6} \times (-\sqrt{11})$

(4) $\sqrt{\dfrac{1}{2}}\sqrt{14}$

(5) $\sqrt{\dfrac{3}{4}}\sqrt{\dfrac{8}{9}}$

(6) $\sqrt{\dfrac{10}{3}} \times \left(-\sqrt{\dfrac{3}{5}}\right)$

02 다음을 계산하시오.

(1) $3\sqrt{2} \times \sqrt{11}$

(2) $8\sqrt{3} \times 2\sqrt{5}$

(3) $-4\sqrt{7} \times 5\sqrt{2}$

(4) $6\sqrt{18} \times \left(-2\sqrt{\dfrac{1}{6}}\right)$

(5) $3\sqrt{\dfrac{15}{2}} \times 2\sqrt{\dfrac{2}{3}}$

(6) $7\sqrt{\dfrac{3}{4}} \times \left(-3\sqrt{\dfrac{8}{3}}\right)$

03 다음을 계산하시오.

(1) $\sqrt{2}\sqrt{3}\sqrt{7} = \sqrt{2 \times \boxed{} \times 7} = \boxed{}$

(2) $-\sqrt{6} \times \sqrt{\dfrac{7}{6}} \times \sqrt{\dfrac{3}{7}}$

(3) $\sqrt{15} \times 2\sqrt{\dfrac{4}{5}} \times 3\sqrt{\dfrac{1}{2}}$

근호가 있는 식의 변형 (1)

04 다음 수를 $a\sqrt{b}$의 꼴로 나타내시오.

(단, b는 가장 작은 자연수)

(1) $\sqrt{20}$

(2) $\sqrt{48}$

(3) $\sqrt{180}$

(4) $\sqrt{1000}$

(5) $-\sqrt{54}$

(6) $-\sqrt{72}$

> **TIP** 근호 안의 수를 소인수분해하여 지수가 짝수인 수는 근호 밖으로 꺼낸다. 이때 근호 안의 수는 가장 작은 자연수가 되도록 한다.

05 다음 수를 $\sqrt{a}$ 또는 $-\sqrt{a}$의 꼴로 나타내시오.

(1) $2\sqrt{6}$

(2) $3\sqrt{5}$

(3) $-5\sqrt{2}$

(4) $-10\sqrt{7}$

06 $\sqrt{32} = a\sqrt{2}$, $5\sqrt{3} = \sqrt{b}$일 때, 유리수 a, b에 대하여 $b - a$의 값을 구하시오.

익힘교재 14쪽

제곱근의 나눗셈

개념 알아보기 **1 제곱근의 나눗셈**

제곱근끼리 나눌 때에는 근호 안의 수끼리, 근호 밖의 수끼리 나눈다.

$a>0$, $b>0$이고 m, n이 유리수일 때,

(1) $\sqrt{a} \div \sqrt{b} = \dfrac{\sqrt{a}}{\sqrt{b}} = \sqrt{\dfrac{a}{b}}$ 예 $\sqrt{14} \div \sqrt{7} = \dfrac{\sqrt{14}}{\sqrt{7}} = \sqrt{\dfrac{14}{7}} = \sqrt{2}$

(2) $m\sqrt{a} \div n\sqrt{b} = \dfrac{m}{n}\sqrt{\dfrac{a}{b}}$ (단, $n \neq 0$) 예 $8\sqrt{6} \div 4\sqrt{3} = \dfrac{8\sqrt{6}}{4\sqrt{3}} = \dfrac{8}{4}\sqrt{\dfrac{6}{3}} = 2\sqrt{2}$

참고 제곱근의 나눗셈은 나눗셈을 역수의 곱셈으로 고쳐서 계산할 수도 있다.

$$\Rightarrow a>0, b>0, c>0, d>0일 때, \dfrac{\sqrt{a}}{\sqrt{b}} \div \dfrac{\sqrt{c}}{\sqrt{d}} = \dfrac{\sqrt{a}}{\sqrt{b}} \times \dfrac{\sqrt{d}}{\sqrt{c}} = \sqrt{\dfrac{a}{b} \times \dfrac{d}{c}} = \sqrt{\dfrac{ad}{bc}}$$

(÷를 ×로 / 역수로)

2 근호가 있는 식의 변형 (2)

(1) 근호 안의 수가 제곱인 인수를 가지면 근호 밖으로 꺼낼 수 있다.

$a>0$, $b>0$일 때, $\sqrt{\dfrac{a}{b^2}} = \dfrac{\sqrt{a}}{\sqrt{b^2}} = \dfrac{\sqrt{a}}{b}$ 예 $\sqrt{\dfrac{3}{4}} = \sqrt{\dfrac{3}{2^2}} = \dfrac{\sqrt{3}}{\sqrt{2^2}} = \dfrac{\sqrt{3}}{2}$

(2) 근호 밖의 양수는 제곱하여 근호 안으로 넣을 수 있다.

$a>0$, $b>0$일 때, $\dfrac{\sqrt{a}}{b} = \dfrac{\sqrt{a}}{\sqrt{b^2}} = \sqrt{\dfrac{a}{b^2}}$ 예 $\dfrac{\sqrt{2}}{5} = \dfrac{\sqrt{2}}{\sqrt{5^2}} = \sqrt{\dfrac{2}{5^2}} = \sqrt{\dfrac{2}{25}}$

개념 자세히 보기

• 제곱근의 나눗셈

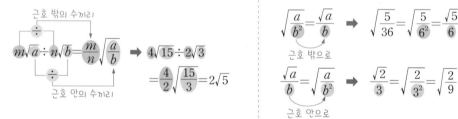

근호 밖의 수끼리 ÷

$m\sqrt{a} \div n\sqrt{b} = \dfrac{m}{n}\sqrt{\dfrac{a}{b}}$ $\Rightarrow 4\sqrt{15} \div 2\sqrt{3}$

근호 안의 수끼리 ÷

$= \dfrac{4}{2}\sqrt{\dfrac{15}{3}} = 2\sqrt{5}$

• 근호가 있는 식의 변형 (2)

$\sqrt{\dfrac{a}{b^2}} = \dfrac{\sqrt{a}}{b}$ $\Rightarrow \sqrt{\dfrac{5}{36}} = \sqrt{\dfrac{5}{6^2}} = \dfrac{\sqrt{5}}{6}$

근호 밖으로

$\dfrac{\sqrt{a}}{b} = \sqrt{\dfrac{a}{b^2}}$ $\Rightarrow \dfrac{\sqrt{2}}{3} = \sqrt{\dfrac{2}{3^2}} = \sqrt{\dfrac{2}{9}}$

근호 안으로

≫ 익힘교재 13쪽

☞ 바른답·알찬풀이 12쪽

개념 확인하기 **1** 다음 □ 안에 알맞은 수를 써넣으시오.

(1) $\sqrt{10} \div \sqrt{2} = \dfrac{\sqrt{10}}{\sqrt{\square}} = \sqrt{\dfrac{\square}{2}} = \sqrt{\square}$

(2) $4\sqrt{6} \div 2\sqrt{2} = \dfrac{\square}{2}\sqrt{\dfrac{\square}{2}} = \square\sqrt{\square}$

(3) $\sqrt{\dfrac{5}{49}} = \sqrt{\dfrac{5}{\square^2}} = \dfrac{\sqrt{5}}{\square}$

(4) $\dfrac{\sqrt{7}}{3} = \sqrt{\dfrac{7}{\square^2}} = \sqrt{\square}$

바른답·알찬풀이 12쪽

제곱근의 나눗셈

01 다음을 계산하시오.

(1) $\dfrac{\sqrt{15}}{\sqrt{5}}$

(2) $\dfrac{\sqrt{60}}{\sqrt{12}}$

(3) $\sqrt{24} \div \sqrt{3}$

(4) $\sqrt{7} \div (-\sqrt{28})$

02 다음을 계산하시오.

(1) $9\sqrt{14} \div 3\sqrt{7}$

(2) $8\sqrt{20} \div (-4\sqrt{5})$

03 다음을 계산하시오.

(1) $\sqrt{7} \div \dfrac{1}{\sqrt{5}} = \sqrt{7} \times \boxed{} = \boxed{}$

(2) $\dfrac{\sqrt{3}}{\sqrt{6}} \div (-\sqrt{18})$

(3) $\dfrac{\sqrt{15}}{\sqrt{2}} \div \dfrac{\sqrt{10}}{\sqrt{8}}$

04 다음을 계산하시오.

(1) $\sqrt{48} \div \sqrt{6} \div \dfrac{\sqrt{2}}{3} = \sqrt{48} \times \dfrac{\boxed{}}{\sqrt{6}} \times \dfrac{3}{\boxed{}} = \boxed{}$

(2) $4\sqrt{35} \div \sqrt{7} \div 2\sqrt{\dfrac{5}{3}}$

근호가 있는 식의 변형 (2)

05 다음 수를 $\dfrac{\sqrt{a}}{b}$의 꼴로 나타내시오.

(단, a는 가장 작은 자연수)

(1) $\sqrt{\dfrac{6}{25}}$

(2) $-\sqrt{\dfrac{5}{36}}$

(3) $\sqrt{\dfrac{38}{200}}$

(4) $\sqrt{\dfrac{11}{3^2 \times 5^2}}$

06 다음 수를 $\dfrac{\sqrt{a}}{b}$의 꼴로 나타내시오.

(단, a는 가장 작은 자연수)

(1) $\sqrt{0.07} = \sqrt{\dfrac{7}{\boxed{}}} = \dfrac{\sqrt{7}}{\boxed{}}$

(2) $-\sqrt{0.21}$

(3) $\sqrt{2.75}$

> **TIP** 근호 안의 수가 소수일 때에는 먼저 소수를 분수로 고친다.

07 다음 수를 $\sqrt{a}$ 또는 $-\sqrt{a}$의 꼴로 나타내시오.

(1) $\dfrac{\sqrt{5}}{2}$

(2) $-\dfrac{\sqrt{30}}{10}$

(3) $\dfrac{\sqrt{98}}{7}$

(4) $\dfrac{3\sqrt{7}}{4}$

익힘교재 15쪽

11 분모의 유리화

개념 알아보기 1 분모의 유리화

(1) **분모의 유리화**: 분수의 분모에 근호를 포함한 무리수가 있을 때, 분모와 분자에 0이 아닌 같은 수를 각각 곱하여 분모를 유리수로 고치는 것

(2) **분모를 유리화하는 방법**

$a > 0$이고 a, b, c가 유리수일 때,

① $\dfrac{b}{\sqrt{a}} = \dfrac{b \times \sqrt{a}}{\sqrt{a} \times \sqrt{a}} = \dfrac{b\sqrt{a}}{a}$ 예 $\dfrac{1}{\sqrt{3}} = \dfrac{1 \times \sqrt{3}}{\sqrt{3} \times \sqrt{3}} = \dfrac{\sqrt{3}}{3}$

② $\dfrac{\sqrt{b}}{\sqrt{a}} = \dfrac{\sqrt{b} \times \sqrt{a}}{\sqrt{a} \times \sqrt{a}} = \dfrac{\sqrt{ab}}{a}$ (단, $b > 0$)   예 $\dfrac{\sqrt{7}}{\sqrt{2}} = \dfrac{\sqrt{7} \times \sqrt{2}}{\sqrt{2} \times \sqrt{2}} = \dfrac{\sqrt{14}}{2}$

③ $\dfrac{c}{b\sqrt{a}} = \dfrac{c \times \sqrt{a}}{b\sqrt{a} \times \sqrt{a}} = \dfrac{c\sqrt{a}}{ab}$ (단, $b \neq 0$)   예 $\dfrac{1}{3\sqrt{2}} = \dfrac{1 \times \sqrt{2}}{3\sqrt{2} \times \sqrt{2}} = \dfrac{\sqrt{2}}{6}$

참고 분수의 분모가 $\sqrt{a^2 b}$의 꼴이면 먼저 $a\sqrt{b}$의 꼴로 고쳐서 근호 안을 가장 작은 자연수로 바꾼 후 유리화한다.

예 $\dfrac{4}{\sqrt{20}} = \dfrac{4}{2\sqrt{5}} = \dfrac{2}{\sqrt{5}} = \dfrac{2 \times \sqrt{5}}{\sqrt{5} \times \sqrt{5}} = \dfrac{2\sqrt{5}}{5}$

개념 자세히 보기 분모의 유리화

① 분모가 $\sqrt{a}$의 꼴인 경우 (단, $a > 0$)

$\dfrac{b}{\sqrt{a}} = \dfrac{b \times \sqrt{a}}{\sqrt{a} \times \sqrt{a}} = \dfrac{b\sqrt{a}}{a}$ ➡ $\dfrac{3}{\sqrt{2}} = \dfrac{3 \times \sqrt{2}}{\sqrt{2} \times \sqrt{2}} = \dfrac{3\sqrt{2}}{2}$

같다. $\sqrt{2}$를 분모, 분자에 각각 곱한다.

② 분모가 $b\sqrt{a}$의 꼴인 경우 (단, $a > 0$, $b \neq 0$)

$\dfrac{c}{b\sqrt{a}} = \dfrac{c \times \sqrt{a}}{b\sqrt{a} \times \sqrt{a}} = \dfrac{c\sqrt{a}}{ab}$ ➡ $\dfrac{5}{2\sqrt{3}} = \dfrac{5 \times \sqrt{3}}{2\sqrt{3} \times \sqrt{3}} = \dfrac{5\sqrt{3}}{6}$

같다. $\sqrt{3}$을 분모, 분자에 각각 곱한다.

>> 익힘교재 13쪽

바른답 · 알찬풀이 13쪽

개념 확인하기 1 다음은 분모를 유리화하는 과정이다. ☐ 안에 알맞은 수를 써넣으시오.

(1) $\dfrac{1}{\sqrt{5}} = \dfrac{1 \times \boxed{}}{\sqrt{5} \times \boxed{}} = \boxed{}$

(2) $\dfrac{\sqrt{2}}{\sqrt{3}} = \dfrac{\sqrt{2} \times \boxed{}}{\sqrt{3} \times \boxed{}} = \boxed{}$

(3) $\dfrac{4}{3\sqrt{2}} = \dfrac{4 \times \boxed{}}{3\sqrt{2} \times \boxed{}} = \dfrac{4\sqrt{\boxed{}}}{\boxed{}} = \dfrac{\boxed{}\sqrt{\boxed{}}}{3}$

분모의 유리화

01 다음 수의 분모를 유리화하시오.

(1) $\dfrac{1}{\sqrt{10}}$　　　　(2) $\dfrac{3}{\sqrt{7}}$

(3) $\dfrac{\sqrt{2}}{\sqrt{5}}$　　　　(4) $-\dfrac{\sqrt{11}}{\sqrt{2}}$

(5) $\dfrac{2}{\sqrt{6}}$　　　　(6) $-\dfrac{9}{\sqrt{3}}$

02 다음 수의 분모를 유리화하시오.

(1) $\dfrac{7}{2\sqrt{6}}$　　　　(2) $\dfrac{4}{3\sqrt{7}}$

(3) $-\dfrac{\sqrt{3}}{2\sqrt{5}}$　　　　(4) $\dfrac{3\sqrt{2}}{2\sqrt{3}}$

03 다음은 $\dfrac{6}{\sqrt{24}}$ 의 분모를 유리화하는 과정이다. ☐ 안에 알맞은 수를 써넣으시오.

$$\dfrac{6}{\sqrt{24}}=\dfrac{6}{\boxed{}\sqrt{6}}=\dfrac{3}{\sqrt{6}}=\dfrac{3\times\boxed{}}{\sqrt{6}\times\boxed{}}=\boxed{}$$

04 다음 수의 분모를 유리화하시오.

(1) $\dfrac{1}{\sqrt{27}}$　　　　(2) $-\dfrac{2}{\sqrt{32}}$

(3) $\dfrac{\sqrt{6}}{\sqrt{28}}$　　　　(4) $\dfrac{3\sqrt{5}}{\sqrt{18}}$

분모의 유리화를 이용한 계산

05 다음을 계산하시오.

(1) $\sqrt{5}\times\dfrac{2}{\sqrt{15}}$

(2) $-\sqrt{\dfrac{3}{7}}\times\sqrt{\dfrac{35}{6}}$

(3) $4\sqrt{2}\div\sqrt{12}$

(4) $\sqrt{\dfrac{1}{2}}\div\sqrt{\dfrac{5}{6}}$

06 $\dfrac{\sqrt{3}}{\sqrt{2}}\times\sqrt{8}\div\sqrt{18}=a\sqrt{6}$일 때, 유리수 a의 값을 구하시오.

> **TIP** 제곱근의 곱셈과 나눗셈의 혼합 계산
> ❶ 나눗셈은 역수의 곱셈으로 고친다.
> ❷ 앞에서부터 순서대로 계산한다.
> ❸ 제곱근의 성질과 분모의 유리화를 이용하여 간단히 한다.

▶▶ 익힘교재 16쪽

제곱근표에 없는 수의 제곱근의 값

개념 알아보기

1 제곱근표에 없는 수의 제곱근의 값

제곱근표에 없는 수, 즉 0보다 크고 1보다 작은 수와 100보다 큰 수의 제곱근의 값은 근호가 있는 식의 변형을 이용하여 근호 안의 수를 제곱근표에 있는 수로 고쳐서 구한다.

(1) **100보다 큰 수의 제곱근의 값**

$\sqrt{100a}=10\sqrt{a}$, $\sqrt{10000a}=100\sqrt{a}$, $\cdots$를 이용한다. (단, $1 \le a \le 99.9$)

(2) **0보다 크고 1보다 작은 수의 제곱근의 값**

$\sqrt{\dfrac{a}{100}}=\dfrac{\sqrt{a}}{10}$, $\sqrt{\dfrac{a}{10000}}=\dfrac{\sqrt{a}}{100}$, $\cdots$를 이용한다. (단, $1 \le a \le 99.9$)

예 제곱근표에서 $\sqrt{2.01}=1.418$이므로

① $\sqrt{201}=\sqrt{2.01 \times 100}=10\sqrt{2.01}=10 \times 1.418=14.18$

　　　소수점을 왼쪽으로 두 자리씩 이동

② $\sqrt{0.0201}=\sqrt{\dfrac{2.01}{100}}=\dfrac{\sqrt{2.01}}{10}=\dfrac{1}{10} \times 1.418=0.1418$

　　　소수점을 오른쪽으로 두 자리씩 이동

개념 자세히 보기

제곱근표에 없는 수의 제곱근의 값

① 100보다 큰 수의 제곱근의 값

➡ 근호 안의 수를 10^2, 100^2, $\cdots$과의 곱으로 나타낸 후 $\sqrt{a^2 b}=a\sqrt{b}$ $(a>0, b>0)$임을 이용한다.

$\sqrt{100x}=\sqrt{10^2 x}=10\sqrt{x}$, $\sqrt{10000x}=\sqrt{100^2 x}=100\sqrt{x}$ (단, $1 \le x \le 99.9$)

② 0보다 크고 1보다 작은 수의 제곱근의 값

➡ 근호 안의 수를 $\dfrac{1}{10^2}$, $\dfrac{1}{100^2}$, $\cdots$과의 곱으로 나타낸 후 $\sqrt{\dfrac{a}{b^2}}=\dfrac{\sqrt{a}}{b}$ $(a>0, b>0)$임을 이용한다.

$\sqrt{0.01 \times x}=\sqrt{\dfrac{x}{100}}=\sqrt{\dfrac{x}{10^2}}=\dfrac{\sqrt{x}}{10}$, $\sqrt{0.0001 \times x}=\sqrt{\dfrac{x}{10000}}=\sqrt{\dfrac{x}{100^2}}=\dfrac{\sqrt{x}}{100}$ (단, $1 \le x \le 99.9$)

➤➤ 익힘교재 13쪽

➤ 바른답·알찬풀이 14쪽

개념 확인하기

1 제곱근표에서 $\sqrt{3}=1.732$, $\sqrt{30}=5.477$일 때, 다음 제곱근의 값을 구하려고 한다. ☐ 안에 알맞은 수를 써넣으시오.

(1) $\sqrt{300}=\sqrt{3 \times \boxed{}}=\boxed{}\sqrt{3}$

$=\boxed{}$

(2) $\sqrt{3000}=\sqrt{\boxed{} \times 100}=10\sqrt{\boxed{}}$

$=\boxed{}$

(3) $\sqrt{0.3}=\sqrt{\dfrac{\boxed{}}{100}}=\dfrac{\sqrt{\boxed{}}}{10}$

$=\boxed{}$

(4) $\sqrt{0.03}=\sqrt{\dfrac{3}{\boxed{}}}=\dfrac{\sqrt{3}}{\boxed{}}$

$=\boxed{}$

바른답·알찬풀이 14쪽

제곱근표에 없는 수의 제곱근의 값

01 제곱근표에서 $\sqrt{5}=2.236$, $\sqrt{50}=7.071$일 때, 다음 제곱근의 값을 구하시오.

(1) $\sqrt{500}$ (2) $\sqrt{5000}$

(3) $\sqrt{50000}$ (4) $\sqrt{0.5}$

(5) $\sqrt{0.05}$ (6) $\sqrt{0.005}$

> **TIP** 제곱근표에 없는 수의 제곱근의 값을 구할 때, 주어진 제곱근표에 있는 수가 나오도록 근호 안의 수의 소수점을 왼쪽 또는 오른쪽으로 두 자리씩 이동하여 본다.

02 제곱근표에서 $\sqrt{9.15}=3.025$, $\sqrt{91.5}=9.566$일 때, 다음 제곱근의 값을 구하시오.

(1) $\sqrt{915}$ (2) $\sqrt{9150}$

(3) $\sqrt{915000}$ (4) $\sqrt{0.915}$

(5) $\sqrt{0.0915}$ (6) $\sqrt{0.00915}$

03 제곱근표에서 $\sqrt{2.6}=1.612$, $\sqrt{26}=5.099$일 때, $\sqrt{260}$과 가장 가까운 정수를 구하시오.

04 제곱근표에서 $\sqrt{35}=5.916$일 때, 다음 **보기** 중 이를 이용하여 그 값을 구할 수 <u>없는</u> 것을 모두 고르시오.

┤보기├
ㄱ. $\sqrt{0.0035}$ ㄴ. $\sqrt{0.35}$
ㄷ. $\sqrt{350}$ ㄹ. $\sqrt{3500}$

05 아래 제곱근표를 이용하여 다음 제곱근의 값을 구하시오.

수	0	1	2	3	4
6.4	2.530	2.532	2.534	2.536	2.538
6.5	2.550	2.551	2.553	2.555	2.557
⋮	⋮	⋮	⋮	⋮	⋮
27	5.196	5.206	5.215	5.225	5.235
28	5.292	5.301	5.310	5.320	5.329

(1) $\sqrt{652}$ (2) $\sqrt{283000}$

(3) $\sqrt{0.274}$ (4) $\sqrt{0.0641}$

06 다음은 제곱근표에서 $\sqrt{2}=1.414$일 때, $\sqrt{\dfrac{1}{2}}$의 값을 구하는 과정이다. ☐ 안에 알맞은 수를 써넣으시오.

$$\sqrt{\frac{1}{2}}=\frac{1}{\sqrt{2}}=\frac{\sqrt{2}}{\boxed{}}=\frac{1.414}{\boxed{}}=\boxed{}$$

> **TIP** 먼저 분모를 유리화하고 주어진 제곱근의 값을 대입한다.

익힘교재 17쪽

● 개념 REVIEW

01 $2\sqrt{5} \times 5\sqrt{2} = 10\sqrt{a}$, $\sqrt{\dfrac{15}{2}}\sqrt{\dfrac{6}{5}} = b$일 때, 유리수 a, b에 대하여 $a+b$의 값을 구하시오.

▶ 제곱근의 곱셈
$a>0$, $b>0$이고 m, n이 유리수일 때,
$m\sqrt{a} \times n\sqrt{b} = mn\sqrt{\boxed{}^{❶}}$

02 $\sqrt{6}\sqrt{30}\sqrt{35}$를 계산하면?

① $6\sqrt{35}$ ② $10\sqrt{21}$ ③ $15\sqrt{14}$

④ $30\sqrt{7}$ ⑤ $42\sqrt{5}$

▶ 근호가 있는 식의 변형 (1)
$a>0$, $b>0$일 때,
① $\sqrt{a^2 b} = \boxed{}^{❷}\sqrt{b}$
② $a\sqrt{b} = \sqrt{a^2 b}$

03 다음 **보기** 중 옳은 것을 모두 고르시오.

┌ 보기 ├─────────────────────────

ㄱ. $-\dfrac{\sqrt{56}}{\sqrt{8}} = \sqrt{-7}$ ㄴ. $4\sqrt{30} \div 2\sqrt{6} = 2\sqrt{5}$

ㄷ. $\sqrt{15} \div \dfrac{1}{\sqrt{3}} = \sqrt{5}$ ㄹ. $\dfrac{\sqrt{21}}{\sqrt{5}} \div \dfrac{\sqrt{3}}{\sqrt{10}} = \sqrt{14}$

────────────────────────────────

▶ 제곱근의 나눗셈
$a>0$, $b>0$이고 m, $n(n \neq 0)$이 유리수일 때,
$m\sqrt{a} \div n\sqrt{b} = \dfrac{m}{n}\sqrt{\boxed{}^{❸}}$

04 $\sqrt{\dfrac{18}{75}}$ 을 $\dfrac{\sqrt{a}}{b}$ 의 꼴로 나타낼 때, 자연수 a, b에 대하여 $a-b$의 값을 구하시오.

(단, a는 가장 작은 자연수)

▶ 근호가 있는 식의 변형 (2)
$a>0$, $b>0$일 때,
① $\sqrt{\dfrac{a}{b^2}} = \dfrac{\sqrt{a}}{\boxed{}^{❹}}$
② $\dfrac{\sqrt{a}}{b} = \sqrt{\dfrac{a}{\boxed{}^{❺}}}$

05 $\sqrt{180}$ 은 $\sqrt{5}$의 a배이고, $\sqrt{0.4}$는 $\sqrt{10}$의 b배일 때, $a+5b$의 값을 구하시오.

▶ 근호가 있는 식의 변형

답 ❶ ab ❷ a ❸ $\dfrac{a}{b}$ ❹ b ❺ b^2

06 $a=\sqrt{2}$, $b=\sqrt{3}$일 때, $\sqrt{150}$을 a, b를 사용하여 나타내면?

① $5ab$ ② a^2b ③ $5a^2b$

④ ab^2 ⑤ $4ab^2$

07 $\dfrac{5}{\sqrt{20}}=a\sqrt{5}$, $\dfrac{9\sqrt{2}}{2\sqrt{3}}=b\sqrt{6}$일 때, 유리수 a, b에 대하여 ab의 값을 구하시오.

08 $\dfrac{4}{\sqrt{3}}\times\dfrac{1}{\sqrt{2}}\div\left(-\dfrac{1}{\sqrt{8}}\right)=a\sqrt{3}$일 때, 유리수 a의 값은?

① -4 ② $-\dfrac{10}{3}$ ③ $-\dfrac{8}{3}$

④ -2 ⑤ $-\dfrac{4}{3}$

09 다음 그림에서 삼각형의 넓이와 직사각형의 넓이가 서로 같을 때, x의 값을 구하시오.

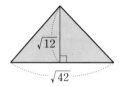
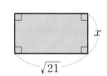

10 제곱근표에서 $\sqrt{1.34}=1.158$, $\sqrt{13.4}=3.661$일 때, 다음 중 옳지 <u>않은</u> 것은?

① $\sqrt{134000}=366.1$ ② $\sqrt{1340}=36.61$ ③ $\sqrt{134}=11.58$

④ $\sqrt{0.134}=0.3661$ ⑤ $\sqrt{0.0134}=0.03661$

» 익힘교재 18쪽

● 개념 REVIEW

▶ 문자를 사용한 제곱근의 표현
❶ 근호 안의 수를
❶□□□□□한다.
❷ 근호 안의 제곱인 인수를 근호 밖으로 꺼낸다.
❸ 주어진 문자를 사용하여 제곱근을 나타낸다.

▶ 분모의 유리화
분수의 분모에 근호를 포함한 무리수가 있을 때, 분모와 분자에 0이 아닌 같은 수를 각각 곱하여 분모를 유리수로 고치는 것을 분모의 ❷□□□라 한다.

▶ 제곱근의 곱셈과 나눗셈의 혼합 계산
❶ 나눗셈은 ❸□□의 곱셈으로 고친다.
❷ 앞에서부터 순서대로 계산한다.
❸ 제곱근의 성질과 분모의 유리화를 이용하여 간단히 한다.

▶ 근호를 포함한 식의 곱셈과 나눗셈의 활용

▶ 제곱근표에 없는 수의 제곱근의 값
$\sqrt{a^2b}=$❹$□\sqrt{b}$, $\sqrt{\dfrac{a}{b^2}}=\dfrac{\sqrt{a}}{$❺$□}$
임을 이용하여 근호 안의 수를 제곱근표에 있는 수로 고쳐서 구한다. (단, $a>0$, $b>0$)

🔖 답 ❶ 소인수분해 ❷ 유리화
❸ 역수 ❹ a ❺ b

개념 13 제곱근의 덧셈과 뺄셈

개념 알아보기

1 제곱근의 덧셈과 뺄셈

제곱근의 덧셈과 뺄셈은 근호 안의 수가 같은 것끼리 모아서 계산한다.

m, n은 유리수이고 $a>0$일 때,

(1) $m\sqrt{a}+n\sqrt{a}=(m+n)\sqrt{a}$ 예 $2\sqrt{2}+3\sqrt{2}=(2+3)\sqrt{2}=5\sqrt{2}$

(2) $m\sqrt{a}-n\sqrt{a}=(m-n)\sqrt{a}$ 예 $5\sqrt{2}-3\sqrt{2}=(5-3)\sqrt{2}=2\sqrt{2}$

> 참고 l, m, n은 유리수이고 $a>0$일 때, $m\sqrt{a}+n\sqrt{a}-l\sqrt{a}=(m+n-l)\sqrt{a}$
>
> 주의 제곱근의 덧셈과 뺄셈은 근호 안의 수가 같지 않으면 더 이상 간단히 할 수 없다.
> 즉, $a>0$, $b>0$, $a\neq b$일 때, $\sqrt{a}+\sqrt{b}\neq\sqrt{a+b}$, $\sqrt{a}-\sqrt{b}\neq\sqrt{a-b}$

2 제곱근의 덧셈과 뺄셈의 응용

(1) $\sqrt{a^2b}\ (a>0,\ b>0)$의 꼴이 포함되어 있으면 $\sqrt{a^2b}=a\sqrt{b}$임을 이용하여 근호 안을 가장 작은 자연수로 바꾼 후 계산한다.

예 $\sqrt{8}+\sqrt{32}=\sqrt{2^2\times2}+\sqrt{4^2\times2}=2\sqrt{2}+4\sqrt{2}=(2+4)\sqrt{2}=6\sqrt{2}$

(2) 분모에 무리수가 있으면 분모를 유리화한 후 계산한다.

예 $\dfrac{\sqrt{5}}{\sqrt{2}}+\sqrt{10}=\dfrac{\sqrt{10}}{2}+\sqrt{10}=\dfrac{\sqrt{10}+2\sqrt{10}}{2}=\dfrac{3\sqrt{10}}{2}$

개념 자세히 보기

제곱근의 덧셈과 뺄셈

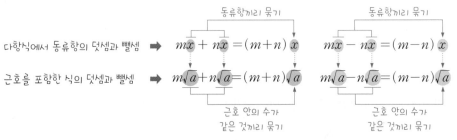

다항식에서 동류항의 덧셈과 뺄셈 ➡ $mx+nx=(m+n)x$　$mx-nx=(m-n)x$

근호를 포함한 식의 덧셈과 뺄셈 ➡ $m\sqrt{a}+n\sqrt{a}=(m+n)\sqrt{a}$　$m\sqrt{a}-n\sqrt{a}=(m-n)\sqrt{a}$

동류항끼리 묶기

근호 안의 수가 같은 것끼리 묶기

>> 익힘교재 13쪽

바른답·알찬풀이 16쪽

개념 확인하기

1 다음 ☐ 안에 알맞은 수를 써넣으시오.

(1) $6\sqrt{7}+\sqrt{7}=(6+\boxed{})\sqrt{7}=\boxed{}$

(2) $9\sqrt{3}-3\sqrt{3}=(\boxed{}-\boxed{})\sqrt{3}=\boxed{}$

(3) $3\sqrt{5}+2\sqrt{5}+5\sqrt{5}=(\boxed{}+2+\boxed{})\sqrt{5}=\boxed{}$

(4) $5\sqrt{2}+4\sqrt{2}-8\sqrt{2}=(5+\boxed{}-\boxed{})\sqrt{2}=\boxed{}$

제곱근의 덧셈과 뺄셈

01 다음을 계산하시오.

(1) $4\sqrt{3}+5\sqrt{3}$

(2) $7\sqrt{5}+3\sqrt{5}$

(3) $8\sqrt{6}-6\sqrt{6}$

(4) $4\sqrt{10}-5\sqrt{10}$

(5) $2\sqrt{7}-3\sqrt{7}+6\sqrt{7}$

(6) $4\sqrt{11}-2\sqrt{11}-8\sqrt{11}$

02 다음을 계산하시오.

(1) $6\sqrt{2}+3\sqrt{10}+3\sqrt{2}+\sqrt{10}$
$=(6+\boxed{})\sqrt{2}+(3+\boxed{})\sqrt{10}$
$=\boxed{}$

(2) $3\sqrt{5}-7\sqrt{3}-\sqrt{5}+4\sqrt{3}$

(3) $8\sqrt{6}+3\sqrt{7}-\sqrt{6}+2\sqrt{7}$

(4) $-3\sqrt{11}+2\sqrt{6}+6\sqrt{6}-5\sqrt{11}$

> **TIP** p, q, r, s는 유리수이고 $a>0$, $b>0$일 때,
> $p\sqrt{a}+q\sqrt{b}+r\sqrt{a}+s\sqrt{b}=p\sqrt{a}+r\sqrt{a}+q\sqrt{b}+s\sqrt{b}$
> $\qquad\qquad\qquad\qquad\qquad =(p+r)\sqrt{a}+(q+s)\sqrt{b}$

제곱근의 덧셈과 뺄셈의 응용

03 다음을 계산하시오.

(1) $\sqrt{18}+\sqrt{50}=3\sqrt{2}+\boxed{}\sqrt{2}=\boxed{}$

(2) $\sqrt{75}-\sqrt{12}$

(3) $\sqrt{28}-\sqrt{63}+\sqrt{112}$

(4) $-\sqrt{8}+3\sqrt{3}-\sqrt{48}-4\sqrt{2}$

04 다음을 계산하시오.

(1) $\dfrac{7}{\sqrt{7}}-2\sqrt{7}=\dfrac{7\times\boxed{}}{\sqrt{7}\times\boxed{}}-2\sqrt{7}$
$\qquad\qquad =\boxed{}-2\sqrt{7}=\boxed{}$

(2) $5\sqrt{5}+\dfrac{10}{\sqrt{5}}$

(3) $\sqrt{2}-\dfrac{4}{\sqrt{8}}$

(4) $\dfrac{18}{\sqrt{6}}-\sqrt{24}+\dfrac{5\sqrt{2}}{\sqrt{3}}$

(5) $-\sqrt{27}+\dfrac{6}{\sqrt{3}}-\dfrac{9}{\sqrt{3}}$

05 $a=\sqrt{2}$, $b=\sqrt{5}$일 때, $\dfrac{b}{a}+\dfrac{a}{b}$의 값을 구하시오.

익힘교재 19쪽

근호를 포함한 식의 혼합 계산

개념 알아보기 **1 근호를 포함한 식의 혼합 계산**

$a>0, b>0, c>0$일 때,

(1) 괄호가 있으면 분배법칙을 이용하여 괄호를 푼다.

　① $\sqrt{a}(\sqrt{b}\pm\sqrt{c})=\sqrt{a}\sqrt{b}\pm\sqrt{a}\sqrt{c}=\sqrt{ab}\pm\sqrt{ac}$ (복부호 동순)

　　예 $\sqrt{2}(\sqrt{3}+\sqrt{5})=\sqrt{2}\sqrt{3}+\sqrt{2}\sqrt{5}=\sqrt{6}+\sqrt{10}$

　② $(\sqrt{a}\pm\sqrt{b})\sqrt{c}=\sqrt{a}\sqrt{c}\pm\sqrt{b}\sqrt{c}=\sqrt{ac}\pm\sqrt{bc}$ (복부호 동순)

　　예 $(\sqrt{5}-\sqrt{3})\sqrt{2}=\sqrt{5}\sqrt{2}-\sqrt{3}\sqrt{2}=\sqrt{10}-\sqrt{6}$

(2) 분모에 무리수가 있으면 분모를 유리화한다.

$$\frac{\sqrt{b}+\sqrt{c}}{\sqrt{a}}=\frac{(\sqrt{b}+\sqrt{c})\times\sqrt{a}}{\sqrt{a}\times\sqrt{a}}=\frac{\sqrt{ab}+\sqrt{ac}}{a}$$

　예 $\dfrac{\sqrt{3}+\sqrt{5}}{\sqrt{2}}=\dfrac{(\sqrt{3}+\sqrt{5})\times\sqrt{2}}{\sqrt{2}\times\sqrt{2}}=\dfrac{\sqrt{6}+\sqrt{10}}{2}$

(3) 덧셈, 뺄셈, 곱셈, 나눗셈이 섞여 있는 경우에는 곱셈과 나눗셈을 먼저 한 후 덧셈과 뺄셈을 한다.

개념 자세히 보기 **근호를 포함한 복잡한 식의 계산 방법**

괄호가 있는 경우	➡	분배법칙을 이용하여 괄호 풀기
$\sqrt{a^2b}\ (a>0, b>0)$의 꼴이 있는 경우	➡	$a\sqrt{b}$의 꼴로 고치기
분모에 무리수가 있는 경우	➡	분모를 유리화하기
$+, -, \times, \div$이 섞여 있는 경우	➡	$\times, \div \to +, -$ 순으로 계산하기

≫ 익힘교재 13쪽

바른답·알찬풀이 16쪽

개념 확인하기 **1** 다음 □ 안에 알맞은 수를 써넣으시오.

(1) $\sqrt{2}(\sqrt{11}+\sqrt{7})=\boxed{}\times\sqrt{11}+\boxed{}\times\sqrt{7}=\boxed{}$

(2) $\dfrac{\sqrt{7}-\sqrt{5}}{\sqrt{3}}=\dfrac{(\sqrt{7}-\sqrt{5})\times\boxed{}}{\sqrt{3}\times\boxed{}}=\dfrac{\boxed{}}{3}$

(3) $\sqrt{6}\times\sqrt{3}-\sqrt{5}\div\sqrt{10}=\sqrt{18}-\sqrt{5}\times\dfrac{1}{\boxed{}}=\boxed{}\sqrt{2}-\dfrac{1}{\boxed{}}$

$=\boxed{}\sqrt{2}-\dfrac{\boxed{}}{2}=\boxed{}$

바른답·알찬풀이 16쪽

근호를 포함한 식의 혼합 계산

01 다음을 계산하시오.

(1) $\sqrt{2}(\sqrt{5}-2)$

(2) $\sqrt{3}(\sqrt{15}+2\sqrt{3})$

(3) $2\sqrt{5}(\sqrt{6}-\sqrt{5})$

(4) $(\sqrt{40}-\sqrt{24})\div\sqrt{2}$

02 $\sqrt{2}(\sqrt{3}-1)+(\sqrt{6}-4\sqrt{2})\sqrt{3}=a\sqrt{2}+b\sqrt{6}$일 때, 유리수 a, b에 대하여 $a+b$의 값을 구하시오.

03 다음 수의 분모를 유리화하시오.

(1) $\dfrac{\sqrt{2}+\sqrt{3}}{\sqrt{5}}$　　(2) $\dfrac{3-\sqrt{2}}{\sqrt{2}}$

(3) $\dfrac{6-\sqrt{12}}{\sqrt{3}}$　　(4) $\dfrac{\sqrt{8}+\sqrt{24}}{\sqrt{6}}$

(5) $\dfrac{\sqrt{2}-3\sqrt{3}}{2\sqrt{3}}$　　(6) $\dfrac{2\sqrt{5}+\sqrt{6}}{\sqrt{18}}$

04 다음을 계산하시오.

(1) $\sqrt{21}\div\sqrt{7}-5\sqrt{6}\times\sqrt{2}$

(2) $\sqrt{32}\times\dfrac{5}{\sqrt{10}}-\sqrt{20}$

(3) $\sqrt{8}-12\div\sqrt{2}+\sqrt{50}$

(4) $\sqrt{3}(\sqrt{18}+\sqrt{3})-\sqrt{2}\div\sqrt{3}$

> **TIP** 근호를 포함한 식의 혼합 계산
> ❶ 괄호가 있으면 분배법칙을 이용하여 괄호를 푼다.
> ❷ $\sqrt{a^2b}$ $(a>0, b>0)$의 꼴이 있으면 $a\sqrt{b}$의 꼴로 고친다.
> ❸ 분모에 무리수가 있으면 분모를 유리화한다.
> ❹ 곱셈, 나눗셈을 먼저 한 후 덧셈, 뺄셈을 한다.

제곱근의 계산 결과가 유리수가 될 조건

05 다음은 $3\sqrt{2}-5\sqrt{2}+a\sqrt{2}+4$를 계산한 결과가 유리수가 되도록 하는 유리수 a의 값을 구하는 과정이다. □ 안에 알맞은 수를 써넣으시오.

> $3\sqrt{2}-5\sqrt{2}+a\sqrt{2}+4=(3-\boxed{}+a)\sqrt{2}+4$
> $\phantom{3\sqrt{2}-5\sqrt{2}+a\sqrt{2}+4}=(\boxed{}+a)\sqrt{2}+4$
> 유리수가 되려면 무리수 부분이 $\boxed{}$이어야 하므로
> $\boxed{}+a=\boxed{}$　　$\therefore a=\boxed{}$

> **TIP** a, b가 유리수이고 $\sqrt{m}$이 무리수일 때, $a+b\sqrt{m}$이 유리수가 될 조건은 $b=0$이다.

익힘교재 20쪽

01 $A=6\sqrt{3}-7\sqrt{3}-\sqrt{3}$, $B=-4\sqrt{5}+2\sqrt{3}+9\sqrt{5}$일 때, $A+B$의 값을 구하시오.

● 개념 REVIEW

▶ 제곱근의 덧셈과 뺄셈

m, n은 유리수이고 $a>0$일 때,
① $m\sqrt{a}+n\sqrt{a}=(\text{❶}\boxed{})\sqrt{a}$
② $m\sqrt{a}-n\sqrt{a}=(\text{❷}\boxed{})\sqrt{a}$

02 가로의 길이가 $(\sqrt{20}-\sqrt{2})$ cm, 세로의 길이가 $(\sqrt{18}-\sqrt{5})$ cm인 직사각형의 둘레의 길이는?

① $(3\sqrt{2}+\sqrt{5})$ cm   ② $(3\sqrt{2}+2\sqrt{5})$ cm   ③ $(4\sqrt{2}+\sqrt{5})$ cm
④ $(4\sqrt{2}+2\sqrt{5})$ cm   ⑤ $(5\sqrt{2}+\sqrt{5})$ cm

▶ 제곱근의 덧셈과 뺄셈의 응용

$\sqrt{a^2b}$ $(a>0, b>0)$의 꼴이 포함되어 있으면 $\sqrt{a^2b}=\text{❸}\boxed{}\sqrt{b}$임을 이용하여 근호 안을 가장 작은 자연수로 바꾼 후 계산한다.

03 $\sqrt{50}+\dfrac{4}{\sqrt{32}}-\dfrac{\sqrt{8}}{2}=k\sqrt{2}$일 때, 유리수 k의 값을 구하시오.

▶ 제곱근의 덧셈과 뺄셈의 응용

분모에 무리수가 있으면 분모를 ❹$\boxed{}$한 후 계산한다.

04 $a=\sqrt{3}+\sqrt{5}$, $b=\sqrt{3}-\sqrt{5}$일 때, $\sqrt{3}a-\sqrt{5}b$의 값을 구하시오.

▶ 근호를 포함한 식의 혼합 계산

괄호가 있는 제곱근의 계산은 ❺$\boxed{}$법칙을 이용하여 괄호를 푼 후 계산한다.

05 다음을 계산하시오.

$$\sqrt{18}\left(\dfrac{1}{\sqrt{2}}-\dfrac{1}{\sqrt{3}}\right)-\dfrac{\sqrt{12}-\sqrt{8}}{\sqrt{2}}$$

▶ 근호를 포함한 식의 혼합 계산

06 $a(2-\sqrt{7})+4\sqrt{7}$을 계산한 결과가 유리수가 되도록 하는 유리수 a의 값을 구하시오.

▶ 제곱근의 계산 결과가 유리수가 될 조건

a, b가 유리수이고 $\sqrt{m}$이 무리수일 때, $a+b\sqrt{m}$이 유리수가 될 조건은 ❻$\boxed{}=0$이다.

답 ❶ $m+n$ ❷ $m-n$ ❸ a ❹ 유리화 ❺ 분배 ❻ b

» 익힘교재 21쪽

01 다음 중 옳지 <u>않은</u> 것은?

① $\sqrt{5} \times \sqrt{3} = \sqrt{15}$ 　　② $\sqrt{35} \div \sqrt{5} = \sqrt{7}$

③ $-\sqrt{\dfrac{11}{4}}\sqrt{\dfrac{20}{11}} = -5$ 　　④ $\dfrac{\sqrt{21}}{\sqrt{7}} = \sqrt{3}$

⑤ $\sqrt{10} \times \sqrt{2} \div \sqrt{5} = 2$

02 $6\sqrt{2} = \sqrt{a}$, $\sqrt{27} = b\sqrt{3}$일 때, 유리수 a, b에 대하여 $a+b$의 값은?

① 69　　　　② 71　　　　③ 73

④ 75　　　　⑤ 77

03 $a = \sqrt{3}$, $b = \sqrt{5}$일 때, $\sqrt{48} - \sqrt{45}$를 a, b를 사용하여 나타내면?

① $3a - ab$　　② $3a - a^2b$　　③ $4a - ab$

④ $4a - a^2b$　　⑤ $6a - a^2b$

UP
04 $a>0$, $b>0$, $ab=8$일 때, $a\sqrt{\dfrac{8b}{a}} + b\sqrt{\dfrac{2a}{b}}$의 값을 구하시오.

서술형
05 다음 수 중에서 가장 큰 수를 a, 가장 작은 수를 b라 할 때, $\dfrac{a}{b}$의 값을 구하시오.

$$\dfrac{5}{7}, \quad \dfrac{5}{\sqrt{7}}, \quad \dfrac{\sqrt{5}}{7}, \quad \sqrt{\dfrac{5}{7}}$$

06 $\dfrac{5\sqrt{k}}{6\sqrt{10}}$의 분모를 유리화하면 $\dfrac{\sqrt{70}}{12}$일 때, 유리수 k의 값을 구하시오.

07 $\sqrt{\dfrac{5^2 \times 11}{81}} = a\sqrt{11}$, $\sqrt{0.024} = b\sqrt{15}$일 때, 유리수 a, b에 대하여 ab의 값을 구하시오.

08 $\dfrac{\sqrt{20}}{24} \times (-\sqrt{8}) \div \dfrac{\sqrt{15}}{3\sqrt{2}}$ 를 계산하면?

① $-\dfrac{2\sqrt{2}}{3}$　　② $-\dfrac{\sqrt{5}}{2}$　　③ $-\dfrac{\sqrt{3}}{3}$

④ $-\dfrac{\sqrt{2}}{2}$　　⑤ $-\dfrac{\sqrt{5}}{3}$

09 다음 중 주어진 제곱근표를 이용하여 그 값을 구할 수 없는 것은?

수	0	1	2	3	4	5
5.7	2.387	2.390	2.392	2.394	2.396	2.398
5.8	2.408	2.410	2.412	2.415	2.417	2.419
5.9	2.429	2.431	2.433	2.435	2.437	2.439
6.0	2.449	2.452	2.454	2.456	2.458	2.460

① $\sqrt{5.72}$ ② $\sqrt{585}$ ③ $\sqrt{59500}$

④ $\sqrt{0.593}$ ⑤ $\sqrt{0.06}$

10 제곱근표에서 $\sqrt{1.78}=1.334$, $\sqrt{17.8}=4.219$일 때, $\sqrt{1780}-\sqrt{178}$의 값을 구하시오.

11 다음 중 옳은 것은?

① $\sqrt{7}+\sqrt{3}=\sqrt{10}$ ② $\sqrt{4}+2\sqrt{2}=4\sqrt{2}$

③ $\sqrt{15}-\sqrt{11}=2$ ④ $6\sqrt{5}-\sqrt{5}=5\sqrt{5}$

⑤ $\sqrt{24}-3\sqrt{6}=\sqrt{6}$

UP
12 다음 그림과 같이 수직선 위에 $\overline{AB}$를 한 변으로 하는 정사각형 ABCD가 있다. $\overline{AC}=\overline{AP}$, $\overline{BD}=\overline{BQ}$가 되도록 수직선 위에 두 점 P, Q를 정할 때, $\overline{PQ}$의 길이를 구하시오.

13 $\sqrt{108}-\sqrt{75}+\sqrt{45}-\sqrt{80}=a\sqrt{3}+b\sqrt{5}$일 때, 유리수 a, b에 대하여 $a-b$의 값은?

① -3 ② -1 ③ 0

④ 2 ⑤ 5

14 $a=\sqrt{5}$, $b=\sqrt{6}$일 때, $\dfrac{b}{a}-\dfrac{a}{b}$의 값은?

① $-\dfrac{\sqrt{6}}{6}$ ② $-\dfrac{\sqrt{30}}{30}$ ③ $\dfrac{\sqrt{30}}{30}$

④ $\dfrac{\sqrt{6}}{6}$ ⑤ $\dfrac{\sqrt{5}}{5}$

15 세 수 $a=2\sqrt{3}-1$, $b=5-\sqrt{15}$, $c=5-2\sqrt{3}$의 대소 관계를 부등호를 사용하여 나타내시오.

서술형
16 $\sqrt{3}(5\sqrt{3}-4)-7(1-\sqrt{3})=a+b\sqrt{3}$일 때, 유리수 a, b에 대하여 ab의 값을 구하시오.

17 $-\dfrac{\sqrt{10}+\sqrt{40}}{\sqrt{5}}+\dfrac{\sqrt{12}-\sqrt{54}}{\sqrt{3}}$ 를 계산하면?

① $-6\sqrt{2}-2$ ② $-6\sqrt{2}-1$ ③ $-6\sqrt{2}$

④ $-6\sqrt{2}+1$ ⑤ $-6\sqrt{2}+2$

18 $2\sqrt{3}(1-\sqrt{3})+\sqrt{12}\div\sqrt{3}+\dfrac{6}{\sqrt{3}}$ 을 계산하면?

① $-4\sqrt{3}$ ② -4 ③ $\sqrt{3}-4$

④ $4\sqrt{3}-4$ ⑤ $\sqrt{3}+3$

19 오른쪽 그림과 같은 사다리꼴 ABCD의 넓이는?

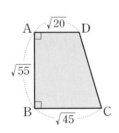

① $\dfrac{7\sqrt{11}}{2}$ ② $7\sqrt{11}$

③ $10\sqrt{11}$ ④ $\dfrac{25\sqrt{11}}{2}$

⑤ $20\sqrt{11}$

서술형
20 다음에서 A가 유리수일 때, a, A의 값을 각각 구하시오. (단, a는 유리수)

$$A=\sqrt{3}(\sqrt{3}-5)+a(2-\sqrt{3})$$

창의·융합 문제

다음 그림과 같이 넓이가 각각 $300\,\text{m}^2$, $192\,\text{m}^2$, $75\,\text{m}^2$인 세 정사각형 모양의 꽃밭이 서로 이웃하여 붙어 있다. 이 세 꽃밭으로 이루어진 도형의 둘레의 길이를 구하시오.

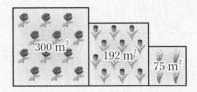

해결의 길잡이

1 [그림 1]을 이용하여 세 꽃밭으로 이루어진 도형의 둘레의 길이와 둘레의 길이가 같은 직사각형을 [그림 2]에 나타낸다.

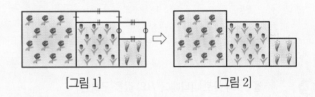

[그림 1] [그림 2]

2 세 정사각형 모양의 꽃밭의 한 변의 길이를 각각 구한다.

3 세 꽃밭으로 이루어진 도형의 둘레의 길이를 구한다.

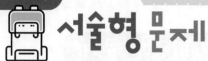

서술형 문제

1 $\sqrt{200}$은 $\sqrt{2}$의 A배이고, $\dfrac{\sqrt{3}}{3\sqrt{5}}=\sqrt{B}$일 때, 유리수 A, B에 대하여 AB의 값을 구하시오.

2 $\sqrt{0.24}$는 $\sqrt{6}$의 A배이고, $\dfrac{2\sqrt{7}}{\sqrt{10}}=\sqrt{B}$일 때, 유리수 A, B에 대하여 $A\div B$의 값을 구하시오.

❶ $\sqrt{200}$을 $a\sqrt{b}$의 꼴로 나타내어 A의 값을 구하면?

(단, b는 가장 작은 자연수)

$\sqrt{200}=\sqrt{\boxed{}^2\times 2}=\boxed{}\sqrt{2}$이므로

$\sqrt{200}$은 $\sqrt{2}$의 $\boxed{}$배이다.

$\therefore A=\boxed{}$

··· 40 %

❶ $\sqrt{0.24}$를 $\dfrac{\sqrt{a}}{b}$의 꼴로 나타내어 A의 값을 구하면?

(단, a는 가장 작은 자연수)

❷ $\dfrac{\sqrt{3}}{3\sqrt{5}}$을 $\sqrt{a}$의 꼴로 나타내어 B의 값을 구하면?

$\dfrac{\sqrt{3}}{3\sqrt{5}}=\dfrac{\sqrt{3}}{\sqrt{\boxed{}^2\times\boxed{}}}=\dfrac{\sqrt{3}}{\sqrt{\boxed{}}}$

$=\sqrt{\dfrac{3}{\boxed{}}}=\sqrt{\boxed{}}$

이므로 $B=\boxed{}$

··· 40 %

❷ $\dfrac{2\sqrt{7}}{\sqrt{10}}$을 $\sqrt{a}$의 꼴로 나타내어 B의 값을 구하면?

❸ AB의 값을 구하면?

$A=\boxed{}$, $B=\boxed{}$이므로

$AB=\boxed{}$

··· 20 %

❸ $A\div B$의 값을 구하면?

바른답·알찬풀이 19쪽

3 다음을 만족하는 유리수 a, b에 대하여 $a-b$의 값을 구하시오.

$$\sqrt{2}\sqrt{6}\sqrt{5}=a\sqrt{15}, \quad 4\sqrt{7}\times b\sqrt{3}=-8\sqrt{21}$$

✏ **풀이 과정**

답 _____

4 $6-\sqrt{10}$의 소수 부분을 a라 할 때, $\dfrac{4+a}{4-a}$의 값을 구하시오.

✏ **풀이 과정**

답 _____

5 두 수 A, B에 대하여

$$A=\sqrt{2}(5-\sqrt{3})+3\sqrt{6}, \quad B=4\sqrt{5}\div\dfrac{\sqrt{2}}{\sqrt{5}}-\dfrac{\sqrt{24}}{2}$$

일 때, $A-B$의 값을 구하시오.

✏ **풀이 과정**

답 _____

6 다음 그림과 같이 전개도로 직육면체 모양의 선물 상자를 만들었다. 상자의 밑면의 가로, 세로의 길이가 각각 $\sqrt{8}$, $\sqrt{12}$이고, 상자의 부피가 24일 때, 이 상자의 옆넓이를 구하시오.

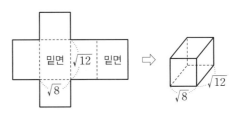

✏ **풀이 과정**

답 _____

제대로 연습하기, 이작 펄만

1946년 이스라엘에서 이발사의 아들로 태어난 이작 펄만은 20세기의 가장 뛰어난 바이올리니스트로 꼽힙니다. 그는 음악을 좋아하는 부모의 영향으로 음악을 들으며 자랐고, 네 살이 되기 전부터 바이올린 연주법을 스스로 터득할 정도로 재능이 있었습니다.

그런데 네 살이 되었을 때, 소아마비에 걸려 왼쪽 다리가 마비되었습니다. 그래서 그는 연주회 때마다 목발을 짚고 무대에 오르고, 무대에서는 다시 연주용 의자에 앉아 바이올린을 연주했습니다. 이런 신체적 불편함을 극복하고, 세상의 칭송을 받는 음악가가 될 수 있었던 비결로 이작 펄만은 '제 박자를 지키며 연습하기'를 꼽습니다.

"반드시 박자를 지켜 가며 연습해야 한다. 아무리 많은 시간을 연습에 투자해도 실력이 나아지지 않는다며 불평하는 학생들은 지나치게 빠른 박자로 연습하는 경우가 많다. 반드시 확실하고 정교한 음을 뇌에게 전달해야 하고, 그래야만 그렇게 저장된 정보를 뇌가 손가락으로 제대로 전할 수 있기 때문이다."

우리의 일상에서도 지켜야 하는 박자가 있습니다.

03

다항식의 곱셈과 인수분해

배운내용 Check

1 다음 자연수를 소인수분해하시오.

(1) 12   (2) 126

2 다음 식을 전개하시오.

(1) $x(2x-y)$ (2) $(x+5y) \times (-3y)$

정답   **1** (1) $2^2 \times 3$ (2) $2 \times 3^2 \times 7$
      2 (1) $2x^2 - xy$ (2) $-3xy - 15y^2$

다항식과 다항식의 곱셈

01 다음 식을 전개하시오.

(1) $(a+b)(x-y)$

(2) $(x+3)(2y+3)$

(3) $(-3a+1)(b-4)$

(4) $(x-2y)(x+5)$

(5) $(x+y)(a+b+c)$

(6) $(2a+b-6)(x+3y)$

02 다음 □ 안에 알맞은 것을 써넣으시오.

(1) $(x+1)(x+5)=x^2+\square x+x+\square$
      $=x^2+\square x+\square$

(2) $(2a-3)(a+6)=\square a^2+\square a-3a-\square$
      $=\boxed{}$

(3) $(x+4y)(3x-y)=\square x^2-xy+\square xy-\square y^2$
      $=\boxed{}$

03 다음 식을 전개하시오.

(1) $(a+7)(a-3)$

(2) $(3x-1)(2x+4)$

(3) $(2a-b)(-a+3b)$

(4) $(x+1)(x+2y-3)$

04 다음 식을 전개한 식에서 [ ] 안의 것을 구하시오.

(1) $(x-1)(y-2)$ [상수항]

(2) $(-4x+y)(x-5y)$ [xy의 계수]

(3) $(x-3)(3x+y+6)$ [x의 계수]

(4) $(x-y+3)(2x+3)$ [x^2의 계수]

> **TIP** 특정한 항의 계수를 구할 때, 식을 모두 전개하여 구해도 되지만 필요한 항이 나오는 부분만 전개하는 것이 더 간단하다.

05 $(7x-1)(y+3x)=21x^2+axy+bx+cy$일 때, 수 a, b, c에 대하여 $ab-c$의 값을 구하시오.

▶▶ 익힘교재 23쪽

곱셈 공식 (1)

개념 알아보기

1 $(a\pm b)^2$의 전개 ← 합의 제곱, 차의 제곱

$$(a+b)^2=a^2+2ab+b^2 \qquad (a-b)^2=a^2-2ab+b^2$$

곱의 2배   곱의 2배

참고 ① $(a+b)^2=(a+b)(a+b)=a^2+ab+ba+b^2=a^2+2ab+b^2$
    ② $(a-b)^2=(a-b)(a-b)=a^2-ab-ba+b^2=a^2-2ab+b^2$

예 $(a+1)^2=a^2+2\times a\times 1+1^2=a^2+2a+1,\ (a-1)^2=a^2-2\times a\times 1+1^2=a^2-2a+1$

2 $(a+b)(a-b)$의 전개 ← 합과 차의 곱

$$\underset{\text{합}}{(a+b)}\underset{\text{차}}{(a-b)}=\underset{\text{제곱의 차}}{a^2-b^2}$$

참고 $(a+b)(a-b)=a^2-ab+ba-b^2=a^2-b^2$

예 $(a+1)(a-1)=a^2-1^2=a^2-1$

개념 자세히 보기

도형을 이용한 곱셈 공식 (1)

• $(a+b)^2$의 전개

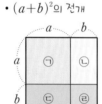

$(a+b)^2$
=(가장 큰 정사각형의 넓이)
=㉠+㉡+㉢+㉣
=$a^2+ab+ab+b^2$
=$a^2+2ab+b^2$

• $(a-b)^2$의 전개

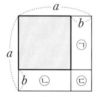

$(a-b)^2$
=(색칠한 정사각형의 넓이)
=a^2-㉠$-$㉡$-$㉢
=$a^2-b(a-b)-b(a-b)-b^2$
=$a^2-2ab+b^2$

• $(a+b)(a-b)$의 전개

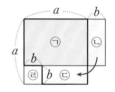

$(a+b)(a-b)$
=(색칠한 두 직사각형의 넓이의 합)
=㉠+㉡=㉠+㉢
=a^2-㉣
=a^2-b^2

>> 익힘교재 22쪽

※ 바른답·알찬풀이 21쪽

개념 확인하기 1 다음 ☐ 안에 알맞은 수를 써넣으시오.

(1) $(a+3)^2=a^2+\square\times a\times 3+\square^2=a^2+\square a+\square$

(2) $(x-2)^2=x^2-\square\times x\times 2+\square^2=x^2-\square x+\square$

(3) $(a+5)(a-5)=a^2-\square^2=a^2-\square$

곱셈 공식; $(a+b)^2$의 전개

01 다음 ☐ 안에 알맞은 것을 써넣으시오.

(1) $(x+5)^2 = x^2 + 2 \times x \times \boxed{} + \boxed{}^2$

$\qquad = \boxed{}$

(2) $(2a+1)^2 = (2a)^2 + 2 \times \boxed{} a \times 1 + \boxed{}^2$

$\qquad = \boxed{}$

02 다음 식을 전개하시오.

(1) $(a+6)^2$

(2) $(4x+2)^2$

(3) $(x+9y)^2$

(4) $(3a+7b)^2$

(5) $\left(5x+\dfrac{2}{5}y\right)^2$

(6) $(-x-8y)^2$

03 $\left(\dfrac{1}{4}x+2\right)^2 = ax^2+bx+c$일 때, 수 a, b, c에 대하여 abc의 값을 구하시오.

> **TIP** 곱셈 공식을 이용하여 좌변을 전개한 후 우변과 계수를 비교한다.

04 $(x+A)^2$을 전개한 식이 $x^2+18x+B$일 때, 수 A, B의 값을 각각 구하시오.

곱셈 공식; $(a-b)^2$의 전개

05 다음 ☐ 안에 알맞은 것을 써넣으시오.

(1) $(a-3)^2 = a^2 - 2 \times a \times \boxed{} + \boxed{}^2$

$\qquad = \boxed{}$

(2) $(4x-5)^2 = (4x)^2 - 2 \times \boxed{} x \times \boxed{} + \boxed{}^2$

$\qquad = \boxed{}$

06 다음 식을 전개하시오.

(1) $(x-7)^2$

(2) $(5a-2)^2$

(3) $(x-6y)^2$

(4) $(2a-3b)^2$

(5) $\left(\dfrac{3}{2}a-4b\right)^2$

(6) $(-a+4b)^2$

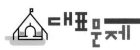

07 $(Ax-3)^2=16x^2-Bx+C$일 때, 양수 A, B, C에 대하여 $A-B+C$의 값을 구하시오.

> **TIP** 좌변을 전개한 후 우변과 계수를 비교한다. 이때 A, B, C가 양수임에 유의하여 그 값을 구한다.

곱셈 공식: $(a+b)(a-b)$의 전개

08 다음 ☐ 안에 알맞은 것을 써넣으시오.

(1) $(x+4)(x-4)=\boxed{}^2-\boxed{}^2$
$$=\boxed{}$$

(2) $(5a+2b)(5a-2b)=(\boxed{})^2-(\boxed{})^2$
$$=\boxed{}$$

09 다음 식을 전개하시오.

(1) $(2x+1)(2x-1)$

(2) $(3-a)(3+a)$

(3) $(3x+5y)(3x-5y)$

(4) $\left(4a+\dfrac{1}{2}b\right)\left(4a-\dfrac{1}{2}b\right)$

(5) $(-a-b)(-a+b)$

(6) $(-b-7)(b-7)$

10 다음 ☐ 안에 알맞은 수를 써넣으시오.

(1) $(-3a^2+7)(-3a^2-7)=9a^{\boxed{}}-\boxed{}$

(2) $(x-1)(x+1)(x^2+1)=(x^{\boxed{}}-\boxed{})(x^2+1)$
$$=x^{\boxed{}}-\boxed{}$$

> **TIP** (2) $\underline{(a-b)(a+b)}(a^2+b^2)=\underline{(a^2-b^2)(a^2+b^2)}$
> $$=(a^2)^2-(b^2)^2$$

공통부분이 있는 식의 전개

11 다음은 $(a+b-1)(a+b+1)$을 전개하는 과정이다. ☐ 안에 알맞은 것을 써넣으시오.

$a+b=A$로 놓으면
$(a+b-1)(a+b+1)=(A-\boxed{})(A+\boxed{})$
$$=A^2-\boxed{}$$
A에 $a+b$를 대입하면
$A^2-1=(\boxed{})^2-1=\boxed{}$

> **TIP** 공통부분이 있는 식을 전개하는 방법
> ❶ 공통부분을 한 문자로 놓는다.
> ❷ 곱셈 공식을 이용하여 전개한다.
> ❸ 전개한 식에 다시 공통부분을 대입하여 정리한다.

12 $(2x+y+1)^2$을 전개하시오.

⏵⏵ 익힘교재 24쪽

곱셈 공식 (2)

 1 $(x+a)(x+b)$의 전개 ← x의 계수가 1인 두 일차식의 곱

$$(x+a)(x+b)=x^2+(a+b)x+ab$$

합
곱

참고 $(x+a)(x+b)=x^2+bx+ax+ab=x^2+(a+b)x+ab$

예 $(x+1)(x+2)=x^2+(1+2)x+1\times2=x^2+3x+2$

2 $(ax+b)(cx+d)$의 전개 ← x의 계수가 1이 아닌 두 일차식의 곱

$$(ax+b)(cx+d)=acx^2+(ad+bc)x+bd$$

외항의 곱
내항의 곱

참고 $(ax+b)(cx+d)=acx^2+adx+bcx+bd=acx^2+(ad+bc)x+bd$

예 $(x+1)(2x+3)=(1\times2)x^2+(1\times3+1\times2)x+1\times3=2x^2+5x+3$

개념 자세히 보기

도형을 이용한 곱셈 공식 (2)

• $(x+a)(x+b)$의 전개

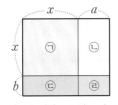

$(x+a)(x+b)=$ (가장 큰 직사각형의 넓이)
$=㉠+㉡+㉢+㉣$
$=x^2+ax+bx+ab$
$=x^2+(a+b)x+ab$

• $(ax+b)(cx+d)$의 전개

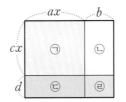

$(ax+b)(cx+d)=$ (가장 큰 직사각형의 넓이)
$=㉠+㉡+㉢+㉣$
$=acx^2+bcx+adx+bd$
$=acx^2+(ad+bc)x+bd$

≫ 익힘교재 22쪽

바른답 · 알찬풀이 22쪽

 1 다음 □ 안에 알맞은 것을 써넣으시오.

(1) $(x+1)(x+4)=x^2+(\square+4)x+1\times\square=\boxed{}$

(2) $(2x+1)(4x+3)=(2\times\square)x^2+(2\times\square+1\times\square)x+1\times\square$
$=\boxed{}$

바른답·알찬풀이 22쪽

곱셈 공식; $(x+a)(x+b)$의 전개

01 다음 식을 전개하시오.

(1) $(a+3)(a+5)$

(2) $(x-2)(x+4)$

(3) $\left(x-\dfrac{1}{4}\right)\left(x-\dfrac{1}{3}\right)$

(4) $(a+3b)(a-7b)$

02 $(x+3)(x+A)=x^2+Bx-12$일 때, 수 A, B에 대하여 $A-B$의 값을 구하시오.

> **TIP** 좌변을 전개한 후 우변과 계수를 비교하여 A, B의 값을 각각 구한다.

곱셈 공식; $(ax+b)(cx+d)$의 전개

03 다음 식을 전개하시오.

(1) $(5x+2)(x+6)$

(2) $(3y+2)(5y-1)$

(3) $\left(\dfrac{1}{2}x-2\right)\left(\dfrac{3}{2}x-8\right)$

(4) $(2a-3b)(3a+4b)$

04 $(6x+a)(x-1)$을 전개한 식에서 x의 계수가 -3일 때, 다음 물음에 답하시오. (단, a는 수)

(1) $(6x+a)(x-1)$을 전개하시오.

(2) a의 값을 구하시오.

05 다음 식을 간단히 하시오.

$$(4x+7)(2x-1)-(5x-2)(x+3)$$

곱셈 공식의 활용

06 오른쪽 그림과 같이 가로, 세로의 길이가 각각 $4x+5$, $3x+2$인 직사각형 모양의 벽에 폭이 $x-1$로 일정한 테두리를 제외하고 나머지 부분에 페인트를 칠하였다. 페인트를 칠한 부분의 넓이를 구하려고 할 때, 다음 ☐ 안에 알맞은 것을 써넣으시오.

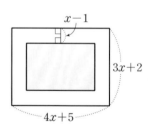

> 페인트를 칠한 부분은 직사각형 모양이고 가로의 길이는
> $4x+5-2($ ☐ $)=$ ☐
> 세로의 길이는
> $3x+2-2($ ☐ $)=$ ☐
> 따라서 페인트를 칠한 부분의 넓이는
> $(2x+$☐$)(x+$☐$)=$ ☐

익힘교재 25쪽

● 개념 REVIEW

01 $(x-y)(x+2y-3)$을 전개한 식에서 xy의 계수를 A, x의 계수를 B라 할 때, $A-B$의 값을 구하시오.

> 다항식과 다항식의 곱셈
> ❶□□법칙을 이용하여 전개한 후 동류항이 있으면 동류항끼리 모아서 간단히 한다.

02 다음 중 옳은 것은?

① $(a+4)^2=a^2+16$ ② $(x-5)^2=x^2-10x-25$
③ $(a+7)(a-7)=a^2-14$ ④ $(y+2)(y-1)=y^2-y-2$
⑤ $(x+3)(2x-1)=2x^2+5x-3$

> 곱셈 공식
> ① $(a+b)^2=a^2❷□2ab+b^2$
> ② $(a-b)^2=a^2❸□2ab+b^2$
> ③ $(a+b)(a-b)=❹□-❺□$
> ④ $(x+a)(x+b)$
> $=x^2+(a+❻□)x+ab$
> ⑤ $(ax+b)(cx+d)$
> $=acx^2+(ad+bc)x+bd$

03 $(1-a)(1+a)(1+a^2)(1+a^4)$을 전개하시오.

> 곱셈 공식;
> $(a+b)(a-b)$의 전개

04 $(4x-3)(7x+a)$를 전개한 식에서 x의 계수와 상수항이 같을 때, 수 a의 값을 구하시오.

> 곱셈 공식;
> $(ax+b)(cx+d)$의 전개

05 오른쪽 그림과 같이 한 변의 길이가 x인 정사각형에서 가로의 길이는 3만큼 늘이고 세로의 길이는 2만큼 줄였다. 이때 색칠한 직사각형의 넓이는?

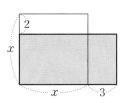

① x^2-x-6 ② x^2-x+6
③ x^2+x-6 ④ x^2+x+6
⑤ x^2+5x+6

> 곱셈 공식의 활용
> 곱셈 공식을 이용하여 도형의 넓이를 구하는 방법
> ❶ 넓이를 구하는 데 필요한 도형의 변의 길이를 문자를 사용하여 나타낸다.
> ❷ 도형의 넓이를 구하는 식을 세운 후 ❼□□ 공식을 이용하여 전개한다.

答 ❶ 분배 ❷ + ❸ − ❹ a^2
❺ b^2 ❻ b ❼ 곱셈

» 익힘교재 26쪽

곱셈 공식의 응용 (1)

개념 알아보기

1 곱셈 공식을 이용한 수의 계산

수의 계산을 할 때, 곱셈 공식을 이용하면 편리한 경우가 있다.

(1) **수의 제곱의 계산**: 곱셈 공식 $(a+b)^2=a^2+2ab+b^2$ 또는 $(a-b)^2=a^2-2ab+b^2$을 이용한다.

> 예 ① $51^2=(50+1)^2=50^2+2\times50\times1+1^2=2601$
> ② $49^2=(50-1)^2=50^2-2\times50\times1+1^2=2401$

(2) **두 수의 곱의 계산**: 곱셈 공식 $(a+b)(a-b)=a^2-b^2$ 또는
$(x+a)(x+b)=x^2+(a+b)x+ab$를 이용한다.

> 예 ① $51\times49=(50+1)(50-1)=50^2-1^2=2499$
> ② $51\times52=(50+1)(50+2)=50^2+(1+2)\times50+1\times2=2652$

2 곱셈 공식을 이용한 근호를 포함한 식의 계산

제곱근을 문자로 생각하고 곱셈 공식을 이용하여 전개한 후 계산한다. 즉, $a>0$, $b>0$일 때

(1) $(\sqrt{a}+\sqrt{b})^2=a+2\sqrt{ab}+b$ ← $(\sqrt{a})^2+2\times\sqrt{a}\times\sqrt{b}+(\sqrt{b})^2$

(2) $(\sqrt{a}-\sqrt{b})^2=a-2\sqrt{ab}+b$ ← $(\sqrt{a})^2-2\times\sqrt{a}\times\sqrt{b}+(\sqrt{b})^2$

(3) $(\sqrt{a}+\sqrt{b})(\sqrt{a}-\sqrt{b})=a-b$ ← $(\sqrt{a})^2-(\sqrt{b})^2$

> 예 ① $(\sqrt{2}+1)^2=(\sqrt{2})^2+2\times\sqrt{2}\times1+1^2=3+2\sqrt{2}$
> ② $(\sqrt{3}-1)^2=(\sqrt{3})^2-2\times\sqrt{3}\times1+1^2=4-2\sqrt{3}$
> ③ $(\sqrt{5}+\sqrt{2})(\sqrt{5}-\sqrt{2})=(\sqrt{5})^2-(\sqrt{2})^2=3$

개념 자세히 보기

곱셈 공식을 이용한 근호를 포함한 식의 계산

제곱근을 x와 같은 문자로 생각하고 곱셈 공식을 이용하여 전개한다.

> 예 $(\sqrt{5}+1)^2=(\sqrt{5})^2+2\times\sqrt{5}\times1+1^2=5+2\sqrt{5}+1=6+2\sqrt{5}$
> ⋮   ⋮   ⋮
> $(x+1)^2 = x^2 +2\times x \times1+1^2=x^2+2x+1$

≫ 익힘교재 22쪽

⋙ 바른답 · 알찬풀이 23쪽

개념 확인하기

1 다음 □ 안에 알맞은 수를 써넣으시오.

(1) $101^2=(100+\square)^2=\square^2+2\times\square\times1+1^2=\square$

(2) $101\times99=(100+\square)(100-\square)=\square^2-\square^2=\square$

(3) $(\sqrt{3}-2)^2=(\square)^2-2\times\square\times2+\square^2=\square$

(4) $(3+\sqrt{5})(3-\sqrt{5})=\square^2-(\square)^2=\square$

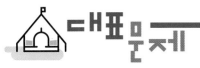

곱셈 공식을 이용한 수의 계산

01 아래 **보기** 중 다음 수를 계산할 때, 가장 편리한 곱셈 공식을 고르시오. (단, $a>0, b>0$)

┌ **보기** ┤
ㄱ. $(a+b)^2=a^2+2ab+b^2$
ㄴ. $(a-b)^2=a^2-2ab+b^2$
ㄷ. $(a+b)(a-b)=a^2-b^2$
ㄹ. $(x+a)(x+b)=x^2+(a+b)x+ab$

(1) 502^2 (2) 97^2

(3) 55×45 (4) 101×102

(5) 9.8^2 (6) 5.3×4.7

> **TIP** 곱셈 공식을 이용한 수의 계산에서 곱셈 공식의 문자에 들어갈 값은 계산이 편리한 수로 정한다.

02 곱셈 공식을 이용하여 다음을 계산하시오.

(1) 205^2 (2) 399^2

(3) 47^2 (4) 7.2^2

(5) 42×38 (6) 97×104

(7) 2.9×3.1 (8) 50.1×50.3

곱셈 공식을 이용한 근호를 포함한 식의 계산

03 곱셈 공식을 이용하여 다음을 계산하시오.

(1) $(\sqrt{7}+2)^2$

(2) $(\sqrt{10}-\sqrt{3})^2$

(3) $(\sqrt{13}+5)(\sqrt{13}-5)$

(4) $(3\sqrt{6}-8)(3\sqrt{6}+8)$

04 주어진 곱셈 공식을 이용하여 다음을 계산할 때, $\square$ 안에 알맞은 수를 써넣으시오.

(1) $(x+a)(x+b)=x^2+(a+b)x+ab$

$(\sqrt{6}+7)(\sqrt{6}-4)$
$=(\sqrt{6})^2+(7-\square)\times\sqrt{6}+7\times(\square)$
$=\square$

(2) $(ax+b)(cx+d)=acx^2+(ad+bc)x+bd$

$(\sqrt{2}+3)(2\sqrt{2}-4)$
$=1\times2\times(\square)^2+\{1\times(-4)+3\times2\}\times(\square)$
$\qquad\qquad\qquad\qquad+\square\times(-4)$
$=\square$

05 $x=\sqrt{3}-\sqrt{2}, y=\sqrt{3}+\sqrt{2}$일 때, $\dfrac{1}{x}+\dfrac{1}{y}$의 값을 구하려고 한다. 다음 식의 값을 구하시오.

(1) $x+y$ (2) xy (3) $\dfrac{1}{x}+\dfrac{1}{y}$

▶▶ 익힘교재 27쪽

곱셈 공식의 응용 (2)

 1 곱셈 공식을 이용한 분모의 유리화

분모에 근호를 포함한 무리수가 있을 때, 곱셈 공식 $(a+b)(a-b)=a^2-b^2$을 이용하여 분모를 유리화한다. 즉, $a>0, b>0, a \neq b$이고 a, b는 유리수, c는 실수일 때

$$\frac{c}{\sqrt{a}+\sqrt{b}}=\frac{c(\sqrt{a}-\sqrt{b})}{(\sqrt{a}+\sqrt{b})(\sqrt{a}-\sqrt{b})}=\frac{c\sqrt{a}-c\sqrt{b}}{a-b}$$

부호 반대

예 $\dfrac{1}{\sqrt{3}+\sqrt{2}}=\dfrac{\sqrt{3}-\sqrt{2}}{(\sqrt{3}+\sqrt{2})(\sqrt{3}-\sqrt{2})}=\dfrac{\sqrt{3}-\sqrt{2}}{(\sqrt{3})^2-(\sqrt{2})^2}=\dfrac{\sqrt{3}-\sqrt{2}}{3-2}=\sqrt{3}-\sqrt{2}$

2 곱셈 공식의 변형

(1) $(a+b)^2=a^2+2ab+b^2 \Rightarrow \boxed{a^2+b^2=(a+b)^2-2ab}$ ← 두 수의 합과 곱이 주어질 때

$(a-b)^2=a^2-2ab+b^2 \Rightarrow \boxed{a^2+b^2=(a-b)^2+2ab}$ ← 두 수의 차와 곱이 주어질 때

(2) $(a+b)^2-2ab=(a-b)^2+2ab \Rightarrow \boxed{(a+b)^2=(a-b)^2+4ab}$ ← 두 수의 차와 곱이 주어질 때

$(a-b)^2+2ab=(a+b)^2-2ab \Rightarrow \boxed{(a-b)^2=(a+b)^2-4ab}$ ← 두 수의 합과 곱이 주어질 때

참고 곱셈 공식의 변형에서 b 대신 $\dfrac{1}{a}$을 대입하면 다음을 얻을 수 있다.

① $a^2+\dfrac{1}{a^2}=\left(a+\dfrac{1}{a}\right)^2-2, \ a^2+\dfrac{1}{a^2}=\left(a-\dfrac{1}{a}\right)^2+2$ ⎤

② $\left(a+\dfrac{1}{a}\right)^2=\left(a-\dfrac{1}{a}\right)^2+4, \ \left(a-\dfrac{1}{a}\right)^2=\left(a+\dfrac{1}{a}\right)^2-4$ ⎦ ⎬ 곱이 1인 두 수의 합 또는 차가 주어질 때

개념 자세히 보기 **곱셈 공식을 이용한 분모의 유리화**

분모가 두 수의 합 또는 차로 되어 있는 무리수일 때, 곱셈 공식 $(a+b)(a-b)=a^2-b^2$을 이용하여 적당한 수를 분모와 분자에 각각 곱하면 분모를 유리수로 고칠 수 있다.

이때 곱해야 하는 적당한 수는 오른쪽 표와 같다.

분모	분모, 분자에 곱해야 하는 수
$a+\sqrt{b}$	$a-\sqrt{b}$
$a-\sqrt{b}$	$a+\sqrt{b}$
$\sqrt{a}+\sqrt{b}$	$\sqrt{a}-\sqrt{b}$
$\sqrt{a}-\sqrt{b}$	$\sqrt{a}+\sqrt{b}$

부호 반대

》 익힘교재 22쪽

☞ 바른답·알찬풀이 24쪽

개념 확인하기 **1** 다음은 곱셈 공식을 이용하여 $\dfrac{1}{2+\sqrt{3}}$ 의 분모를 유리화하는 과정이다. ☐ 안에 알맞은 수를 써넣으시오.

$$\frac{1}{2+\sqrt{3}}=\frac{2-\boxed{}}{(2+\sqrt{3})(2-\boxed{})}=\frac{2-\boxed{}}{4-\boxed{}}=\boxed{}$$

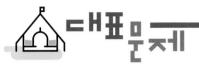

바른답·알찬풀이 24쪽

곱셈 공식을 이용한 분모의 유리화

01 다음 수의 분모를 유리화하시오.

(1) $\dfrac{1}{3+\sqrt{5}}$

(2) $\dfrac{2}{5+\sqrt{23}}$

(3) $\dfrac{1}{4-\sqrt{11}}$

(4) $\dfrac{3}{\sqrt{7}-2}$

(5) $\dfrac{4}{\sqrt{6}+\sqrt{2}}$

(6) $\dfrac{2\sqrt{5}}{\sqrt{5}-\sqrt{3}}$

02 다음 수의 분모를 유리화하시오.

(1) $\dfrac{\sqrt{2}+1}{\sqrt{2}-1}$

(2) $\dfrac{2-\sqrt{3}}{2+\sqrt{3}}$

(3) $\dfrac{2\sqrt{2}-\sqrt{7}}{2\sqrt{2}+\sqrt{7}}$

(4) $\dfrac{3+2\sqrt{2}}{3-2\sqrt{2}}$

곱셈 공식의 변형

03 $x+y=2$, $xy=-8$일 때, 다음 ☐ 안에 알맞은 수를 써넣으시오.

(1) $x^2+y^2=(x+y)^2-\boxed{}xy$
$$=2^2-2\times(\boxed{})=\boxed{}$$

(2) $(x-y)^2=(x+y)^2-\boxed{}xy$
$$=2^2-\boxed{}\times(-8)=\boxed{}$$

04 다음을 구하시오.

(1) $x-y=-1$, $xy=5$일 때, x^2+y^2의 값

(2) $x+y=3\sqrt{2}$, $xy=2$일 때, $(x-y)^2$의 값

05 $x+\dfrac{1}{x}=4$일 때, 다음 ☐ 안에 알맞은 수를 써넣으시오.

(1) $x^2+\dfrac{1}{x^2}=\left(x+\dfrac{1}{x}\right)^2-\boxed{}=4^2-\boxed{}=\boxed{}$

(2) $\left(x-\dfrac{1}{x}\right)^2=\left(x+\dfrac{1}{x}\right)^2-\boxed{}=4^2-\boxed{}=\boxed{}$

06 $x=\sqrt{7}+2$, $y=\sqrt{7}-2$일 때, $\dfrac{y}{x}+\dfrac{x}{y}$의 값을 구하려고 한다. 다음 식의 값을 구하시오.

(1) x^2+y^2

(2) $\dfrac{y}{x}+\dfrac{x}{y}$

07 $x=\dfrac{1}{\sqrt{10}-3}$, $y=\dfrac{1}{\sqrt{10}+3}$일 때, x^2+y^2의 값을 구하려고 한다. 다음 물음에 답하시오.

(1) x, y의 분모를 각각 유리화하시오.

(2) x^2+y^2의 값을 구하시오.

> **TIP** 분모가 무리수인 분수가 주어지면 분모를 유리화한 후 곱셈 공식의 변형을 이용하여 식의 값을 구한다.

익힘교재 28쪽

01 다음 중 곱셈 공식 $(a+b)(a-b)=a^2-b^2$을 이용하여 계산하면 편리한 것을 모두 고르면? (정답 2개)

① 31^2　　　　② 298^2　　　　③ 1.03×0.97

④ 196×201　　⑤ 305×295

02 $A=(5+2\sqrt{3})(2-\sqrt{3})$, $B=(\sqrt{3}-1)^2$일 때, $A-B$의 값을 구하시오.

03 $\dfrac{\sqrt{2}}{\sqrt{5}-2}+\dfrac{\sqrt{2}}{\sqrt{5}+2}$를 계산하면?

① $-2\sqrt{10}$　　　② $-4\sqrt{2}$　　　③ $\sqrt{10}$

④ $4\sqrt{2}$　　　　⑤ $2\sqrt{10}$

04 $a-b=3\sqrt{7}$, $ab=6$일 때, $(a+b)^2$의 값을 구하시오.

05 다음은 $x=\sqrt{3}+1$일 때, x^2-2x+5의 값을 구하는 과정이다. ☐ 안에 알맞은 수를 써넣으시오.

> $x=\sqrt{3}+1$에서 $x-1=$☐
> 이때 양변을 제곱하면
> $(x-1)^2=($☐$)^2$, x^2-☐$x+1=$☐, $x^2-2x=$☐
> $\therefore x^2-2x+5=$☐$+5=$☐

>> 익힘교재 29쪽

인수분해

개념 알아보기 **1 인수분해**

(1) **인수**: 하나의 다항식을 두 개 이상의 다항식의 곱으로 나타낼 때, 각각의 식을 처음 다항식의 **인수**라 한다.

(2) **인수분해**: 하나의 다항식을 두 개 이상의 인수의 곱으로 나타내는 것을 **인수분해**한다고 한다.

인수분해
$$x^2+5x+6=(x+2)(x+3)$$
전개

(예) $(x+1)(x+2)$를 전개하면 x^2+3x+2이므로 x^2+3x+2를 인수분해하면 $(x+1)(x+2)$이다.
이때 $\underline{1}, x+1, x+2, \underline{(x+1)(x+2)}$는 모두 x^2+3x+2의 인수이다.
1과 자기 자신도 인수이다.

2 공통인수를 이용한 인수분해

(1) **공통인수**: 다항식의 각 항에 공통으로 들어 있는 인수

(2) **공통인수를 이용한 인수분해**: 다항식에 공통인수가 있으면 분배법칙을 이용하여 공통인수로 묶어 내어 인수분해한다.

$$ma+mb=m(a+b)$$
공통인수

(참고) 인수분해할 때에는 공통인수가 남지 않도록 모두 묶어 낸다.

(예) $x^2-6x=x(x-6), 2a^2+4a=2a(a+2)$
└ 공통인수   └ 공통인수

개념 자세히 보기 **인수분해와 전개**

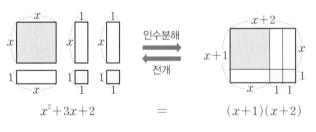

$$x^2+3x+2 \qquad = \qquad (x+1)(x+2)$$

》 익힘교재 22쪽

▨ 바른답·알찬풀이 25쪽

개념 확인하기 **1** 다음 식은 어떤 다항식을 인수분해한 것인지 구하시오.

(1) $3(x+y)=\boxed{}$
전개 / 인수분해

(2) $x(x-2)=\boxed{}$
전개 / 인수분해

2 다음은 공통인수를 이용하여 인수분해하는 과정이다. □ 안에 알맞은 것을 써넣으시오.

(1) $x^2+xy=x\times x+x\times\boxed{}$
$\quad = x(\boxed{})$

(2) $2a^2-6ab=2a\times a+2a\times(\boxed{})$
$\quad = 2a(\boxed{})$

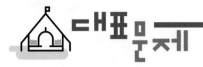
인수분해

01 다음 식은 어떤 다항식을 인수분해한 것인지 구하시오.

(1) $x(y-1)$

(2) $2a(a+3)$

(3) $(x+2)^2$

(4) $(a-1)(a+1)$

(5) $(x+3)(x-2)$

(6) $(2x-3)(3x+1)$

02 다음 보기 중 주어진 식의 인수를 모두 고르시오.

(1) $x(x+y)$

┤ 보기 ├

$x, \quad x+1, \quad x-y, \quad x+y$

(2) $xy(x-y)$

┤ 보기 ├

$xy, \quad y-1, \quad x+y, \quad x(x-y), \quad xy(x-y)$

03 다음 중 다항식 $x(x-1)(x+2)$의 인수가 <u>아닌</u> 것은?

① x
② x^2+1
③ $x-1$
④ $x+2$
⑤ $x(x+2)$

공통인수를 이용한 인수분해

04 다음 □ 안에 알맞은 것을 써넣으시오.

(1) $6x^2-2x=\boxed{}(3x-1)$

(2) $a^2+ab-5a=a(\boxed{})$

> **TIP** 공통인수를 이용하여 인수분해하는 방법
> ❶ 공통인수를 찾는다.
> ❷ 분배법칙을 이용하여 공통인수로 묶어 낸다.

05 다음 표를 완성하시오.

다항식	공통인수	인수분해
(1) a^2-2a^3		
(2) xy^2+4xy		
(3) $15a^2b-3ab^2$		

06 다음 식을 인수분해하시오.

(1) $3x^2-9xy$

(2) $ca+bc-2c$

07 다음 식을 인수분해하시오.

(1) $x(x-2)+5(x-2)$
$\quad=(x-2)\times\boxed{}+(\boxed{})\times5$
$\quad=(x-2)(\boxed{})$

(2) $a(b+1)-3(b+1)$

»» 익힘교재 30쪽

인수분해 공식 (1)

개념 알아보기

1 $a^2 \pm 2ab + b^2$의 인수분해

(1) $a^2 \pm 2ab + b^2$의 인수분해

$$a^2 + 2ab + b^2 = (a+b)^2 \qquad a^2 - 2ab + b^2 = (a-b)^2$$

(예) $x^2 + 6x + 9 = x^2 + 2 \times x \times 3 + 3^2 = (x+3)^2$, $x^2 - 6x + 9 = x^2 - 2 \times x \times 3 + 3^2 = (x-3)^2$

(참고) 곱셈 공식의 좌변과 우변을 서로 바꾸면 인수분해 공식을 얻을 수 있다.

(2) 완전제곱식: 다항식의 제곱으로 된 식 또는 이 식에 수를 곱한 식

(예) $(a+3b)^2$, $(3x-4)^2$, $-2(2a-5)^2$

(3) 완전제곱식이 될 조건

① $x^2 + ax + b = x^2 + 2 \times x \times \dfrac{a}{2} + \left(\dfrac{a}{2}\right)^2 = \left(x + \dfrac{a}{2}\right)^2$ ➡ $b = \left(\dfrac{a}{2}\right)^2$

② $x^2 + ax + b^2 = x^2 + 2 \times (\pm b) \times x + (\pm b)^2 = (x \pm b)^2$ (복부호 동순) ➡ $a = \pm 2b$

(예) ① $x^2 - 4x + b$가 완전제곱식이 되려면 $b = \left(\dfrac{-4}{2}\right)^2 = 4$

② $x^2 + ax + 9$가 완전제곱식이 되려면 $a = \pm 2 \times 3 = \pm 6$

2 $a^2 - b^2$의 인수분해

$$a^2 - b^2 = (a+b)(a-b)$$

(예) $x^2 - 9 = x^2 - 3^2 = (x+3)(x-3)$

[개념 자세히 보기] $a^2 \pm 2ab + b^2$, $a^2 - b^2$의 인수분해

$$\underset{\text{곱의 2배}}{a^2 + \underline{2ab} + b^2} = (a+b)^2 \qquad \underset{\text{곱의 2배}}{a^2 - \underline{2ab} + b^2} = (a-b)^2 \qquad \underset{\text{제곱의 차}}{a^2 - b^2} = \underset{\text{합}}{(a+b)}\underset{\text{차}}{(a-b)}$$

같은 부호 / 같은 부호

≫ 익힘교재 22쪽

⊁ 바른답 · 알찬풀이 25쪽

개념 확인하기

1 다음은 다항식을 인수분해하는 과정이다. ☐ 안에 알맞은 것을 써넣으시오.

(1) $x^2 + 10x + 25 = x^2 + 2 \times x \times \boxed{} + \boxed{}^2 = (x + \boxed{})^2$

(2) $x^2 - 4x + 4 = x^2 - 2 \times x \times \boxed{} + \boxed{}^2 = (\boxed{})^2$

(3) $x^2 - \dfrac{1}{9} = x^2 - \left(\boxed{}\right)^2 = \left(x + \boxed{}\right)\left(x - \boxed{}\right)$

인수분해 공식; $a^2+2ab+b^2$의 인수분해

01 다음 식을 인수분해하시오.

(1) $x^2+14x+49$

(2) $x^2+\dfrac{1}{2}x+\dfrac{1}{16}$

(3) $a^2+12ab+36b^2$

02 다음 식을 인수분해하시오.

(1) $9x^2+6x+1=(\boxed{})^2+2\times\boxed{}\times1+1^2$
$\qquad\qquad\quad=(\boxed{})^2$

(2) $16a^2+24a+9$

(3) $25x^2+10xy+y^2$

03 다음 식을 인수분해하시오.

(1) $2x^2+8x+8=2(x^2+\boxed{}x+\boxed{})$
$\qquad\qquad\quad=2(\boxed{})^2$

(2) $-3a^2-6a-3$

TIP 공통인수가 있을 때에는 먼저 공통인수로 묶어 낸 후 인수분해 공식을 이용한다.

인수분해 공식; $a^2-2ab+b^2$의 인수분해

04 다음 식을 인수분해하시오.

(1) $x^2-8x+16$

(2) $a^2-\dfrac{4}{3}a+\dfrac{4}{9}$

(3) $x^2-18xy+81y^2$

05 다음 식을 인수분해하시오.

(1) $16x^2-8x+1=(\boxed{})^2-2\times\boxed{}\times1+1^2$
$\qquad\qquad\quad\;=(\boxed{})^2$

(2) $9x^2-12x+4$

(3) $4x^2-20xy+25y^2$

06 다음 식을 인수분해하시오.

(1) $3y^2-36y+108=3(y^2-\boxed{}y+\boxed{})$
$\qquad\qquad\qquad\;=3(\boxed{})^2$

(2) $9ax^2-6axy+ay^2$

바른답·알찬풀이 26쪽

완전제곱식 만들기

07 다음 식이 완전제곱식이 되도록 ☐ 안에 알맞은 수를 써넣으시오.

(1) $x^2 + 6x + \boxed{}$

(2) $a^2 - 16a + \boxed{}$

(3) $x^2 - 20xy + \boxed{}y^2$

> **TIP** x^2의 계수가 1일 때, 완전제곱식이 되려면
> $(상수항) = \left(\dfrac{x의\ 계수}{2}\right)^2$ 이어야 한다.

08 다음 식이 완전제곱식이 되도록 하는 수 A의 값을 모두 구하시오.

(1) $x^2 + Ax + 4$

(2) $x^2 + Ax + 25$

(3) $x^2 + Axy + 49y^2$

09 $4x^2 - 12x + k$가 완전제곱식일 때, 수 k의 값을 구하시오.

> **TIP** $\square^2 \pm 2 \times \square \times \triangle + \triangle^2 = (\square \pm \triangle)^2$임을 이용하여 미지수의 값을 찾는다.

인수분해 공식; $a^2 - b^2$의 인수분해

10 다음 식을 인수분해하시오.

(1) $x^2 - 36$

(2) $9x^2 - 16y^2$

(3) $-4x^2 + 25$

(4) $x^2 - \dfrac{9}{4}$

(5) $\dfrac{1}{64}a^2 - \dfrac{1}{9}b^2$

> **TIP** (3) $-A^2 + B^2 = B^2 - A^2 = (B+A)(B-A)$

11 다음 식을 인수분해하시오.

(1) $2x^2 - 18 = 2(x^2 - \boxed{}^2)$
$\qquad\qquad = 2(x + \boxed{})(x - \boxed{})$

(2) $a^2 b - b^3$

(3) $12x^3 - 3xy^2$

12 다음 식을 인수분해하시오.

(1) $x^4 - y^4 = (\boxed{})^2 - (\boxed{})^2$
$\qquad\qquad = (x^2 + y^2)(\boxed{})$
$\qquad\qquad = (x^2 + y^2)(\boxed{})(\boxed{})$

(2) $a^4 - 1$

익힘교재 31쪽

22 인수분해 공식 (2)

개념 알아보기

1 $x^2+(a+b)x+ab$의 인수분해

(1) $x^2+(a+b)x+ab$의 **인수분해** ← x^2의 계수가 1인 이차식의 인수분해

$$x^2+(a+b)x+ab=(x+a)(x+b)$$

(2) $x^2+(a+b)x+ab$의 **인수분해 방법**

❶ 곱해서 상수항 ab가 되는 두 정수 중 합이 x의 계수 $a+b$가 되는 두 정수 a, b를 찾는다.

❷ a, b를 이용하여 $(x+a)(x+b)$의 꼴로 나타낸다.

$$x^2+\underline{(a+b)x}+ab=\underline{(x+a)(x+b)}$$

$$x \quad\quad\quad a \longrightarrow \quad ax$$
$$x \quad\quad\quad b \longrightarrow \quad \underline{bx} \quad (+$$
$$\overline{(a+b)x}$$

예 x^2-x-6을 인수분해하는 방법

❶ 곱해서 상수항 -6이 되는 두 정수를 모두 찾으면 오른쪽 표와 같다. 이때 두 정수 중 합이 x의 계수 -1이 되는 두 수는 $2, -3$이다.

❷ $x^2\underline{-x}-6=(x+2)(x-3)$

$$x \quad\quad 2 \longrightarrow 2x$$
$$x \quad\quad -3 \longrightarrow \underline{-3x} \, (+$$
$$\overline{-x}$$

곱이 -6인 두 정수	두 정수의 합
$1, -6$	-5
$2, -3$	-1
$-1, 6$	5
$-2, 3$	1

개념 자세히 보기

$x^2+(a+b)x+ab$의 **인수분해**

$$x^2+\underline{(a+b)}x+\underline{ab}=(x+a)(x+b)$$
②두 수의 합   ①두 수의 곱

① 곱해서 상수항이 되는 두 정수를 모두 찾는다.
② ①의 두 정수 중 합이 x의 계수가 되는 것을 고른다.

≫ 익힘교재 22쪽

⯈ 바른답·알찬풀이 27쪽

개념 확인하기

1 다음을 구하시오.

(1) 곱이 5이고, 합이 6인 두 정수

(2) 곱이 -8이고, 합이 2인 두 정수

(3) 곱이 3이고, 합이 -4인 두 정수

바른답·알찬풀이 27쪽

인수분해 공식: $x^2+(a+b)x+ab$의 인수분해

01 다음은 주어진 식을 인수분해하는 과정이다. □ 안에 알맞은 것을 써넣고 인수분해하시오.

(1) x^2-3x+2

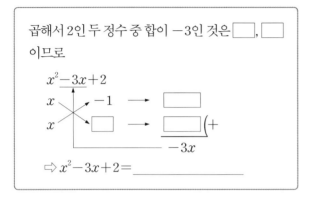

곱해서 2인 두 정수 중 합이 -3인 것은 □, □ 이므로

$$x^2-3x+2$$

$x \quad \quad -1 \quad \longrightarrow \quad \boxed{}$

$x \quad \quad \boxed{} \quad \longrightarrow \quad \boxed{} \Big(+$

$\quad\quad\quad\quad\quad\quad -3x$

$\Rightarrow x^2-3x+2=\underline{}$

(2) $x^2+8xy+15y^2$

곱해서 15인 두 정수 중 합이 8인 것은 □, □이 므로

$$x^2+8xy+15y^2$$

$x \quad \quad 3y \quad \longrightarrow \quad 3xy$

$x \quad \quad \boxed{} \quad \longrightarrow \quad \boxed{} \Big(+$

$\quad\quad\quad\quad\quad\quad \boxed{}$

$\Rightarrow x^2+8xy+15y^2=\underline{}$

02 다음 식을 인수분해하시오.

(1) x^2+5x+4 (2) $a^2+2a-15$

(3) $x^2-4x-12$ (4) $y^2-12y+35$

03 다음 식을 인수분해하시오.

(1) $x^2+4xy+3y^2$

(2) $a^2-7ab+12b^2$

(3) $x^2-5xy-14y^2$

(4) $x^2+xy-20y^2$

04 다음 식을 인수분해하시오.

(1) $x^3+7x^2+12x=x(x^2+7x+\boxed{})$

$\quad\quad\quad\quad\quad\quad\quad =x(\boxed{})(\boxed{})$

(2) $2ax^2+2ax-4a$

> **TIP** 공통인수가 있을 때에는 먼저 공통인수로 묶어낸 후 인수분해 공식을 이용한다.

05 다음 식에서 수 a, b의 값을 각각 구하시오.

(1) $x^2+5x+a=(x+2)(x+b)$

(2) $x^2+ax-36=(x+b)(x-9)$

익힘교재 32쪽

인수분해 공식 (3)

개념 알아보기

1 $acx^2+(ad+bc)x+bd$의 인수분해

(1) $acx^2+(ad+bc)x+bd$의 **인수분해** ← x^2의 계수가 1이 아닌 이차식의 인수분해

$$acx^2+(ad+bc)x+bd=(ax+b)(cx+d)$$

(2) $acx^2+(ad+bc)x+bd$의 **인수분해 방법**

❶ 곱해서 acx^2이 되는 두 식 ax, cx(a, c는 양의 정수) 와 곱해서 상수항 bd가 되는 두 정수 b, d를 각각 세로로 나타낸다.

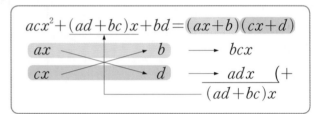

❷ 대각선 방향으로 곱해서 더한 값이 $(ad+bc)x$가 되는 a, b, c, d를 찾는다.

❸ a, b, c, d를 이용하여 $(ax+b)(cx+d)$의 꼴로 나타낸다.

참고 $ac>0$이면 보통 a, c는 양의 정수로 생각하고 $ac<0$이면 -1로 묶어 낸 후 인수분해한다.

예 $6x^2+5x-4=(2x-1)(3x+4)$

$$2x \quad -1 \rightarrow -3x$$
$$3x \quad 4 \rightarrow \underline{8x} \Big(+$$
$$ 5x$$

개념 자세히 보기

$acx^2+(ad+bc)x+bd$의 **인수분해**

$3x^2-5x-2$를 인수분해하는 방법

❶ 곱해서 3이 되는 두 정수와 곱해서 -2가 되는 두 정수를 찾아 각각 세로로 나타낸다.

❷ 대각선 방향으로 곱해서 더한 값이 -5가 되는 것은 ㉣이다.

❸ $3x^2-5x-2=(x-2)(3x+1)$

㉠ $1 \quad 1 \rightarrow 3$
$ 3 \quad -2 \rightarrow \underline{-2} \Big(+ 1$

㉡ $1 \quad -1 \rightarrow -3$
$ 3 \quad 2 \rightarrow \underline{2} \Big(+ {-1}$

㉢ $1 \quad 2 \rightarrow 6$
$ 3 \quad -1 \rightarrow \underline{-1} \Big(+ 5$

㉣ $1 \quad -2 \rightarrow -6$
$ 3 \quad 1 \rightarrow \underline{1} \Big(+ {-5}$

» 익힘교재 22쪽

바른답·알찬풀이 28쪽

개념 확인하기

1 다음은 주어진 식을 인수분해하는 과정이다. □ 안에 알맞은 것을 써넣으시오.

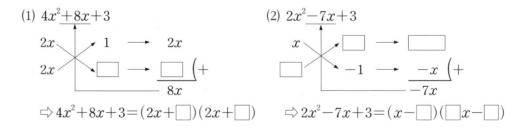

(1) $4x^2+8x+3$

$$2x \quad 1 \rightarrow 2x$$
$$2x \quad \Box \rightarrow \underline{\Box} \Big(+$$
$$ 8x$$

$\Rightarrow 4x^2+8x+3=(2x+\Box)(2x+\Box)$

(2) $2x^2-7x+3$

$$x \quad \Box \rightarrow \Box$$
$$\Box \quad -1 \rightarrow \underline{-x} \Big(+$$
$$ -7x$$

$\Rightarrow 2x^2-7x+3=(x-\Box)(\Box x-\Box)$

인수분해 공식; $acx^2+(ad+bc)x+bd$**의 인수분해**

01 다음은 주어진 식을 인수분해하는 과정이다. ☐ 안에 알맞은 것을 써넣고 인수분해하시오.

(1) $2x^2+11x-21$

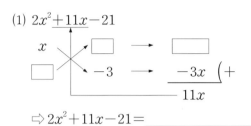

$$\Rightarrow 2x^2+11x-21=\underline{\hspace{3cm}}$$

(2) $6x^2-5xy+y^2$

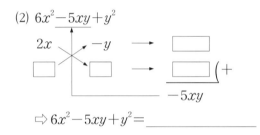

$$\Rightarrow 6x^2-5xy+y^2=\underline{\hspace{3cm}}$$

02 다음 식을 인수분해하시오.

(1) $2x^2+13x+15$ (2) $3a^2+7a-10$

(3) $4x^2+11x-3$ (4) $6x^2-5x-1$

03 다음 보기 중 $7x^2-3x-4$의 인수를 모두 고르시오.

┌ 보기 ├─────────────────────────
  $x-2$, $x-1$, $7x-4$, $7x+1$, $7x+4$
└───────────────────────────────

04 다음 식을 인수분해하시오.

(1) $3x^2-17xy+10y^2$

(2) $6x^2+43xy+7y^2$

(3) $12a^2+ab-b^2$

(4) $24x^2-14xy-5y^2$

05 다음 식을 인수분해하시오.

(1) $6x^2y-4xy-2y$

(2) $9bx^2+12bxy+3by^2$

> **TIP** 공통인수가 있을 때에는 먼저 공통인수로 묶어 낸 후 인수분해 공식을 이용한다.

06 다음 식에서 수 a, b의 값을 각각 구하시오.

(1) $2x^2+3x+a=(x-1)(2x+b)$

(2) $3x^2-ax+12=(x+b)(3x-2)$

❯❯ 익힘교재 33쪽

 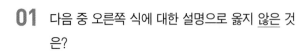 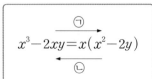

01 다음 중 오른쪽 식에 대한 설명으로 옳지 <u>않은</u> 것은?

$$x^3 - 2xy \xrightarrow{\ \ \textcircled{\scriptsize 9}\ \ }_{\textcircled{\scriptsize L}} x(x^2 - 2y)$$

① ㉠의 과정을 인수분해한다고 한다.

② ㉡의 과정을 전개한다고 한다.

③ x는 x^3과 $-2xy$의 공통인수이다.

④ ㉡의 과정에서 분배법칙이 이용된다.

⑤ $x, x-2y, x^2-2y$는 모두 x^3-2xy의 인수이다.

개념 REVIEW

인수분해
하나의 다항식을 두 개 이상의 다항식의 곱으로 나타내는 것을 ❶□□□□한다고 한다. 이때 곱해진 각각의 식을 처음 다항식의 ❷□□라 한다.

02 다음 중 $3ax - 9bx$의 인수가 <u>아닌</u> 것은?

① x ② $3x$ ③ $a-3b$

④ $ax-3b$ ⑤ $3a-9b$

공통인수를 이용한 인수분해
$ma + mb = ❸□(a+b)$

03 $9x^2 - 24x + 16$을 인수분해하면 $(ax+b)^2$일 때, 수 a, b의 값을 각각 구하시오.

(단, $a > 0$)

$a^2 \pm 2ab + b^2$**의 인수분해**
$a^2 + 2ab + b^2 = (a❹□b)^2$
$a^2 - 2ab + b^2 = (a❺□b)^2$

04 $(x+8)(x+2)+k$가 완전제곱식이 되도록 하는 수 k의 값은?

① -6 ② 0 ③ 9

④ 20 ⑤ 33

완전제곱식이 될 조건
① $x^2 + ax + b$가 완전제곱식이 될 조건 ⇨ $b = \left(\dfrac{❻□}{2}\right)^2$
② $x^2 + ax + b^2$이 완전제곱식이 될 조건 ⇨ $a = \pm❼□$

05 $-3 < a < 1$일 때, $\sqrt{a^2+6a+9} + \sqrt{a^2-2a+1}$을 간단히 하면?

① -4 ② 4 ③ $-2a$

④ $2a$ ⑤ $2a+2$

근호 안의 식이 완전제곱식으로 인수분해되는 식

답 ❶ 인수분해 ❷ 인수 ❸ m ❹ $+$
❺ $-$ ❻ a ❼ $2b$

● 개념 REVIEW

06 $5x^2-45y^2$을 인수분해하면 $a(bx+cy)(bx-cy)$일 때, 세 자연수 a, b, c에 대하여 $a+b+c$의 값을 구하시오.

a^2-b^2의 인수분해
$a^2-b^2=(a$❶$\square b)(a-b)$

07 다음 중 두 다항식 $x^2-6x-16$, $x^2+13x+22$의 공통인수는?

① $x-8$ ② $x-2$ ③ $x+2$

④ $x+8$ ⑤ $x+11$

$x^2+(a+b)x+ab$의 인수분해
$x^2+(a+b)x+ab$
$=(x+$❷$\square)(x+b)$

08 $8x^2-14x+3$이 x의 계수가 자연수이고 상수항이 정수인 두 일차식의 곱으로 인수분해될 때, 두 일차식의 합을 구하시오.

$acx^2+(ad+bc)x+bd$의 인수분해
$acx^2+(ad+bc)x+bd$
$=(ax+b)($❸$\square x+$❹$\square)$

09 x^2-6x+k가 $x+1$을 인수로 가질 때, 수 k의 값은?

① -7 ② -5 ③ -1

④ 5 ⑤ 7

인수가 주어진 이차식의 미지수의 값 구하기
ax^2+bx+c가 $mx+n$을 인수로 가지면
ax^2+bx+c
$=(mx+n)(\square x+\triangle)$
로 놓는다.

10 오른쪽 그림과 같이 넓이가 $8x^2+22x+5$이고 세로의 길이가 $2x+5$인 직사각형 모양의 땅이 있다. 이 땅의 가로의 길이를 구하시오.

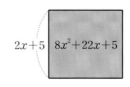

인수분해의 도형에서의 활용
도형의 둘레의 길이, 넓이, 부피를 구하는 공식을 이용하여 식을 세운 후 인수분해하여 다항식의 곱으로 나타낸다.

▶ 익힘교재 34쪽

답 ❶ +   ❷ a ❸ c ❹ d

복잡한 식의 인수분해

개념 알아보기 **1 복잡한 식의 인수분해**

(1) 공통부분이 있는 경우 공통부분을 한 문자로 놓고 인수분해한 후 그 문자에 원래의 식을 대입하여 정리한다.

예 $(a+1)^2+2(a+1)+1=A^2+2A+1$ ← $a+1=A$로 놓기
$\qquad\qquad\qquad\qquad\quad =(A+1)^2$ ← 인수분해하기
$\qquad\qquad\qquad\qquad\quad =(a+1+1)^2$ ← A에 $a+1$을 대입하기
$\qquad\qquad\qquad\qquad\quad =(a+2)^2$ ← 정리하기

(2) 항이 4개인 경우 다음과 같이 적당한 항끼리 묶는다.

① 공통부분이 생기도록 두 항씩 묶은 후 인수분해한다.

예 $xy+y+x+1=\underline{(xy+y)}+(x+1)=y(x+1)+(x+1)=(x+1)(y+1)$
$\qquad\qquad\qquad$ └→ (항 2개) + (항 2개)로 묶기

② 완전제곱식으로 나타낼 수 있는 항 3개를 찾아 ($\quad$)^2-($\quad$)^{2}의 꼴로 변형하여 인수분해한다.

예 $x^2+2xy+y^2-9=\underline{(x^2+2xy+y^2)}-9=(x+y)^2-3^2=(x+y+3)(x+y-3)$
$\qquad\qquad\qquad\qquad$ └→ (항 3개) + (항 1개)로 묶기

참고 항이 5개 이상인 경우 차수가 낮은 한 문자에 대하여 내림차순으로 정리한 후 인수분해한다.

예 $x^2+xy+5x+2y+6=(x+2)y+(x^2+5x+6)=(x+2)y+(x+2)(x+3)$
$\qquad\qquad\qquad\qquad\qquad =(x+2)(y+x+3)=(x+2)(x+y+3)$

개념 자세히 보기 **복잡한 식의 인수분해**

(1) 공통부분이 있는 식의 인수분해

(2) 항이 4개인 식의 인수분해

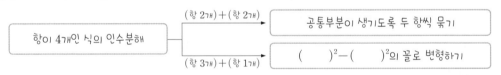

» 익힘교재 22쪽

※ 바른답·알찬풀이 29쪽

개념 확인하기 **1** 다음은 $x^2y-xy-x+1$을 인수분해하는 과정이다. ☐ 안에 알맞은 것을 써넣으시오.

$x^2y-xy-x+1$에서 $x^2y-xy=xy(\boxed{})$이므로
$x^2y-xy-x+1=(x^2y-xy)-(x-1)$
$\qquad\qquad\qquad =xy(\boxed{})-(x-1)$
$\qquad\qquad\qquad =(\boxed{})(xy-\boxed{})$

바른답·알찬풀이 29쪽

공통부분이 있는 식의 인수분해

01 다음 식을 인수분해하시오.

(1) $\underset{A}{(x-3)^2} + 4\underset{A}{(x-3)} + 4 = A^2 + 4A + 4$
$$= (A + \square)^2$$
$$= (x - \square)^2$$

(2) $(x+1)^2 - 6(x+1) + 5$

(3) $2(a+b)^2 - (a+b) - 3$

(4) $(x-2y)(x-2y+1) - 12$

02 다음 식을 인수분해하시오.

(1) $\underset{A}{(a-2)^2} - \underset{B}{(b+1)^2} = A^2 - B^2$
$$= (A+B)(A - \square)$$
$$= (a+b - \square)(\boxed{})$$

(2) $(x+5)^2 - (y-5)^2$

(3) $(a+2b)^2 - (2a-b)^2$

(4) $(x-2)^2 - 4(y-3)^2$

> **TIP** 주어진 식이 $(\quad)^2 - (\quad)^2$의 꼴이면 다음과 같이 인수분해한다.
> ❶ 두 부분을 A, B로 놓는다.
> ❷ ❶의 식을 $A^2 - B^2 = (A+B)(A-B)$임을 이용하여 인수분해한다.
> ❸ A, B에 각각 원래의 식을 대입하여 정리한다.

항이 4개인 식의 인수분해

03 다음 식을 인수분해하시오.

(1) $xy + 1 - x - y = (xy - x) + (1 - y)$
$$= x(\boxed{}) - (\boxed{})$$
$$= (x - \square)(\boxed{})$$

(2) $ab - 4b + 4 - a$

(3) $a^2 - b^2 - 5a + 5b$

(4) $x^3 + x^2 - 4x - 4$

04 다음 식을 인수분해하시오.

(1) $x^2 - 2x + 1 - y^2 = (x^2 - 2x + 1) - y^2$
$$= (\boxed{})^2 - \square^2$$
$$= (x + \square - \square)(x - y - \square)$$

(2) $4x^2 + 4x + 1 - 9y^2$

(3) $a^2 - b^2 - 4b - 4$

(4) $a^2 + b^2 - c^2 - 2ab$

> **TIP** 항이 4개이고 공통부분이 생기도록 묶을 수 없는 경우 완전제곱식으로 나타낼 수 있는 항 3개를 찾아
> (항 3개) $-$ (항 1개) 또는 (항 1개) $-$ (항 3개)로 묶는다.

>> 익힘교재 35쪽

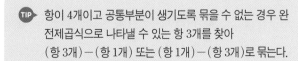

인수분해 공식의 응용

 1 인수분해 공식을 이용한 수의 계산

수의 계산을 할 때, 인수분해 공식을 이용하면 편리한 경우가 있다.

(1) 공통인수로 묶어 내기 ➡ $ma+mb=m(a+b)$

  예 $\underline{38\times142+38\times58}=38(142+58)=38\times200=7600$

(2) 완전제곱식 이용하기 ➡ $a^2\pm2ab+b^2=(a\pm b)^2$

  예 $99^2+2\times99\times1+1^2=(99+1)^2=100^2=10000$

(3) 제곱의 차 이용하기 ➡ $a^2-b^2=(a+b)(a-b)$

  예 $20^2-19^2=(20+19)(20-19)=39\times1=39$

2 인수분해 공식을 이용하여 식의 값 구하기

주어진 식을 인수분해한 후 수나 식을 대입하여 식의 값을 구하는 것이 편리한 경우가 있다.

  예 $x=104$일 때, $x^2-8x+16$의 값

인수분해

$$x^2-8x+16=(x-4)^2=(104-4)^2=100^2=10000$$

x에 104를 대입

개념 자세히 보기 **인수분해 공식을 이용한 수의 계산과 식의 값**

$32^2-4\times32+4$를 계산하기	$x=\sqrt{2}+1,\ y=\sqrt{2}-1$일 때, x^2-y^2의 값 구하기
$32^2-4\times32+4=(32-2)^2$ $x^2-2a\times x+a^2=(x-a)^2$ $=30^2=900$	$x^2-y^2=(x+y)(x-y)$ ← 인수분해 $=\{(\sqrt{2}+1)+(\sqrt{2}-1)\}$ ← x에 $\sqrt{2}+1$을, $\times\{(\sqrt{2}+1)-(\sqrt{2}-1)\}$ y에 $\sqrt{2}-1$을 대입 $=2\sqrt{2}\times2=4\sqrt{2}$

>> 익힘교재 22쪽

바른답·알찬풀이 30쪽

개념 확인하기 **1** 다음 ☐ 안에 알맞은 수를 써넣으시오.

$$8\times75-8\times72=8(\boxed{}-72)=8\times\boxed{}=\boxed{}$$

2 다음은 $x=97$일 때, 인수분해 공식을 이용하여 x^2-9의 값을 구하는 과정이다. ☐ 안에 알맞은 수를 써넣으시오.

$$x^2-9=(x+\boxed{})(x-\boxed{})=(97+\boxed{})(97-\boxed{})=\boxed{}$$

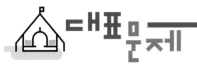
인수분해 공식을 이용한 수의 계산

01 인수분해 공식을 이용하여 다음을 계산하시오.

(1) $65 \times 9 + 35 \times 9$

(2) $39 \times 47 - 39 \times 45$

(3) $86 \times 11 - 11 \times 26$

02 인수분해 공식을 이용하여 다음을 계산하시오.

(1) $43^2 + 2 \times 43 \times 7 + 7^2 = (\boxed{} + 7)^2$
$= \boxed{}^2 = \boxed{}$

(2) $24^2 - 2 \times 24 \times 4 + 4^2$

(3) $8.5^2 + 2 \times 8.5 \times 1.5 + 1.5^2$

(4) $95^2 - 10 \times 95 + 5^2$

03 인수분해 공식을 이용하여 다음을 계산하시오.

(1) $48^2 - 32^2 = (\boxed{} + 32)(48 - \boxed{})$
$= \boxed{} \times \boxed{} = \boxed{}$

(2) $100^2 - 99^2$

(3) $10 \times 102^2 - 10 \times 98^2$

(4) $60^2 \times 2.5 - 40^2 \times 2.5$

04 인수분해 공식을 이용하여 다음 두 수 A, B의 합을 구하시오.

$$A = 58^2 - 56 \times 58 + 28^2, \quad B = 5.5^2 - 4.5^2$$

인수분해 공식을 이용하여 식의 값 구하기

05 인수분해 공식을 이용하여 다음을 구하시오.

(1) $x = 98$일 때, $x^2 + 4x + 4$의 값
$\Rightarrow x^2 + 4x + 4 = (x + \boxed{})^2 = (98 + \boxed{})^2$
$= \boxed{}^2 = \boxed{}$

(2) $x = 53$일 때, $x^2 - 6x + 9$의 값

(3) $x = -5 + \sqrt{2}$일 때, $x^2 + 10x + 25$의 값

06 인수분해 공식을 이용하여 다음을 구하시오.

(1) $x = 3 + \sqrt{2}$, $y = 3 - \sqrt{2}$일 때, $x^2 - y^2$의 값
$\Rightarrow x^2 - y^2 = (x + y)(\boxed{})$
$= \boxed{} \times 2\sqrt{2} = \boxed{}$

(2) $a = 1 + \sqrt{6}$, $b = 1 - \sqrt{6}$일 때, $a^2 - 2ab + b^2$의 값

(3) $a = \dfrac{1}{2 + \sqrt{3}}$, $b = \dfrac{1}{2 - \sqrt{3}}$일 때, $a^2 - b^2$의 값

TIP 주어진 식을 인수분해한 후 문자의 값을 대입하여 식의 값을 구한다. 이때 문자의 값이 복잡하면 먼저 문자의 값을 간단히 한다.

▶▶ 익힘교재 36쪽

● 개념 REVIEW

01 $4(x+2)^2-7(x+2)-2$를 인수분해하면 $x(ax+b)$일 때, 수 a, b에 대하여 $b-a$의 값은?

① 2
② 3
③ 4
④ 5
⑤ 6

▶ 공통부분이 있는 식의 인수분해
공통부분이 있는 경우 공통부분을 한 ❶ □□로 놓은 후 인수분해한다.

02 다음 중 $x^3-3x^2-4x+12$의 인수가 <u>아닌</u> 것을 모두 고르면? (정답 2개)

① $x-3$
② $x-2$
③ $x-1$
④ $x+2$
⑤ $x+3$

▶ 항이 4개인 식의 인수분해
항이 4개인 경우 ❷ □□부분이 생기도록 두 항씩 묶어 인수분해한다.

03 $9x^2-y^2-6x+1$이 x의 계수가 3인 두 일차식의 곱으로 인수분해될 때, 두 일차식의 합을 구하시오.

▶ 항이 4개인 식의 인수분해
4개의 항 중 ❸ □□□□식으로 나타낼 수 있는 항 3개를 찾아 $(\quad)^2-(\quad)^2$의 꼴로 변형하여 인수분해한다.

04 다음 보기 중 $\sqrt{51^2-49^2}$을 계산하려고 할 때, 이용하면 가장 편리한 것을 고르고 계산한 값을 구하시오. (단, $a>0$, $b>0$)

┤ 보기 ├
ㄱ. $ma+mb=m(a+b)$
ㄴ. $a^2+2ab+b^2=(a+b)^2$
ㄷ. $a^2-2ab+b^2=(a-b)^2$
ㄹ. $a^2-b^2=(a+b)(a-b)$

▶ 인수분해 공식을 이용한 수의 계산

05 $x=\dfrac{1}{\sqrt{3}+\sqrt{2}}$, $y=\dfrac{1}{\sqrt{3}-\sqrt{2}}$일 때, x^2-y^2+xy의 값을 구하시오.

▶ 인수분해 공식을 이용하여 식의 값 구하기

▶▶ 익힘교재 37쪽

답 ❶ 문자 ❷ 공통 ❸ 완전제곱

01 $(3x+1)(5-y)=axy+bx+cy+5$일 때, 수 a, b, c에 대하여 $a+b-c$의 값은?

① 10   ② 11   ③ 12
④ 13   ⑤ 14

02 다음 중 $(x+y)^2$과 전개식이 같은 것은?

① $(x-y)^2$ ② $(y-x)^2$ ③ $(-x+y)^2$
④ $(-x-y)^2$ ⑤ $-(x-y)^2$

03 직사각형 모양의 종이를 [그림 1]과 같이 점선을 따라 자른 후 [그림 2]와 같이 점선 부분이 서로 맞닿도록 붙였다. 다음 중 [그림 1]과 [그림 2]의 도형의 넓이가 서로 같음을 이용하여 설명할 수 있는 곱셈 공식은?

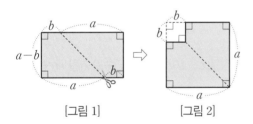

[그림 1]   [그림 2]

① $(a+b)^2=a^2+2ab+b^2$

② $(a-b)^2=a^2-2ab+b^2$

③ $(a+b)(a-b)=a^2-b^2$

④ $(x+a)(x+b)=x^2+(a+b)x+ab$

⑤ $(ax+b)(cx+d)=acx^2+(ad+bc)x+bd$

04 $(x-5)^2-(2x+1)(2x-1)$을 간단히 하시오.

05 $(x+8)(x-a)$의 전개식에서 x의 계수가 5일 때, 상수항은? (단, a는 수)

① -24 ② -16 ③ -8
④ 16   ⑤ 24

서술형
06 $(2x+1)(3x-A)=6x^2+Bx-2$일 때, 수 A, B에 대하여 $A+B$의 값을 구하시오.

07 곱셈 공식을 이용하여 다음을 계산하시오.

$$79^2-77\times83$$

08 $\dfrac{2+\sqrt{3}}{2-\sqrt{3}}-\dfrac{2-\sqrt{3}}{2+\sqrt{3}}$ 을 계산하면?

① $2\sqrt{3}$ ② $4\sqrt{3}$ ③ $8\sqrt{3}$
④ $4-2\sqrt{3}$ ⑤ $4+2\sqrt{3}$

09 $x-y=2$, $x^2+y^2=10$일 때, xy의 값을 구하시오.

UP
10 $x^2-3x+1=0$일 때, $x^2+\dfrac{1}{x^2}$의 값은?

① 3   ② 5   ③ 7
④ 9   ⑤ 11

11 다음 두 다항식의 공통인수는?

$$ab^2+a^2b, \quad 2a+2b$$

① 2   ② a ③ b
④ ab ⑤ $a+b$

12 다음 중 인수분해한 것이 옳지 <u>않은</u> 것은?

① $-2x^2-10x=-2x(x+5)$
② $9x^2-12xy+4y^2=(3x-2y)^2$
③ $\dfrac{1}{9}x^2-\dfrac{1}{4}y^2=\left(\dfrac{1}{3}x+\dfrac{1}{2}y\right)\left(\dfrac{1}{3}x-\dfrac{1}{2}y\right)$
④ $x^2+2x-3=(x+1)(x-3)$
⑤ $6x^2-25x+14=(2x-7)(3x-2)$

13 $ax^2+20xy+4y^2$이 완전제곱식일 때, 양수 a의 값을 구하시오.

14 $(x-2)(x+5)-8$이 x의 계수가 1인 두 일차식의 곱으로 인수분해될 때, 이 두 일차식의 합은?

① $2x-3$ ② $2x-1$ ③ $2x+1$
④ $2x+3$ ⑤ $2x+5$

15 $x^2+Ax+36$을 인수분해하면 $(x+a)(x+b)$일 때, 다음 중 수 A의 값이 될 수 <u>없는</u> 것은? (단, a, b는 정수)

① -15 ② -13 ③ 9
④ 20   ⑤ 37

16 $5x^2+kx-1$이 $x-1$을 인수로 가질 때, 수 k의 값은?

① -4 ② -2 ③ 1
④ 2   ⑤ 4

서술형
17 $(2x-1)^2-8(2x-1)+12$를 인수분해하면 $(ax+b)(cx+d)$일 때, 정수 a, b, c, d에 대하여 $a+b+c+d$의 값을 구하시오. (단, $a>0$)

18 다음 중 x^3+x^2-x-1의 인수가 <u>아닌</u> 것은?

① $x-1$　　　② $x+1$　　　③ x^2-1

④ x^2+1　　　⑤ x^2+2x+1

19 인수분해 공식을 이용하여

$\dfrac{1}{101}\times 1060^2 - \dfrac{1}{101}\times 960^2$을 계산하면?

① 2　　　② 20　　　③ 200

④ 2000　　　⑤ 2020

UP
20 오른쪽 그림과 같이 지름의 길이가 7 m인 원 모양의 호수 둘레에 폭이 2 m로 일정한 길이 있다. 이 길의 넓이를 구하시오.

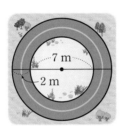

21 $x+y=\sqrt{5}+4$, $x-y=\sqrt{5}$일 때, 다음 식의 값을 구하시오.

$$x^2-4x+4-y^2$$

창의·융합 문제

다음 대화를 읽고, 은주네 집 현관문의 새로운 비밀번호를 구하시오. (단, A, B, C, D는 자연수)

> 어머니: 은주야, 우리 집 현관문의 비밀번호를 바꿨단다.
> 은주: 그럼 새로운 비밀번호를 알려 주세요.
> 어머니: 현관문의 비밀번호는 $\boxed{A}\,\boxed{B}\,\boxed{C}\,\boxed{D}$ 4개의 숫자로 이루어져 있단다. 알아맞혀 볼래?
> 은주: 힌트 좀 주세요.
> 어머니: $(x-4)(Ax-B)$를 전개하면 $3x^2-13x+4$이고, $x^2+Cx-35$를 인수분해하면 $(x+D)(x-5)$란다.

해결의 길잡이

❶ $(x-4)(Ax-B)$를 전개하면 $3x^2-13x+4$임을 이용하여 자연수 A, B의 값을 각각 구한다.

❷ $x^2+Cx-35$를 인수분해하면 $(x+D)(x-5)$임을 이용하여 자연수 C, D의 값을 각각 구한다.

❸ 은주네 집 현관문의 새로운 비밀번호를 구한다.

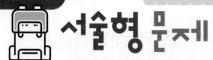

1 x^2의 계수가 1인 어떤 이차식을 인수분해하는데 승우는 x의 계수를 잘못 보아 $(x-4)(x-5)$로 인수분해하였고, 지윤이는 상수항을 잘못 보아 $(x+2)(x+7)$로 인수분해하였다. 처음 이차식을 바르게 인수분해하시오.

2 x^2의 계수가 2인 어떤 이차식을 인수분해하는데 혜수는 x의 계수를 잘못 보아 $(x-5)(2x+3)$으로 인수분해하였고, 민준이는 상수항을 잘못 보아 $(x+4)(2x-1)$로 인수분해하였다. 처음 이차식을 바르게 인수분해하시오.

1 처음 이차식의 상수항을 구하면?

승우는 x의 계수를 잘못 보고 상수항은 바르게 보았으므로

$(x-4)(x-5)=x^2-\square x+\square$에서 처음 이차식의 상수항은 $\square$이다. ⋯ 30 %

2 처음 이차식의 x의 계수를 구하면?

지윤이는 상수항을 잘못 보고 x의 계수는 바르게 보았으므로

$(x+2)(x+7)=x^2+\square x+\square$에서 처음 이차식의 x의 계수는 $\square$이다. ⋯ 30 %

3 처음 이차식을 구하면?

x^2의 계수가 1인 처음 이차식의 x의 계수는 $\square$, 상수항은 $\square$이므로 처음 이차식은

$x^2+\square x+\square$ ⋯ 10 %

4 처음 이차식을 바르게 인수분해하면?

$x^2+\square x+\square=(x+\square)(x+\square)$ ⋯ 30 %

1 처음 이차식의 상수항을 구하면?

2 처음 이차식의 x의 계수를 구하면?

3 처음 이차식을 구하면?

4 처음 이차식을 바르게 인수분해하면?

🐾 바른답·알찬풀이 33쪽

3 $5x+a$에 $3x-2$를 곱해야 할 것을 잘못하여 $2x-3$을 곱하였더니 $10x^2-x-21$이 되었다. 이때 바르게 계산한 식을 구하시오. (단, a는 수)

📝 풀이 과정

답 _____

4 $x=\dfrac{1}{4+\sqrt{15}}$, $y=\dfrac{1}{4-\sqrt{15}}$일 때, 다음 물음에 답하시오.

(1) $x+y$, xy의 값을 각각 구하시오.

(2) $\dfrac{y}{x}+\dfrac{x}{y}$의 값을 구하시오.

📝 풀이 과정

답 _____

5 $-4<x<2$일 때,
$\sqrt{x^2-4x+4}-\sqrt{x^2+8x+16}$을 간단히 하시오.

📝 풀이 과정

답 _____

6 다음 그림에서 두 도형 (가), (나)의 넓이가 서로 같을 때, 도형 (나)의 가로의 길이를 구하시오.

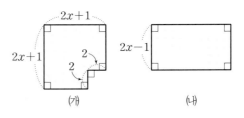

📝 풀이 과정

답 _____

교과서 속 서술형 문제 **91**

할리카르나소스의 **마우솔레움**

할리카르나소스는 현재 터키 보드룸 시의 옛 지명입니다. 오늘날 마우솔레움은 무덤 기념물, 영묘를 일컫지만, 원래는 마우솔로스 왕을 기리는 무덤 기념물의 이름이었습니다.

마우솔레움은 페르시아 제국에 속한 소아시아 반도 갈리아 지방의 왕, 마우솔로스가 죽자 그의 부인이 세상에서 가장 멋진 무덤을 만들겠다며 조성하기 시작했습니다.

건축 설계는 당대 유명한 미술가가, 건물 사면을 둘러싸는 조각은 당대의 명망 있는 그리스 조각가들이 담당했습니다. 1층 기단부의 네 모서리에는 말을 탄 전사들의 입상을, 2층 영안실은 36개의 기둥이 둘러싸도록 배치했습니다. 그 위로 24단의 피라미드형 지붕을 올리고 마지막 층에는 4두 마차를 탄 마우솔로스 왕과 그의 부인의 조각상이 그들이 통치하고 있는 땅을 내려다보도록 했습니다.

사람들은 마우솔레움을 고대 세계 7대 불가사의 중 하나로 꼽았는데, 장엄한 건축미와 정교한 장식 등이 불가사의할 만큼 아름답고 신비로워서였습니다. 현재 마우솔레움은 그 건축 잔해가 대영박물관에서 몇 점의 유물로만 남아 있습니다.

04

이차방정식

배운내용 Check

1 다음 일차방정식을 푸시오.

(1) $3x = x + 10$　　　　(2) $2(x-4) = 5x - 1$

2 다음 수의 제곱근을 구하시오.

(1) 16　　　　(2) 24

정답 **1** (1) $x = 5$　　(2) $x = -\dfrac{7}{3}$

　　2 (1) $4, -4$　　(2) $2\sqrt{6}, -2\sqrt{6}$

이차방정식과 그 해

개념 알아보기

1 이차방정식

등식의 우변의 모든 항을 좌변으로 이항하여 정리할 때,

$$(x에 대한 이차식)=0$$

의 꼴이 되는 방정식을 x에 대한 **이차방정식**이라 한다. 일반적으로 x에 대한 이차방정식은

$$ax^2+bx+c=0 \ (단, a, b, c는 수, a\neq0)$$

의 꼴로 나타낼 수 있다.

예 ① $x^2+x-1=0, -3x^2+x=0, x^2+1=0$ ➡ 이차방정식이다. ◀ 좌변이 x에 대한 이차식이다.
　　② $x+3=0, x^3-x^2+x=0$ ➡ 이차방정식이 아니다. ◀ 좌변이 x에 대한 이차식이 아니다.

주의 방정식 $ax^2+bx+c=0$은 $b=0$ 또는 $c=0$이어도 이차방정식이 되지만 $a=0$이면 이차방정식이 될 수 없다.

2 이차방정식의 해(근)

(1) **이차방정식의 해(근)**: x에 대한 이차방정식이 참이 되게 하는 x의 값

예 이차방정식 $x^2+x-2=0$에서
　　① $x=1$을 대입하면 $1^2+1-2=0$ (참) ➡ $x=1$은 해이다.
　　② $x=0$을 대입하면 $0^2+0-2\neq0$ (거짓) ➡ $x=0$은 해가 아니다.

(2) **이차방정식을 푼다**: 이차방정식의 해를 모두 구하는 것

개념 자세히 보기 이차방정식의 해(근)

| $x=k$가 이차방정식 $ax^2+bx+c=0$의 해이다. | ➡ | $x=k$를 $ax^2+bx+c=0$에 대입하면 등식이 성립한다. | ➡ | $ak^2+bk+c=0$ |

≫ 익힘교재 38~39쪽

✎ 바른답·알찬풀이 35쪽

개념 확인하기

1 다음 이차방정식을 $ax^2+bx+c=0 \ (a>0)$의 꼴로 나타내시오. (단, a, b, c는 수)

(1) $2x^2-5x=3x-1$　　　　　　　　(2) $3x^2+1=2(x-1)^2$

2 이차방정식 $x^2-3x+2=0$에 대하여 x의 값이 1, 2, 3일 때, 다음 표를 완성하고 방정식을 푸시오.

x의 값	좌변의 값	우변의 값	참 / 거짓
1	$1^2-3\times1+2=0$	0	참
2		0	
3		0	

이차방정식의 뜻

01 다음 중 x에 대한 이차방정식인 것은 ○표, 이차방정식이 아닌 것은 ×표를 하시오.

(1) $3x+4=x+2$ ( )

(2) $x^2=x-6$ ( )

(3) $(x+3)^2=x^2$ ( )

(4) $5x^2-1$ ( )

(5) $(x+2)(x-1)=3$ ( )

> **TIP** 괄호가 있을 때에는 괄호를 풀고 모든 항을 좌변으로 이항하여 정리한 식이 $(x$에 대한 이차식$)=0$의 꼴인지 확인한다.

02 다음 등식이 x에 대한 이차방정식일 때, 수 a의 값이 될 수 <u>없는</u> 수를 구하시오.

(1) $ax^2-4x+1=0$

(2) $(a+1)x^2-7=0$

(3) $(5-a)x^2+x+2=0$

> **TIP** $ax^2+bx+c=0$이 x에 대한 이차방정식이 될 조건
> ⇨ $a \neq 0$

03 $ax^2+3x+1=4x^2-x$가 x에 대한 이차방정식이 되도록 하는 수 a의 조건을 구하시오.

이차방정식의 해

04 다음 [ ] 안의 수가 주어진 이차방정식의 해인 것은 ○표, 해가 아닌 것은 ×표를 하시오.

(1) $x^2-4=0$ [2] ( )

(2) $x^2-x-2=0$ [-3] ( )

(3) $x^2+5x-4=0$ [4] ( )

(4) $2x^2-3x+1=0$ [1] ( )

05 x의 값이 -2 이상 2 이하인 정수일 때, 다음 이차방정식을 푸시오.

(1) $x^2-1=0$

(2) $3x^2+2x-1=0$

(3) $x^2-3=5-2x$

06 이차방정식 $x^2+ax-a+3=0$의 한 근이 -1일 때, 수 a의 값을 구하시오.

> **TIP** 이차방정식의 한 근이 $x=k$이다.
> ⇨ $x=k$를 주어진 이차방정식에 대입하면 등식이 성립한다.

➤➤ 익힘교재 40쪽

이차방정식의 풀이; 인수분해

개념 알아보기

1 인수분해를 이용한 이차방정식의 풀이

(1) $AB=0$의 성질: 두 수 또는 두 식 A, B에 대하여

$AB=0$이면 $A=0$ 또는 $B=0$

> 참고 $AB=0$이면 다음 세 가지 경우 중 하나가 반드시 성립한다.
> ① $A=0$이고 $B=0$ ② $A=0$이고 $B\neq0$ ③ $A\neq0$이고 $B=0$

> 예 $(x-1)(x-3)=0$ ➡ $x-1=0$ 또는 $x-3=0$ ➡ $x=1$ 또는 $x=3$

(2) **인수분해를 이용한 이차방정식의 풀이**

인수분해를 이용하여 이차방정식의 해를 구할 때에는 다음과 같은 순서로 푼다.

❶ 주어진 이차방정식을 정리한다. ➡ $ax^2+bx+c=0$

❷ 좌변을 인수분해한다. ➡ $a(x-\alpha)(x-\beta)=0$

❸ $AB=0$의 성질을 이용하여 해를 구한다. ➡ $x=\alpha$ 또는 $x=\beta$

2 이차방정식의 중근

(1) **이차방정식의 중근**: 이차방정식의 두 해가 중복될 때, 이 해를 주어진 이차방정식의 **중근**이라 한다.

> 예 $x^2-2x+1=0$ ➡ $(x-1)^2=0$ ➡ $x=1$

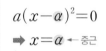

$a(x-\alpha)^2=0$
➡ $x=\alpha$ ← 중근

(2) **중근을 가질 조건**: 이차방정식이 (완전제곱식) $=0$의 꼴로 나타나면 이 이차방정식은 중근을 갖는다.

> 참고 이차방정식 $x^2+ax+b=0$이 중근을 가지려면 $b=\left(\dfrac{a}{2}\right)^2$이어야 한다.

개념 자세히 보기

인수분해를 이용한 이차방정식의 풀이

$2x^2-2x=12$ ⟩ $ax^2+bx+c=0$의 꼴로 정리하기

$2x^2-2x-12=0$ ⟩ 좌변을 인수분해하기

$2(x+2)(x-3)=0$ ⟩ $AB=0$의 성질 이용하기

$x+2=0$ 또는 $x-3=0$ ⟩ 해 구하기

∴ $x=-2$ 또는 $x=3$

≫ 익힘교재 38~39쪽

📖 바른답·알찬풀이 35쪽

개념 확인하기

1 다음 이차방정식을 푸시오.

(1) $x(x-5)=0$

(2) $(x+1)(x-1)=0$

(3) $(x-4)^2=0$

(4) $4(x+2)^2=0$

바른답·알찬풀이 36쪽

인수분해를 이용한 이차방정식의 풀이

01 다음 **보기** 중 그 해가 $x=-\dfrac{1}{2}$ 또는 $x=1$인 이차방정식을 고르시오.

┌ 보기 ├
ㄱ. $(x-1)(x-2)=0$ ㄴ. $(2x+1)(x-1)=0$
ㄷ. $(x+2)(x-1)=0$ ㄹ. $(x+1)(2x-1)=0$

02 인수분해를 이용하여 다음 이차방정식을 푸시오.

(1) $x^2+2x-8=0$

(2) $3x^2+2x-1=0$

(3) $4x^2+4x+3=5x+3$

(4) $x^2+2x=2x+16$

03 이차방정식 $3x^2+ax-4=0$의 한 근이 $x=-2$일 때, 다음을 구하시오. (단, a는 수)

(1) a의 값

(2) 다른 한 근

TIP 주어진 한 근을 이차방정식에 대입하여 미지수의 값을 구한 후 좌변을 인수분해하여 다른 한 근을 구한다.

이차방정식의 중근

04 인수분해를 이용하여 다음 이차방정식을 푸시오.

(1) $x^2-6x+9=0$

(2) $9x^2+12x+4=0$

(3) $2x^2+8=8x$

(4) $x^2-4=-2x-5$

05 다음 이차방정식이 중근을 가질 때, 수 k의 값을 모두 구하시오.

(1) $(x-5)^2=k$

(2) $x^2+4x+k=0$

(3) $x^2+kx+16=0$

TIP 이차방정식 $x^2+ax+b=0$이 중근을 갖는다.
⇨ (완전제곱식)$=0$의 꼴 ⇨ $b=\left(\dfrac{a}{2}\right)^2$

06 이차방정식 $x^2-14x+k-1=0$이 중근 $x=m$을 가질 때, 다음을 구하시오. (단, k는 수)

(1) k의 값

(2) m의 값

익힘교재 41쪽

이차방정식의 풀이; 제곱근, 완전제곱식

개념 알아보기

1 제곱근을 이용한 이차방정식의 풀이

(1) **이차방정식 $x^2=q\,(q>0)$의 해**

$$x^2=q \implies x=\pm\sqrt{q} \quad \leftarrow x\text{는 }q\text{의 제곱근이다.}$$

예 $x^2-5=0$에서 $x^2=5$ ∴ $x=\pm\sqrt{5}$

(2) **이차방정식 $(x+p)^2=q\,(q>0)$의 해**

$$(x+p)^2=q \implies \underset{\substack{\uparrow \\ x+p\text{는 }q\text{의 제곱근이다.}}}{x+p=\pm\sqrt{q}} \quad \therefore x=-p\pm\sqrt{q}$$

예 $(x+1)^2=3$에서 $x+1=\pm\sqrt{3}$ ∴ $x=-1\pm\sqrt{3}$

참고

	$q>0$	$q=0$	$q<0$
$x^2=q$의 해	$x=\pm\sqrt{q}$	$x=0$	해는 없다.
$(x+p)^2=q$의 해	$x=-p\pm\sqrt{q}$	$x=-p$	해는 없다.

2 완전제곱식을 이용한 이차방정식의 풀이

이차방정식 $ax^2+bx+c=0$의 좌변을 인수분해하기 어려울 때에는 $(x+p)^2=q\,(q>0)$의 꼴과 같이 좌변을 완전제곱식으로 만든 후 제곱근을 이용하여 다음과 같은 순서로 푼다.

❶ x^2의 계수로 양변을 나누어 x^2의 계수를 1로 만든다.

❷ 상수항을 우변으로 이항한다.

❸ 양변에 $\left(\dfrac{x\text{의 계수}}{2}\right)^2$을 더한다.

❹ 좌변을 완전제곱식으로 고쳐 $(x+p)^2=q$의 꼴로 만든다.

❺ 제곱근을 이용하여 해를 구한다.

개념 자세히 보기

완전제곱식을 이용한 이차방정식의 풀이

$$3x^2-6x-6=0 \quad \text{⟩ 양변을 }x^2\text{의 계수로 나누어 }x^2\text{의 계수를 1로 만들기}$$
$$x^2-2x-2=0 \quad \text{⟩ 상수항을 우변으로 이항하기}$$
$$x^2-2x=2 \quad \text{⟩ 양변에 }\left(\dfrac{x\text{의 계수}}{2}\right)^2\text{을 더하기}$$
$$x^2-2x+1=2+1 \quad \text{⟩ 좌변을 완전제곱식으로 고쳐 }(x+p)^2=q\text{의 꼴로 만들기}$$
$$(x-1)^2=3 \quad \text{⟩ 제곱근 이용하기}$$
$$x-1=\pm\sqrt{3} \quad \text{⟩ 해 구하기}$$
$$\therefore x=1\pm\sqrt{3}$$

≫ 익힘교재 38~39쪽

🔖 바른답·알찬풀이 36쪽

개념 확인하기

1 제곱근을 이용하여 다음 이차방정식을 푸시오.

(1) $x^2=3$

(2) $x^2=8$

(3) $(x-1)^2=9$

(4) $(x+2)^2=5$

제곱근을 이용한 이차방정식의 풀이

01 제곱근을 이용하여 다음 이차방정식을 푸시오.

(1) $x^2-16=0$

　　$\Rightarrow x^2=\boxed{}$　　　$\therefore x=\boxed{}$

(2) $2x^2=12$

(3) $9-16x^2=0$

(4) $3x^2-1=5$

> **TIP** 이차방정식 $ax^2+b=0\,(ab<0)$의 꼴은
> $x^2=q\,(q>0)$의 꼴로 고친 후 푼다.

02 제곱근을 이용하여 다음 이차방정식을 푸시오.

(1) $(x+4)^2-49=0$

　　$\Rightarrow (x+4)^2=\boxed{},\ x+4=\boxed{}$

　　$\therefore x=\boxed{}$ 또는 $x=\boxed{}$

(2) $4(x-1)^2=8$

(3) $2(x+3)^2-12=0$

(4) $-3(x+1)^2+21=0$

완전제곱식을 이용한 이차방정식의 풀이

03 다음 이차방정식을 $(x+p)^2=q$의 꼴로 나타내시오.

　　　　　　　　　　　　　　(단, p, q는 수)

(1) $x^2+2x=14$

(2) $2x^2+8x-2=0$

(3) $(x+1)(x-3)=8$

04 다음은 완전제곱식을 이용하여 이차방정식
$x^2+4x-6=0$의 해를 구하는 과정이다. $\boxed{}$ 안에 알맞은
수를 써넣으시오.

> $x^2+4x-6=0$에서 $x^2+4x=\boxed{}$
> $x^2+4x+\boxed{}=6+\boxed{}$
> $(x+\boxed{})^2=\boxed{},\ x+\boxed{}=\boxed{}$
> $\therefore x=\boxed{}$

05 완전제곱식을 이용하여 다음 이차방정식을 푸시오.

(1) $x^2-10x+10=0$

(2) $-2x^2-4x+14=0$

(3) $x^2-3x-2=0$

(4) $x^2+5x+3=0$

▶▶ 익힘교재 42쪽

01 다음 중 이차방정식이 <u>아닌</u> 것은?

① $\frac{1}{2}x^2-2x-3=0$

② $x^2=3x$

③ $2x^2+4x+1=2x^2$

④ $5x^2+4=(x+1)(x-1)$

⑤ $(x+1)^2=2x-1$

● 개념 REVIEW

이차방정식의 뜻

x에 대한 이차방정식

⇨ 등식의 우변의 모든 항을 좌변으로 이항하여 정리할 때, (x에 대한 ❶□□□)$=0$의 꼴이 되는 방정식

02 $ax^2-3x+5=2x(x-1)$이 x에 대한 이차방정식일 때, 다음 중 수 a의 값이 될 수 <u>없는</u> 것은?

① -1

② 0

③ 1

④ 2

⑤ 3

이차방정식이 될 조건

$ax^2+bx+c=0$이 x에 대한 이차방정식이 될 조건

⇨ ❷□$\neq 0$

03 다음 **보기** 중 [ ] 안의 수가 주어진 이차방정식의 해인 것을 모두 고르시오.

┤보기├

ㄱ. $x^2-x=0$ $[2]$

ㄴ. $x^2-4x-5=0$ $[-1]$

ㄷ. $2x^2-x+2=x(x-1)$ $[0]$

ㄹ. $(x-1)(2x-1)=0$ $[1]$

이차방정식의 해

$x=m$이 이차방정식 $ax^2+bx+c=0$의 해이면 a❸□$+b$❹□$+c=0$이다.

04 이차방정식 $x^2-3x-4=0$을 풀면?

① $x=-4$ 또는 $x=1$

② $x=-4$ 그리고 $x=1$

③ $x=-1$ 또는 $x=4$

④ $x=-1$ 그리고 $x=4$

⑤ $x=1$ 또는 $x=4$

인수분해를 이용한 이차방정식의 풀이

이차방정식 $ax^2+bx+c=0$의 좌변을 두 일차식의 곱으로 인수분해할 때, $AB=0$이면 $A=$❺□ 또는 $B=$❻□임을 이용하여 해를 구한다.

05 이차방정식 $x^2+ax-a+1=0$의 한 근이 $x=2$일 때, 다른 한 근을 구하시오.

(단, a는 수)

한 근이 주어질 때, 다른 한 근 구하기

주어진 근을 x에 ❼□□하여 미지수의 값을 구한 후 이차방정식을 푼다.

답 ❶ 이차식 ❷ a ❸ m^2 ❹ m
❺ 0 ❻ 0 ❼ 대입

● 개념 REVIEW

06 다음 두 이차방정식의 공통인 근을 구하시오.

$$3x^2+16x+5=0, \quad 2x^2+7x-15=0$$

두 이차방정식의 공통인 근
두 이차방정식의 공통인 근
⇨ 두 이차방정식을 동시에
❶□이 되게 하는 x의 값

07 이차방정식 $x^2+2a(x-1)+8=0$이 중근을 갖도록 하는 수 a의 값을 모두 고르면? (정답 2개)

① -4 ② -2 ③ -1

④ 1 ⑤ 2

이차방정식이 중근을 가질 조건
이차방정식 $x^2+ax+b=0$이
중근을 가질 조건
⇨ $b=\left(^{❷}\square\right)^2$

08 이차방정식 $9x^2-5=0$의 해가 $x=\pm\dfrac{\sqrt{b}}{a}$일 때, 수 a, b에 대하여 ab의 값을 구하시오. (단, b는 가장 작은 자연수)

제곱근을 이용한 이차방정식의
풀이
이차방정식 $x^2=q\,(q>0)$의 해
⇨ $x=\pm^{❸}\square$

09 이차방정식 $3(x+a)^2=15$의 해가 $x=3\pm\sqrt{b}$일 때, 유리수 a, b에 대하여 $b-a$의 값을 구하시오.

제곱근을 이용한 이차방정식의
풀이
이차방정식
$(x+p)^2=q\,(q>0)$의 해
⇨ $x=^{❹}\square\pm^{❺}\square$

10 이차방정식 $x^2+4x+k=0$을 완전제곱식을 이용하여 풀었더니 해가 $x=-2\pm\sqrt{3}$이었다. 이때 수 k의 값은?

① -2 ② -1 ③ 1

④ 2 ⑤ 3

완전제곱식을 이용한 이차방정식
의 풀이
이차방정식 $ax^2+bx+c=0$
의 좌변을 인수분해하기 어려울
때, $(x+p)^2=q\,(q>0)$의 꼴
로 변형하여 $^{❻}\square\square\square$을 이용
하여 푼다.

답 ❶ 참 ❷ $\dfrac{a}{2}$ ❸ $\sqrt{q}$ ❹ $-p$
❺ $\sqrt{q}$ ❻ 제곱근

≫ 익힘교재 43쪽

이차방정식의 근의 공식

개념 알아보기 **1 이차방정식의 근의 공식**

(1) 이차방정식 $ax^2+bx+c=0$의 해는

$$x=\frac{-b\pm\sqrt{b^2-4ac}}{2a} \quad (단,\ b^2-4ac\geq0)$$

예 이차방정식 $x^2-7x+3=0$에서 $a=1$, $b=-7$, $c=3$이므로

$$x=\frac{-(-7)\pm\sqrt{(-7)^2-4\times1\times3}}{2\times1}=\frac{7\pm\sqrt{37}}{2}$$

(2) x의 계수가 짝수인 이차방정식 $ax^2+2b'x+c=0$의 해는

$$x=\frac{-b'\pm\sqrt{b'^2-ac}}{a} \quad (단,\ b'^2-ac\geq0)$$

예 이차방정식 $3x^2+8x+2=0$에서 $a=3$, $b'=4$, $c=2$이므로

$$x=\frac{-4\pm\sqrt{4^2-3\times2}}{3}=\frac{-4\pm\sqrt{10}}{3}$$

$\quad\quad\quad\quad\quad\quad \rightarrow 2b'=8$

참고 $b^2-4ac<0$ 또는 $b'^2-ac<0$인 경우에는 해가 없다.

개념 자세히 보기 **이차방정식 $ax^2+bx+c=0$의 해 구하기**

$ax^2+bx+c=0$의 꼴로 정리하기

→ 좌변이 인수분해가 되면 → 인수분해 이용하기

→ 좌변이 인수분해하기 어려우면 → 근의 공식 이용하기

» 익힘교재 38~39쪽

» 바른답 · 알찬풀이 38쪽

개념 확인하기 **1** 다음은 근의 공식을 이용하여 이차방정식의 해를 구하는 과정이다. ☐ 안에 알맞은 수를 써넣으시오.

(1) $x^2-5x+2=0 \Rightarrow x=\dfrac{-(\boxed{})\pm\sqrt{(-5)^2-4\times1\times\boxed{}}}{2\times\boxed{}}=\boxed{}$

(2) $3x^2+x-1=0 \Rightarrow x=\dfrac{-\boxed{}\pm\sqrt{\boxed{}^2-4\times\boxed{}\times(\boxed{})}}{2\times\boxed{}}=\boxed{}$

(3) $2x^2-4x-1=0 \Rightarrow x=\dfrac{-(\boxed{})\pm\sqrt{(-2)^2-2\times(\boxed{})}}{\boxed{}}=\boxed{}$

바른답·알찬풀이 38쪽

근의 공식을 이용한 이차방정식의 풀이

01 근의 공식을 이용하여 다음 이차방정식을 푸시오.

(1) $x^2+x-1=0$

(2) $2x^2-7x+4=0$

(3) $3x^2+5x-1=0$

(4) $5x^2-9x=-2$

02 x의 계수가 짝수일 때의 근의 공식을 이용하여 다음 이차방정식을 푸시오.

(1) $x^2+4x-2=0$

(2) $2x^2-2x-3=0$

(3) $3x^2+6x+1=0$

(4) $5x^2-8x=-1$

03 이차방정식 $6x^2-4x=2x^2+2x-1$의 해가 $x=\dfrac{A\pm\sqrt{B}}{4}$일 때, 유리수 A, B의 값을 각각 구하시오.

> **TIP** 이차방정식을 $ax^2+bx+c=0$의 꼴로 정리하여 좌변이 인수분해하기 어려울 때, 근의 공식을 이용한다.

근의 공식을 이용하여 미지수의 값 구하기

04 다음은 이차방정식 $x^2-3x+a=0$의 해가 $x=\dfrac{3\pm\sqrt{5}}{2}$일 때, 수 a의 값을 구하는 과정이다. ☐ 안에 알맞은 수를 써넣으시오.

근의 공식을 이용하여 $x^2-3x+a=0$을 풀면

$$x=\frac{-(\boxed{})\pm\sqrt{(-3)^2-4\times\boxed{}\times a}}{\boxed{}\times 1}$$

$$=\frac{3\pm\sqrt{\boxed{}-4a}}{\boxed{}}$$

즉, $\dfrac{3\pm\sqrt{\boxed{}-4a}}{\boxed{}}=\dfrac{3\pm\sqrt{5}}{2}$이므로

$9-4a=\boxed{}$ ∴ $a=\boxed{}$

05 다음 [ ] 안의 수가 주어진 이차방정식의 해일 때, 수 a의 값을 구하시오.

(1) $2x^2+3x+a=0$ $\left[\dfrac{-3\pm\sqrt{17}}{4}\right]$

(2) $5x^2-8x+a=0$ $\left[\dfrac{4\pm\sqrt{6}}{5}\right]$

> **TIP** 근의 공식을 이용하여 해를 구한 후 주어진 해와 비교한다.

06 이차방정식 $ax^2+4x-3=0$의 해가 $x=-2\pm\sqrt{b}$일 때, 유리수 a, b에 대하여 $a+b$의 값을 구하시오.

익힘교재 44쪽

복잡한 이차방정식의 풀이

개념 알아보기 **1 복잡한 이차방정식의 풀이**

복잡한 이차방정식은 다음과 같은 방법으로 $ax^2+bx+c=0$ $(a\neq0)$의 꼴로 고쳐서 푼다.

(1) **괄호가 있는 이차방정식**: 괄호를 풀고 동류항끼리 정리한 후 인수분해 또는 근의 공식을 이용하여 푼다.

예 $(x+2)(x-3)=4$ $\xrightarrow{\text{괄호를 풀고 정리한다.}}$ $x^2-x-10=0$

(2) **계수가 분수 또는 소수인 이차방정식**: 양변에 적당한 수를 곱하여 모든 계수를 정수로 고친 후 인수분해 또는 근의 공식을 이용하여 푼다.

① 계수가 분수일 때 ➡ 양변에 분모의 최소공배수를 곱한다.

② 계수가 소수일 때 ➡ 양변에 10의 거듭제곱을 곱한다.

예 ① $\dfrac{1}{4}x^2+\dfrac{1}{4}x-\dfrac{3}{2}=0$ $\xrightarrow{\text{양변에 4를 곱한다.}}$ $x^2+x-6=0$

② $0.3x^2+0.4x-0.2=0$ $\xrightarrow{\text{양변에 10을 곱한다.}}$ $3x^2+4x-2=0$

(3) **공통부분이 있는 이차방정식**: 공통부분이 있는 이차방정식은 다음과 같은 순서로 푼다.

❶ 공통부분을 A로 놓는다. ← A에 대한 이차방정식

❷ 인수분해 또는 근의 공식을 이용하여 A의 값을 구한다.

❸ A 대신 원래의 식을 대입하여 x의 값을 구한다.

주의 ❷에서 구한 A의 값을 주어진 이차방정식의 해로 착각하지 않도록 한다.

개념 자세히 보기 **공통부분이 있는 이차방정식의 풀이**

$(x+2)^2+2(x+2)-3=0$ ⎱ $x+2=A$로 놓기

$A^2+2A-3=0$ ⎱ 인수분해하기

$(A+3)(A-1)=0$ ⎱ A의 값 구하기

$\therefore A=-3$ 또는 $A=1$ ⎱ A 대신 원래의 식을 대입하기

$x+2=-3$ 또는 $x+2=1$ ⎱ x의 값 구하기

$\therefore x=-5$ 또는 $x=-1$

» 익힘교재 38~39쪽

☞ 바른답·알찬풀이 39쪽

개념 확인하기 **1** 다음은 주어진 이차방정식의 해를 구하는 과정이다. ☐ 안에 알맞은 수를 써넣으시오.

(1) $\dfrac{1}{2}x^2+\dfrac{1}{3}x-\dfrac{1}{2}=0$

양변에 ☐을 곱하면

$3x^2+☐x-3=0$

$\therefore x=$ ☐

(2) $0.1x^2-x+2.5=0$

양변에 ☐을 곱하면

$x^2-10x+☐=0$

$(x-☐)^2=0$

$\therefore x=$ ☐

바른답·알찬풀이 39쪽

괄호가 있는 이차방정식의 풀이

01 다음 이차방정식을 푸시오.

(1) $x(x+3)=2x^2-3$

(2) $(x+4)(x-4)=6x$

(3) $(x-1)(2x+1)=(x+2)^2$

계수가 분수 또는 소수인 이차방정식의 풀이

02 다음 이차방정식을 푸시오.

(1) $x^2-\dfrac{2}{3}x+\dfrac{1}{12}=0$

(2) $\dfrac{3}{4}x^2+x-\dfrac{1}{2}=0$

(3) $\dfrac{x^2-5}{5}-\dfrac{x-1}{4}=\dfrac{x}{10}$

03 다음 이차방정식을 푸시오.

(1) $0.3x^2+0.6x+0.2=0$

(2) $x^2-0.2x-0.8=0$

(3) $0.4x^2+0.2=x$

04 다음 이차방정식을 푸시오.

(1) $1.2x^2-0.4x-\dfrac{1}{2}=0$

(2) $\dfrac{1}{2}x^2+0.3x-\dfrac{1}{4}=0$

> **TIP** 계수에 분수와 소수가 섞여 있는 경우에는 분수와 소수를 모두 정수로 만들 수 있는 수를 생각하여 곱한다.

공통부분이 있는 이차방정식의 풀이

05 다음은 이차방정식 $(x-2)^2+3(x-2)-28=0$의 해를 구하는 과정이다. ☐ 안에 알맞은 것을 써넣으시오.

> $\boxed{}=A$로 놓으면 $A^2+3A-28=0$
> $(A+7)(\boxed{})=0$
> $\therefore A=-7$ 또는 $A=\boxed{}$
> 즉, $x-2=-7$ 또는 $x-2=\boxed{}$이므로
> $x=-5$ 또는 $x=\boxed{}$

06 다음 이차방정식을 푸시오.

(1) $2(x-3)^2-7(x-3)+6=0$

(2) $(2x+1)^2+3(2x+1)+2=0$

(3) $\dfrac{(x+1)^2}{4}+\dfrac{x+1}{2}-2=0$

▶▶ 익힘교재 45쪽

이차방정식의 근의 개수

개념 알아보기 **1 이차방정식의 근의 개수**

이차방정식 $ax^2+bx+c=0$의 근의 개수는 근의 공식 $x=\dfrac{-b\pm\sqrt{b^2-4ac}}{2a}$에서

b^2-4ac의 부호에 따라 결정된다.

(1) $b^2-4ac>0$ ➡ 서로 다른 두 근을 갖는다. ➡ 근이 2개 ┐

(2) $b^2-4ac=0$ ➡ 한 근(중근)을 갖는다. ➡ 근이 1개 ┘ ← $b^2-4ac\geq0$이면 근을 갖는다.

(3) $b^2-4ac<0$ ➡ 근이 없다. ➡ 근이 0개

예

$ax^2+bx+c=0$	a, b, c의 값	b^2-4ac의 부호	근의 개수	근
$x^2-2x-1=0$	$a=1, b=-2, c=-1$	$(-2)^2-4\times1\times(-1)=8>0$	2개	$x=1\pm\sqrt{2}$
$x^2-2x+1=0$	$a=1, b=-2, c=1$	$(-2)^2-4\times1\times1=0$	1개	$x=1$
$x^2-2x+2=0$	$a=1, b=-2, c=2$	$(-2)^2-4\times1\times2=-4<0$	0개	근이 없다.

참고 x의 계수가 짝수인 이차방정식 $ax^2+2b'x+c=0$에서는 b^2-4ac 대신 b'^2-ac의 부호로 판단할 수도 있다.

개념 자세히 보기 **이차방정식의 근의 개수**

이차방정식 $ax^2+bx+c=0$에서 $x=\dfrac{-b\pm\sqrt{b^2-4ac}}{2a}$이다. → 이 식의 부호가 중요!

(1) $b^2-4ac>0$ ➡ $x=\dfrac{-b+\sqrt{b^2-4ac}}{2a}$ 또는 $x=\dfrac{-b-\sqrt{b^2-4ac}}{2a}$

　　　　　　➡ 서로 다른 두 근을 갖는다. (2개)

(2) $b^2-4ac=0$ ➡ $x=-\dfrac{b}{2a}$

　　　　　　➡ 한 근(중근)을 갖는다. (1개)

(3) $b^2-4ac<0$ ➡ 근호 안의 값이 음수가 될 수 없으므로 근이 존재하지 않는다.

　　　　　　➡ 근이 없다. (0개)

≫ 익힘교재 38~39쪽

바른답 · 알찬풀이 40쪽

개념 확인하기 **1** 다음은 이차방정식 $ax^2+bx+c=0$에서 b^2-4ac의 값을 이용하여 근의 개수를 구하는 과정이다. 표를 완성하시오.

$ax^2+bx+c=0$	a, b, c의 값	b^2-4ac의 값	근의 개수
(1) $x^2+3x-2=0$	$a=1, b=3, c=-2$	$3^2-4\times1\times(-2)=17$	
(2) $x^2+8x+16=0$			
(3) $x^2-4x+6=0$			
(4) $3x^2+5x+2=0$			

바른답·알찬풀이 40쪽

이차방정식의 근의 개수

01 다음 이차방정식의 근의 개수를 구하시오.

(1) $x^2-5x-2=0$

(2) $2x^2+3x+4=0$

(3) $9x^2-6x+1=0$

02 다음 **보기**의 이차방정식 중 서로 다른 두 근을 갖는 것을 모두 고르시오.

┌ 보기 ┤
ㄱ. $x^2-16x+64=0$　　ㄴ. $2x^2+3x-8=0$
ㄷ. $4x^2-5x+2=0$　　ㄹ. $x^2+\dfrac{1}{2}x+\dfrac{1}{16}=0$

근의 개수에 따른 미지수의 값 또는 값의 범위 구하기

03 이차방정식 $x^2+3x-k=0$의 근이 다음과 같을 때, 수 k의 값 또는 k의 값의 범위를 구하시오.

(1) 서로 다른 두 근

(2) 중근

(3) 근이 없다.

> **TIP** 이차방정식 $ax^2+bx+c=0$에서
> ① 서로 다른 두 근을 가질 때 ⇨ $b^2-4ac>0$
> ② 중근을 가질 때 ⇨ $b^2-4ac=0$
> ③ 근이 없을 때 ⇨ $b^2-4ac<0$

04 이차방정식 $x^2-10x+k+7=0$이 중근을 가질 때, 수 k의 값과 그 중근을 각각 구하시오.

05 다음 이차방정식의 근이 없을 때, 수 k의 값의 범위를 구하시오.

(1) $x^2-6x+k=0$

(2) $8x^2+4x-k=0$

(3) $x^2-5x+2k=0$

06 다음 이차방정식이 근을 가질 때, 수 k의 값의 범위를 구하시오.

(1) $x^2+2x+k=0$

(2) $x^2+4x-3k=0$

(3) $2x^2-5x+k+2=0$

> **TIP** 이차방정식 $ax^2+bx+c=0$이 근을 가질 조건
> ⇨ 서로 다른 두 근 또는 중근을 가지므로
> 　$b^2-4ac\geq0$

익힘교재 46쪽

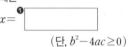

● 개념 REVIEW

01 이차방정식 $x^2+3x+1=0$의 해가 $x=\dfrac{A\pm\sqrt{B}}{2}$일 때, 유리수 A, B에 대하여 $A+B$의 값을 구하시오.

> 이차방정식의 근의 공식
> 이차방정식 $ax^2+bx+c=0$의 해는
> $$x=\boxed{}^{\textbf{❶}}$$
> (단, $b^2-4ac\geq0$)

02 이차방정식 $5x^2-12x+3=0$의 두 근의 합을 m이라 할 때, $5m-3$의 값은?

① 8   ② 9   ③ 10

④ 11   ⑤ 12

> 이차방정식의 근의 공식

03 이차방정식 $2x^2-8x+a=0$의 해가 $x=\dfrac{b\pm\sqrt{10}}{2}$일 때, 유리수 a, b에 대하여 ab의 값은?

① 6   ② 8   ③ 10

④ 12   ⑤ 14

> 근의 공식을 이용하여 미지수의 값 구하기

04 이차방정식 $(x+4)(x-1)=-x-5$를 풀면?

① $x=\dfrac{-4\pm\sqrt{3}}{2}$ ② $x=-2\pm\sqrt{3}$ ③ $x=\dfrac{-2\pm\sqrt{3}}{2}$

④ $x=\dfrac{4\pm\sqrt{3}}{2}$ ⑤ $x=2\pm\sqrt{3}$

> 괄호가 있는 이차방정식의 풀이
> 괄호가 있는 이차방정식은 분배법칙, 곱셈 공식을 이용하여 괄호를 풀고 $\boxed{}^{\textbf{❷}}$끼리 정리한다.

05 이차방정식 $x^2-\dfrac{1}{4}x=\dfrac{15}{8}$의 두 근을 α, β $(\alpha<\beta)$라 할 때, $\alpha<n<\beta$를 만족하는 모든 정수 n의 값의 합을 구하시오.

> 계수가 분수인 이차방정식의 풀이
> 계수가 분수인 이차방정식은 양변에 분모의 $\boxed{}^{\textbf{❸}}$를 곱하여 모든 계수를 정수로 고친다.

> 답 ❶ $\dfrac{-b\pm\sqrt{b^2-4ac}}{2a}$ ❷ 동류항
> ❸ 최소공배수

● 개념 REVIEW

 06 이차방정식 $\dfrac{3}{10}x^2 + 0.2x - \dfrac{1}{5} = 0$의 해가 $x = \dfrac{p \pm \sqrt{q}}{3}$일 때, 유리수 p, q에 대하여 $q - p$의 값은?

① 5 ② 6 ③ 7
④ 8 ⑤ 9

> **계수가 분수 또는 소수인 이차방정식의 풀이**
> 계수가 분수 또는 소수인 이차방정식은 양변에 적당한 수를 곱하여 모든 계수를 ❶☐☐로 고친다.

07 $x > 2y$이고 $(x-2y)(x-2y-3) = 4$일 때, $x-2y$의 값은?

① 2 ② 3 ③ 4
④ 5 ⑤ 6

> **공통부분이 있는 이차방정식의 풀이**
> 공통부분을 A로 놓은 후 ❷☐☐☐☐ 또는 근의 공식을 이용하여 A의 값을 구한다.

08 다음 이차방정식 중 근이 <u>없는</u> 것은?

① $x^2 - 4x + 1 = 0$ ② $x^2 + 6x + 9 = 0$ ③ $3x^2 - 5x - 2 = 0$
④ $2x^2 - 2x + 1 = 0$ ⑤ $9x^2 - 12x + 4 = 0$

> **이차방정식의 근의 개수**
> 이차방정식 $ax^2 + bx + c = 0$의 근의 개수는 ❸☐☐☐☐☐의 부호에 의해 결정된다.

09 이차방정식 $x^2 - 4kx - k + 3 = 0$이 중근을 갖도록 하는 모든 수 k의 값의 합은?

① $-\dfrac{1}{2}$ ② $-\dfrac{1}{4}$ ③ $\dfrac{1}{4}$
④ $\dfrac{1}{3}$ ⑤ $\dfrac{1}{2}$

> **근의 개수에 따른 미지수의 값 또는 값의 범위 구하기**
> 이차방정식 $ax^2 + bx + c = 0$이 중근을 가질 조건
> ⇨ $b^2 - 4ac$ ❹☐ 0

10 이차방정식 $mx^2 - 8x + 5 = 0$이 근을 갖도록 하는 자연수 m의 개수는?

① 1개 ② 2개 ③ 3개
④ 4개 ⑤ 5개

> **근의 개수에 따른 미지수의 값 또는 값의 범위 구하기**
> 이차방정식 $ax^2 + bx + c = 0$이 근을 가질 조건
> ⇨ $b^2 - 4ac$ ❺☐ 0

>> 익힘교재 47쪽

답 ❶ 정수 ❷ 인수분해 ❸ $b^2 - 4ac$
❹ = ❺ ≥

이차방정식 구하기

 1 이차방정식 구하기

(1) 두 근이 α, β이고 x^2의 계수가 a인 이차방정식

➡ $a(x-\alpha)(x-\beta)=0$ ➡ $a\{x^2-(\alpha+\beta)x+\alpha\beta\}=0$

(2) 중근이 α이고 x^2의 계수가 a인 이차방정식

➡ $a(x-\alpha)^2=0$ ← (완전제곱식)=0의 꼴

참고 모든 계수가 유리수인 이차방정식에서 한 근이 $p+q\sqrt{m}$이면 다른 한 근은 $p-q\sqrt{m}$이고, 이를 이용하여 이차방정식을 구할 수 있다. (단, p, q는 유리수, $\sqrt{m}$은 무리수)

예 한 근이 $1+\sqrt{3}$이고 x^2의 계수가 1일 때, 모든 계수가 유리수인 이차방정식
➡ 다른 한 근은 $1-\sqrt{3}$이므로 두 근이 $1+\sqrt{3}$, $1-\sqrt{3}$이고 x^2의 계수가 1인 이차방정식
➡ $\{x-(1+\sqrt{3})\}\{x-(1-\sqrt{3})\}=0$
$x^2-(1+\sqrt{3}+1-\sqrt{3})x+(1+\sqrt{3})(1-\sqrt{3})=0$
∴ $x^2-2x-2=0$

[개념 자세히 보기] **이차방정식 구하기**

두 근이 1, 2이고 x^2의 계수가 3인 이차방정식	중근이 3이고 x^2의 계수가 2인 이차방정식
⬇	⬇
$3(x-1)(x-2)=0$, 즉 $3(x^2-3x+2)=0$ $\;\;\;x=1\;\;x=2$ ∴ $3x^2-9x+6=0$	$2(x-3)^2=0$, 즉 $2(x^2-6x+9)=0$ $\;\;\;x=3$ ∴ $2x^2-12x+18=0$

≫ 익힘교재 38~39쪽

바른답·알찬풀이 42쪽

 1 다음 조건을 만족하는 x에 대한 이차방정식을 구하려고 한다. ☐ 안에 알맞은 수를 써넣으시오.

(1) 두 근이 2, 3이고 x^2의 계수가 1인 이차방정식
$\Rightarrow (x-\boxed{})(x-\boxed{})=0 \qquad \therefore x^2-\boxed{}x+\boxed{}=0$

(2) 두 근이 -5, 1이고 x^2의 계수가 3인 이차방정식
$\Rightarrow \boxed{}(x+\boxed{})(x-\boxed{})=0 \qquad \therefore \boxed{}x^2+\boxed{}x-15=0$

(3) 중근이 4이고 x^2의 계수가 1인 이차방정식
$\Rightarrow (x-\boxed{})^2=0 \qquad \therefore x^2-\boxed{}x+\boxed{}=0$

바른답·알찬풀이 42쪽

이차방정식 구하기; 서로 다른 두 근이 주어졌을 때

01 다음 두 수를 근으로 하는 이차방정식을
$x^2+ax+b=0$의 꼴로 나타내시오. (단, a, b는 수)

(1) -4, 2 (2) -6, -3

(3) 0, 5 (4) $-\dfrac{1}{7}$, $\dfrac{1}{7}$

02 다음 이차방정식을 $ax^2+bx+c=0$의 꼴로 나타내시오. (단, a, b, c는 수)

(1) 두 근이 1, 4이고 x^2의 계수가 2인 이차방정식

(2) 두 근이 -3, -1이고 x^2의 계수가 4인 이차방정식

(3) 두 근이 -9, 6이고 x^2의 계수가 $\dfrac{1}{3}$인 이차방정식

(4) 두 근이 1, $\dfrac{3}{2}$이고 x^2의 계수가 -2인 이차방정식

03 이차방정식 $2x^2+ax+b=0$의 두 근이 -1, 2일 때, 수 a, b에 대하여 ab의 값을 구하시오.

04 이차방정식 $x^2+ax+b=0$의 한 근이 $3+\sqrt{2}$일 때, 다음을 구하시오. (단, a, b는 유리수)

(1) 다른 한 근

(2) a, b의 값

> **TIP** 모든 계수가 유리수인 이차방정식에서 무리수인 한 근을 알 때, 다음과 같은 방법을 이용한다.
> ❶ 다른 한 근을 구한다.
> ❷ 두 근을 이용하여 이차방정식을 구한다.

이차방정식 구하기; 중근이 주어졌을 때

05 다음 수를 중근으로 하는 이차방정식을
$x^2+ax+b=0$의 꼴로 나타내시오. (단, a, b는 수)

(1) -6 (2) $\dfrac{1}{4}$

06 다음 이차방정식을 $ax^2+bx+c=0$의 꼴로 나타내시오. (단, a, b, c는 수)

(1) 중근이 2이고 x^2의 계수가 3인 이차방정식

(2) 중근이 -1이고 x^2의 계수가 -2인 이차방정식

07 이차방정식 $4x^2+ax+b=0$이 중근 $-\dfrac{1}{2}$을 가질 때, 수 a, b에 대하여 $a-b$의 값을 구하시오.

익힘교재 48쪽

개념 33 이차방정식의 활용

❸ 이차방정식의 활용

개념 알아보기 **1 이차방정식의 활용**

이차방정식의 활용 문제를 풀 때에는 다음과 같은 순서로 해결한다.

> **❶ 미지수 정하기**   문제의 뜻을 이해하고, 구하려는 것을 미지수 x로 놓는다.
>
> ⬇
>
> **❷ 이차방정식 세우기**   문제의 뜻에 맞게 x에 대한 이차방정식을 세운다.
>
> ⬇
>
> **❸ 이차방정식 풀기**   이차방정식을 푼다.
>
> ⬇
>
> **❹ 확인하기**   구한 해가 문제의 뜻에 맞는지 확인한다.

참고 길이, 넓이, 부피, 시간, 속력, 거리 등은 양수이어야 하고, 사람 수, 나이 등은 자연수이어야 한다.

개념 자세히 보기   이차방정식의 활용

민주와 오빠의 나이의 차는 2살이고, 두 사람의 나이의 제곱의 합이 514일 때, 민주의 나이를 구해 보자.

❶ 미지수 정하기	민주의 나이를 x살이라 하자.
❷ 이차방정식 세우기	오빠의 나이는 $(x+2)$살이고, 두 사람의 나이의 제곱의 합이 514이므로 $x^2+(x+2)^2=514$
❸ 이차방정식 풀기	$x^2+(x+2)^2=514$에서 $x^2+2x-255=0$ $(x+17)(x-15)=0$ ∴ $x=-17$ 또는 $x=15$ 그런데 x는 자연수이므로 $x=15$, 즉 민주의 나이는 15살이다.
❹ 확인하기	민주의 나이가 15살이면 오빠의 나이는 $15+2=17$(살)이다. 이때 두 사람의 나이의 제곱의 합은 $15^2+17^2=514$이므로 구한 해가 문제의 뜻에 맞는다.

>> 익힘교재 38~39쪽

>> 바른답·알찬풀이 43쪽

개념 확인하기 1 다음은 어떤 자연수를 제곱한 수는 원래의 수를 3배 한 것보다 10만큼 클 때, 어떤 자연수를 구하는 과정이다. ☐ 안에 알맞은 것을 써넣으시오.

> **❶** 어떤 자연수를 x라 하자.
>
> **❷** 어떤 자연수를 제곱한 수는 원래의 수를 3배 한 것보다 10만큼 크므로 $x^2=$ ☐
>
> **❸** ❷의 이차방정식을 풀면 $x=$ ☐ 또는 $x=$ ☐
>
>   그런데 x는 자연수이므로 $x=$ ☐이다.
>
>   따라서 어떤 자연수는 ☐이다.

바른답·알찬풀이 43쪽

이차방정식의 활용 ; 식의 활용에 대한 문제

01 n각형의 대각선의 개수는 $\dfrac{n(n-3)}{2}$개이다. 대각선의 개수가 27개인 다각형은 몇 각형인지 구하려고 할 때, 다음 물음에 답하시오.

(1) 구하려는 다각형을 n각형이라 할 때, n에 대한 이차방정식을 세우시오.

(2) 다각형은 몇 각형인지 구하시오.

이차방정식의 활용 ; 수에 대한 문제

02 자연수에서 연속하는 두 짝수의 곱이 168일 때, 두 짝수 중 작은 수를 구하려고 한다. 다음 물음에 답하시오.

(1) 연속하는 두 짝수 중 작은 수를 x라 할 때, 큰 수를 x에 대한 식으로 나타내시오.

(2) x에 대한 이차방정식을 세우시오.

(3) 두 짝수 중 작은 수를 구하시오.

03 연속하는 두 자연수의 제곱의 합이 145일 때, 두 자연수를 구하시오.

> **TIP** 연속하는 두 자연수를 x, $x+1$로 놓는다.

이차방정식의 활용 ; 실생활에 대한 문제

04 수정이는 동생보다 3살이 많고, 수정이와 동생의 나이의 곱은 수정이와 동생의 나이의 합보다 27만큼 크다고 할 때, 동생의 나이를 구하려고 한다. 다음 물음에 답하시오.

(1) 동생의 나이를 x살이라 할 때, 수정이의 나이를 x에 대한 식으로 나타내시오.

(2) x에 대한 이차방정식을 세우시오.

(3) 동생의 나이를 구하시오.

05 사탕 120개를 남김없이 어느 동아리 학생들에게 똑같이 나누어 주었다. 한 학생이 받는 사탕의 개수는 학생 수보다 2만큼 작다고 할 때, 이 동아리 학생은 모두 몇 명인지 구하려고 한다. 다음 물음에 답하시오.

(1) 동아리 학생 수를 x명이라 할 때, x에 대한 이차방정식을 세우시오.

(2) 동아리 학생은 모두 몇 명인지 구하시오.

06 수학책을 펼쳤을 때, 펼쳐진 두 면의 쪽수를 곱하였더니 210이었다. 이때 두 면의 쪽수를 구하시오.

이차방정식의 활용: 도형에 대한 문제

07 오른쪽 그림과 같이 가로, 세로의 길이가 각각 7 cm, 5 cm인 직사각형의 가로, 세로의 길이를 똑같은 길이만큼 늘여서 만든 직사각형의 넓이가 처음 직사각형의 넓이보다 28 cm²만큼 늘어났다. 다음 물음에 답하시오.

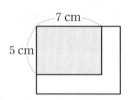

(1) 늘인 길이를 x cm라 할 때, 늘어난 직사각형의 가로와 세로의 길이를 각각 x에 대한 식으로 나타내시오.

(2) x에 대한 이차방정식을 세우시오.

(3) 가로, 세로의 길이를 각각 몇 cm만큼 늘였는지 구하시오.

08 오른쪽 그림과 같이 가로, 세로의 길이가 각각 16 m, 10 m인 직사각형 모양의 정원에 폭이 일정한 길을 만들었더니 길을 제외한 정원의 넓이가 135 m²가 되었다. 이때 길의 폭을 구하시오.

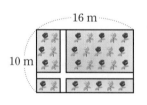

TIP 폭이 일정한 길이 주어진 경우 다음 두 직사각형에서 색칠한 부분의 넓이가 서로 같음을 이용하여 이차방정식을 세운다.

이차방정식의 활용: 쏘아 올린 물체에 대한 문제

09 지면에서 초속 25 m로 똑바로 위로 쏘아 올린 물 로켓의 x초 후의 높이는 $(25x-5x^2)$ m이다. 이 물 로켓이 지면에 떨어지는 것은 물 로켓을 쏘아 올린 지 몇 초 후인지 구하려고 한다. 다음 물음에 답하시오.

(1) x에 대한 이차방정식을 세우시오.

(2) 이 물 로켓이 지면에 떨어지는 것은 물 로켓을 쏘아 올린 지 몇 초 후인지 구하시오.

TIP 물체가 지면에 떨어질 때의 높이는 0 m이다.

10 지면으로부터 40 m 높이의 건물 옥상에서 초속 30 m로 똑바로 위로 던져 올린 공의 x초 후의 지면으로부터의 높이는 $(-5x^2+30x+40)$ m이다. 이 공의 지면으로부터의 높이가 처음으로 80 m가 되는 것은 공을 위로 던져 올린 지 몇 초 후인지 구하시오.

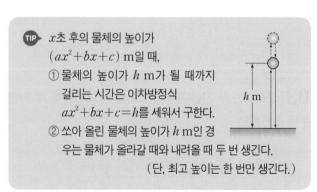

TIP x초 후의 물체의 높이가 (ax^2+bx+c) m일 때,
① 물체의 높이가 h m가 될 때까지 걸리는 시간은 이차방정식 $ax^2+bx+c=h$를 세워서 구한다.
② 쏘아 올린 물체의 높이가 h m인 경우는 물체가 올라갈 때와 내려올 때 두 번 생긴다.
(단, 최고 높이는 한 번만 생긴다.)

익힘교재 49쪽

01 이차방정식 $2x^2+ax-b=0$을 풀면 $x=-3$ 또는 $x=4$일 때, 수 a, b에 대하여 $a+b$의 값은?

① -26 ② -22 ③ 13

④ 22 ⑤ 26

● 개념 REVIEW

이차방정식 구하기;
서로 다른 두 근이 주어졌을 때
두 근이 α, β이고 x^2의 계수가 a인 이차방정식
$\Rightarrow a(x-\boxed{❶})(x-\beta)=0$

02 이차방정식 $x^2+9x-3a=0$의 두 근이 m, $2m$일 때, 수 a의 값은?

① -9 ② -6 ③ -3

④ 3 ⑤ 6

이차방정식 구하기;
서로 다른 두 근이 주어졌을 때

03 x^2의 계수가 1인 이차방정식을 푸는데 효정이는 x의 계수를 잘못 보고 풀어 $x=-3$ 또는 $x=5$를 해로 얻었고, 승연이는 상수항을 잘못 보고 풀어 $x=-2$ 또는 $x=6$을 해로 얻었다. 다음 물음에 답하시오.

(1) 처음 이차방정식을 구하시오.

(2) 처음 이차방정식을 푸시오.

잘못 보고 푼 이차방정식

04 이차방정식 $x^2-ax+b=0$이 $x=5$를 중근으로 가질 때, 이차방정식 $bx^2+ax-2=0$의 해를 구하시오. (단, a, b는 수)

이차방정식 구하기;
중근이 주어졌을 때
중근이 α이고 x^2의 계수가 a인 이차방정식
$\Rightarrow a(x-\boxed{❷})^2=0$

답 ❶ α ❷ α

● 개념 REVIEW

05 1부터 자연수 n까지의 합은 $\dfrac{n(n+1)}{2}$이다. 1부터 어떤 자연수까지의 합이 231일 때, 이 자연수를 구하시오.

> 이차방정식의 활용;
> 식의 활용에 대한 문제
> ❶ 주어진 식을 이용하여 이차 방정식을 세운다.
> ❷ 이차방정식을 푼다.
> ❸ 구한 해가 문제의 뜻에 맞는 지 ❶□□한다.

06 자연수에서 연속하는 두 홀수의 제곱의 합이 130일 때, 이 두 홀수의 곱은?

① 35 　　　　② 63 　　　　③ 99
④ 143 　　　　⑤ 195

> 이차방정식의 활용;
> 수에 대한 문제
> 연속하는 두 홀수 중 작은 수를 x라 하면 큰 수는 $x+$❷□로 놓고 이차방정식을 세운다.

07 어느 해 5월의 달력에서 위아래로 이웃하는 두 날짜의 곱이 198일 때, 두 날짜의 합은?

① 26 　　　　② 27 　　　　③ 28
④ 29 　　　　⑤ 30

> 이차방정식의 활용;
> 실생활에 대한 문제
> 구하려는 것 중 하나를 x로 놓고 다른 하나를 ❸□에 대한 식으로 나타낸다.

08 오른쪽 그림과 같이 색칠한 원의 반지름의 길이를 9 cm만큼 늘여서 만든 원의 넓이가 색칠한 원의 넓이의 4배가 되었다. 이때 색칠한 원의 반지름의 길이를 구하시오.

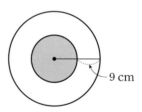

9 cm

> 이차방정식의 활용;
> 도형에 대한 문제
> 변의 길이, 반지름의 길이는 항상 ❹□□□임에 주의한다.

09 지면으로부터 15 m 높이의 건물 옥상에서 초속 50 m로 똑바로 위로 쏘아 올린 폭죽의 t초 후의 지면으로부터의 높이가 $(-5t^2+50t+15)$ m라 한다. 이 폭죽이 처음으로 지면으로부터의 높이가 120 m인 지점에 도달하는 것은 쏘아 올린 지 몇 초 후인지 구하시오.

> 이차방정식의 활용;
> 쏘아 올린 물체에 대한 문제
> x초 후의 물체의 높이가 (ax^2+bx+c) m일 때, 높이가 h m일 때의 시간은 이차방정식 $ax^2+bx+c=$❺□의 해를 구한다.

>> 익힘교재 50쪽

답 ❶ 확인 ❷ 2 ❸ x
❹ 양수 ❺ h

01 다음 **보기** 중 이차방정식이 <u>아닌</u> 것을 모두 고른 것은?

┌ 보기 ├─

ㄱ. $x^2+2x-1=0$ ㄴ. $x^2-1=(x-1)^2$

ㄷ. $x^2+1=x(x+3)$ ㄹ. $1-(x-2)^2=4x$

ㅁ. $x^3+5x^2-1=x^3+1$

① ㄱ, ㄴ   ② ㄴ, ㄷ   ③ ㄴ, ㅁ
④ ㄷ, ㄹ   ⑤ ㄷ, ㅁ

02 다음 [ ] 안의 수가 주어진 이차방정식의 해인 것을 모두 고르면? (정답 2개)

① $x^2-3x=0$ $[-1]$
② $x^2-8x+7=0$ $[1]$
③ $x^2+5x-14=0$ $[-2]$
④ $x^2-9=0$ $[\sqrt{3}]$
⑤ $3x^2+2x-1=0$ $\left[\dfrac{1}{3}\right]$

03 두 이차방정식 $x^2+ax-6=0$, $3x^2-4x-b=0$의 공통인 해가 $x=2$일 때, 수 a, b에 대하여 $b-a$의 값을 구하시오.

04 이차방정식 $x^2-4x+1=0$의 한 근을 m이라 할 때, $m^2+\dfrac{1}{m^2}$의 값을 구하시오.

05 이차방정식 $x^2+2x-8=0$의 두 근 중 양수인 근이 이차방정식 $x^2-2ax+5+a=0$의 한 근일 때, 수 a의 값을 구하시오.

서술형
06 이차방정식 $x^2+16x+a+1=0$이 중근을 가질 때, 수 a의 값과 그 중근을 각각 구하시오.

07 이차방정식 $x^2-10x+15=0$을 $(x-p)^2=q$의 꼴로 나타낼 때, 수 p, q에 대하여 $p+q$의 값은?

① -5 ② 0 ③ 5
④ 10 ⑤ 15

08 이차방정식 $Ax^2+5x-1=0$의 해가 $x=\dfrac{-5\pm\sqrt{B}}{6}$일 때, 유리수 A, B에 대하여 $A+B$의 값은?

① 38 ② 40 ③ 42
④ 44 ⑤ 46

09 다음 이차방정식을 푸시오.

$$\frac{1}{5}x^2 + 0.6x - \frac{3}{2} = 0$$

서술형
10 이차방정식 $2(x-1)^2 + 7(x-1) - 15 = 0$의 두 근의 곱을 구하시오.

UP
11 실수 a, b에 대하여 $a \triangle b = ab + 2a - b$라 할 때, 다음 방정식의 해를 구하시오.

$$(2x+3) \triangle (3x-8) = 2$$

12 다음 이차방정식 중 근의 개수가 나머지 넷과 다른 하나는?

① $x^2 - 4x + 2 = 0$ ② $2x^2 - 3x - 4 = 0$
③ $3x^2 + 5x - 1 = 0$ ④ $x(x-2) = -1$
⑤ $0.6x^2 - 0.9x + 0.2 = 0$

13 이차방정식 $x^2 - 3x + k + 1 = 0$이 서로 다른 두 근을 가질 때, 가장 큰 정수 k의 값은?

① 3   ② 2   ③ 1
④ 0   ⑤ -1

14 이차방정식 $x^2 - 4x + k = 0$의 한 근이 다른 한 근의 3배일 때, 수 k의 값은?

① 3   ② 2   ③ 1
④ -1 ⑤ -2

15 x^2의 계수가 1이고 $x = -3$을 중근으로 갖는 이차방정식이 $x^2 + (a+b)x + 2a - b = 0$일 때, 수 a, b의 값은?

① $a = -10$, $b = 5$ ② $a = -5$, $b = -1$
③ $a = -5$, $b = 1$ ④ $a = 5$, $b = 1$
⑤ $a = 10$, $b = 5$

16 두 자리 자연수가 있다. 이 수의 십의 자리의 숫자는 일의 자리의 숫자의 3배이고, 각 자리의 숫자의 곱은 원래의 수보다 66만큼 작다고 할 때, 이 두 자리 자연수를 구하시오.

17 고구마 180개를 상자에 남김없이 똑같이 나누어 담았더니 상자의 개수가 한 상자에 들어 있는 고구마의 개수보다 3개 많았다고 한다. 이때 상자의 개수는?

① 10개   ② 12개   ③ 15개

④ 18개   ⑤ 20개

UP
18 오른쪽 그림과 같이 가로, 세로의 길이가 각각 16 cm, 12 cm인 직사각형 모양의 종이의 네 귀퉁이에서 크기가 같은 정사각형을 잘라 내어 윗면

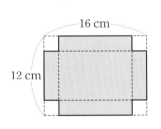

이 없는 직육면체 모양의 상자를 만들려고 한다. 상자의 밑넓이가 96 cm²일 때, 잘라 낸 정사각형의 한 변의 길이는 몇 cm인가?

① 1 cm   ② 2 cm   ③ 3 cm

④ 4 cm   ⑤ 5 cm

서술형
19 지면에서 초속 60 m로 똑바로 위로 던져 올린 야구공의 x초 후의 높이는 $(-5x^2+60x)$ m이다. 이때 야구공이 지면으로부터의 높이가 135 m 이상인 지점을 지나는 것은 몇 초 동안인지 구하시오.

창의·융합 문제

모양과 크기가 같은 직사각형 모양의 가죽 조각 6개를 다음 그림과 같이 넓이가 240 cm²인 직사각형 모양의 판에 빈틈없이 겹치지 않도록 붙였더니 가로의 길이가 6 cm인 직사각형 모양의 남는 부분이 생겼다. 가죽 조각의 긴 변의 길이를 x cm라 할 때, x의 값을 구하시오.

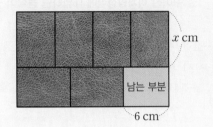

해결의 길잡이

❶ 가죽 조각의 짧은 변의 길이를 x에 대한 식으로 나타낸다.

❷ 직사각형 모양의 판의 넓이를 이용하여 이차방정식을 세운다.

❸ ❷의 이차방정식을 푼다.

❹ x의 값을 구한다.

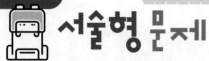

교과서 속

서술형 문제

1 x에 대한 이차방정식
$$(a-1)x^2-(a^2-2)x+1=0$$
의 한 근이 -1일 때, 수 a의 값을 구하시오.

2 x에 대한 이차방정식
$$(a+2)x^2+a^2x+2a=0$$
의 한 근이 1일 때, 수 a의 값을 구하시오.

---

❶ $x=-1$을 주어진 이차방정식에 대입하면 등식이 성립하는가?

$x=-1$은 주어진 이차방정식의 $\square$이므로 대입하면 등식이 성립한다.

❷ $x=-1$을 주어진 이차방정식에 대입하면?

$x=-1$을 $(a-1)x^2-(a^2-2)x+1=0$에 대입하면

$(a-1)\times(\square)^2-(a^2-2)\times(\square)+1=0$

$a^2+a-\square=0$ ⋯ 40 %

❸ ❷의 이차방정식을 풀면?

$a^2+a-\square=0$에서

$(a+\square)(a-\square)=0$

$\therefore a=\square$ 또는 $a=\square$ ⋯ 30 %

❹ ❸에서 구한 a의 값 중 문제의 조건을 만족하는 것은?

$a=\square$이면 x^2의 계수가 0이 되므로 이차방정식이 되지 않는다.

$\therefore a=\square$ ⋯ 30 %

---

❶ $x=1$을 주어진 이차방정식에 대입하면 등식이 성립하는가?

❷ $x=1$을 주어진 이차방정식에 대입하면?

❸ ❷의 이차방정식을 풀면?

❹ ❸에서 구한 a의 값 중 문제의 조건을 만족하는 것은?

바른답·알찬풀이 46쪽

3 이차방정식 $(2a-1)x^2+ax-2=0$의 한 근이 -5일 때, 수 a의 값과 다른 한 근을 각각 구하시오.

✍ 풀이 과정

답 _____

5 이차방정식 $x^2+ax+b=0$의 두 근이 -2, 3일 때, 이차방정식 $ax^2+bx+4=0$을 푸시오.

(단, a, b는 수)

✍ 풀이 과정

답 _____

4 x^2의 계수가 1인 이차방정식을 푸는데 현정이는 x의 계수를 잘못 보고 풀어서 해가 $x=-1$ 또는 $x=5$이었고, 준서는 상수항을 잘못 보고 풀어서 해가 $x=-6$ 또는 $x=2$이었다. 처음 이차방정식을 푸시오.

✍ 풀이 과정

답 _____

6 오른쪽 그림과 같이 가로, 세로의 길이가 각각 8 cm, 12 cm인 직사각형에서 가로의 길이는 매초 1 cm씩 줄어들고, 세로의 길이는 매초 2 cm씩 늘어나고 있다. 이때 몇 초 후에 변화된 직사각형의 넓이가 처음 직사각형의 넓이와 같아지는지 구하시오.

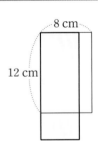

✍ 풀이 과정

답 _____

지금은 충전 중

자는 게 아니라
충전 중인 거야.

어떻게 충전하는 족족 방전이야~

하아아아 아암~

체력도 보조 배터리가 필요해.

05

이차함수

배운내용 Check

1 함수 $f(x)=3x-5$에 대하여 다음 함숫값을 구하시오.

(1) $f(2)$　　　　　　　　　(2) $f\left(\dfrac{1}{3}\right)$

2 일차함수 $y=-x$의 그래프를 y축의 방향으로 4만큼 평행이동한 그래프의 식을 구하시오.

이차함수의 뜻

개념 알아보기 **1 이차함수**

함수 $y=f(x)$에서
$$y=ax^2+bx+c \ (a, b, c는 수, a\neq 0)$$
와 같이 y가 x에 대한 이차식으로 나타내어질 때, 이 함수 $y=f(x)$를 x에 대한 **이차함수**라 한다.

> 이차함수
> $$y=\underset{\text{이차식}}{\underline{ax^2+bx+c}} \ (a\neq 0)$$

예 ① $y=x^2, y=2x^2-3, y=-x^2+5x+6$ ➡ y가 x에 대한 이차식이므로 모두 이차함수이다.

② $y=-x+3$ ➡ y가 x에 대한 일차식이므로 일차함수이다. 따라서 이차함수가 아니다.

③ $y=\dfrac{1}{x^2}$ ➡ x^2이 분모에 있으므로 이차함수가 아니다.

주의 $y=ax^2+bx+c$에서 $b=0$ 또는 $c=0$이어도 이차함수이지만 $a=0$이면 이차함수가 아니다.

개념 자세히 보기 **이차식, 이차방정식, 이차함수의 비교**

다음과 같이 식의 형태에 따라 이차식, 이차방정식, 이차함수로 나누어진다. (단, a, b, c는 수, $a\neq 0$)

x에 대한 이차식	x에 대한 이차방정식	x에 대한 이차함수
ax^2+bx+c	$ax^2+bx+c=0$	$y=ax^2+bx+c$

≫ 익힘교재 51~52쪽

➔ 바른답·알찬풀이 48쪽

개념 확인하기 **1** 다음 중 y가 x에 대한 이차함수인 것은 ○표, 이차함수가 아닌 것은 ×표를 하시오.

(1) $y=x^2-2x+1$　(　　) 　　　　(2) $y=3x-2$　　　　(　　)

(3) $y=x(x-3)$　(　　) 　　　　(4) $y=(x+1)^2-x^2$　(　　)

(5) $y=-\dfrac{3}{x^2}+4$　(　　) 　　　　(6) $y=-\dfrac{1}{2}x+5x^2$　(　　)

2 이차함수 $y=2x^2-x+5$에 대하여 다음을 구하시오.

(1) $x=0$일 때, y의 값 　　　　(2) $x=2$일 때, y의 값

(3) $x=-1$일 때, y의 값 　　　　(4) $x=-\dfrac{1}{2}$일 때, y의 값

이차함수의 뜻

01 다음 **보기** 중 y가 x에 대한 이차함수인 것을 모두 고르시오.

┌ 보기 ├
ㄱ. $y=\dfrac{x^2-1}{4}$　　　　ㄴ. $y=5(x+2)-5$
ㄷ. $y=2+x^3$　　　　　ㄹ. $y=3x(x-1)-3x^2$
ㅁ. $y=2x^2-x(x+1)$

02 다음에서 y를 x에 대한 식으로 나타내고, y가 x에 대한 이차함수인지 말하시오.

(1) 한 변의 길이가 x cm인 정사각형의 둘레의 길이 y cm
$\Rightarrow y=\boxed{}$

(2) 밑변의 길이가 x cm, 높이가 $2x$ cm인 삼각형의 넓이 y cm²
$\Rightarrow y=\boxed{}$

(3) 자동차가 시속 x km로 6시간 동안 달린 거리 y km
$\Rightarrow y=\boxed{}$

(4) 반지름의 길이가 x cm인 원의 넓이 y cm²
$\Rightarrow y=\boxed{}$

(5) 한 모서리의 길이가 x cm인 정육면체의 부피 y cm³
$\Rightarrow y=\boxed{}$

> **TIP** 주어진 문장을 x와 y 사이의 관계식으로 나타내고 식을 정리하였을 때, $y=(x$에 대한 이차식)의 꼴이면 y는 x에 대한 이차함수이다.

이차함수의 함숫값

03 이차함수 $f(x)=-x^2-2x+4$에 대하여 다음 함숫값을 구하시오.

(1) $f(0)$　　　　　　(2) $f(1)$

(3) $f\left(\dfrac{1}{2}\right)$　　　　　(4) $f(-1)$

> **TIP** 함수 $f(x)$에 대하여 $f(a)$는 $x=a$일 때의 함숫값이므로 $f(x)$에 x 대신 a를 대입하여 구할 수 있다.

04 다음 이차함수에 대하여 $f(2)$의 값을 구하시오.

(1) $f(x)=3x^2$

(2) $f(x)=x^2-5$

(3) $f(x)=-2x^2+x-1$

05 다음 이차함수에 대하여 주어진 함숫값을 만족하는 수 a의 값을 구하시오.

(1) $f(x)=x^2-4x+a,\ f(3)=-1$
$\Rightarrow f(3)=\boxed{}^2-4\times\boxed{}+a$
$=a-\boxed{}$
$a-\boxed{}=-1$　　$\therefore a=\boxed{}$

(2) $f(x)=2x^2+ax+1,\ f(-2)=3$

» 익힘교재 53쪽

이차함수 $y=x^2$의 그래프

개념 알아보기 **1 이차함수 $y=x^2$의 그래프**

(1) 원점을 지나고 아래로 볼록한 곡선이다.

(2) y축에 대칭이다.

(3) $x<0$일 때, x의 값이 증가하면 y의 값은 감소한다.

 $x>0$일 때, x의 값이 증가하면 y의 값도 증가한다.

(4) 이차함수 $y=-x^2$의 그래프와 x축에 대칭이다.

참고 이차함수 $y=ax^2+bx+c$에서 x의 값이 구체적으로 주어지지 않으면 x의 값은 실수 전체인 것으로 생각한다.

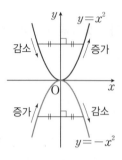

2 포물선

이차함수 $y=x^2$의 그래프와 같은 모양의 곡선을 **포물선**이라 한다.

포물선은 물체를 던졌을 때 나타나는 곡선이라는 뜻이다. ◀

(1) **축**: 포물선은 한 직선에 대칭이며, 그 직선을 포물선의 **축**이라 한다.

(2) **꼭짓점**: 포물선과 축의 교점을 포물선의 **꼭짓점**이라 한다.

예 두 이차함수 $y=x^2$, $y=-x^2$의 그래프에서

① 축의 방정식: $x=0$ (y축) ② 꼭짓점의 좌표: $(0,0)$

개념 자세히 보기 **이차함수 $y=x^2$의 그래프 그리기**

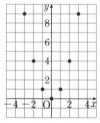 ➡ 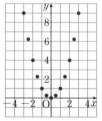 ➡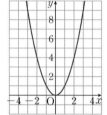

[x의 값이 정수일 때]　[x의 값의 간격을 더 좁게 할 때]　[x의 값이 실수 전체일 때]

➡ x의 값이 실수 전체일 때, 이차함수 $y=x^2$의 그래프는 원점을 지나고 아래로 볼록하며 y축에 대칭인 곡선이다.

» 익힘교재 51~52쪽

⌐ 바른답·알찬풀이 48쪽

개념 확인하기 **1** 이차함수 $y=-x^2$에 대하여 다음 물음에 답하시오.

(1) 표를 완성하시오.

x	$\cdots$	-3	-2	-1	0	1	2	3	$\cdots$
y	$\cdots$	-9							$\cdots$

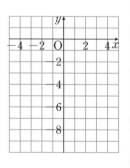

(2) x의 값이 실수 전체일 때, 이차함수 $y=-x^2$의 그래프를 오른쪽 좌표 평면 위에 그리시오.

바른답·알찬풀이 48쪽

이차함수 $y=x^2$의 그래프

01 다음 중 이차함수 $y=x^2$의 그래프에 대한 설명으로 옳은 것은 ○표, 옳지 않은 것은 ×표를 하시오.

(1) 꼭짓점의 좌표는 $(0, 0)$이다. ( )

(2) 아래로 볼록한 곡선이다. ( )

(3) x축에 대칭이다. ( )

(4) $x<0$일 때, x의 값이 증가하면 y의 값도 증가한다.
( )

02 이차함수 $y=x^2$의 그래프에 대하여 다음을 구하시오.

(1) x축에 대칭인 그래프의 식

(2) x의 값이 증가할 때, y의 값은 감소하는 x의 값의 범위

03 다음 중 이차함수 $y=x^2$의 그래프가 지나는 점은 ○표, 지나지 않는 점은 ×표를 하시오.

(1) $(-3, 9)$ ( )

(2) $\left(\dfrac{1}{2}, 4\right)$ ( )

> **TIP** 함수 $y=f(x)$의 그래프가 점 (a, b)를 지난다.
> $\Rightarrow y=f(x)$에 $x=a, y=b$를 대입하면 등식이 성립한다.
> $\Rightarrow b=f(a)$

04 이차함수 $y=x^2$의 그래프가 점 $(a, 25)$를 지날 때, a의 값을 모두 구하시오.

이차함수 $y=-x^2$의 그래프

05 이차함수 $y=-x^2$의 그래프에 대하여 다음 ☐ 안에 알맞은 것을 써넣으시오.

(1) 꼭짓점의 좌표는 $(\boxed{}, \boxed{})$이다.

(2) $\boxed{}$로 볼록한 곡선이다.

(3) $x>0$일 때, x의 값이 증가하면 y의 값은 $\boxed{}$한다.

(4) 이차함수 $y=x^2$의 그래프와 $\boxed{}$축에 대칭이다.

06 이차함수 $y=-x^2$의 그래프에 대하여 다음을 구하시오.

(1) 축의 방정식

(2) x의 값이 증가할 때, y의 값도 증가하는 x의 값의 범위

07 다음 보기 중 이차함수 $y=-x^2$의 그래프가 지나는 점을 모두 고르시오.

┌ 보기 ├
ㄱ. $(-2, -4)$ ㄴ. $(1, -1)$ ㄷ. $\left(-\dfrac{1}{3}, \dfrac{2}{3}\right)$

ㄹ. $(7, 49)$ ㅁ. $\left(\dfrac{1}{4}, -\dfrac{1}{16}\right)$

08 이차함수 $y=-x^2$의 그래프가 지나는 점 중에서 y좌표가 -16인 점의 좌표를 모두 구하시오.

익힘교재 54쪽

이차함수 $y=ax^2$의 그래프

개념 알아보기 **1 이차함수 $y=ax^2$의 그래프**

이차함수 $y=ax^2$의 그래프는 y축을 축으로 하고, 원점을 꼭짓점으로 하는 포물선이다.

→ 축의 방정식: $x=0$　　→ 꼭짓점의 좌표: $(0, 0)$

	$a>0$일 때	$a<0$일 때
그래프	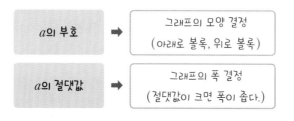	
그래프의 모양	아래로 볼록하다.	위로 볼록하다.
증가·감소	① $x<0$일 때, 　x의 값이 증가하면 y의 값은 감소한다. ② $x>0$일 때, 　x의 값이 증가하면 y의 값도 증가한다.	① $x<0$일 때, 　x의 값이 증가하면 y의 값도 증가한다. ② $x>0$일 때, 　x의 값이 증가하면 y의 값은 감소한다.
그래프의 폭	a의 절댓값이 클수록 그래프의 폭이 좁아진다. → 그래프가 y축에 가까워진다.	
대칭인 그래프	이차함수 $y=-ax^2$의 그래프와 x축에 대칭이다.	

개념 자세히 보기　이차함수 $y=ax^2$의 그래프

a의 부호 ➡ 그래프의 모양 결정
 （아래로 볼록, 위로 볼록）

a의 절댓값 ➡ 그래프의 폭 결정
 （절댓값이 크면 폭이 좁다.）

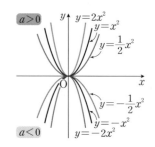

» 익힘교재 51~52쪽

🖋 바른답·알찬풀이 49쪽

개념 확인하기　**1** 두 이차함수 $y=2x^2$, $y=-2x^2$에 대하여 다음 물음에 답하시오.

(1) 표를 완성하시오.

x	$\cdots$	-3	-2	-1	0	1	2	3	$\cdots$
$2x^2$	$\cdots$								$\cdots$
$-2x^2$	$\cdots$								$\cdots$

(2) x의 값이 실수 전체일 때, 두 이차함수 $y=2x^2$, $y=-2x^2$의 그래프를 오른쪽 좌표평면 위에 각각 그리시오.

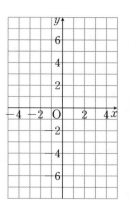

이차함수 $y=ax^2$의 그래프

01 다음 중 이차함수 $y=3x^2$의 그래프에 대한 설명으로 옳은 것은 ○표, 옳지 않은 것은 ×표를 하시오.

(1) 꼭짓점의 좌표는 $(1, 3)$이다. ( )

(2) 아래로 볼록한 포물선이다. ( )

(3) 축의 방정식은 $x=0$이다. ( )

(4) $x<0$일 때, x의 값이 증가하면 y의 값도 증가한다.
( )

02 아래 **보기**의 이차함수 중 다음에 해당하는 것을 모두 고르시오.

┌ 보기 ┐
ㄱ. $y=\dfrac{1}{3}x^2$ ㄴ. $y=5x^2$

ㄷ. $y=-4x^2$ ㄹ. $y=-\dfrac{2}{5}x^2$
└──────────────┘

(1) 그래프가 아래로 볼록한 이차함수

(2) 그래프가 위로 볼록한 이차함수

(3) 그래프의 폭이 가장 좁은 이차함수

(4) 그래프의 폭이 가장 넓은 이차함수

> **TIP** 이차함수 $y=ax^2$의 그래프는
> ① $a>0$이면 아래로 볼록하고, $a<0$이면 위로 볼록하다.
> ② $|a|$의 값이 클수록 폭이 좁아진다.

03 다음 이차함수의 그래프 중 x축에 대칭인 것끼리 짝 지으시오.

(1) $y=-x^2$ •   • ㉠ $y=-2x^2$

(2) $y=\dfrac{1}{2}x^2$ •   • ㉡ $y=-\dfrac{1}{2}x^2$

(3) $y=2x^2$ •   • ㉢ $y=x^2$

04 다음 이차함수의 그래프가 오른쪽 그림과 같을 때, 이차함수의 식에 알맞은 그래프를 고르시오.

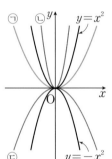

(1) $y=\dfrac{1}{3}x^2$

(2) $y=-\dfrac{1}{3}x^2$

(3) $y=3x^2$

05 이차함수 $y=ax^2$의 그래프가 다음 점을 지날 때, 수 a의 값을 구하시오.

(1) $(3, 18)$
  ⇨ $y=ax^2$에 $x=\square$, $y=18$을 대입하면
    $18=a\times\square^2$ ∴ $a=\square$

(2) $(2, -12)$

(3) $\left(-\dfrac{1}{5}, -1\right)$

> **TIP** 이차함수 $y=ax^2$에 주어진 점의 x좌표, y좌표를 각각 대입하여 a의 값을 구한다.

⟫ 익힘교재 54쪽

● 개념 REVIEW

01 다음 중 y가 x에 대한 이차함수가 <u>아닌</u> 것을 모두 고르면? (정답 2개)

① $y=\dfrac{1}{x^2}-2$

② $y=x^2+3$

③ $y=(x+2)^2-x^2$

④ $y=\dfrac{1}{5}-\dfrac{3}{4}x^2$

⑤ $y=(x+4)(x-4)$

▶ 이차함수의 뜻

함수 $y=f(x)$에서 y가 x에 대한
❶□□□으로 나타내어질 때,
이 함수 $y=f(x)$를 x에 대한
이차함수라 한다.

02 이차함수 $f(x)=2x^2-5x-3$에 대하여 $f(-1)+f(2)$의 값을 구하시오.

▶ 이차함수의 함숫값

이차함수 $f(x)=ax^2+bx+c$
에서 함숫값 $f(k)$는 함수 $f(x)$
에 x 대신 ❷□를 대입한 값이다.
⇨ $f(k)=ak^2+bk+c$

03 다음 중 이차함수 $y=x^2$의 그래프가 지나는 점은?

① $(-1,\ -1)$

② $\left(-\dfrac{2}{3},\ \dfrac{4}{9}\right)$

③ $\left(\dfrac{1}{4},\ -\dfrac{1}{16}\right)$

④ $(1,\ -1)$

⑤ $(6,\ 12)$

▶ 이차함수 $y=x^2$의 그래프

04 다음 중 이차함수 $y=-3x^2$의 그래프에 대한 설명으로 옳은 것을 모두 고르면?

(정답 2개)

① 위로 볼록한 포물선이다.

② 꼭짓점의 좌표는 $(-3,\ 0)$이다.

③ 점 $(1,\ 3)$을 지난다.

④ $x<0$일 때, x의 값이 증가하면 y의 값은 감소한다.

⑤ $y=3x^2$의 그래프와 x축에 대칭이다.

▶ 이차함수 $y=ax^2$의 그래프

① y축을 축으로 하고
❸□□을 꼭짓점으로 하는
포물선이다.
② $a>0$일 때 아래로 볼록,
$a<0$일 때 위로 볼록하다.
③ 이차함수 $y=$❹□의 그래프
와 x축에 대칭이다.

답 ❶ 이차식 ❷ k ❸ 원점 ❹ $-ax^2$

05 오른쪽 그림과 같이 이차함수 $y=ax^2$의 그래프가 x축 과 $y=x^2$의 그래프 사이에 있을 때, 다음 중 수 a의 값이 될 수 있는 것은?

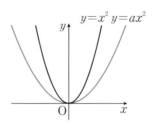

① -5 ② -2 ③ $\dfrac{1}{2}$

④ $\dfrac{3}{2}$ ⑤ 2

● 개념 REVIEW

▶ 이차함수 $y=ax^2$의 그래프
이차함수 $y=ax^2$에서 a의 **❶**□□□이 클수록 그래프의 폭이 좁아진다.

06 다음 이차함수 중 그래프가 위로 볼록하면서 폭이 가장 넓은 것은?

① $y=-6x^2$ ② $y=-\dfrac{2}{3}x^2$ ③ $y=\dfrac{2}{3}x^2$

④ $y=2x^2$ ⑤ $y=5x^2$

▶ 이차함수 $y=ax^2$의 그래프
① a의 부호
  ⇨ 그래프의 **❷**□□ 결정
② a의 절댓값
  ⇨ 그래프의 폭 결정

07 오른쪽 그림은 이차함수 $y=ax^2$의 그래프이다. 이 그래프가 점 $(2, b)$를 지날 때, a, b의 값을 각각 구하시오.

(단, a는 수)

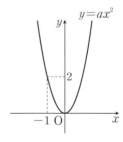

▶ 이차함수 $y=ax^2$의 그래프가 지나는 점
이차함수 $y=ax^2$의 그래프가 지나는 점의 좌표를 식에 **❸**□□하여 미지수의 값을 구한다.

08 이차함수 $y=-\dfrac{1}{3}x^2$의 그래프와 x축에 대칭인 그래프가 점 $(k, 3)$을 지날 때, 양수 k의 값을 구하시오.

▶ 이차함수 $y=ax^2$의 그래프가 지나는 점

>> 익힘교재 55쪽

답 **❶** 절댓값 **❷** 모양 **❸** 대입

개념 37 이차함수 $y=ax^2+q$의 그래프

❷ 이차함수 $y=a(x-p)^2+q$의 그래프

개념 알아보기

1 이차함수 $y=ax^2+q$의 그래프

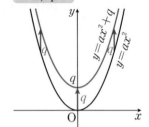

(1) 이차함수 $y=ax^2+q$의 그래프는 이차함수 $y=ax^2$의 그래프를 y축의 방향으로 q만큼 평행이동한 것이다.
$$y=ax^2 \Longrightarrow y=ax^2+q$$

$a>0,\ q>0$

(2) 축의 방정식: $x=0$ (y축)

(3) 꼭짓점의 좌표: $(0,\ q)$

예 이차함수 $y=2x^2+1$의 그래프는
① 이차함수 $y=2x^2$의 그래프를 y축의 방향으로 1만큼 평행이동한 것이다.
② 축의 방정식은 $x=0$이고, 꼭짓점의 좌표는 $(0,\ 1)$이다.

참고 ① $q>0$이면 그래프가 y축의 양의 방향(위쪽)으로 이동한다.
② $q<0$이면 그래프가 y축의 음의 방향(아래쪽)으로 이동한다.

개념 자세히 보기

이차함수 $y=ax^2+q$의 그래프

다음 표를 보면 같은 x의 값에 대하여 이차함수 $y=x^2+3$의 함숫값이 이차함수 $y=x^2$의 함숫값보다 항상 3만큼 크다는 것을 알 수 있다.

x	$\cdots$	0	1	2	3	$\cdots$
$y=x^2$	$\cdots$	0^{+3}	1^{+3}	4^{+3}	9^{+3}	$\cdots$
$y=x^2+3$	$\cdots$	3	4	7	12	$\cdots$

➡ 이차함수 $y=x^2+3$의 그래프는 오른쪽 그림과 같이 이차함수 $y=x^2$의 그래프를 y축의 방향으로 **3**만큼 평행이동하여 그릴 수 있다.

이차함수 $y=x^2$의 그래프 축의 방정식 $x=0$, 꼭짓점의 좌표 $(0,\ 0)$	y축의 방향으로 **3**만큼 평행이동	**이차함수 $y=x^2+3$의 그래프** 축의 방정식 $x=0$, 꼭짓점의 좌표 $(0,\ 3)$

↳ 축의 방정식은 변하지 않고 꼭짓점의 좌표는 변한다.

>> 익힘교재 51~52쪽

바른답·알찬풀이 50쪽

개념 확인하기

1 이차함수 $y=-x^2$의 그래프를 이용하여 오른쪽 좌표평면 위에 이차함수 $y=-x^2+4$의 그래프를 그리고, 다음을 구하시오.

(1) 축의 방정식

(2) 꼭짓점의 좌표

(3) x의 값이 증가할 때, y의 값도 증가하는 x의 값의 범위

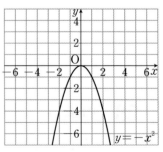

이차함수 $y=ax^2+q$의 그래프

01 다음 이차함수의 그래프는 $y=5x^2$의 그래프를 y축의 방향으로 얼마만큼 평행이동한 것인지 구하시오.

(1) $y=5x^2+2$ (2) $y=5x^2-\dfrac{2}{5}$

> **TIP** $y=ax^2 \xrightarrow[q만큼\ 평행이동]{y축의\ 방향으로} y=ax^2+q$

02 다음 이차함수의 그래프를 y축의 방향으로 [ ] 안의 수만큼 평행이동한 그래프의 식을 구하시오.

(1) $y=3x^2$ [4]

(2) $y=-\dfrac{1}{3}x^2$ $\left[\ \dfrac{1}{2}\ \right]$

(3) $y=-4x^2$ [-3]

03 다음 이차함수의 그래프를 그리고, 축의 방정식과 꼭짓점의 좌표를 각각 구하시오.

(1) $y=\dfrac{1}{2}x^2-1$ (2) $y=-3x^2+5$

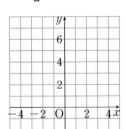 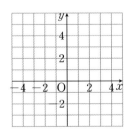

04 이차함수 $y=\dfrac{1}{4}x^2-1$의 그래프에 대하여 다음 ☐ 안에 알맞은 것을 써넣으시오.

(1) 이차함수 $y=\dfrac{1}{4}x^2$의 그래프를 y축의 방향으로 ☐만큼 평행이동한 것이다.

(2) ☐로 볼록한 포물선이다.

(3) 축의 방정식은 ☐이다.

(4) 꼭짓점의 좌표는 (0, ☐)이다.

05 다음 이차함수의 그래프가 주어진 점을 지날 때, 수 k의 값을 구하시오.

(1) $y=-x^2-5$, 점 $(-1, k)$

(2) $y=4x^2+k$, 점 $(2, 3)$

(3) $y=kx^2+1$, 점 $(3, -1)$

06 이차함수 $y=2x^2$의 그래프를 y축의 방향으로 3만큼 평행이동하면 점 $(2, k)$를 지난다고 할 때, 다음을 구하시오.

(1) 평행이동한 그래프의 식

(2) k의 값

» 익힘교재 56쪽

개념 38 이차함수 $y=a(x-p)^2$의 그래프

개념 알아보기

1 이차함수 $y=a(x-p)^2$의 그래프

(1) 이차함수 $y=a(x-p)^2$의 그래프는 이차함수 $y=ax^2$의 그래프를 x축의 방향으로 p만큼 평행이동한 것이다.

$$y=ax^2 \implies y=a(x-p)^2$$

(2) 축의 방정식: $x=p$

(3) 꼭짓점의 좌표: $(p, 0)$

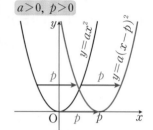

예 이차함수 $y=2(x-5)^2$의 그래프는
 ① 이차함수 $y=2x^2$의 그래프를 x축의 방향으로 5만큼 평행이동한 것이다.
 ② 축의 방정식은 $x=5$이고, 꼭짓점의 좌표는 $(5, 0)$이다.

참고 ① $p>0$이면 그래프가 x축의 양의 방향(오른쪽)으로 이동한다.
 ② $p<0$이면 그래프가 x축의 음의 방향(왼쪽)으로 이동한다.

개념 자세히 보기

이차함수 $y=a(x-p)^2$의 그래프

다음 표를 보면 두 이차함수 $y=x^2$과 $y=(x-2)^2$에서 함숫값이 같을 때, $y=(x-2)^2$에서의 x의 값은 $y=x^2$에서의 x의 값보다 2만큼 크다는 것을 알 수 있다.

x	$\cdots$	-2	-1	0	1	2	3	4	$\cdots$
$y=x^2$	$\cdots$	4	1	0	1	4	9	16	$\cdots$
$y=(x-2)^2$	$\cdots$	16	9	4	1	0	1	4	$\cdots$

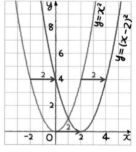

└→ $y=x^2$의 함숫값을 표시한 행을 오른쪽으로 2칸 이동하면 $y=(x-2)^2$의 함숫값과 같다.

➡ 이차함수 $y=(x-2)^2$의 그래프는 오른쪽 그림과 같이 이차함수 $y=x^2$의 그래프를 x축의 방향으로 2만큼 평행이동하여 그릴 수 있다.

이차함수 $y=x^2$의 그래프
축의 방정식 $x=0$, 꼭짓점의 좌표 $(0, 0)$

→ x축의 방향으로 2만큼 평행이동 →

이차함수 $y=(x-2)^2$의 그래프
축의 방정식 $x=2$, 꼭짓점의 좌표 $(2, 0)$

└→ 축의 방정식, 꼭짓점의 좌표가 모두 변한다.

≫ 익힘교재 51~52쪽

☞ 바른답·알찬풀이 51쪽

개념 확인하기

1 이차함수 $y=-2x^2$의 그래프를 이용하여 오른쪽 좌표평면 위에 이차함수 $y=-2(x-3)^2$의 그래프를 그리고, 다음을 구하시오.

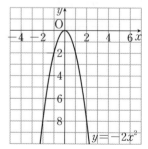

(1) 축의 방정식

(2) 꼭짓점의 좌표

(3) x의 값이 증가할 때, y의 값은 감소하는 x의 값의 범위

🔆 바른답·알찬풀이 51쪽

이차함수 $y=a(x-p)^2$의 그래프

01 다음 이차함수의 그래프는 $y=5x^2$의 그래프를 x축의 방향으로 얼마만큼 평행이동한 것인지 구하시오.

(1) $y=5(x-2)^2$ (2) $y=5(x+6)^2$

> **TIP** $y=ax^2 \xrightarrow[p\text{만큼 평행이동}]{x\text{축의 방향으로}} y=a(x-p)^2$

02 다음 이차함수의 그래프를 x축의 방향으로 [ ] 안의 수만큼 평행이동한 그래프의 식을 구하시오.

(1) $y=3x^2$ [1]

(2) $y=\dfrac{1}{2}x^2$ [-2]

(3) $y=-4x^2$ $\left[\dfrac{1}{3} \right]$

03 다음 이차함수의 그래프를 그리고, 축의 방정식과 꼭짓점의 좌표를 각각 구하시오.

(1) $y=\dfrac{1}{4}(x+2)^2$ (2) $y=-(x-4)^2$

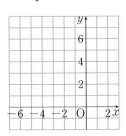   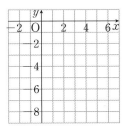

04 이차함수 $y=2(x+5)^2$의 그래프에 대하여 다음 □ 안에 알맞은 것을 써넣으시오.

(1) 이차함수 $y=2x^2$의 그래프를 x축의 방향으로 □ 만큼 평행이동한 것이다.

(2) 축의 방정식은 □이다.

(3) 꼭짓점의 좌표는 (□ , □)이다.

(4) $x<-5$일 때, x의 값이 증가하면 y의 값은 □ 한다.

> **TIP** 이차함수 $y=ax^2$의 그래프를 x축의 방향으로 p만큼 평행이동하면 축의 방정식이 $x=0$에서 $x=p$로 변하므로 그래프의 증가·감소 범위도 $x=p$를 기준으로 변한다.

05 다음 이차함수의 그래프가 주어진 점을 지날 때, 수 k의 값을 구하시오.

(1) $y=-\dfrac{1}{2}(x-1)^2$, 점 $(2, k)$

(2) $y=4\left(x+\dfrac{3}{2}\right)^2$, 점 $(-1, k)$

(3) $y=k(x+2)^2$, 점 $(-3, 5)$

06 이차함수 $y=6x^2$의 그래프를 x축의 방향으로 4만큼 평행이동하면 점 $(k, 6)$을 지난다고 할 때, 다음을 구하시오.

(1) 평행이동한 그래프의 식

(2) 모든 k의 값

❯❯ 익힘교재 57쪽

이차함수 $y=a(x-p)^2+q$의 그래프

개념 **알아보기** **1** 이차함수 $y=a(x-p)^2+q$의 그래프

(1) 이차함수 $y=a(x-p)^2+q$의 그래프는 이차함수 $y=ax^2$의
그래프를 x축의 방향으로 p만큼, y축의 방향으로 q만큼 평행
이동한 것이다.

$$y=ax^2 \implies y=a(x-p)^2+q$$

(2) **축의 방정식**: $x=p$

(3) **꼭짓점의 좌표**: (p, q)

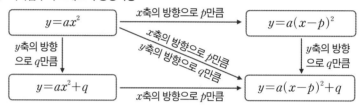

예 이차함수 $y=2(x+1)^2+3$의 그래프는
① 이차함수 $y=2x^2$의 그래프를 x축의 방향으로 -1만큼, y축의 방향으로 3만큼 평행이동한 것이다.
② 축의 방정식은 $x=-1$이고, 꼭짓점의 좌표는 $(-1, 3)$이다.

참고 **이차함수의 그래프의 평행이동**

```
┌─────────┐  x축의 방향으로 p만큼   ┌──────────────┐
│ y=ax²   │ ─────────────────────→ │ y=a(x-p)²    │
└─────────┘                         └──────────────┘
    │        x축의 방향으로 p만큼
y축의 방향    y축의 방향으로 q만큼
으로 q만큼          ↘
    ↓                              y축의 방향
┌─────────┐  x축의 방향으로 p만큼   ┌──────────────┐ 으로 q만큼
│ y=ax²+q │ ─────────────────────→ │ y=a(x-p)²+q  │
└─────────┘                         └──────────────┘
```

개념 **자세히 보기** **이차함수 $y=a(x-p)^2+q$의 그래프**

┌───┐
│ **이차함수 $y=x^2$의 그래프**: 축의 방정식 $x=0$ │
│   꼭짓점의 좌표 $(0, 0)$ │
└───┘

x축의 방향으로 **2**만큼,
y축의 방향으로 **3**만큼 평행이동

┌───┐
│ **이차함수 $y=(x-2)^2+3$의 그래프**: 축의 방정식 $x=2$ │
│   꼭짓점의 좌표 $(2, 3)$ │
└───┘

└─▶ 축의 방정식, 꼭짓점의 좌표가 모두 변한다.

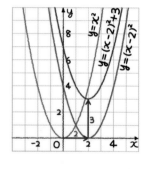

≫ 익힘교재 51~52쪽

⊹ 바른답·알찬풀이 51쪽

개념 **확인하기** **1** 이차함수 $y=-4x^2$의 그래프를 이용하여 오른쪽 좌표평면 위에 이차함수
$y=-4(x+1)^2+2$의 그래프를 그리고, 다음을 구하시오.

(1) 축의 방정식

(2) 꼭짓점의 좌표

(3) x의 값이 증가할 때, y의 값도 증가하는 x의 값의 범위

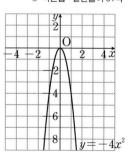

이차함수 $y=a(x-p)^2+q$의 그래프

01 다음 이차함수의 그래프는 $y=\dfrac{2}{3}x^2$의 그래프를 x축, y축의 방향으로 각각 얼마만큼 평행이동한 것인지 구하시오.

(1) $y=\dfrac{2}{3}(x-4)^2+7$

(2) $y=\dfrac{2}{3}(x+1)^2-5$

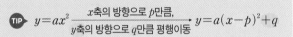

> **TIP** $y=ax^2$ $\xrightarrow[\;y축의\;방향으로\;q만큼\;평행이동\;]{x축의\;방향으로\;p만큼,}$ $y=a(x-p)^2+q$

02 다음 이차함수의 그래프를 x축의 방향으로 p만큼, y축의 방향으로 q만큼 평행이동한 그래프의 식을 구하시오.

(1) $y=3x^2$ $\quad\quad [p=1, q=5]$

(2) $y=-x^2$ $\quad\quad [p=2, q=-1]$

(3) $y=\dfrac{1}{2}x^2$ $\quad\quad [p=-3, q=8]$

03 다음 이차함수의 그래프를 그리고, 축의 방정식과 꼭짓점의 좌표를 각각 구하시오.

(1) $y=2(x+3)^2-3$ $\quad$ (2) $y=-\dfrac{1}{4}(x-1)^2+2$

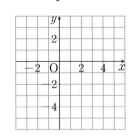

04 이차함수 $y=\dfrac{1}{2}(x+2)^2-3$의 그래프에 대하여 다음 ☐ 안에 알맞은 것을 써넣으시오.

(1) 이차함수 $y=\dfrac{1}{2}x^2$의 그래프를 x축의 방향으로 ☐만큼, y축의 방향으로 ☐만큼 평행이동한 것이다.

(2) ☐로 볼록한 포물선이다.

(3) 축의 방정식은 ☐이다.

(4) 꼭짓점의 좌표는 (☐, ☐)이다.

05 다음 이차함수에 대한 설명으로 옳은 것은 ○표, 옳지 않은 것은 ×표를 하시오.

(1) 이차함수 $y=-5(x+3)^2-8$의 그래프의 축의 방정식은 $x=3$이다. ( )

(2) 이차함수 $y=\dfrac{3}{5}(x+1)^2+6$의 그래프는 $x<-1$일 때, x의 값이 증가하면 y의 값도 증가한다. ( )

(3) 이차함수 $y=-3(x-4)^2-1$의 그래프는 점 $(5, -4)$를 지난다. ( )

06 다음 이차함수의 그래프가 주어진 점을 지날 때, 수 k의 값을 구하시오.

(1) $y=-2(x-1)^2+4$, 점 $(2, k)$

(2) $y=k(x+2)^2-5$, 점 $(-4, 7)$

07 오른쪽 그림은 이차함수 $y=-(x-p)^2+q$의 그래프이다. 이 그래프가 점 $(-1, k)$를 지날 때, 다음 물음에 답하시오.

(단, p, q는 수)

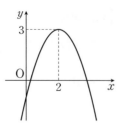

(1) 그래프의 꼭짓점의 좌표를 이용하여 p, q의 값을 각각 구하시오.

(2) k의 값을 구하시오.

08 이차함수 $y=\dfrac{1}{3}x^2$의 그래프를 x축의 방향으로 2만큼, y축의 방향으로 q만큼 평행이동한 그래프가 점 $(5, 2)$를 지날 때, q의 값을 구하시오.

09 이차함수 $y=3(x-1)^2+6$의 그래프를 x축의 방향으로 3만큼, y축의 방향으로 -2만큼 평행이동한 그래프의 식을 구하시오.

> **TIP** 이차함수 $y=a(x-p)^2+q$의 그래프를 x축의 방향으로 m만큼, y축의 방향으로 n만큼 평행이동하면
> $$y=a(x-p)^2+q \Rightarrow y=a(x-m-p)^2+q+n$$
> x 대신 $x-m$, y 대신 $y-n$ 대입

이차함수 $y=a(x-p)^2+q$의 그래프에서 a, p, q의 부호

10 이차함수 $y=a(x-p)^2+q$의 그래프가 다음 그림과 같을 때, ☐ 안에 부등호 $>$, $<$ 중 알맞은 것을 써넣으시오.

(단, a, p, q는 수)

(1)

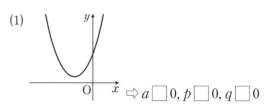

$\Rightarrow a \boxed{} 0, p \boxed{} 0, q \boxed{} 0$

(2)

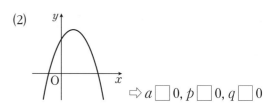

$\Rightarrow a \boxed{} 0, p \boxed{} 0, q \boxed{} 0$

(3)

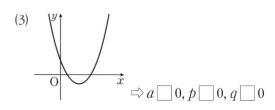

$\Rightarrow a \boxed{} 0, p \boxed{} 0, q \boxed{} 0$

> **TIP** 이차함수 $y=a(x-p)^2+q$의 그래프에서
> ① a의 부호는 그래프의 모양에 따라 결정된다.
> ② p, q의 부호는 꼭짓점의 위치에 따라 결정된다.

11 이차함수 $y=a(x-p)^2+q$의 그래프가 오른쪽 그림과 같을 때, 다음 보기 중 옳은 것을 모두 고르시오.

(단, a, p, q는 수)

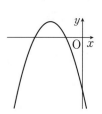

┤ 보기 ├
ㄱ. $a<0$ ㄴ. $p>0$
ㄷ. $pq<0$ ㄹ. $a-q>0$

➤➤ 익힘교재 58쪽

01 이차함수 $y=2x^2+q$의 그래프가 점 $(-1, 3)$을 지날 때, 이 그래프의 꼭짓점의 좌표를 구하시오. (단, q는 수)

● 개념 REVIEW

이차함수 $y=ax^2+q$의 그래프
이차함수 $y=ax^2+q$의 그래프의 꼭짓점의 좌표는
(❶ ☐ , ☐)이다.

02 이차함수 $y=\dfrac{5}{2}x^2$의 그래프를 y축의 방향으로 -4만큼 평행이동하면 점 $(k, 6)$을 지난다고 할 때, 양수 k의 값을 구하시오.

이차함수 $y=ax^2+q$의 그래프
이차함수 $y=ax^2$의 그래프를 ❷ ☐ 축의 방향으로 q만큼 평행이동한 것이다.

03 다음 **보기** 중 이차함수 $y=-\dfrac{1}{2}(x-3)^2$의 그래프에 대한 설명으로 옳은 것을 모두 고르시오.

┤보기├

ㄱ. 이차함수 $y=-\dfrac{1}{2}x^2$의 그래프를 x축의 방향으로 -3만큼 평행이동한 것이다.

ㄴ. 위로 볼록한 포물선이다.

ㄷ. 꼭짓점의 좌표는 $(0, 3)$이다.

ㄹ. $x<3$일 때, x의 값이 증가하면 y의 값도 증가한다.

이차함수 $y=a(x-p)^2$의 그래프
이차함수 $y=ax^2$의 그래프를 x축의 방향으로 ❸ ☐ 만큼 평행이동한 것이다.

04 이차함수 $y=7x^2$의 그래프를 x축의 방향으로 k만큼 평행이동한 그래프의 축의 방정식이 $x=-3$일 때, k의 값을 구하시오.

이차함수 $y=a(x-p)^2$의 그래프
이차함수 $y=a(x-p)^2$의 그래프의 축의 방정식은 $x=$ ❹ ☐ 이다.

05 다음 중 이차함수 $y=-2x^2$의 그래프를 평행이동하여 완전히 포갤 수 있는 그래프의 식은?

① $y=2x^2+1$ ② $y=\dfrac{1}{2}(x-2)^2$ ③ $y=-\dfrac{1}{2}(x+1)^2+3$

④ $y=-(x-1)^2-2$ ⑤ $y=-2\left(x-\dfrac{1}{2}\right)^2+3$

이차함수 $y=a(x-p)^2+q$의 그래프
이차함수 $y=ax^2$의 그래프를 x축의 방향으로 ❺ ☐ 만큼, y축의 방향으로 ❻ ☐ 만큼 평행이동한 것이다.

답 ❶ 0, q ❷ y ❸ p ❹ p
❺ p ❻ q

● 개념 REVIEW

06 다음 중 이차함수 $y=5(x-1)^2-2$의 그래프에 대한 설명으로 옳지 <u>않은</u> 것은?

① 아래로 볼록한 포물선이다.

② 꼭짓점의 좌표는 $(1, -2)$이다.

③ 축의 방정식은 $x=1$이다.

④ 그래프는 제2, 3, 4사분면을 지난다.

⑤ $x<1$일 때, x의 값이 증가하면 y의 값은 감소한다.

▶ 이차함수 $y=a(x-p)^2+q$의 그
래프

07 이차함수 $y=\dfrac{1}{2}(x-p)^2+3p^2$의 그래프의 꼭짓점이 직선 $y=2x+1$ 위에 있을 때, 양수 p의 값을 구하시오.

▶ 이차함수 $y=a(x-p)^2+q$의 그
래프

이차함수 $y=a(x-p)^2+q$의
그래프의 꼭짓점의 좌표는
(❶☐, ❷☐)이다.

08 이차함수 $y=-(x+5)^2-2$의 그래프를 x축의 방향으로 p만큼, y축의 방향으로 q만큼 평행이동하였더니 이차함수 $y=-x^2$의 그래프와 일치하였다. 이때 $p+q$의 값을 구하시오.

▶ 이차함수 $y=a(x-p)^2+q$의 그
래프의 평행이동

이차함수 $y=a(x-p)^2+q$의
그래프를 x축의 방향으로 m만
큼, y축의 방향으로 n만큼 평행
이동한 그래프의 식은
$y=a(x-❸☐-p)^2$
$\qquad\qquad +q+❹☐$

09 이차함수 $y=a(x-p)^2+q$의 그래프가 다음 조건을 모두 만족할 때, a, p, q의 부호는? (단, a, p, q는 수)

> (개) 그래프가 위로 볼록하다.
>
> (내) 꼭짓점은 제4사분면에 있다.

① $a<0, p<0, q<0$

② $a<0, p>0, q<0$

③ $a<0, p>0, q>0$

④ $a>0, p<0, q<0$

⑤ $a>0, p>0, q<0$

▶ 이차함수 $y=a(x-p)^2+q$의 그
래프에서 a, p, q의 부호

① a의 부호
　⇨ 그래프의 모양으로 결정

② p, q의 부호
　⇨ ❺☐☐☐의 위치로 결정

>> 익힘교재 59쪽

답 ❶ p ❷ q ❸ m ❹ n ❺ 꼭짓점

개념 40 이차함수 $y=ax^2+bx+c$의 그래프

개념 알아보기

1 이차함수 $y=ax^2+bx+c$의 그래프

(1) 이차함수 $y=ax^2+bx+c$의 그래프는 $y=a(x-p)^2+q$의 꼴로 고쳐서 그린다.

$$y=ax^2+bx+c \implies y=a\left(x+\frac{b}{2a}\right)^2-\frac{b^2-4ac}{4a}$$

> $y=ax^2+bx+c$의 꼴을 이차함수의 일반형이라 하고, $y=a(x-p)^2+q$의 꼴을 이차함수의 표준형이라 한다.

① 축의 방정식: $x=-\dfrac{b}{2a}$ ② 꼭짓점의 좌표: $\left(-\dfrac{b}{2a},\ -\dfrac{b^2-4ac}{4a}\right)$

(2) $a>0$이면 아래로 볼록하고, $a<0$이면 위로 볼록하다.

(3) y축과 점 $(0, c)$에서 만난다. 즉, y절편은 c이다. ← $x=0$일 때, $y=c$이므로 점 $(0, c)$를 지난다.

예 이차함수 $y=x^2-2x-3$을 $y=a(x-p)^2+q$의 꼴로 고치면
$y=x^2-2x-3=(x^2-2x+1-1)-3=(x-1)^2-4$
➡ 이차함수 $y=x^2-2x-3$의 그래프의
① 축의 방정식: $x=1$ ② 꼭짓점의 좌표: $(1, -4)$ ③ y축과의 교점의 좌표: $(0, -3)$

2 이차함수 $y=ax^2+bx+c$의 그래프와 x축, y축과의 교점

① 그래프와 x축과의 교점: x좌표(x절편)는 $y=0$일 때의 x의 값을 구한다.

② 그래프와 y축과의 교점: y좌표(y절편)는 $x=0$일 때의 y의 값을 구한다.
└→ c

개념 자세히 보기

이차함수 $y=ax^2+bx+c$를 $y=a(x-p)^2+q$의 꼴로 고치기

$y=ax^2+bx+c$

$=a\left(x^2+\dfrac{b}{a}x\right)+c$ ⎫ x^2의 계수로 이차항과 일차항을 묶기

$=a\left\{x^2+\dfrac{b}{a}x+\left(\dfrac{b}{2a}\right)^2-\left(\dfrac{b}{2a}\right)^2\right\}+c$ ⎫ 괄호 안에 $\left(\dfrac{x의\ 계수}{2}\right)^2$을 더하고 빼기

$=a\left\{x^2+\dfrac{b}{a}x+\left(\dfrac{b}{2a}\right)^2\right\}-a\left(\dfrac{b}{2a}\right)^2+c$ ⎫ 위의 식에서 뺀 수를 괄호 밖으로 꺼내기

$=a\left(x+\dfrac{b}{2a}\right)^2-\dfrac{b^2-4ac}{4a}$ ⎫ $y=(완전제곱식)+(상수)$의 꼴로 변형하기

» 익힘교재 51~52쪽

📖 바른답·알찬풀이 53쪽

개념 확인하기

1 이차함수 $y=x^2+2x+3$에 대하여 다음 ☐ 안에 알맞은 수를 써넣고, 이차함수의 그래프를 오른쪽 좌표평면 위에 그리시오.

$y=x^2+2x+3=(x^2+2x+1-\square)+3=(x+\square)^2+\square$

⇨ 축의 방정식: $x=\square$

꼭짓점의 좌표: $(\square, \square)$

y축과의 교점의 좌표: $(\square, \square)$

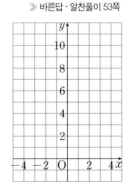

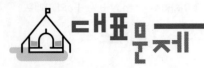

바른답·알찬풀이 53쪽

이차함수 $y=ax^2+bx+c$의 그래프

01 다음 이차함수의 식을 $y=a(x-p)^2+q$의 꼴로 나타내시오. (단, a, p, q는 수)

(1) $y=4x^2-8x-3$

(2) $y=-x^2+4x+2$

(3) $y=\dfrac{1}{2}x^2+4x+7$

02 다음 이차함수의 그래프의 축의 방정식과 꼭짓점의 좌표를 각각 구하시오.

(1) $y=x^2+12x+29$ ⇨ 축의 방정식: _____

꼭짓점의 좌표: _____

(2) $y=-2x^2+4x$ ⇨ 축의 방정식: _____

꼭짓점의 좌표: _____

(3) $y=\dfrac{2}{3}x^2-4x+3$ ⇨ 축의 방정식: _____

꼭짓점의 좌표: _____

03 다음 이차함수의 그래프를 그리고, 축의 방정식과 꼭짓점의 좌표를 각각 구하시오.

(1) $y=2x^2-4x-3$ (2) $y=-\dfrac{1}{3}x^2-2x-4$

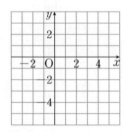 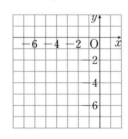

04 다음 이차함수의 그래프와 x축, y축과의 교점의 좌표를 각각 구하시오.

(1) $y=-x^2+x+6$
 ⇨ x축과의 교점의 좌표: _____

   y축과의 교점의 좌표: _____

(2) $y=2x^2-5x-12$
 ⇨ x축과의 교점의 좌표: _____

   y축과의 교점의 좌표: _____

(3) $y=-3x^2+12x+15$
 ⇨ x축과의 교점의 좌표: _____

   y축과의 교점의 좌표: _____

TIP 이차함수 $y=ax^2+bx+c$의 그래프와 x축과의 교점의 x좌표는 이차방정식 $ax^2+bx+c=0$의 해와 같다.

05 다음 중 이차함수 $y=x^2-2x+2$의 그래프에 대한 설명으로 옳은 것은 ○표, 옳지 않은 것은 ×표를 하시오.

(1) 이차함수 $y=x^2$의 그래프를 x축의 방향으로 1만큼, y축의 방향으로 1만큼 평행이동한 것이다. (   )

(2) 축의 방정식은 $x=1$이다. (   )

(3) 꼭짓점의 좌표는 $(1, -1)$이다. (   )

(4) y축과의 교점의 y좌표는 2이다. (   )

(5) 모든 사분면을 지난다. (   )

익힘교재 60쪽

이차함수 $y=ax^2+bx+c$의 그래프에서 a, b, c의 부호

개념 알아보기

1 이차함수 $y=ax^2+bx+c$의 그래프에서 a, b, c의 부호

이차함수 $y=ax^2+bx+c$의 그래프가 주어졌을 때, a, b, c의 부호를 결정하는 방법은 다음과 같다.

(1) a의 부호: 그래프의 모양에 따라 결정

   ① 아래로 볼록 ➡ $a>0$

   ② 위로 볼록 ➡ $a<0$

(2) b의 부호: 축의 위치에 따라 결정 → 축의 방정식: $x=-\dfrac{b}{2a}$

   ① 축이 y축의 왼쪽에 위치 ➡ a, b는 같은 부호 ($ab>0$)

   ② 축이 y축과 일치 ➡ $b=0$

   ③ 축이 y축의 오른쪽에 위치 ➡ a, b는 다른 부호 ($ab<0$)

(3) c의 부호: y축과의 교점의 위치에 따라 결정 → y절편: c

   ① y축과의 교점이 x축보다 위쪽에 위치 ➡ $c>0$

   ② y축과의 교점이 x축보다 아래쪽에 위치 ➡ $c<0$

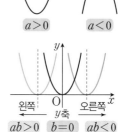

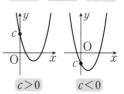

개념 자세히 보기

이차함수 $y=ax^2+bx+c$의 그래프에서 a, b, c의 부호

이차함수 $y=ax^2+bx+c$의 그래프가 아래 그림과 같을 때, a, b, c의 부호는 다음과 같다.

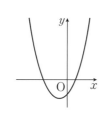

(1) a의 부호: 그래프가 아래로 볼록

   ➡ $a>0$

(2) b의 부호: 축이 y축의 왼쪽에 위치하므로 a, b는 같은 부호, 즉 $ab>0$

   ➡ $a>0$이므로 $b>0$

(3) c의 부호: y축과의 교점이 x축보다 아래쪽에 위치

   ➡ $c<0$

>> 익힘교재 51~52쪽

⚞ 바른답·알찬풀이 54쪽

개념 확인하기

1 이차함수 $y=ax^2+bx+c$의 그래프가 오른쪽 그림과 같을 때, 다음 ☐ 안에 부등호 $>, <$ 중 알맞은 것을 써넣으시오. (단, a, b, c는 수)

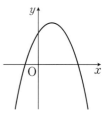

(1) 그래프가 위로 볼록하므로 a ☐ 0이다.

(2) 축이 y축의 오른쪽에 있으므로 ab ☐ 0, 즉 b ☐ 0이다.

(3) y축과의 교점이 x축보다 위쪽에 있으므로 c ☐ 0이다.

바른답·알찬풀이 55쪽

이차함수 $y=ax^2+bx+c$의 그래프에서 a, b, c의 부호

01 이차함수 $y=ax^2+bx+c$의 그래프가 다음 그림과 같을 때, ☐ 안에 부등호 $>$, $<$ 중 알맞은 것을 써넣으시오.
(단, a, b, c는 수)

(1)

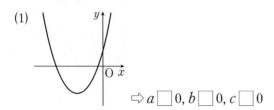

$\Rightarrow a \boxed{} 0, b \boxed{} 0, c \boxed{} 0$

(2)

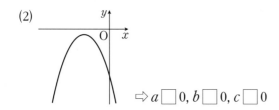

$\Rightarrow a \boxed{} 0, b \boxed{} 0, c \boxed{} 0$

(3)

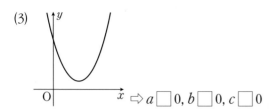

$\Rightarrow a \boxed{} 0, b \boxed{} 0, c \boxed{} 0$

> **TIP** 이차함수 $y=ax^2+bx+c$의 그래프에서 a, c의 부호를 구한 후 a의 부호를 이용하여 b의 부호를 구한다.

02 이차함수 $y=ax^2-bx-c$의 그래프가 오른쪽 그림과 같을 때, a, b, c의 부호를 각각 구하시오.
(단, a, b, c는 수)

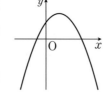

03 이차함수 $y=ax^2+bx+c$의 그래프가 오른쪽 그림과 같을 때, 다음의 부호를 구하시오. (단, a, b, c는 수)

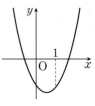

(1) a (2) b

(3) bc (4) $a+b+c$

04 아래 **보기** 중 다음 조건을 만족하는 이차함수 $y=ax^2+bx+c$의 그래프로 알맞은 것을 고르시오.
(단, a, b, c는 수)

┤ 보기 ├

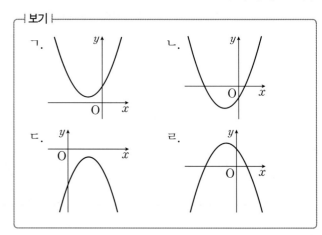

(1) $a>0$, $b>0$, $c<0$

(2) $a>0$, $b>0$, $c>0$

(3) $a<0$, $b>0$, $c<0$

(4) $a<0$, $b<0$, $c>0$

» 익힘교재 61쪽

개념 42 이차함수의 식 구하기

개념 알아보기 **1 이차함수의 식 구하기**

(1) 꼭짓점 (p, q)와 그래프 위의 다른 한 점을 알 때

❶ 이차함수의 식을 $y=a(x-p)^2+q$로 놓는다.

❷ ❶의 식에 다른 한 점의 좌표를 대입하여 a의 값을 구한다.

> 참고 꼭짓점의 좌표에 따른 이차함수의 식은 다음과 같이 놓으면 편리하다.
> ① $(0, 0)$ ➡ $y=ax^2$ ② $(0, q)$ ➡ $y=ax^2+q$
> ③ $(p, 0)$ ➡ $y=a(x-p)^2$ ④ (p, q) ➡ $y=a(x-p)^2+q$

(2) 축의 방정식 $x=p$와 그래프 위의 서로 다른 두 점을 알 때

❶ 이차함수의 식을 $y=a(x-p)^2+q$로 놓는다.

❷ ❶의 식에 두 점의 좌표를 각각 대입하여 a, q의 값을 구한다.

(3) y축과의 교점 $(0, k)$와 그래프 위의 서로 다른 두 점을 알 때

❶ 이차함수의 식을 $y=ax^2+bx+k$로 놓는다.

❷ ❶의 식에 두 점의 좌표를 각각 대입하여 a, b의 값을 구한다.

(4) x축과의 두 교점 $(\alpha, 0)$, $(\beta, 0)$과 그래프 위의 다른 한 점을 알 때

❶ 이차함수의 식을 $y=a(x-\alpha)(x-\beta)$로 놓는다.

❷ ❶의 식에 다른 한 점의 좌표를 대입하여 a의 값을 구한다.

개념 자세히 보기 이차함수의 식 구하기

(1) 꼭짓점의 좌표가 $(1, -2)$ 이고, 점 $(3, 2)$를 지날 때	❶ $y=a(x-1)^2-2$로 놓는다. ❷ $x=3, y=2$를 대입하면 $2=a(3-1)^2-2$ ∴ $a=1$	$y=(x-1)^2-2$ 즉, $y=x^2-2x-1$
(2) 축의 방정식이 $x=2$이고, 두 점 $(1, -1), (2, -4)$를 지날 때	❶ $y=a(x-2)^2+q$로 놓는다. ❷ 두 점의 좌표를 각각 대입하면 $\begin{cases} -1=a+q \\ -4=q \end{cases}$ ∴ $a=3, q=-4$	$y=3(x-2)^2-4$ 즉, $y=3x^2-12x+8$
(3) y축과 점 $(0, 7)$에서 만나고, 두 점 $(-1, 1)$, $(1, 9)$를 지날 때	❶ $y=ax^2+bx+7$로 놓는다. ❷ 두 점의 좌표를 각각 대입하면 $\begin{cases} 1=a-b+7 \\ 9=a+b+7 \end{cases}$ ∴ $a=-2, b=4$	$y=-2x^2+4x+7$
(4) x축과 두 점 $(-3, 0)$, $(1, 0)$에서 만나고, 점 $(-1, 4)$를 지날 때	❶ $y=a(x+3)(x-1)$로 놓는다. ❷ $x=-1, y=4$를 대입하면 $4=a(-1+3)(-1-1)$ ∴ $a=-1$	$y=-(x+3)(x-1)$ 즉, $y=-x^2-2x+3$

>> 익힘교재 51~52쪽

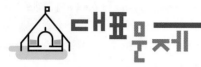

이차함수의 식 구하기: 꼭짓점과 다른 한 점을 알 때

01 다음은 꼭짓점의 좌표가 $(1, 3)$이고, 점 $(2, 5)$를 지나는 포물선을 그래프로 하는 이차함수의 식을 $y=ax^2+bx+c$의 꼴로 나타내는 과정이다. ☐ 안에 알맞은 수를 써넣으시오. (단, a, b, c는 수)

이차함수의 식을 $y=a(x-1)^2+$☐으로 놓으면
이 그래프가 점 $(2, 5)$를 지나므로
☐$=a(2-1)^2+$☐ $\therefore a=$☐
따라서 구하는 이차함수의 식은
$y=$☐$(x-1)^2+$☐$=$☐x^2-☐$x+$☐

---

02 다음 포물선을 그래프로 하는 이차함수의 식을 $y=ax^2+bx+c$의 꼴로 나타내시오. (단, a, b, c는 수)

(1) 꼭짓점의 좌표가 $(2, 4)$이고, 점 $(1, 5)$를 지나는 포물선

(2) 꼭짓점의 좌표가 $(-1, -4)$이고, 점 $(3, 4)$를 지나는 포물선

03 오른쪽 그림과 같이 꼭짓점의 좌표가 $(-2, 5)$인 포물선을 그래프로 하는 이차함수의 식을 $y=ax^2+bx+c$의 꼴로 나타내시오. (단, a, b, c는 수)

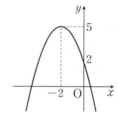

이차함수의 식 구하기: 축의 방정식과 서로 다른 두 점을 알 때

04 다음은 축의 방정식이 $x=-1$이고 두 점 $(2, -8)$, $(-2, 8)$을 지나는 포물선을 그래프로 하는 이차함수의 식을 $y=ax^2+bx+c$의 꼴로 나타내는 과정이다. ☐ 안에 알맞은 수를 써넣으시오. (단, a, b, c는 수)

이차함수의 식을 $y=a(x+$☐$)^2+q$로 놓으면
이 그래프가 두 점 $(2, -8)$, $(-2, 8)$을 지나므로
$-8=a(2+$☐$)^2+q$에서 ☐$a+q=-8$
$8=a(-2+$☐$)^2+q$에서 $a+q=8$
위의 두 식을 연립하여 풀면
$a=-2$, $q=$☐
따라서 구하는 이차함수의 식은
$y=-2(x+$☐$)^2+$☐$=$☐x^2-☐$x+$☐

---

05 다음 포물선을 그래프로 하는 이차함수의 식을 $y=ax^2+bx+c$의 꼴로 나타내시오. (단, a, b, c는 수)

(1) 축의 방정식이 $x=2$이고 두 점 $(0, 3)$, $(3, 0)$을 지나는 포물선

(2) 축의 방정식이 $x=\frac{1}{2}$이고 두 점 $(-1, -8)$, $(1, -2)$를 지나는 포물선

06 오른쪽 그림과 같이 직선 $x=1$을 축으로 하는 포물선을 그래프로 하는 이차함수의 식을 $y=ax^2+bx+c$의 꼴로 나타내시오. (단, a, b, c는 수)

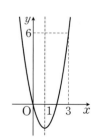

⁂ 바른답·알찬풀이 55쪽

이차함수의 식 구하기; y축과의 교점과 서로 다른 두 점을 알 때

07 다음은 y축과 점 $(0, -3)$에서 만나고, 두 점 $(-1, -1)$, $(1, 3)$을 지나는 포물선을 그래프로 하는 이차함수의 식을 $y=ax^2+bx+c$의 꼴로 나타내는 과정이다. ☐ 안에 알맞은 수를 써넣으시오. (단, a, b, c는 수)

이차함수의 식을 $y=ax^2+bx-$☐ 으로 놓으면
이 그래프가 두 점 $(-1, -1)$, $(1, 3)$을 지나므로
$-1=a-b-$☐ 에서 $a-b=$☐
$3=a+b-$☐ 에서 $a+b=$☐
위의 두 식을 연립하여 풀면
$a=$☐ , $b=$☐
따라서 구하는 이차함수의 식은
$y=$☐x^2+☐$x-$☐

08 다음 포물선을 그래프로 하는 이차함수의 식을 $y=ax^2+bx+c$의 꼴로 나타내시오. (단, a, b, c는 수)

(1) 세 점 $(0, -4)$, $(1, -3)$, $(2, 4)$를 지나는 포물선

(2) 세 점 $(0, 3)$, $(-1, 0)$, $(1, 4)$를 지나는 포물선

09 오른쪽 그림과 같은 포물선을 그래프로 하는 이차함수의 식을 $y=ax^2+bx+c$의 꼴로 나타내시오.
(단, a, b, c는 수)

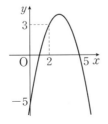

이차함수의 식 구하기; x축과의 두 교점과 다른 한 점을 알 때

10 다음은 x축과 두 점 $(-4, 0)$, $(1, 0)$에서 만나고, 점 $(-3, 8)$을 지나는 포물선을 그래프로 하는 이차함수의 식을 $y=ax^2+bx+c$의 꼴로 나타내는 과정이다. ☐ 안에 알맞은 수를 써넣으시오. (단, a, b, c는 수)

이차함수의 식을 $y=a(x+$☐$)(x-$☐$)$로 놓으면
이 그래프가 점 $(-3, 8)$을 지나므로
$8=a(-3+$☐$)(-3-$☐$)$ $\quad$ ∴ $a=$☐
따라서 구하는 이차함수의 식은
$y=$☐$(x+$☐$)(x-$☐$)=$☐x^2-☐$x+$☐

11 다음 포물선을 그래프로 하는 이차함수의 식을 $y=ax^2+bx+c$의 꼴로 나타내시오. (단, a, b, c는 수)

(1) x축과 두 점 $(-2, 0)$, $(2, 0)$에서 만나고, 점 $(-1, -6)$을 지나는 포물선

(2) x축과 두 점 $(-1, 0)$, $(3, 0)$에서 만나고, 점 $(1, 4)$를 지나는 포물선

12 오른쪽 그림과 같은 포물선을 그래프로 하는 이차함수의 식을 $y=ax^2+bx+c$의 꼴로 나타내시오.
(단, a, b, c는 수)

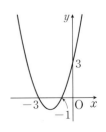

➤➤ 익힘교재 62쪽

이차함수의 활용

1 이차함수의 활용 문제의 풀이 순서

이차함수를 활용하여 문제를 풀 때에는 다음과 같은 순서로 해결한다.

❶ 변수 x, y 정하기	문제의 뜻을 파악하고 조건에 따라 두 변수 x, y를 정한다.
❷ 함수의 식 세우기	변수 x와 y 사이의 관계를 이차함수의 식으로 나타낸다.
❸ 조건에 맞는 값 구하기	이차함수의 식을 이용하여 문제를 푸는 데 필요한 값을 찾는다.
❹ 확인하기	구한 값이 문제의 뜻에 맞는지 확인한다.

주의 길이, 넓이, 높이, 시간 등에 해당하는 수는 0보다 커야 하므로 x, y의 값의 범위에 주의한다.

개념 자세히 보기

이차함수의 활용

밑변의 길이와 높이의 합이 $12 \, \mathrm{cm}$인 삼각형에서 밑변의 길이를 $x \, \mathrm{cm}$, 넓이를 $y \, \mathrm{cm}^2$라 하자. x와 y 사이의 관계식과 이 삼각형의 넓이가 $18 \, \mathrm{cm}^2$일 때, 밑변의 길이를 각각 구해 보자.

❶ 변수 x, y 정하기	삼각형의 밑변의 길이가 $x \, \mathrm{cm}$일 때, 삼각형의 넓이는 $y \, \mathrm{cm}^2$이다.
❷ 함수의 식 세우기	삼각형의 높이가 $(12-x) \, \mathrm{cm}$이므로 $y = \frac{1}{2}x(12-x)$ $\quad \therefore y = -\frac{1}{2}x^2 + 6x$
❸ 조건에 맞는 값 구하기	$y = -\frac{1}{2}x^2 + 6x$에 $y = 18$을 대입하면 $18 = -\frac{1}{2}x^2 + 6x$ $\quad \therefore x = 6$ 따라서 밑변의 길이는 $6 \, \mathrm{cm}$이다.
❹ 확인하기	밑변의 길이가 $6 \, \mathrm{cm}$이므로 높이는 $12 - 6 = 6(\mathrm{cm})$이다. 따라서 삼각형의 넓이는 $\frac{1}{2} \times 6 \times 6 = 18(\mathrm{cm}^2)$이므로 문제의 뜻에 맞는다.

>> 익힘교재 51~52쪽

바른답 · 알찬풀이 56쪽

 1 아래 표는 어떤 스카이다이버가 지상 $800 \, \mathrm{m}$ 높이에서 낙하산을 펴서 내려갈 때, 낙하산을 편 지 x초 후 내려간 거리 $y \, \mathrm{m}$를 나타낸 것이다. y는 x^2에 정비례한다고 할 때, 다음 물음에 답하시오.

x(초)	1	2	3	4	5	⋯
y(m)	2	8	18	32	50	⋯

(1) x와 y 사이의 관계식을 구하시오.

(2) 낙하산을 편 지 8초 후 내려간 거리를 구하시오.

바른답·알찬풀이 57쪽

이차함수의 활용: 식이 주어진 경우

01 지면에서 초속 50 m로 똑바로 위로 쏘아 올린 공의 x초 후의 높이를 y m라 하면 $y=50x-5x^2$인 관계가 성립한다고 한다. 다음 물음에 답하시오.

(1) 이 공을 쏘아 올린 지 3초 후의 높이를 구하시오.

(2) 이 공의 높이가 80 m가 되는 것은 쏘아 올린 지 몇 초 후인지 구하시오.

02 지면에서 초속 20 m로 똑바로 위로 쏘아 올린 물체의 x초 후의 높이를 y m라 하면 $y=20x-5x^2$인 관계가 성립한다고 한다. 이 물체가 지면에 떨어지는 것은 쏘아 올린 지 몇 초 후인지 구하시오.

TIP 지면에서 쏘아 올린 물체의 x초 후의 높이가 y m일 때, 물체가 지면에 떨어질 때까지 걸린 시간은 $y=0$일 때의 x의 값이다.

03 어느 공장에서 하루에 x개의 제품을 생산하였을 때의 이익금을 y만 원이라 하면 $y=-\dfrac{1}{2}x^2+30x-200$인 관계가 성립한다고 한다. 이 공장의 하루 이익금이 250만 원이 되려면 하루에 몇 개의 제품을 생산해야 하는지 구하시오.

이차함수의 활용: 식이 주어지지 않은 경우

04 차가 16인 두 자연수가 있다. 두 수 중 작은 수를 x라 하고 두 수의 곱을 y라 할 때, 다음 물음에 답하시오.

(1) 두 수 중 큰 수를 x에 대한 식으로 나타내시오.

(2) x와 y 사이의 관계식을 $y=ax^2+bx+c$의 꼴로 나타내시오. (단, a, b, c는 수)

(3) 두 수의 곱이 105일 때, 두 수를 구하시오.

TIP 이차함수의 활용 문제에서 식이 주어지지 않은 경우에는 주어진 조건을 이용하여 x와 y 사이의 관계식을 구한다.

05 길이가 28 cm인 빨대를 모두 사용하여 가로의 길이가 x cm인 직사각형을 만들려고 한다. 이 직사각형의 넓이를 y cm²라 할 때, 다음 물음에 답하시오.
(단, 빨대의 두께는 무시한다.)

(1) 직사각형의 세로의 길이를 x에 대한 식으로 나타내시오.

(2) x와 y 사이의 관계식을 $y=ax^2+bx+c$의 꼴로 나타내시오. (단, a, b, c는 수)

(3) 이 직사각형의 가로의 길이가 5 cm일 때, 넓이를 구하시오.

(4) 이 직사각형의 넓이가 48 cm²일 때, 가로의 길이를 구하시오.

익힘교재 63쪽

● 개념 REVIEW

01 이차함수 $y=x^2+ax+1$의 그래프가 점 $(1, -2)$를 지날 때, 이 그래프의 축의 방정식은? (단, a는 수)

① $x=-2$ ② $x=-1$ ③ $x=1$

④ $x=2$ ⑤ $x=3$

▶ 이차함수 $y=ax^2+bx+c$의 그래프

$y=ax^2+bx+c$를
$y=a(x-p)^2+q$의 꼴로 고쳐서 그래프의 축의 방정식과 꼭짓점의 좌표를 구한다.
⇨ 축의 방정식: $x=$❶□
   꼭짓점의 좌표: $(p,$ ❷□$)$

02 이차함수 $y=3x^2+12x+14$의 그래프는 이차함수 $y=3x^2$의 그래프를 x축의 방향으로 m만큼, y축의 방향으로 n만큼 평행이동한 것이다. 이때 $m+n$의 값을 구하시오.

▶ 이차함수 $y=ax^2+bx+c$의 그래프

03 이차함수 $y=-\dfrac{1}{2}x^2-x-\dfrac{5}{2}$의 그래프에서 x의 값이 증가할 때, y의 값도 증가하는 x의 값의 범위는?

① $x<-2$ ② $x<-1$ ③ $x>-2$

④ $x>-1$ ⑤ $x>1$

▶ 이차함수 $y=ax^2+bx+c$의 그래프

이차함수 $y=ax^2+bx+c$의 그래프에서 x의 값이 증가할 때, y의 값이 증가·감소하는 x의 값의 범위는 그래프의 ❸□을 기준으로 생각한다.

04 일차함수 $y=ax+b$의 그래프가 오른쪽 그림과 같을 때, 다음 중 이차함수 $y=x^2-ax+b$의 그래프로 가장 적당한 것은? (단, a, b는 수)

①   ②

③ 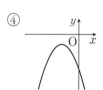 ④ 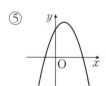 ⑤

▶ 이차함수 $y=ax^2+bx+c$의 그래프에서 a, b, c의 부호

① a의 부호
   ⇨ 그래프의 모양으로 결정
② b의 부호
   ⇨ ❹□의 위치로 결정
③ c의 부호
   ⇨ ❺□축과의 교점의 위치로 결정

답 ❶ p ❷ q ❸ 축 ❹ 축 ❺ y

● 개념 REVIEW

05 꼭짓점의 좌표가 $(2, -1)$이고, 점 $(1, 2)$를 지나는 이차함수의 그래프가 점 $(3, k)$를 지날 때, k의 값은?

① -2 ② -1 ③ 0
④ 1 ⑤ 2

▶ 이차함수의 식 구하기
꼭짓점의 좌표 (p, q)와 그래프 위의 다른 한 점을 알 때, 이차함수의 식을 $y=a(x-❶\square)^2+❷\square$로 놓고, 다른 한 점의 좌표를 대입하여 a의 값을 구한다.

06 이차함수 $y=ax^2+bx+c$의 그래프가 세 점 $(0, 1)$, $(-2, 5)$, $(1, -4)$를 지날 때, 수 a, b, c에 대하여 $a+b-c$의 값을 구하시오.

▶ 이차함수의 식 구하기
y축과의 교점의 좌표 $(0, k)$와 그래프 위의 서로 다른 두 점을 알 때, 이차함수의 식을 $y=ax^2+bx+❸\square$로 놓고, 두 점의 좌표를 각각 대입하여 a, b의 값을 구한다.

07 오른쪽 그림과 같은 이차함수의 그래프의 꼭짓점의 좌표는?

① $(-2, 7)$ ② $(-2, 8)$
③ $(-1, 7)$ ④ $(-1, 8)$
⑤ $(-1, 9)$

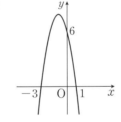

▶ 이차함수의 식 구하기
x축과의 두 교점의 좌표 $(a, 0)$, $(\beta, 0)$과 그래프 위의 다른 한 점을 알 때, 이차함수의 식을 $y=a(x-a)(x-❹\square)$로 놓고, 다른 한 점의 좌표를 대입하여 a의 값을 구한다.

08 지면으로부터 10 m 높이의 건물 옥상에서 초속 30 m로 똑바로 위로 던져 올린 공의 x초 후의 지면으로부터의 높이를 y m라 하면 $y=-5x^2+30x+10$인 관계가 성립한다고 한다. 이때 공이 지면으로부터의 높이가 55 m가 되는 것은 공을 던져 올린 지 몇 초 후인지 구하시오.

▶ 이차함수의 활용; 식이 주어진 경우

09 합이 20인 두 자연수가 있다. 두 수 중 한 수를 x, 두 수의 곱을 y라 할 때, 다음 물음에 답하시오.

(1) x와 y 사이의 관계식을 $y=ax^2+bx+c$의 꼴로 나타내시오.
(단, a, b, c는 수)

(2) 두 수의 곱이 96일 때, 두 수를 구하시오.

▶ 이차함수의 활용; 식이 주어지지 않은 경우

▶▶ 익힘교재 64쪽

답 ❶ p ❷ q ❸ k ❹ β

01 다음 **보기** 중 y가 x에 대한 이차함수인 것을 모두 고르시오.

┌ 보기 ├

ㄱ. 둘레의 길이가 x cm인 정삼각형의 한 변의 길이 y cm

ㄴ. 밑변의 길이가 x cm, 높이가 10 cm인 평행사변형의 넓이 y cm²

ㄷ. x명의 학생에게 사탕을 x개씩 나누어 줄 때 필요한 사탕의 개수 y개

ㄹ. 가로의 길이가 x cm, 세로의 길이가 $(x+1)$ cm인 직사각형의 넓이 y cm²

02 $y=3x^2+ax(x-2)-3$이 x에 대한 이차함수일 때, 다음 중 수 a의 값이 될 수 <u>없는</u> 것은?

① -3 ② -1 ③ 1

④ 2 ⑤ 3

03 이차함수 $f(x)=2x^2-ax+1$에서 $f(-1)=5$일 때, 수 a의 값은?

① -3 ② -2 ③ 1

④ 2 ⑤ 3

04 다음 이차함수 중 그래프의 폭이 가장 좁은 것은?

① $y=-\dfrac{1}{2}x^2$ ② $y=-4x^2$ ③ $y=3x^2$

④ $y=\dfrac{5}{2}x^2$ ⑤ $y=-\dfrac{4}{3}x^2$

UP **서술형**

05 오른쪽 그림은 네 이차함수 $y=ax^2$, $y=bx^2$, $y=cx^2$, $y=dx^2$의 그래프를 한 좌표평면 위에 나타낸 것이다. 네 수 a, b, c, d를 크기가 큰 것부터 차례대로 나열하시오.

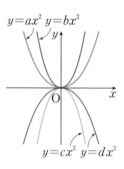

06 오른쪽 그림과 같이 꼭짓점이 원점인 포물선을 그래프로 하는 이차함수의 식을 구하시오.

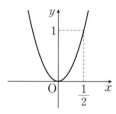

07 이차함수 $y=\dfrac{3}{4}x^2$의 그래프와 x축에 대칭인 그래프가 점 $(-4, k)$를 지날 때, k의 값은?

① -27 ② -12 ③ -3

④ 3 ⑤ 12

08 이차함수 $y=ax^2$의 그래프를 y축의 방향으로 4만큼 평행이동하면 점 $(-2, 2)$를 지난다고 할 때, 수 a의 값은?

① -2 ② -1 ③ $-\dfrac{1}{2}$

④ $\dfrac{1}{2}$ ⑤ 2

09 이차함수 $y=\dfrac{2}{3}(x-p)^2$의 그래프가 점 $(0,\,6)$을 지날 때, 이 그래프의 축의 방정식을 구하시오. (단, $p>0$)

10 이차함수 $y=-\dfrac{5}{4}(x+3)^2$의 그래프에서 x의 값이 증가할 때, y의 값은 감소하는 x의 값의 범위는?

① $x<-3$ ② $x>-3$ ③ $x<3$
④ $x>3$ ⑤ $x<9$

서술형
11 두 이차함수 $y=ax^2-4$, $y=b(x-2)^2$의 그래프가 서로의 꼭짓점을 지날 때, 수 a, b에 대하여 $a-b$의 값을 구하시오.

12 이차함수 $y=-4x^2$의 그래프를 x축의 방향으로 p만큼, y축의 방향으로 q만큼 평행이동하였더니 이차함수 $y=-4(x+2)^2+5$의 그래프와 일치하였다. 이때 $p+q$의 값을 구하시오.

13 이차함수 $y=-3(x+2)^2+16$의 그래프를 x축의 방향으로 5만큼, y축의 방향으로 -3만큼 평행이동한 그래프의 꼭짓점의 좌표를 구하시오.

UP
14 다음 그림은 두 이차함수 $y=(x-1)^2-3$, $y=(x-3)^2-3$의 그래프이다. 이때 색칠한 부분의 넓이를 구하시오. (단, 두 점 P, Q는 각 포물선의 꼭짓점이다.)

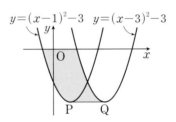

15 이차함수 $y=a(x+p)^2+q$의 그래프가 오른쪽 그림과 같을 때, 다음 중 이차함수 $y=p(x-a)^2+q$의 그래프로 가장 적당한 것은? (단, a, p, q는 수)

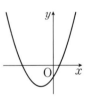

①   ②

③   ④

⑤

16 다음 중 이차함수 $y = \frac{1}{3}x^2 - \frac{2}{3}x + \frac{1}{3}$의 그래프는?

①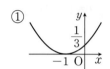

②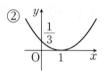

③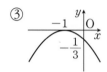

④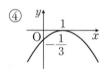

⑤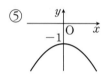

17 다음 중 이차함수 $y = x^2 - 6x + 5$의 그래프에 대한 설명으로 옳지 <u>않은</u> 것은?

① 아래로 볼록한 포물선이다.
② 축의 방정식은 $x = 3$이다.
③ 꼭짓점의 좌표는 $(3, 1)$이다.
④ y축과의 교점의 y좌표는 5이다.
⑤ 이차함수 $y = x^2$의 그래프를 x축의 방향으로 3만큼, y축의 방향으로 -4만큼 평행이동한 것이다.

18 이차함수 $y = -\frac{1}{3}x^2 + 2x + k$의 그래프의 꼭짓점이 직선 $y = 2x + 3$ 위에 있을 때, 수 k의 값은?

① -2 ② 0 ③ 2
④ 4 ⑤ 6

19 오른쪽 그림과 같이 이차함수 $y = -x^2 + 4x - 3$의 그래프가 x축과 만나는 두 점을 각각 A, B라 하고, 이 그래프의 꼭짓점을 C라 할 때, $\triangle$ABC의 넓이를 구하시오.

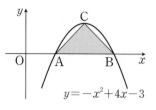

20 이차함수 $y = ax^2 + bx + c$의 그래프가 오른쪽 그림과 같을 때, 다음 중 옳은 것은?
(단, a, b, c는 수)

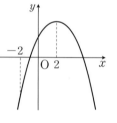

① $a > 0$ ② $b < 0$
③ $c < 0$ ④ $4a - 2b + c > 0$
⑤ $4a + 2b + c > 0$

21 오른쪽 그림과 같이 꼭짓점의 좌표가 $(1, 2)$인 포물선을 그래프로 하는 이차함수의 식은?

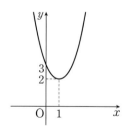

① $y = \frac{1}{2}x^2 - x + 3$
② $y = x^2 - 2x + 3$
③ $y = x^2 + 2x + 3$
④ $y = 2x^2 - 3x + 3$
⑤ $y = 2x^2 + x + 3$

22 이차함수 $y=ax^2+bx+c$의 그래프가 직선 $x=2$를 축으로 하고 두 점 $(-2, -7)$, $(5, 0)$을 지날 때, 수 a, b, c에 대하여 $a+b-c$의 값을 구하시오.

서술형
23 오른쪽 그림과 같은 이차함수의 그래프가 점 $(1, p)$를 지날 때, p의 값을 구하시오.

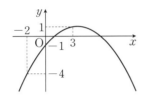

UP
24 오른쪽 그림과 같이 길이가 8 cm인 $\overline{\text{AB}}$ 위의 점 P에 대하여 $\overline{\text{AP}}$, $\overline{\text{BP}}$를 각각 한 변으로 하는 정사각형을 만들려고 한다. $\overline{\text{AP}}$의 길이를 x cm, 두 정사각형의 넓이의 합을 y cm^{2}라 할 때, 다음 물음에 답하시오.

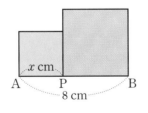

(1) x와 y 사이의 관계식을 $y=ax^2+bx+c$의 꼴로 나타내시오. (단, a, b, c는 수)

(2) 두 정사각형의 넓이의 합이 34 cm^{2}일 때, $\overline{\text{AP}}$의 길이를 구하시오.

창의·융합 문제

다음 그림과 같이 폭이 20 m이고 바닥의 중앙으로부터의 높이가 10 m인 포물선 모양의 터널이 있다. 이 터널 바닥의 중앙으로부터 4 m 떨어진 지점에서의 터널의 높이를 h m라 할 때, h의 값을 구하시오.

(단, 터널 벽의 두께는 무시한다.)

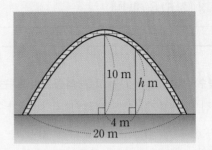

해결의 길잡이

1 터널 바닥의 중앙을 원점이라 하고, 터널의 포물선의 꼭짓점의 좌표를 구한다.

2 터널의 포물선을 그래프로 하는 이차함수의 식을 구한다.

3 터널의 포물선이 점 $(4, h)$를 지남을 이용하여 h의 값을 구한다.

교과서 속
서술형 문제

1 이차함수 $y=ax^2+bx+c$의 그래프가 다음 조건을 모두 만족할 때, 수 a, b, c에 대하여 $a+b-c$의 값을 구하시오.

> (개) 꼭짓점의 좌표가 $(1, -2)$인 포물선이다.
> (내) 점 $(3, 6)$을 지난다.

2 오른쪽 그림과 같이 꼭짓점의 좌표가 $(-3, 2)$인 포물선을 그래프로 하는 이차함수의 식을 $y=ax^2+bx+c$라 할 때, 수 a, b, c에 대하여 $a-b+c$의 값을 구하시오.

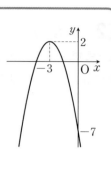

❶ 이차함수의 식을 $y=a(x-p)^2+q$의 꼴로 나타내면?

꼭짓점의 좌표가 $(1, -2)$이므로 이차함수의 식을 $y=a(x-\square)^2-\square$로 놓을 수 있다.

이 그래프가 점 $(3, 6)$을 지나므로

$6=a(3-1)^2-2$

$4a-2=6$ ∴ $a=\square$

∴ $y=\square(x-\square)^2-\square$ … 50 %

❶ 이차함수의 식을 $y=a(x-p)^2+q$의 꼴로 나타내면?

❷ ❶에서 구한 이차함수의 식을 $y=ax^2+bx+c$의 꼴로 나타내면?

$y=\square(x-\square)^2-\square=\boxed{}$ … 30 %

❷ ❶에서 구한 이차함수의 식을 $y=ax^2+bx+c$의 꼴로 나타내면?

❸ $a+b-c$의 값은?

$a=\square$, $b=\square$, $c=\square$이므로

$a+b-c=\square$ … 20 %

❸ $a-b+c$의 값은?

3 이차함수 $f(x)=3x^2-x+2$에 대하여 $f(-3)-f(2)$의 값을 구하시오.

🖊 풀이 과정

답 _____

5 오른쪽 그림과 같이 이차 함수 $y=-x^2+4x+c$의 그래프가 x축과 만나는 두 점을 각각 A, B라 하고, 꼭 짓점을 C라 하자. $\overline{AB}=6$일 때, △ABC의 넓이를 구하 시오. (단, c는 수)

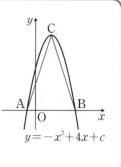

🖊 풀이 과정

답 _____

4 오른쪽 그림은 이차함수 $y=-a(x+p)^2-q$의 그 래프이다. 이때 수 a, p, q에 대하여 apq의 부호를 구하 시오.

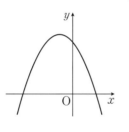

🖊 풀이 과정

답 _____

6 오른쪽 그림과 같은 이차함수 $y=x^2+ax+b$의 그래프에서 꼭 짓점 A의 좌표를 구하시오. (단, a, b는 수)

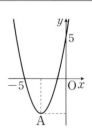

🖊 풀이 과정

답 _____

모든 일에 익숙해진다는 것

사람은 모든 일에 익숙해진다.
슬픔도, 기쁨도, 아픔도, 행복도,
그리고 사랑도,
문제는 그 익숙함이 어디서 오는가에 달려 있다.

어떤 사람은 자기극복을 통해서
익숙함을 얻을 수 있고,
어떤 사람은 포기와 절망을 통해서
익숙해질 수 있다.
그러나 게으름이나 타성에 의해서 익숙해지는 것은
위험한 일이다.

— 레마르크 〈개선문〉 중에서

글 / 그림 우쿠쥐

Memo

익힘 교재편

중등 수학 3 (상)

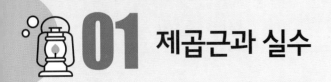

01 제곱근과 실수

바른답·알찬풀이 62쪽

❶ 제곱근

01 제곱근의 뜻과 표현

(1) 제곱근의 뜻

어떤 수 x를 제곱하여 a가 될 때, x를 a의 제곱근이라 한다.

➡ $x^2=a$일 때, ❶ 는 a의 제곱근이다.

① 양수의 제곱근은 양수와 음수의 2개이며, 그 절댓값은 서로 같다.
  └→ 양수인 것을 양의 제곱근, 음수인 것을 음의 제곱근이라 한다.

② 0의 제곱근은 ❷ 의 1개이다.

③ 음수의 제곱근은 없다.

(2) 제곱근의 표현

① 양수 a의 제곱근을 기호 $\sqrt{}$ 를 사용하여 나타내는데

양수인 것은 $\sqrt{a}$ (a의 양의 제곱근)
음수인 것은 ❸ (a의 음의 제곱근)
  └→ 한꺼번에 $\pm\sqrt{a}$로 나타내기도 한다.

➡ $x^2=a\,(a>0)$이면 $x=\pm\sqrt{a}$

② 기호 $\sqrt{}$ 를 근호라 하며, 이를 '제곱근' 또는 '루트'라 읽는다.

02 제곱근의 성질

(1) $a>0$일 때,

① $(\sqrt{a})^2=a$, $\quad(-\sqrt{a})^2=a$

② $\sqrt{a^2}=a$, $\quad\sqrt{(-a)^2}=a$

(2) 모든 수 a에 대하여

$$\sqrt{a^2}=|a|=\begin{cases} \boxed{❹} & (a\geq0\text{일 때}) \\ \boxed{❺} & (a<0\text{일 때}) \end{cases}$$

03 근호 안의 수가 자연수의 제곱인 수

(1) 제곱수: 1, 4, 9, 16, …과 같이 어떤 자연수의 제곱인 수

(2) 제곱수의 성질: 제곱수를 소인수분해하면 소인수의 지수가 모두 ❻ 이다.

04 제곱근의 대소 관계

$a>0$, $b>0$일 때,

(1) $a<b$이면 $\sqrt{a}<\sqrt{b}$

(2) $\sqrt{a}<\sqrt{b}$이면 a ❼ b

(3) $\sqrt{a}<\sqrt{b}$이면 $-\sqrt{a}>-\sqrt{b}$

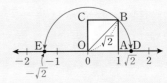

❷ 무리수와 실수

01 무리수와 실수

(1) 무리수: 유리수가 아닌 수, 즉 순환소수가 아닌 무한소수로 나타내어지는 수
  └→ 분모와 분자가 정수인 분수로 나타낼 수 있는 수 (단, (분모)≠0)

(2) 실수: 유리수와 무리수를 통틀어 실수라 한다.

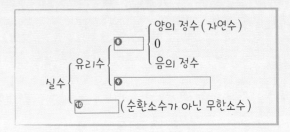

02 실수와 수직선

(1) 한 변의 길이가 1인 정사각형의 대각선의 길이를 이용하여 두 무리수 $\sqrt{2}$, $-\sqrt{2}$를 수직선 위에 나타낼 수 있다.

(2) 실수와 수직선

① 수직선은 실수를 나타내는 점들 전체로 완전히 메울 수 있다.

② 모든 실수는 수직선 위의 점으로 하나씩 나타낼 수 있고, 수직선 위의 모든 점은 실수를 하나씩 나타낸다.

③ 서로 다른 두 실수 사이에는 무수히 많은 실수가 있다.

03 실수의 대소 관계

실수의 대소를 비교할 때에는 다음 세 가지 방법 중 하나를 이용한다.

(1) a, b가 실수일 때, $a-b$의 값의 부호를 이용한다.

(2) 부등식의 성질을 이용한다.

(3) 제곱근의 어림한 값을 이용한다.

04 제곱근의 값

(1) 제곱근표: 1.00에서 99.9까지의 수에 대한 양의 ❿ 의 값을 반올림하여 소수점 아래 셋째 자리까지 나타낸 표

(2) 무리수의 정수 부분과 소수 부분

무리수는 정수 부분과 소수 부분으로 나눌 수 있다.

➡ (무리수)=(정수 부분)+(소수 부분)
  └→ $0<$(소수 부분)<1

01 다음 수의 제곱근을 구하시오.

(1) 9 답 _____ (2) 169 답 _____

(3) 0.81 답 _____ (4) $\dfrac{1}{4}$ 답 _____

(5) 5^2 답 _____ (6) $(-2)^2$ 답 _____

(7) $\left(\dfrac{1}{7}\right)^2$ 답 _____ (8) $(-0.3)^2$ 답 _____

02 다음 수의 제곱근을 근호를 사용하여 나타내시오.

(1) 2 답 _____ (2) 30 답 _____

(3) 0.7 답 _____ (4) $\dfrac{1}{6}$ 답 _____

03 다음을 근호를 사용하여 나타내시오.

(1) 12의 양의 제곱근 답 _____

(2) $\dfrac{7}{3}$의 음의 제곱근 답 _____

(3) 10의 제곱근 답 _____

(4) 제곱근 $\dfrac{1}{8}$ 답 _____

04 다음 그림과 같은 직각삼각형에서 x의 값을 근호를 사용하여 나타내시오.

(1)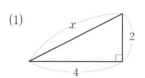

답 _____

(2)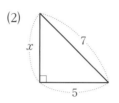

답 _____

05 다음 수를 근호를 사용하지 않고 나타내시오.

(1) $\sqrt{25}$ 답 _____ (2) $\pm\sqrt{49}$ 답 _____

(3) $\sqrt{0.04}$ 답 _____ (4) $-\sqrt{\dfrac{64}{81}}$ 답 _____

06 다음을 근호를 사용하지 않고 나타내시오.

(1) 400의 제곱근 답 _____

(2) $\dfrac{25}{9}$의 양의 제곱근 답 _____

(3) $\sqrt{16}$의 음의 제곱근 답 _____

(4) 제곱근 $(-0.1)^2$ 답 _____

01 다음 값을 구하시오.

(1) $(\sqrt{5})^2$ 답 _____　　(2) $(-\sqrt{6})^2$ 답 _____

(3) $-(\sqrt{7})^2$ 답 _____　　(4) $-\sqrt{8^2}$ 답 _____

(5) $\sqrt{\left(\dfrac{1}{2}\right)^2}$ 답 _____　　(6) $\sqrt{0.3^2}$ 답 _____

02 다음을 계산하시오.

(1) $\sqrt{2^2}+\sqrt{(-5)^2}$　　　답 _____

(2) $-\sqrt{(-3)^2}-(-\sqrt{5^2})$　　답 _____

(3) $\sqrt{6^2}\times(-\sqrt{4})^2$　　　답 _____

(4) $\sqrt{\dfrac{1}{9}}\div\sqrt{\left(\dfrac{1}{6}\right)^2}$　　　답 _____

(5) $\sqrt{49}\times\sqrt{(-3)^2}\div\left(\sqrt{\dfrac{3}{2}}\right)^2$ 답 _____

03 $a>0$일 때, 다음 식을 근호를 사용하지 않고 나타내시오.

(1) $\sqrt{(3a)^2}$　　　　　답 _____

(2) $\sqrt{(-5a)^2}$　　　　답 _____

04 $a<0$일 때, 다음 식을 근호를 사용하지 않고 나타내시오.

(1) $\sqrt{(2a)^2}$　　　　　　　답 _____

(2) $\sqrt{(-7a)^2}$　　　　　　답 _____

05 다음 식을 간단히 하시오.

(1) $a>0$일 때, $\sqrt{(-9a)^2}-\sqrt{(4a)^2}$

　　　　　　　　　　답 _____

(2) $a<0$일 때, $\sqrt{(-a)^2}+\sqrt{(3a)^2}$

　　　　　　　　　　답 _____

(3) $a>0$, $b<0$일 때, $\sqrt{(-7a)^2}+\sqrt{(5b)^2}-\sqrt{(-b)^2}$

　　　　　　　　　　답 _____

06 다음 식을 간단히 하시오.

(1) $0<a<2$일 때, $\sqrt{(a-2)^2}$

　　　　　　　　　　답 _____

(2) $-2<a<1$일 때, $\sqrt{(a-1)^2}+\sqrt{(a+2)^2}$

　　　　　　　　　　답 _____

(3) $a<0$, $b>0$일 때, $\sqrt{(a-b)^2}$

　　　　　　　　　　답 _____

01 다음은 $\sqrt{18x}$가 자연수가 되도록 하는 가장 작은 자연수 x의 값을 구하는 과정이다. ☐ 안에 알맞은 수를 써넣으시오.

> 18을 소인수분해하면 $18=\boxed{}\times 3^2$
> $\sqrt{18x}=\sqrt{\boxed{}\times 3^2 \times x}$가 자연수가 되려면 소인수의 지수가 모두 짝수가 되어야 하므로
> $x=\boxed{}\times($자연수$)^2$의 꼴이어야 한다.
> 따라서 가장 작은 자연수 x는 $\boxed{}$이다.

02 다음 수가 자연수가 되도록 하는 가장 작은 자연수 x의 값을 구하시오.

(1) $\sqrt{2^2 \times 7 \times x}$ 답 _____

(2) $\sqrt{20x}$ 답 _____

(3) $\sqrt{108x}$ 답 _____

(4) $\sqrt{\dfrac{3^2 \times 5}{x}}$ 답 _____

(5) $\sqrt{\dfrac{32}{x}}$ 답 _____

(6) $\sqrt{\dfrac{250}{x}}$ 답 _____

03 다음은 $\sqrt{10+x}$가 자연수가 되도록 하는 가장 작은 자연수 x의 값을 구하는 과정이다. ☐ 안에 알맞은 것을 써넣으시오.

> $\sqrt{10+x}$가 자연수가 되기 위해서는 $10+x$가 10보다 큰 $\boxed{}$이어야 한다.
>
> | $10+x$가 제곱수 | 16 | 25 | 36 | ⋯ |
> |:---:|:---:|:---:|:---:|:---:|
> | x | ☐ | ☐ | ☐ | ⋯ |
>
> 따라서 가장 작은 자연수 x는 $\boxed{}$이다.

04 다음 수가 자연수가 되도록 하는 가장 작은 자연수 x의 값을 구하시오.

(1) $\sqrt{8+x}$ 답 _____

(2) $\sqrt{31+x}$ 답 _____

(3) $\sqrt{56+x}$ 답 _____

(4) $\sqrt{30-x}$ 답 _____

(5) $\sqrt{42-x}$ 답 _____

(6) $\sqrt{100-x}$ 답 _____

01 다음 □ 안에 부등호 >, < 중 알맞은 것을 써넣으시오.

(1) $\sqrt{6}$ □ $\sqrt{7}$

(2) $\sqrt{\dfrac{1}{3}}$ □ $\sqrt{\dfrac{1}{5}}$

(3) $\sqrt{0.6}$ □ $\sqrt{\dfrac{3}{4}}$

(4) 3 □ $\sqrt{10}$

02 다음 □ 안에 부등호 >, < 중 알맞은 것을 써넣으시오.

(1) $-\sqrt{15}$ □ $-\sqrt{13}$

(2) $-\sqrt{\dfrac{5}{4}}$ □ $-\sqrt{\dfrac{4}{3}}$

(3) $-\sqrt{5}$ □ -4

(4) $-\sqrt{0.26}$ □ -0.2

03 다음 수를 작은 것부터 차례대로 나열할 때, 네 번째에 오는 수를 구하시오.

$$0, \quad \sqrt{20}, \quad -\sqrt{19}, \quad 5, \quad \sqrt{30}$$

답 _____

04 다음 부등식을 만족하는 자연수 x의 값을 모두 구하시오.

(1) $\sqrt{x} < \sqrt{5}$ 답 _____

(2) $\sqrt{x} \leq 2$ 답 _____

(3) $-\sqrt{x} > -\sqrt{4}$ 답 _____

(4) $-\sqrt{x} \geq -3$ 답 _____

05 다음 부등식을 만족하는 자연수 x의 개수를 구하시오.

(1) $2 \leq \sqrt{x} \leq 3$ 답 _____

(2) $1 < \sqrt{x} < 2$ 답 _____

(3) $\sqrt{3} < x \leq \sqrt{16}$ 답 _____

06 다음은 부등식 $3 < \sqrt{x-4} < 4$를 만족하는 자연수 x의 값을 모두 구하는 과정이다. □ 안에 알맞은 수를 써넣으시오.

$3 < \sqrt{x-4} < 4$의 각 변을 제곱하면
□$^2 < (\sqrt{x-4})^2 < 4^2$, □ $< x-4 <$ □
각 변에 4를 더하면
□ $< x <$ □
따라서 자연수 x는
□, □, □, □, □, □

01 다음 중 옳지 <u>않은</u> 것은?

① 25의 제곱근은 ± 5이다.

② 9^2의 제곱근은 ± 3이다.

③ 0.01의 제곱근은 ± 0.1이다.

④ $\dfrac{9}{4}$의 제곱근은 $\pm \dfrac{3}{2}$이다.

⑤ 144의 제곱근은 ± 12이다.

02 $a>0$일 때, 다음 **보기** 중 그 결과가 a인 것을 모두 고르시오.

보기
ㄱ. $(\sqrt{a})^2$ ㄴ. $-\sqrt{a^2}$ ㄷ. $\sqrt{(-a)^2}$
ㄹ. $(-\sqrt{a})^2$ ㅁ. $-\sqrt{(-a)^2}$

03 $(-\sqrt{13})^2 + \sqrt{(-11)^2} \times \{-\sqrt{(-3)^2}\}$을 계산하면?

① -20 ② -13 ③ -7

④ 6   ⑤ 15

04 $1<a<3$일 때, $\sqrt{(1-a)^2} - \sqrt{(3-a)^2}$을 간단히 하면?

① $2a-4$ ② $2a-2$ ③ $2a+4$

④ -2 ⑤ 4

05 다음 중 $\sqrt{2^2 \times 3^3 \times x}$가 자연수가 되도록 하는 자연수 x의 값이 <u>아닌</u> 것은?

① 3   ② 9   ③ 12

④ 27   ⑤ 75

06 $\sqrt{15-n}$이 자연수가 되도록 하는 모든 자연수 n의 값의 합을 구하시오.

07 다음 중 가장 작은 수는?

① $-\sqrt{(-3)^2}$ ② $\sqrt{8}$ ③ $-\sqrt{\dfrac{4}{3}}$

④ $(-\sqrt{6})^2$ ⑤ $-\sqrt{10}$

08 자연수 x에 대하여 $\sqrt{x}$ 이하의 자연수의 개수를 $f(x)$라 할 때, $f(x)=2$인 자연수 x의 개수를 구하시오.

01 다음 수가 유리수이면 '유', 무리수이면 '무'를 써넣으시오.

(1) $\sqrt{4}$ (   )

(2) $-\sqrt{15}$ (   )

(3) $0.3\dot{2}$ (   )

(4) $\sqrt{\dfrac{1}{3}}$ (   )

(5) $\sqrt{3^2}$ (   )

(6) π (   )

02 아래 보기의 수 중에서 다음에 해당하는 수를 모두 고르시오.

┤ 보기 ├
$$2, \quad -\sqrt{7}, \quad 2.4, \quad 1.2\dot{5}\dot{2}, \quad -8,$$
$$\sqrt{36}, \quad 1-\sqrt{2}, \quad 0, \quad \frac{2}{5}, \quad -\frac{10}{5}$$

(1) 자연수   답 _____

(2) 정수   답 _____

(3) 유리수   답 _____

(4) 무리수   답 _____

03 다음 중 옳은 것은 ○표, 옳지 않은 것은 ×표를 하시오.

(1) 정수는 무리수이다.   (   )

(2) 순환소수는 유리수이다.   (   )

(3) 순환소수가 아닌 무한소수는 무리수이다.   (   )

(4) 무한소수로 나타내어지는 수는 모두 무리수이다.
                                (   )

(5) 제곱근은 모두 무리수이다.   (   )

04 실수를 분류하면 다음과 같다. 물음에 답하시오.

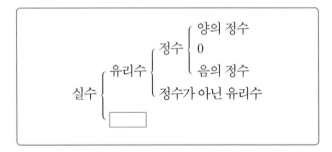

(1) ☐ 안에 알맞은 말을 써넣으시오.

(2) 다음 **보기**의 수 중에서 ☐ 안의 수에 해당하는 수를 모두 고르시오.

┤ 보기 ├
$$2.5, \quad \frac{5}{8}, \quad -\sqrt{\frac{9}{16}}, \quad 1-\sqrt{3}, \quad 0.0\dot{5}, \quad -\pi$$

답 _____

01 다음 그림과 같이 수직선 위에 $\overline{AB}$를 한 변으로 하는 정사각형 ABCD가 있다. $\overline{AC}=\overline{AP}$가 되도록 수직선 위에 점 P를 정할 때, 점 P가 나타내는 수를 구하시오.

(1)
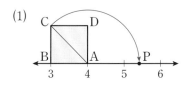

답 _____

(2)
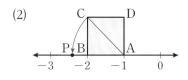

답 _____

02 다음 그림은 수직선 위에 한 변의 길이가 1인 정사각형을 3개 그린 것이다. 정사각형의 대각선을 반지름으로 하는 원을 그려 수직선과 만나는 점을 각각 A, B, C, D, E라 할 때, 다음 점이 나타내는 수를 구하시오.

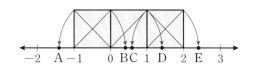

(1) 점 A　　　　　　　　 **답** _____

(2) 점 B　　　　　　　　 **답** _____

(3) 점 C　　　　　　　　 **답** _____

(4) 점 D　　　　　　　　 **답** _____

(5) 점 E　　　　　　　　 **답** _____

03 다음 그림은 한 눈금의 길이가 1인 모눈종이 위에 수직선과 직각삼각형 ABC를 그린 것이다. $\overline{AC}=\overline{AP}$가 되도록 수직선 위에 점 P를 정할 때, $\overline{AC}$의 길이와 점 P가 나타내는 수를 각각 구하시오.

(1)
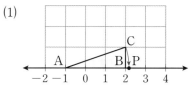

답 $\overline{AC}$의 길이: _____ , 점 P가 나타내는 수: _____

(2)
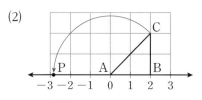

답 $\overline{AC}$의 길이: _____ , 점 P가 나타내는 수: _____

04 다음 중 옳은 것은 ○표, 옳지 않은 것은 ×표를 하시오.

(1) 2와 3 사이에는 무수히 많은 무리수가 있다.

(　　)

(2) 모든 실수를 수직선 위에 나타낼 수 없다.　(　　)

(3) 무리수를 나타내는 점들로 수직선을 완전히 메울 수 있다.

(　　)

(4) 서로 다른 두 실수 사이에는 무수히 많은 실수가 있다.

(　　)

01 다음은 두 수의 차를 이용하여 두 수 $\sqrt{3}+2$와 4의 대소를 비교하는 과정이다. □ 안에는 알맞은 수를, ○ 안에는 부등호 $>$, $<$ 중 알맞은 것을 써넣으시오.

$(\sqrt{3}+2)-4=\boxed{}$
그런데 $\sqrt{3}\bigcirc 2$이므로 $\sqrt{3}-2\bigcirc 0$
∴ $\sqrt{3}+2\bigcirc 4$

02 다음 □ 안에 부등호 $>$, $<$ 중 알맞은 것을 써넣으시오.

(1) $5+\sqrt{2}\ \square\ 7$

(2) $8\ \square\ \sqrt{21}+3$

(3) $\sqrt{3}-1\ \square\ 2$

(4) $4\ \square\ 5-\sqrt{2}$

(5) $-6\ \square\ -4-\sqrt{5}$

(6) $-\sqrt{20}+3\ \square\ -2$

03 다음은 부등식의 성질을 이용하여 두 수 $3-\sqrt{8}$과 $\sqrt{6}-\sqrt{8}$의 대소를 비교하는 과정이다. □ 안에는 알맞은 수를, ○ 안에는 부등호 $>$, $<$ 중 알맞은 것을 써넣으시오.

두 수 3, $\sqrt{6}$에 대하여 $3=\sqrt{9}$이고
$\sqrt{9}\bigcirc\sqrt{6}$이므로 $3\bigcirc\sqrt{6}$
양변에서 $\boxed{}$을 빼면
$3-\sqrt{8}\bigcirc\sqrt{6}-\sqrt{8}$

04 다음 □ 안에 부등호 $>$, $<$ 중 알맞은 것을 써넣으시오.

(1) $1+\sqrt{2}\ \square\ 1+\sqrt{3}$

(2) $2-\sqrt{3}\ \square\ 2-\sqrt{5}$

(3) $3+\sqrt{5}\ \square\ \sqrt{10}+\sqrt{5}$

(4) $-\sqrt{11}+4\ \square\ \sqrt{8}-\sqrt{11}$

05 세 수 a, b, c에 대하여 다음 물음에 답하시오.

$$a=6-\sqrt{6}, \qquad b=\sqrt{7}+2, \qquad c=4$$

(1) a, c의 대소 관계를 부등호를 사용하여 나타내시오.

답 _____

(2) b, c의 대소 관계를 부등호를 사용하여 나타내시오.

답 _____

(3) a, b, c의 대소 관계를 부등호를 사용하여 나타내시오.

답 _____

06 다음 두 수 사이에 있는 정수를 모두 구하시오.

(1) $\sqrt{3}$, $\sqrt{10}+2$

답 _____

(2) $1-\sqrt{12}$, $1+\sqrt{7}$

답 _____

❶ 근호를 포함

01 제곱근의 곱셈

(1) 제곱근의 곱셈
$a>0, b>0$이고

① $\sqrt{a}\times\sqrt{b}=$

② $m\sqrt{a}\times n\sqrt{a}$

예 $2\sqrt{3}\times3\sqrt{5}$

(2) $a>0, b>0$일

① $\sqrt{a^2 b}=a\sqrt{b}$

② $a\sqrt{b}=\sqrt{❷}$

예 ① $\sqrt{12}=\sqrt{2^2\times}$
② $3\sqrt{2}=\sqrt{3^2\times}$

02 제곱근의 나눗

(1) 제곱근의 나눗셈

$a>0, b>0$이고

① $\sqrt{a}\div\sqrt{b}=$

② $m\sqrt{a}\div n\sqrt{b}$

예 $4\sqrt{10}\div2\sqrt{}$

참고 $a>0, b>0,$
$\dfrac{\sqrt{a}}{\sqrt{b}}\div\dfrac{\sqrt{c}}{\sqrt{d}}=$

(2) $a>0, b>0$일

① $\sqrt{\dfrac{a}{b^2}}=\dfrac{\sqrt{a}}{b}$

예 ① $\sqrt{\dfrac{2}{9}}=\sqrt{\dfrac{2}{3^2}}$

03 분모의 유리화

(1) 분수의 분모에

0이 아닌 같은 수

❺

---

01 아래 제곱근표를 이용하여 다음 제곱근의 값을 구하시오.

수	2	3	4	5	6	7
2.0	1.421	1.425	1.428	1.432	1.435	1.439
2.1	1.456	1.459	1.463	1.466	1.470	1.473
2.2	1.490	1.493	1.497	1.500	1.503	1.507
⋮	⋮	⋮	⋮	⋮	⋮	⋮
72	8.497	8.503	8.509	8.515	8.521	8.526
73	8.556	8.562	8.567	8.573	8.579	8.585

(1) $\sqrt{2.04}$ 답 _____

(2) $\sqrt{2.26}$ 답 _____

(3) $\sqrt{72.6}$ 답 _____

(4) $\sqrt{73.3}$ 답 _____

02 $\sqrt{a}$의 값이 다음과 같을 때, 아래 제곱근표를 이용하여 a의 값을 구하시오.

수	4	5	6	7	8
6.4	2.538	2.540	2.542	2.544	2.546
6.5	2.557	2.559	2.561	2.563	2.565
6.6	2.577	2.579	2.581	2.583	2.585
6.7	2.596	2.598	2.600	2.602	2.604
6.8	2.615	2.617	2.619	2.621	2.623

(1) $\sqrt{a}=2.542$ 답 _____

(2) $\sqrt{a}=2.557$ 답 _____

(3) $\sqrt{a}=2.6$ 답 _____

(4) $\sqrt{a}=2.623$ 답 _____

---

03 $\sqrt{a}$의 정수 부분과 소수 부분을 구하려고 할 때, 다음 표를 완성하시오.

$\sqrt{a}$	$n<\sqrt{a}<n+1$ (n은 정수)	정수 부분	소수 부분
(1) $\sqrt{8}$	$2<\sqrt{8}<3$	2	
(2) $\sqrt{11}$			
(3) $\sqrt{55}$			
(4) $\sqrt{90}$			

04 다음은 $\sqrt{12}+1$의 정수 부분과 소수 부분을 구하는 과정이다. ☐ 안에 알맞은 수를 써넣으시오.

> $3<\sqrt{12}<$☐이므로 각 변에 1을 더하면
> $4<\sqrt{12}+1<$☐
> 따라서 $\sqrt{12}+1$의 정수 부분은 ☐이고,
> 소수 부분은 $(\sqrt{12}+1)-$☐$=$☐이다.

05 다음 수의 정수 부분과 소수 부분을 각각 구하시오.

(1) $\sqrt{7}+3$

   답 정수 부분: _____ , 소수 부분: _____

(2) $2+\sqrt{15}$

   답 정수 부분: _____ , 소수 부분: _____

(3) $\sqrt{24}-1$

   답 정수 부분: _____ , 소수 부분: _____

바른답·알찬풀이 66쪽

01 다음을 계산하시오.

(1) $\sqrt{2}\sqrt{7}$ 답 _____

(2) $\sqrt{3} \times (-\sqrt{13})$ 답 _____

(3) $\sqrt{\dfrac{2}{3}}\sqrt{\dfrac{9}{16}}$ 답 _____

(4) $-\sqrt{\dfrac{5}{6}}\sqrt{\dfrac{18}{5}}$ 답 _____

(5) $\sqrt{2}\sqrt{3}\sqrt{5}$ 답 _____

02 다음을 계산하시오.

(1) $\sqrt{2} \times 3\sqrt{5}$ 답 _____

(2) $8\sqrt{7} \times 4\sqrt{3}$ 답 _____

(3) $-5\sqrt{6} \times 2\sqrt{5}$ 답 _____

(4) $3\sqrt{\dfrac{4}{3}} \times 6\sqrt{\dfrac{9}{8}}$ 답 _____

03 다음을 만족하는 유리수 a의 값을 구하시오.

$$3\sqrt{\dfrac{5}{2}} \times 4\sqrt{\dfrac{14}{10}} \times \sqrt{2} = 12\sqrt{a}$$

답 _____

04 다음 수를 $a\sqrt{b}$의 꼴로 나타내시오.

(단, b는 가장 작은 자연수)

(1) $\sqrt{24}$ 답 _____

(2) $\sqrt{90}$ 답 _____

(3) $-\sqrt{32}$ 답 _____

(4) $-\sqrt{125}$ 답 _____

(5) $5\sqrt{12}$ 답 _____

05 다음 수를 $\sqrt{a}$ 또는 $-\sqrt{a}$의 꼴로 나타내시오.

(1) $2\sqrt{7}$ 답 _____

(2) $5\sqrt{3}$ 답 _____

(3) $-3\sqrt{6}$ 답 _____

(4) $-8\sqrt{10}$ 답 _____

06 $\sqrt{63}=a\sqrt{7}$, $\sqrt{68}=2\sqrt{b}$일 때, 유리수 a, b에 대하여 $a+b$의 값을 구하시오.

답 _____

01 다음을 계산하시오.

(1) $\dfrac{\sqrt{18}}{\sqrt{6}}$ 답 _____

(2) $\dfrac{\sqrt{35}}{\sqrt{7}}$ 답 _____

(3) $-\dfrac{\sqrt{54}}{\sqrt{9}}$ 답 _____

(4) $\sqrt{20} \div \sqrt{5}$ 답 _____

(5) $\sqrt{45} \div (-\sqrt{15})$ 답 _____

02 다음을 계산하시오.

(1) $8\sqrt{30} \div 2\sqrt{5}$ 답 _____

(2) $3\sqrt{21} \div (-\sqrt{7})$ 답 _____

(3) $(-12\sqrt{42}) \div (-6\sqrt{6})$ 답 _____

03 다음을 계산하시오.

(1) $\sqrt{5} \div \dfrac{1}{\sqrt{6}}$ 답 _____

(2) $\left(-\dfrac{\sqrt{3}}{4}\right) \div \dfrac{2}{\sqrt{7}}$ 답 _____

(3) $\sqrt{10} \div \dfrac{\sqrt{2}}{\sqrt{3}} \div \dfrac{\sqrt{15}}{\sqrt{2}}$ 답 _____

04 다음 수를 $\dfrac{\sqrt{a}}{b}$의 꼴로 나타내시오.

(단, a는 가장 작은 자연수)

(1) $\sqrt{\dfrac{6}{49}}$ 답 _____

(2) $-\sqrt{\dfrac{5}{64}}$ 답 _____

(3) $-\sqrt{\dfrac{3}{2^2 \times 5^2}}$ 답 _____

(4) $\sqrt{1.25}$ 답 _____

05 다음 수를 $\sqrt{a}$ 또는 $-\sqrt{a}$의 꼴로 나타내시오.

(1) $-\dfrac{\sqrt{7}}{2}$ 답 _____

(2) $\dfrac{\sqrt{11}}{4}$ 답 _____

(3) $\dfrac{3\sqrt{6}}{7}$ 답 _____

06 다음을 만족하는 유리수 a, b에 대하여 ab의 값을 구하시오.

$$\dfrac{\sqrt{3}}{5} = \sqrt{\dfrac{3}{a}}, \quad \sqrt{0.08} = b\sqrt{2}$$

답 _____

01 다음 수의 분모를 유리화하시오.

(1) $\dfrac{1}{\sqrt{6}}$ 답 _____

(2) $\dfrac{10}{\sqrt{5}}$ 답 _____

(3) $-\dfrac{\sqrt{5}}{\sqrt{7}}$ 답 _____

(4) $\dfrac{\sqrt{3}}{\sqrt{11}}$ 답 _____

02 다음 수의 분모를 유리화하시오.

(1) $\dfrac{4}{3\sqrt{2}}$ 답 _____

(2) $-\dfrac{9}{2\sqrt{3}}$ 답 _____

(3) $\dfrac{\sqrt{2}}{4\sqrt{7}}$ 답 _____

(4) $\dfrac{6\sqrt{5}}{7\sqrt{6}}$ 답 _____

03 다음은 $\dfrac{2}{\sqrt{45}}$ 의 분모를 유리화하는 과정이다. ☐ 안에 알맞은 수를 써넣으시오.

$$\dfrac{2}{\sqrt{45}}=\dfrac{2}{\boxed{}\sqrt{5}}=\dfrac{2\times\boxed{}}{\boxed{}\sqrt{5}\times\boxed{}}=\boxed{}$$

04 다음 수의 분모를 유리화하시오.

(1) $\dfrac{\sqrt{2}}{\sqrt{27}}$ 답 _____

(2) $-\dfrac{5}{\sqrt{48}}$ 답 _____

(3) $\dfrac{3\sqrt{7}}{\sqrt{20}}$ 답 _____

(4) $-\dfrac{9\sqrt{5}}{\sqrt{54}}$ 답 _____

05 다음을 계산하시오.

(1) $\dfrac{21}{\sqrt{3}}\times\dfrac{1}{\sqrt{7}}$ 답 _____

(2) $3\sqrt{2}\times\dfrac{4}{\sqrt{6}}$ 답 _____

(3) $\sqrt{15}\div(-\sqrt{75})$ 답 _____

(4) $\sqrt{\dfrac{18}{5}}\div\dfrac{\sqrt{6}}{2}$ 답 _____

06 $\sqrt{7}\div\sqrt{14}\times4\sqrt{5}=a\sqrt{10}$ 일 때, 유리수 a의 값을 구하시오.

답 _____

01 제곱근표에서 $\sqrt{2}=1.414$, $\sqrt{20}=4.472$일 때, 다음 제곱근의 값을 구하려고 한다. ☐ 안에 알맞은 수를 써넣으시오.

(1) $\sqrt{200}=\sqrt{2\times\boxed{}}=\boxed{}\sqrt{2}=\boxed{}$

(2) $\sqrt{2000}=\sqrt{\boxed{}\times100}=10\sqrt{\boxed{}}=\boxed{}$

(3) $\sqrt{20000}=\sqrt{2\times\boxed{}}=\boxed{}\sqrt{2}=\boxed{}$

(4) $\sqrt{0.2}=\sqrt{\dfrac{20}{\boxed{}}}=\dfrac{\sqrt{20}}{\boxed{}}=\boxed{}$

(5) $\sqrt{0.02}=\sqrt{\dfrac{2}{\boxed{}}}=\dfrac{\sqrt{2}}{\boxed{}}=\boxed{}$

02 제곱근표에서 $\sqrt{7}=2.646$, $\sqrt{70}=8.367$일 때, 다음 제곱근의 값을 구하시오.

(1) $\sqrt{700}$ 답 _____

(2) $\sqrt{7000}$ 답 _____

(3) $\sqrt{70000}$ 답 _____

(4) $\sqrt{0.7}$ 답 _____

(5) $\sqrt{0.07}$ 답 _____

(6) $\sqrt{0.007}$ 답 _____

03 제곱근표에서 $\sqrt{5.68}=2.383$, $\sqrt{56.8}=7.537$일 때, 다음 제곱근의 값을 구하시오.

(1) $\sqrt{568}$ 답 _____

(2) $\sqrt{5680}$ 답 _____

(3) $\sqrt{0.568}$ 답 _____

(4) $\sqrt{0.0568}$ 답 _____

04 제곱근표에서 $\sqrt{14}=3.742$일 때, 다음 **보기** 중 이를 이용하여 그 값을 구할 수 있는 것을 모두 고르시오.

┤ 보기 ├
ㄱ. $\sqrt{0.0014}$ ㄴ. $\sqrt{0.014}$
ㄷ. $\sqrt{1400}$ ㄹ. $\sqrt{14000}$

답 _____

05 아래 제곱근표를 이용하여 다음 제곱근의 값을 구하시오.

수	0	1	2	3	4
4.8	2.191	2.193	2.195	2.198	2.200
4.9	2.214	2.216	2.218	2.220	2.223
⋮	⋮	⋮	⋮	⋮	⋮
32	5.657	5.666	5.675	5.683	5.692
33	5.745	5.753	5.762	5.771	5.779

(1) $\sqrt{49300}$ 답 _____

(2) $\sqrt{0.332}$ 답 _____

01 다음을 만족하는 유리수 a, b에 대하여 $a+b$의 값은?

$$\sqrt{5}\sqrt{8}=a\sqrt{10}, \quad b\sqrt{3}\times2\sqrt{3}=-24$$

① -6 ② -4 ③ -2

④ 2 ⑤ 6

02 다음 중 옳지 <u>않은</u> 것은?

① $\sqrt{\dfrac{5}{81}}=\dfrac{\sqrt{5}}{9}$ ② $-\sqrt{\dfrac{14}{50}}=-\dfrac{\sqrt{7}}{5}$

③ $\dfrac{\sqrt{55}}{\sqrt{20}}=\dfrac{\sqrt{5}}{2}$ ④ $\sqrt{0.24}=\dfrac{\sqrt{6}}{5}$

⑤ $-\sqrt{0.75}=-\dfrac{\sqrt{3}}{2}$

03 $\dfrac{\sqrt{21}}{\sqrt{5}}\div(-5\sqrt{7})\div\dfrac{\sqrt{3}}{\sqrt{10}}=a\sqrt{2}$일 때, 유리수 a의 값을 구하시오.

04 $\sqrt{320}$은 $\sqrt{5}$의 a배이고, $\sqrt{0.28}$은 $\sqrt{7}$의 b배일 때, $5ab$의 값을 구하시오.

05 $a=\sqrt{3}$, $b=\sqrt{7}$일 때, $\sqrt{63}$을 a, b를 사용하여 나타내면?

① ab^2 ② a^2b ③ $3ab$

④ $6ab$ ⑤ $9ab$

06 $\dfrac{\sqrt{a}}{3\sqrt{5}}$의 분모를 유리화하였더니 $\dfrac{\sqrt{3}}{3}$이 되었다. 이때 유리수 a의 값을 구하시오.

07 다음을 계산하시오.

$$\dfrac{7}{\sqrt{2}}\times\dfrac{3}{\sqrt{7}}\div\dfrac{\sqrt{3}}{\sqrt{14}}$$

08 제곱근표에서 $\sqrt{6}=2.449$, $\sqrt{60}=7.746$일 때, 다음 중 옳지 <u>않은</u> 것은?

① $\sqrt{0.6}=0.7746$ ② $\sqrt{0.06}=0.2449$

③ $\sqrt{600}=24.49$ ④ $\sqrt{6000}=77.46$

⑤ $\sqrt{60000}=774.6$

01 다음을 계산하시오.

(1) $3\sqrt{2}+\sqrt{2}$ 　　답 _____

(2) $4\sqrt{7}+6\sqrt{7}$ 　　답 _____

(3) $5\sqrt{3}-2\sqrt{3}$ 　　답 _____

(4) $8\sqrt{11}-4\sqrt{11}$ 　　답 _____

(5) $4\sqrt{5}+6\sqrt{5}-3\sqrt{5}$ 　　답 _____

(6) $7\sqrt{6}-4\sqrt{6}+3\sqrt{6}$ 　　답 _____

02 다음을 계산하시오.

(1) $9\sqrt{7}-\sqrt{7}-3\sqrt{2}+8\sqrt{2}$ 　　답 _____

(2) $4\sqrt{3}+\sqrt{5}-5\sqrt{5}-6\sqrt{3}$ 　　답 _____

(3) $\sqrt{6}-5\sqrt{10}+4\sqrt{6}+2\sqrt{10}$ 　　답 _____

(4) $-\sqrt{13}-6\sqrt{11}+7\sqrt{11}-3\sqrt{13}$

　　답 _____

03 다음 ☐ 안에 알맞은 수를 써넣으시오.

(1) $\sqrt{27}+\sqrt{12}=\boxed{}\sqrt{3}+2\sqrt{3}=\boxed{}\sqrt{3}$

(2) $\sqrt{50}-\sqrt{18}=\boxed{}\sqrt{2}-\boxed{}\sqrt{2}=\boxed{}\sqrt{2}$

04 다음을 계산하시오.

(1) $\sqrt{32}+\sqrt{2}$ 　　답 _____

(2) $\sqrt{48}-\sqrt{27}$ 　　답 _____

(3) $\sqrt{50}+\sqrt{8}-\sqrt{18}$ 　　답 _____

(4) $\sqrt{20}-\sqrt{90}+\sqrt{80}-\sqrt{10}$ 　　답 _____

05 다음을 계산하시오.

(1) $\sqrt{5}+\dfrac{10}{\sqrt{5}}$ 　　답 _____

(2) $7\sqrt{7}-\dfrac{7}{\sqrt{7}}$ 　　답 _____

(3) $5\sqrt{2}+\sqrt{8}-\dfrac{8}{\sqrt{2}}$ 　　답 _____

(4) $3\sqrt{6}-\dfrac{6\sqrt{2}}{\sqrt{3}}+\sqrt{96}$ 　　답 _____

06 $a=\sqrt{3}$일 때, $a-\dfrac{1}{a}$의 값을 구하시오.

　　답 _____

01 다음을 계산하시오.

(1) $\sqrt{2}(\sqrt{3}+\sqrt{5})$ 답 _____

(2) $\sqrt{5}(\sqrt{7}-\sqrt{3})$ 답 _____

(3) $\sqrt{3}(2\sqrt{3}+4\sqrt{5})$ 답 _____

(4) $(\sqrt{12}-\sqrt{21})\div\sqrt{3}$ 답 _____

02 다음을 계산하시오.

(1) $\sqrt{5}(\sqrt{2}+\sqrt{15})-\sqrt{3}$ 답 _____

(2) $\sqrt{3}(\sqrt{6}-\sqrt{2})+\sqrt{2}(\sqrt{3}-1)$

답 _____

(3) $\sqrt{6}(\sqrt{14}+\sqrt{2})-\sqrt{3}(\sqrt{7}+2)$

답 _____

03 다음 수의 분모를 유리화하시오.

(1) $\dfrac{1+\sqrt{2}}{\sqrt{5}}$ 답 _____

(2) $\dfrac{\sqrt{5}-\sqrt{6}}{\sqrt{2}}$ 답 _____

(3) $\dfrac{3-\sqrt{12}}{\sqrt{6}}$ 답 _____

(4) $\dfrac{4+\sqrt{2}}{\sqrt{8}}$ 답 _____

04 다음을 계산하시오.

(1) $3\sqrt{10}+\sqrt{5}\times\sqrt{2}$ 답 _____

(2) $\sqrt{72}\div\sqrt{12}+2\sqrt{2}\times\sqrt{3}$ 답 _____

(3) $\sqrt{32}-3\sqrt{6}\div\sqrt{27}$ 답 _____

(4) $\sqrt{18}\times\dfrac{2}{\sqrt{6}}+\sqrt{48}$ 답 _____

05 다음을 계산하시오.

$$\sqrt{27}\left(\sqrt{2}+\dfrac{1}{\sqrt{3}}\right)+\sqrt{3}(\sqrt{18}-\sqrt{3})$$

답 _____

06 다음을 계산한 결과가 유리수가 되도록 하는 유리수 a 의 값을 구하시오.

(1) $3\sqrt{5}+a\sqrt{5}+2-\sqrt{5}$ 답 _____

(2) $(\sqrt{7}-6)a+11-5\sqrt{7}$ 답 _____

01 다음 중 옳지 <u>않은</u> 것을 모두 고르면? (정답 2개)

① $\sqrt{6}+2\sqrt{6}=3\sqrt{6}$ ② $\sqrt{20}+\sqrt{5}=5$

③ $4\sqrt{7}-3\sqrt{7}=\sqrt{7}$ ④ $\sqrt{2}-2\sqrt{2}=-2$

⑤ $5\sqrt{3}-8\sqrt{3}+2\sqrt{3}=-\sqrt{3}$

02 $\sqrt{54}-\sqrt{24}+\sqrt{150}=k\sqrt{6}$일 때, 유리수 k의 값을 구하시오.

03 가로의 길이가 $8\sqrt{2}$ cm인 직사각형 모양의 액자가 있다. 이 액자의 넓이가 160 cm²일 때, 액자의 둘레의 길이는?

① $28\sqrt{2}$ cm   ② $32\sqrt{2}$ cm   ③ $36\sqrt{2}$ cm

④ $40\sqrt{2}$ cm   ⑤ $44\sqrt{2}$ cm

04 $\sqrt{50}-2\sqrt{18}+\dfrac{6}{\sqrt{2}}$ 을 계산하면?

① 0 ② 1 ③ 2

④ $2\sqrt{2}$ ⑤ $3\sqrt{2}$

05 $x=\sqrt{15}-\sqrt{10}$, $y=\sqrt{15}+\sqrt{10}$일 때, $\sqrt{10}x-\sqrt{15}y$의 값은?

① -25 ② $-25+6\sqrt{5}$ ③ $-5+6\sqrt{5}$

④ $5+6\sqrt{5}$ ⑤ 25

06 $\sqrt{2}(\sqrt{3}+\sqrt{8})+\dfrac{1}{\sqrt{2}}(\sqrt{12}-3\sqrt{2})=a+b\sqrt{6}$일 때, 유리수 a, b에 대하여 $a-b$의 값을 구하시오.

07 $a=\dfrac{4+\sqrt{6}}{\sqrt{2}}$, $b=\dfrac{4-\sqrt{6}}{\sqrt{2}}$일 때, $\sqrt{3}(a-b)$의 값을 구하시오.

08 $(4\sqrt{3}-2)k+12-5\sqrt{3}$을 계산한 결과가 유리수가 되도록 하는 유리수 k의 값은?

① -6 ② $-\dfrac{5}{4}$ ③ $\dfrac{5}{4}$

④ 6 ⑤ 12

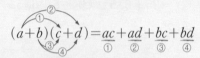 **다항식의 곱셈과 인수분해**

바른답·알찬풀이 70쪽

❶ 다항식의 곱셈과 곱셈 공식

01 다항식과 다항식의 곱셈

$$(a+b)(c+d)=\underset{①}{ac}+\underset{②}{ad}+\underset{③}{bc}+\underset{④}{bd}$$

02 곱셈 공식

(1) $(a+b)^2=a^2+\boxed{①}\,ab+b^2$ ← 합의 제곱

$(a-b)^2=a^2-\boxed{②}\,ab+b^2$ ← 차의 제곱

(2) $(a+b)(a-b)=a^2-\boxed{③}\,{}^2$ ← 합과 차의 곱

(3) $(x+a)(x+b)=x^2+(\boxed{④}\,)x+ab$ ← x의 계수가 1인 두 일차식의 곱

(4) $(ax+b)(cx+d)=acx^2+(ad+bc)x+bd$ ← x의 계수가 1이 아닌 두 일차식의 곱

❷ 곱셈 공식의 응용

01 곱셈 공식의 응용(1)

(1) 곱셈 공식을 이용한 수의 계산

① 수의 제곱의 계산: 곱셈 공식 $(a+b)^2=a^2+2ab+b^2$

또는 $(a-b)^2=a^2-2ab+b^2$을 이용한다.

② 두 수의 곱의 계산: 곱셈 공식 $(a+b)(a-b)=a^2-b^2$

또는 $(x+a)(x+b)=x^2+(a+b)x+ab$를 이용한다.

(2) 곱셈 공식을 이용한 근호를 포함한 식의 계산

제곱근을 문자로 생각하고 곱셈 공식을 이용하여 계산한다.

02 곱셈 공식의 응용(2)

(1) 곱셈 공식을 이용한 분모의 유리화: $a>0, b>0, a\neq b$일 때,

$$\dfrac{c}{\sqrt{a}+\sqrt{b}}=\dfrac{c(\sqrt{a}-\sqrt{b})}{(\sqrt{a}+\sqrt{b})(\sqrt{a}-\sqrt{b})}=\dfrac{c\sqrt{a}-c\sqrt{b}}{\boxed{⑤}}$$

(2) 곱셈 공식의 변형

① $a^2+b^2=(a+b)^2-2ab,\ a^2+b^2=(a-b)^2+\boxed{⑥}$

② $(a+b)^2=(a-b)^2+4ab,\ (a-b)^2=(a+b)^2-4ab$

❸ 인수분해

01 인수분해

(1) 인수: 하나의 다항식을 두 개 이상의 다항식의 곱으로 나타낼 때, 각각의 식을 처음 다항식의 인수라 한다.

(2) 인수분해: 하나의 다항식을 두 개 이상의 인수의 곱으로 나타 내는 것

예 $\underset{\text{전개}}{\overset{\boxed{⑦}}{x^2+4x+3=(x+1)(x+3)}}$

(3) 공통인수: 다항식의 각 항에 공통으로 들어 있는 인수

(4) 공통인수를 이용한 인수분해

$ma+mb=m(a+b)$ ← 공통인수로 묶어 내어 인수분해한다.

02 인수분해 공식

(1) 인수분해 공식

$\left.\begin{array}{l}① a^2+2ab+b^2=(\boxed{⑧}\,)^2 \\ a^2-2ab+b^2=(\boxed{⑨}\,)^2\end{array}\right\}$ 완전제곱식

② $a^2-b^2=(a+b)(a-b)$ ← 제곱의 차

③ $x^2+(a+b)x+ab=(x+a)(x+b)$ ← x^2의 계수가 1인 이차식

④ $acx^2+(ad+bc)x+bd=(ax+b)(\boxed{⑩}\,)$ ← x^2의 계수가 1이 아닌 이차식

(2) 완전제곱식이 될 조건

① x^2+ax+b가 완전제곱식이 되려면 $b=\left(\boxed{⑪}\,\right)^2$

② x^2+ax+b이 완전제곱식이 되려면 $a=\boxed{⑫}$

❹ 인수분해 공식의 응용

01 복잡한 식의 인수분해

(1) 공통부분이 있으면 한 문자로 놓고 인수분해한다.

(2) 항이 여러 개 있으면 공통부분이 생기도록 두 항씩 묶거나 $(\quad)^2-(\quad)^2$의 꼴로 변형하여 인수분해한다.

02 인수분해 공식의 응용

(1) 인수분해 공식을 이용한 수의 계산

① 공통인수로 묶어 내기

예 $2\times68+2\times32=2(68+32)=2\times100=200$

② 완전제곱식 이용하기

예 $15^2+2\times15\times5+5^2=(15+\boxed{⑬}\,)^2=20^2=400$

③ 제곱의 차 이용하기

예 $53^2-47^2=(53+47)(53-47)=100\times6=600$

(2) 인수분해 공식을 이용하여 식의 값 구하기

주어진 식을 인수분해한 후 수나 식을 $\boxed{⑭}$ 한다.

01 다음 식을 전개하시오.

(1) $(x+y)(a+b)$ 답 _____

(2) $(a-7)(b+2)$ 답 _____

(3) $(x-2)(2y-5)$ 답 _____

(4) $(x+y)(3y-1)$ 답 _____

(5) $(a-b)(x+y-6)$ 답 _____

02 다음 식을 전개하시오.

(1) $(a-4)(a+7)$ 답 _____

(2) $(2x-y)(x-2y)$ 답 _____

(3) $(x+5y)(-2x+y)$

답 _____

(4) $(a+1)(a+b+8)$ 답 _____

(5) $(3x+y-1)(x+6y)$

답 _____

03 다음 식을 전개한 식에서 [ ] 안의 것을 구하시오.

(1) $(x+3)(y+9)$ [x의 계수]

답 _____

(2) $(-2x+y)(x-4y)$ [y^2의 계수]

답 _____

(3) $(x-2y)(3x-y)$ [xy의 계수]

답 _____

(4) $(x-y+4)(y+3)$ [상수항]

답 _____

04 $(4x+5)(3x-y)=ax^2-4xy+bx+cy$일 때, 수 a, b, c의 값을 각각 구하시오.

답 _____

05 $(x+4y)(Ax+2y)$를 전개한 식이 $3x^2+Bxy+8y^2$일 때, 수 A, B의 값을 각각 구하시오.

답 _____

01 다음 식을 전개하시오.

(1) $(x+2)^2$ 답 _____

(2) $(3a+4)^2$ 답 _____

(3) $\left(\dfrac{1}{5}x+1\right)^2$ 답 _____

(4) $(2a+3b)^2$ 답 _____

(5) $(-5x-3y)^2$ 답 _____

02 다음 식을 전개하시오.

(1) $(y-5)^2$ 답 _____

(2) $(3a-2)^2$ 답 _____

(3) $(2x-y)^2$ 답 _____

(4) $\left(\dfrac{1}{4}a-8b\right)^2$ 답 _____

(5) $(-6x+4y)^2$ 답 _____

03 다음 □ 안에 알맞은 양수를 써넣으시오.

(1) $(6x+\square)^2=36x^2+\square x+25$

(2) $(2x-\square)^2=4x^2-28x+\square$

04 다음 식을 전개하시오.

(1) $(a+6)(a-6)$ 답 _____

(2) $(1-2y)(1+2y)$ 답 _____

(3) $(-4x+5y)(-4x-5y)$

답 _____

(4) $\left(-\dfrac{1}{2}a-\dfrac{2}{3}b\right)\left(\dfrac{1}{2}a-\dfrac{2}{3}b\right)$

답 _____

05 다음 식을 전개하시오.

$$(x+y-2)^2$$

답 _____

01 다음 식을 전개하시오.

(1) $(x+2)(x+4)$ 답 _____

(2) $(a-3)(a+6)$ 답 _____

(3) $(b+2)(b-7)$ 답 _____

(4) $\left(x-\dfrac{5}{7}\right)\left(x-\dfrac{2}{7}\right)$ 답 _____

(5) $(x+y)(x-5y)$ 답 _____

02 다음 식을 전개하시오.

(1) $(2a+1)(4a+5)$ 답 _____

(2) $(3x+2)(5x-2)$ 답 _____

(3) $(9a-4)(7a+1)$ 답 _____

(4) $\left(6x+\dfrac{2}{3}\right)\left(\dfrac{4}{3}x-\dfrac{1}{6}\right)$

답 _____

(5) $(2x-3y)(5x-7y)$

답 _____

03 $(3x-1)(5x+4)=ax^2+bx+c$일 때, 수 a, b, c에 대하여 $a-b-c$의 값을 구하시오.

답 _____

04 다음 식에서 수 A, B의 값을 각각 구하시오.

(1) $(x-A)(x-3)=x^2-7x+B$

답 _____

(2) $(Ax+3)(2x-1)=6x^2+Bx-3$

답 _____

05 오른쪽 그림과 같이 직사각형 모양의 땅에 폭이 일정한 길을 만들었다. 다음 물음에 답하시오.

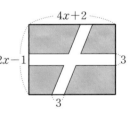

(1) 오른쪽 그림과 같이 땅을 이동하였을 때, (가), (나)에 알맞은 것을 각각 구하시오.

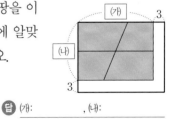

답 (가): _____ , (나): _____

(2) 길을 제외한 땅의 넓이를 구하시오.

답 _____

03 인수분해 다항식의 곱셈과

01 $(ax+3y-1)(2x-y+2)$를 전개한 식에서 xy의 계수가 4일 때, 수 a의 값을 구하시오.

02 다음 보기 중 식을 전개한 결과가 같은 것끼리 짝 지은 것은?

┌ 보기 ├
ㄱ. $(x+y)^2$ ㄴ. $(x-y)^2$
ㄷ. $(-x+y)^2$ ㄹ. $-(x-y)^2$

① ㄱ, ㄴ   ② ㄱ, ㄷ   ③ ㄱ, ㄹ
④ ㄴ, ㄷ   ⑤ ㄷ, ㄹ

03 다음 중 옳은 것은?

① $(3a+2b)^2=3a^2+6ab+2b^2$
② $(2a-6)^2=4a^2-36$
③ $(-a-1)(-a+1)=a^2-1$
④ $(a-6)(a-2)=a^2-8a-12$
⑤ $(2a-5)(a+5)=2a^2-25$

04 다음 식을 간단히 하시오.

$$(2x+1)(2x-1)-(x-4)^2$$

05 $(2-x)(2+x)(4+x^2)$을 전개하시오.

06 $(x+2)(x-3)$을 전개한 식에서 x의 계수를 a, $(3x+2)(3x-5)$를 전개한 식에서 상수항을 b라 할 때, $a-b$의 값은?

① -11 ② -9 ③ 4
④ 9 ⑤ 11

07 $(5x+a)(bx-2)=15x^2+cx+2$일 때, 수 a, b, c에 대하여 $a+b+c$의 값을 구하시오.

08 오른쪽 그림과 같이 한 변의 길이가 $3a$인 정사각형에서 가로의 길이는 $2b$만큼 늘이고 세로의 길이는 $2b$만큼 줄였다. 이때 색칠한 직사각형의 넓이는?

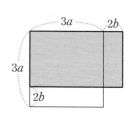

① $6ab+4b^2$ ② $9a^2-4b^2$
③ $9a^2+4b^2$ ④ $9a^2-12ab+4b^2$
⑤ $9a^2+12ab+4b^2$

01 아래 **보기** 중 다음 수를 계산할 때, 가장 편리한 곱셈 공식을 고르시오. (단, $a>0$, $b>0$)

┌ 보기 ┐
ㄱ. $(a+b)^2=a^2+2ab+b^2$
ㄴ. $(a-b)^2=a^2-2ab+b^2$
ㄷ. $(a+b)(a-b)=a^2-b^2$
ㄹ. $(x+a)(x+b)=x^2+(a+b)x+ab$

(1) 51^2 답 _____

(2) 10.3×9.7 답 _____

(3) 299^2 답 _____

(4) 102×103 답 _____

(5) 91×89 답 _____

02 곱셈 공식을 이용하여 다음을 계산하시오.

(1) 103^2 답 _____

(2) 48^2 답 _____

(3) 2.1×1.9 답 _____

(4) 52×53 답 _____

(5) 280×290 답 _____

03 곱셈 공식을 이용하여 다음을 계산하시오.

(1) $(\sqrt{11}+1)^2$ 답 _____

(2) $(\sqrt{3}-\sqrt{2})^2$ 답 _____

(3) $(2\sqrt{3}+3)(2\sqrt{3}-3)$ 답 _____

(4) $(-\sqrt{6}-2\sqrt{2})(-\sqrt{6}+2\sqrt{2})$ 답 _____

04 곱셈 공식을 이용하여 다음을 계산할 때, 유리수 a, b의 값을 각각 구하시오.

(1) $(\sqrt{7}+2)(\sqrt{7}+3)=a+b\sqrt{7}$ 답 _____

(2) $(3\sqrt{2}-1)(2\sqrt{2}+4)=a+b\sqrt{2}$ 답 _____

05 $x=\sqrt{5}-2$, $y=\sqrt{5}+2$일 때, $\dfrac{1}{x}+\dfrac{1}{y}$의 값을 구하려고 한다. 다음 식의 값을 구하시오.

(1) $x+y$ 답 _____

(2) xy 답 _____

(3) $\dfrac{1}{x}+\dfrac{1}{y}$ 답 _____

03 인수분해 다항식의 곱셈과

01 다음 수의 분모를 유리화하시오.

(1) $\dfrac{1}{1+\sqrt{2}}$ 답 _____

(2) $\dfrac{8}{\sqrt{3}-1}$ 답 _____

(3) $\dfrac{7}{\sqrt{10}-\sqrt{3}}$ 답 _____

(4) $\dfrac{\sqrt{3}}{3+\sqrt{6}}$ 답 _____

02 다음 수의 분모를 유리화하시오.

(1) $\dfrac{2+\sqrt{5}}{2-\sqrt{5}}$ 답 _____

(2) $\dfrac{\sqrt{6}-\sqrt{2}}{\sqrt{6}+\sqrt{2}}$ 답 _____

(3) $\dfrac{4+\sqrt{15}}{4-\sqrt{15}}$ 답 _____

(4) $\dfrac{3-2\sqrt{3}}{3+2\sqrt{3}}$ 답 _____

03 $\dfrac{\sqrt{2}}{\sqrt{3}-\sqrt{2}}-\dfrac{\sqrt{2}}{\sqrt{3}+\sqrt{2}}$ 를 계산하시오.

답 _____

04 $x-y=5$, $xy=2$일 때, 다음 식의 값을 구하시오.

(1) x^2+y^2 답 _____

(2) $(x+y)^2$ 답 _____

05 $x+\dfrac{1}{x}=6$일 때, 다음 식의 값을 구하시오.

(1) $x^2+\dfrac{1}{x^2}$ 답 _____

(2) $\left(x-\dfrac{1}{x}\right)^2$ 답 _____

06 $x=4+\sqrt{7}$, $y=4-\sqrt{7}$일 때, $\dfrac{y}{x}+\dfrac{x}{y}$의 값을 구하려고 한다. 다음 식의 값을 구하시오.

(1) x^2+y^2 답 _____

(2) $\dfrac{y}{x}+\dfrac{x}{y}$ 답 _____

07 $x=\dfrac{1}{2-\sqrt{3}}$, $y=\dfrac{1}{2+\sqrt{3}}$일 때, x^2+xy+y^2의 값을 구하시오.

답 _____

01 곱셈 공식을 이용하여 198^2을 계산하려고 할 때, 다음 중 가장 편리한 공식은? (단, $a > 0$, $b > 0$)

① $(a+b)^2 = a^2 + 2ab + b^2$

② $(a-b)^2 = a^2 - 2ab + b^2$

③ $(a+b)(a-b) = a^2 - b^2$

④ $(x+a)(x+b) = x^2 + (a+b)x + ab$

⑤ $(ax+b)(cx+d) = acx^2 + (ad+bc)x + bd$

02 $(2+1)(2^2+1)(2^4+1)(2^8+1) = 2^a - 1$일 때, 자연수 a의 값은?

① 10   ② 12   ③ 14

④ 16   ⑤ 18

03 $(a-2\sqrt{5})(3-2\sqrt{5})$를 계산한 결과가 유리수일 때, 유리수 a의 값은?

① -3 ② -2 ③ 0

④ 2 ⑤ 3

04 $\dfrac{2\sqrt{2}+\sqrt{6}}{2\sqrt{2}-\sqrt{6}}$의 분모를 유리화하면?

① $7-4\sqrt{3}$ ② $7-2\sqrt{3}$ ③ $7+2\sqrt{3}$

④ $7+4\sqrt{3}$ ⑤ $14+4\sqrt{3}$

05 $\dfrac{\sqrt{10}-\sqrt{5}}{\sqrt{10}+\sqrt{5}} + \dfrac{\sqrt{10}+\sqrt{5}}{\sqrt{10}-\sqrt{5}}$를 계산하시오.

06 $x+y = 4\sqrt{3}$, $xy = 8$일 때, $(x-y)^2$의 값을 구하시오.

07 $a+b = 4$, $a^2 + b^2 = 20$일 때, $\dfrac{1}{a} + \dfrac{1}{b}$의 값은?

① -4 ② -2 ③ -1

④ 1 ⑤ 2

08 다음은 $x = \sqrt{7}-3$일 때, $x^2 + 6x - 3$의 값을 구하는 과정이다. ☐ 안에 알맞은 수를 써넣으시오.

$x = \sqrt{7}-3$에서 $x+3 = \boxed{}$

이때 양변을 제곱하면

$(x+3)^2 = (\boxed{})^2$

$x^2 + \boxed{}x + 9 = \boxed{}$, $x^2 + 6x = \boxed{}$

$\therefore x^2 + 6x - 3 = \boxed{} - 3 = \boxed{}$

01 다음 식은 어떤 다항식을 인수분해한 것인지 구하시오.

(1) $3a(a-b)$　　답 _____

(2) $(x+1)^2$　　답 _____

(3) $(x+2)(x+4)$　　답 _____

(4) $(2x-5)(3x+1)$　　답 _____

02 다음 **보기** 중 주어진 식의 인수를 모두 고르시오.

(1) ab^2

> 보기
> $a,$　$b,$　$b^2,$　$ab,$　$a+b$

답 _____

(2) $x^2(x-y)$

> 보기
> $x,$　$x^2,$　$x+y,$　$x^2-y,$　$x(x-y)$

답 _____

(3) $(x+1)(x^2-3)$

> 보기
> $x-3,$　$x+1,$　$x+3,$　x^2-3

답 _____

03 다음 표를 완성하시오.

다항식	공통인수	인수분해
(1) $4a^3-a^4$		
(2) xy^2-3xy		
(3) $a^3b^3+ab^4$		
(4) $12x^2y-6xy^3$		

04 다음 식을 인수분해하시오.

(1) $2ax-ay$　　답 _____

(2) m^3+2m　　답 _____

(3) $12a^2b+9b^2$　　답 _____

(4) $4ab^3-8a^2b^2-6ab$　　답 _____

05 다음 식을 인수분해하시오.

(1) $xy(x+y)-xy$　　답 _____

(2) $(a+b)x-(a+b)y$　　답 _____

(3) $x(a-1)+y(1-a)$　　답 _____

(4) $(x-2)(x+4)-3(x+4)$　　답 _____

01 다음 식을 인수분해하시오.

(1) $a^2 + 16a + 64$ 📝 _____

(2) $x^2 - 22x + 121$ 📝 _____

(3) $a^2 + a + \dfrac{1}{4}$ 📝 _____

(4) $9x^2 - 24xy + 16y^2$ 📝 _____

02 다음 식이 완전제곱식이 되도록 ☐ 안에 알맞은 수를 써넣으시오.

(1) $a^2 + 2a + \boxed{}$

(2) $x^2 - 10x + \boxed{}$

(3) $9a^2 + 12a + \boxed{}$

03 다음 식이 완전제곱식이 되도록 하는 수 A의 값을 모두 구하시오.

(1) $x^2 + Ax + 36$

(2) $x^2 + Ax + 81$

(3) $25x^2 + Ax + 16$

04 다음 식을 인수분해하시오.

(1) $x^2 - 4$ 📝 _____

(2) $9x^2 - y^2$ 📝 _____

(3) $25x^2 - \dfrac{4}{9}y^2$ 📝 _____

(4) $-a^2 + 49$ 📝 _____

05 다음 식을 인수분해하시오.

(1) $3x^2 - 48$ 📝 _____

(2) $45a^2 - 5b^2$ 📝 _____

(3) $x^3 - xy^2$ 📝 _____

06 다음은 $x^8 - 1$을 인수분해하는 과정이다. ☐ 안에 알맞은 것을 써넣으시오.

$$x^8 - 1 = (x^4 + 1)(x^4 - 1)$$
$$= (x^4 + 1)\{(\boxed{})^2 - 1^2\}$$
$$= (x^4 + 1)(\boxed{} + 1)(\boxed{} - 1)$$
$$= (x^4 + 1)(\boxed{} + 1)(\boxed{} + 1)(\boxed{} - 1)$$

01 합과 곱이 각각 다음과 같은 두 정수를 구하시오.

(1) 합 3, 곱 2　　　답 _____

(2) 합 4, 곱 −12　　답 _____

(3) 합 −8, 곱 15　　답 _____

02 다음은 주어진 식을 인수분해하는 과정이다. ☐ 안에 알맞은 것을 써넣고 인수분해하시오.

(1) x^2-4x-5

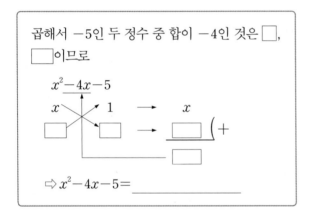

(2) $x^2+9xy+20y^2$

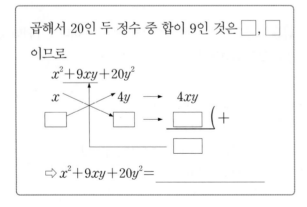

03 다음 식을 인수분해하시오.

(1) $x^2+7x-30$　　답 _____

(2) $x^2-2x-35$　　답 _____

(3) $a^2+8ab+7b^2$　　답 _____

(4) $x^2-10xy+24y^2$　　답 _____

04 다음 식을 인수분해하시오.

(1) $3x^2-6x-45$　　답 _____

(2) $5x^2-15xy-50y^2$　　답 _____

(3) $ax^2-9ax+18a$　　답 _____

05 다음 식에서 수 a, b의 각각 값을 구하시오.

(1) $x^2+10x+a=(x+4)(x+b)$

답 _____

(2) $x^2+ax-10=(x-2)(x+b)$

답 _____

01 다음은 주어진 식을 인수분해하는 과정이다. ☐ 안에 알맞은 것을 써넣고 인수분해하시오.

(1) $3x^2 - 4x - 4$

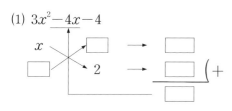

$\Rightarrow 3x^2 - 4x - 4 =$ _____

(2) $6x^2 + 7x - 3$

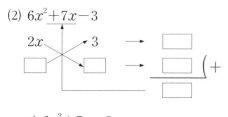

$\Rightarrow 6x^2 + 7x - 3 =$ _____

(3) $8x^2 + 10x + 3$

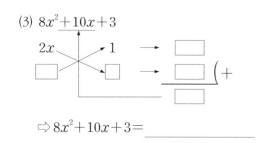

$\Rightarrow 8x^2 + 10x + 3 =$ _____

(4) $10x^2 + 11xy - 6y^2$

$\Rightarrow 10x^2 + 11xy - 6y^2 =$ _____

02 다음 식을 인수분해하시오.

(1) $2x^2 + 5x + 3$ 답 _____

(2) $6a^2 - 11a - 10$ 답 _____

(3) $3x^2 - 5xy + 2y^2$ 답 _____

(4) $4x^2 - 13xy - 12y^2$ 답 _____

03 다음 식을 인수분해하시오.

(1) $15x^2 - 35x + 10$ 답 _____

(2) $36x^2 - 3xy - 3y^2$ 답 _____

(3) $12ab^2 + 10ab - 2a$ 답 _____

04 다음 식에서 수 a, b의 값을 각각 구하시오.

(1) $2x^2 - 7x + a = (x + b)(2x - 1)$

답 _____

(2) $12x^2 + ax - 6 = (3x + 2)(4x + b)$

답 _____

01 $(x-3)(2x+1)$은 어떤 다항식을 인수분해한 것인지 구하시오.

02 다음 중 인수분해를 바르게 한 것은?

① $2ab+b^2=ab(2+b)$

② $3x^2-6x=3(x^2-2)$

③ $5x^2+10xy=5x(x+2)$

④ $a(a-1)+a(b-1)=a(a+b-2)$

⑤ $4ax^2-8ay=4a(x^2-2ay)$

03 다음 중 완전제곱식으로 인수분해되지 <u>않는</u> 것은?

① $16a^2-8a+1$ ② $4x^2-12xy+9y^2$

③ $x^2+10x+16$ ④ $3x^2+6x+3$

⑤ $a^2+20ab+100b^2$

04 $-4<a<2$일 때, $\sqrt{a^2-4a+4}+\sqrt{a^2+8a+16}$을 간단히 하면?

① -6 ② 6 ③ $-2a$

④ $2a$ ⑤ $2a+6$

05 x^2+x-12가 x의 계수가 1인 두 일차식의 곱으로 인수분해될 때, 두 일차식의 합을 구하시오.

06 $6x^2-x-a$를 인수분해하면 $(2x-3)(3x+b)$일 때, 수 a, b에 대하여 $a+b$의 값은?

① 10 ② 12 ③ 14

④ 16 ⑤ 18

07 $2x^2+Ax+6$이 $x+2$를 인수로 가질 때, 수 A의 값을 구하시오.

08 오른쪽 그림과 같은 사다리꼴의 넓이가 $3x^2+8x-3$일 때, 이 사다리꼴의 높이를 구하시오.

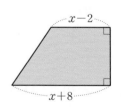

$x-2$

$x+8$

01 다음 식을 인수분해하시오.

(1) $\underset{A}{\underline{(x-6)}}^2-5\underset{A}{\underline{(x-6)}}+4=A^2-5A+4$
$=(A-1)(A-\square)$
$=(x-\square)(x-10)$

(2) $(a-2)^2-2(a-2)-15$

답 _____

(3) $(3x+2)^2+6(3x+2)+9$

답 _____

(4) $(x-y)(x-y+7)+10$

답 _____

02 다음 식을 인수분해하시오.

(1) $\underset{A}{\underline{(a+1)}}^2-9=A^2-3^2$
$=(A+3)(A-\square)$
$=(a+4)(a-\square)$

(2) $16-(x+2)^2$　　답 _____

(3) $(x+y)^2-(y+z)^2$

답 _____

(4) $4(2a+b)^2-(a-2b)^2$

답 _____

03 다음 식을 인수분해하시오.

(1) $xy+x+y+1=(xy+x)+(y+1)$
$=x(\square)+(y+1)$
$=(x+\square)(\square)$

(2) $xy-x-y^2+y$　　답 _____

(3) $xy^2-3xy+y-3$　　답 _____

04 다음 식을 인수분해하시오.

(1) x^2-4y^2-x+2y
$=(x^2-4y^2)-x+2y$
$=(x+\square)(x-2y)-(x-\square)$
$=(x-2y)(\boxed{})$

(2) $a^2+ac+bc-b^2$　　답 _____

05 다음 식을 인수분해하시오.

(1) $x^2-y^2+2y-1=x^2-(y^2-2y+1)$
$=x^2-(\boxed{})^2$
$=(x+y-\square)(x-y+\square)$

(2) $x^2+y^2-2xy-4$　　답 _____

(3) a^2-9b^2-6b-1　　답 _____

01 인수분해 공식을 이용하여 다음을 계산하시오.

(1) $6 \times 87 + 6 \times 13$ 답 _____

(2) $15 \times 48 + 52 \times 15$ 답 _____

(3) $103 \times 60 - 103 \times 58$ 답 _____

02 인수분해 공식을 이용하여 다음을 계산하시오.

(1) $23^2 + 2 \times 23 \times 7 + 7^2$ 답 _____

(2) $76^2 - 2 \times 76 \times 26 + 26^2$ 답 _____

(3) $195^2 + 2 \times 195 \times 5 + 5^2$ 답 _____

03 인수분해 공식을 이용하여 다음을 계산하시오.

(1) $69^2 - 31^2$ 답 _____

(2) $\sqrt{55^2 - 45^2}$ 답 _____

(3) $70^2 \times 1.5 - 30^2 \times 1.5$ 답 _____

04 인수분해 공식을 이용하여 다음을 구하시오.

(1) $x = 96$일 때, $x^2 + 8x + 16$의 값   답 _____

(2) $x = 65$일 때, $x^2 - 10x + 25$의 값   답 _____

(3) $x = 8.7$, $y = 1.7$일 때, $x^2 - 2xy + y^2$의 값   답 _____

05 인수분해 공식을 이용하여 다음을 구하시오.

(1) $a = \sqrt{6} + 2$, $b = \sqrt{6} - 2$일 때, $a^2 - b^2$의 값   답 _____

(2) $x = \sqrt{5} + \sqrt{3}$, $y = \sqrt{5} - \sqrt{3}$일 때, $x^2 - 2xy + y^2$의 값   답 _____

(3) $x = \dfrac{1}{\sqrt{2} - 1}$, $y = \dfrac{1}{\sqrt{2} + 1}$일 때, $x^2 + 2xy + y^2$의 값   답 _____

06 $x = 2\sqrt{2} + 2$, $y = -1 + \sqrt{2}$일 때, $x^2 - 4y^2$의 값을 구하시오.   답 _____

01 $(2x+1)^2-8(2x+1)+16$을 인수분해하면 $(2x+a)^2$일 때, 수 a의 값은?

① -4　　　② -3　　　③ -2

④ -1　　　⑤ 1

02 다음 식을 인수분해하시오.

$$9(x-y)^2-6(x-y)(x+y)+(x+y)^2$$

03 다음 중 x^3-x^2-x+1의 인수를 모두 고르면?

(정답 2개)

① $x+1$　　　② $(x+1)^2$　　　③ x^2+1

④ $(x-1)^2$　　　⑤ $x(x-1)$

04 $x^2+y^2-4-2xy$를 인수분해하면 $(x-y+a)(x+by-2)$일 때, 수 a, b에 대하여 $a+b$의 값은?

① -3　　　② -1　　　③ 1

④ 3　　　⑤ 5

05 다음은 $x^2+xy-x-2y-2$를 인수분해하는 과정이다. □ 안에 알맞은 자연수를 써넣으시오.

$$x^2+xy-x-2y-2$$
$$=(x^2-x-2)+(xy-2y)$$
$$=(x+1)(x-\square)+y(x-\square)$$
$$=(x-\square)(x+y+\square)$$

06 인수분해 공식을 이용하여 $7.5^2+5\times7.5+2.5^2$을 계산하려고 할 때, 다음 중 가장 편리한 공식은?

(단, $a>0$, $b>0$)

① $a^2+2ab+b^2=(a+b)^2$

② $a^2-2ab+b^2=(a-b)^2$

③ $a^2-b^2=(a+b)(a-b)$

④ $x^2+(a+b)x+ab=(x+a)(x+b)$

⑤ $acx^2+(ad+bc)x+bd=(ax+b)(cx+d)$

07 인수분해 공식을 이용하여 $\sqrt{5\times28^2-5\times8^2}$을 계산하시오.

08 $x=\dfrac{1}{\sqrt{5}+2}$, $y=\dfrac{1}{\sqrt{5}-2}$일 때, $x^2-y^2+2x+2y$의 값을 구하시오.

04 이차방정식

❶ 이차방정식의 풀이 (1)

01 이차방정식과 그 해

(1) 이차방정식

① 등식의 우변의 모든 항을 좌변으로 이항하여 정리할 때, $\left(x\text{에 대한 } \boxed{①} \right)=0$의 꼴이 되는 방정식을 x에 대한 이차방정식이라 한다.

② 일반적으로 x에 대한 이차방정식은 $ax^2+bx+c=0$ $(a, b, c \text{는 수}, a \neq 0)$과 같이 나타낼 수 있다.

(2) 이차방정식의 해(근): x에 대한 이차방정식이 $\boxed{②}$이 되게 하는 x의 값

> 참고 $x=k$가 이차방정식 $ax^2+bx+c=0$의 해이다.
> ➡ $x=k$를 $ax^2+bx+c=0$에 대입하면 등식이 성립한다.
> ➡ $ak^2+bk+c=0$

(3) 이차방정식을 푼다: 이차방정식의 해를 모두 구하는 것

02 이차방정식의 풀이; 인수분해

(1) $AB=0$의 성질: 두 수 또는 두 식 A, B에 대하여
$$AB=0\text{이면 } A=0 \text{ 또는 } B=0$$

(2) 인수분해를 이용한 이차방정식의 풀이

> ❶ 주어진 이차방정식을 정리한다.
> ➡ $ax^2+bx+c=0$
> ❷ 좌변을 $\boxed{③}$ 한다.
> ➡ $a(x-\alpha)(x-\beta)=0$
> ❸ $AB=0$의 성질을 이용하여 해를 구한다.
> ➡ $x=\alpha$ 또는 $x=\beta$

예 $2x^2+8x+6=0$에서
$2(x+1)(x+3)=0$
$x+1=0$ 또는 $x+3=0$
$\therefore x=-1$ 또는 $x=-3$

(3) 이차방정식의 중근

이차방정식의 두 해가 중복될 때, 이 해를 주어진 이차방정식의 $\boxed{④}$이라 한다.

예 $x^2+4x+4=0$에서
$(x+2)^2=0$ $\therefore x=-2$ ← 중근

(4) 중근을 가질 조건

이차방정식이 $(\text{완전제곱식})=\boxed{⑤}$의 꼴로 나타나면 이 이차방정식은 중근을 갖는다.

> 참고 이차방정식 $x^2+ax+b=0$이 중근을 가지려면 $b=\left(\dfrac{a}{2}\right)^2$이어야 한다.

예 $x^2+4x+k=0$이 중근을 가지려면
$$k=\left(\frac{4}{2}\right)^2=4$$

03 이차방정식의 풀이; 제곱근, 완전제곱식

(1) 제곱근을 이용한 이차방정식의 풀이

① 이차방정식 $x^2=q$ $(q>0)$의 해
➡ $x=\pm\sqrt{q}$ ← x는 q의 제곱근이다.

예 $x^2=2$ $\therefore x=\pm\sqrt{2}$

② 이차방정식 $(x+p)^2=q$ $(q>0)$의 해
➡ $x+p=\pm\sqrt{q}$ ← $x+p$는 q의 제곱근이다.
$\therefore x=\boxed{⑥}$

예 $(x+2)^2=5$에서
$x+2=\pm\sqrt{5}$ $\therefore x=-2\pm\sqrt{5}$

(2) 완전제곱식을 이용한 이차방정식의 풀이

이차방정식 $ax^2+bx+c=0$의 좌변을 인수분해하기 어려울 때에는 $(x+p)^2=q$ $(q>0)$와 같이 좌변을 완전제곱식으로 만든 후 제곱근을 이용하여 풀 수 있다.

> ❶ x^2의 계수를 1로 만든다.
> ❷ 상수항을 우변으로 이항한다.
> ❸ 양변에 $\left(\dfrac{x\text{의 계수}}{\boxed{⑦}}\right)^2$을 더한다.
> ❹ $(x+p)^2=q$의 꼴로 고친다.
> ❺ 제곱근을 이용하여 해를 구한다.

예 $2x^2-8x+2=0$ ❶
$x^2-4x+1=0$ ❷
$x^2-4x=-1$ ❸
$x^2-4x+4=-1+4$ ❹
$(x-2)^2=3$ ❺
$x-2=\pm\sqrt{3}$ $\therefore x=2\pm\sqrt{3}$

② 이차방정식의 풀이 (2)

O1 이차방정식의 근의 공식

(1) 이차방정식 $ax^2+bx+c=0$의 해는

$$x=\dfrac{-b\pm\sqrt{b^2-4ac}}{2a}\ (단,\ b^2-4ac\geq 0)$$

예) 이차방정식 $3x^2+3x-2=0$에서 $a=3,\ b=3,\ c=-2$이므로

$$x=\dfrac{-3\pm\sqrt{3^2-4\times 3\times(-2)}}{2\times 3}=\dfrac{-3\pm\sqrt{33}}{6}$$

(2) 이차방정식 $ax^2+2b'x+c=0$의 해는
$\xrightarrow{\ \ x의\ 계수가\ 짝수일\ 때\ \ }$

$$x=\dfrac{-b'\pm\sqrt{b'^2-ac}}{a}\ (단,\ b'^2-ac\geq 0)$$

예) 이차방정식 $3x^2+2x-2=0$에서 $a=3,\ b'=\dfrac{2}{2}=1,\ c=-2$이므로

$$x=\dfrac{-1\pm\sqrt{1^2-3\times(-2)}}{3}=\dfrac{-1\pm\sqrt{7}}{3}$$

O2 복잡한 이차방정식의 풀이

(1) 괄호가 있는 이차방정식

괄호를 풀고 동류항끼리 정리한 후 인수분해 또는 근의 공식을 이용하여 푼다.

(2) 계수가 분수 또는 소수인 이차방정식

양변에 적당한 수를 곱하여 모든 계수를 [❽]로 고친 후 인수분해 또는 근의 공식을 이용하여 푼다.

① 계수가 분수일 때: 양변에 분모의 최소공배수를 곱한다.

② 계수가 소수일 때: 양변에 10의 거듭제곱을 곱한다.

예) ① $\dfrac{1}{3}x^2+x-\dfrac{1}{6}=0 \xrightarrow{\ 양변에\ \times 6\ } 2x^2+6x-1=0$

② $0.1x^2-0.2x-1=0 \xrightarrow{\ 양변에\ \times 10\ } x^2-2x-10=0$

(3) 공통부분이 있는 이차방정식

❶ 공통부분을 A로 놓는다.

❷ 인수분해 또는 근의 공식을 이용하여 A의 값을 구한다.

❸ A 대신 원래의 식을 대입하여 x의 값을 구한다.

예) 이차방정식 $(x-1)^2-3(x-1)+2=0$에서

$x-1=A$로 놓으면

$A^2-3A+2=0,\ (A-1)(A-2)=0$

$\therefore A=1\ 또는\ A=2$

$x-1=1\ 또는\ x-1=2 \quad \therefore x=2\ 또는\ x=3$

참고) 이차방정식을 $ax^2+bx+c=0(a\neq 0)$의 꼴로 정리할 때, x^2의 계수 a가 양의 정수가 되도록 하는 것이 인수분해나 근의 공식을 이용하기에 편리하다.

O3 이차방정식의 근의 개수

이차방정식 $ax^2+bx+c=0$의 근의 개수는 근의 공식

$$x=\dfrac{-b\pm\sqrt{b^2-4ac}}{2a}에서\ ❾[\quad\quad]의\ 부호에\ 따라\ 결정된다.$$

(1) $b^2-4ac>0$이면 서로 다른 두 근을 갖는다. ➡ 근이 2개

(2) $b^2-4ac=0$이면 ❿[ ]을 갖는다. ➡ 근이 1개

(3) $b^2-4ac<0$이면 근이 없다. ➡ 근이 0개

예) ① 이차방정식 $x^2+x-7=0$에서

$1^2-4\times 1\times(-7)=29>0$이므로 근의 개수는 2개이다.

② 이차방정식 $x^2-6x+9=0$에서

$(-6)^2-4\times 1\times 9=0$이므로 근의 개수는 1개이다.

③ 이차방정식 $2x^2-3x+3=0$에서

$(-3)^2-4\times 2\times 3=-15<0$이므로 근의 개수는 0개이다.

참고) 이차방정식 $ax^2+bx+c=0$이

① 중근을 가질 조건 ➡ $b^2-4ac=0$

② 근을 가질 조건 ➡ $b^2-4ac\geq 0$

③ 이차방정식의 활용

O1 이차방정식 구하기

(1) 두 근이 $\alpha,\ \beta$이고 x^2의 계수가 a인 이차방정식

➡ $a(x-\alpha)(x-❶[\quad])=0$

➡ $a\{x^2-(\alpha+\beta)x+\alpha\beta\}=0$

예) 두 근이 1, 3이고 x^2의 계수가 2인 이차방정식은

$2(x-1)(x-3)=0 \quad \therefore 2x^2-8x+6=0$

(2) 중근이 α이고 x^2의 계수가 a인 이차방정식

➡ $a(x-\alpha)^2=0 \leftarrow$ (완전제곱식)$=0$의 꼴

예) 중근이 1이고 x^2의 계수가 3인 이차방정식은

$3(x-1)^2=0 \quad \therefore 3x^2-6x+3=0$

참고) 모든 계수가 유리수인 이차방정식에서 한 근이 $p+q\sqrt{m}$이면 다른 한 근은 $p-q\sqrt{m}$임을 이용하여 이차방정식을 구할 수 있다.

(단, $p,\ q$는 유리수, $\sqrt{m}$은 무리수)

O2 이차방정식의 활용

이차방정식의 활용 문제의 풀이 순서는 다음과 같다.

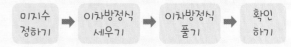

미지수 정하기 ➡ 이차방정식 세우기 ➡ 이차방정식 풀기 ➡ 확인 하기

04 이차방정식

⤷ 바른답·알찬풀이 77쪽

01 다음 중 x에 대한 이차방정식인 것은 ○표, 이차방정식이 아닌 것은 ×표를 하시오.

(1) $x^2 + 10x - 8 = 0$　　　　　　　(　)

(2) $2x^2 - x + 3 = x^2 + 2x + 3$　　　(　)

(3) $-3x^2 + x = -3x^3 + 3x + 1$　　(　)

(4) $3x^2 + 4 = (x+1)^2$　　　　　　(　)

(5) $x(x-4) = x(x+2)$　　　　　　(　)

(6) $2(x-3)^2 = 6 + 2x + x^2$　　　(　)

02 다음 등식이 x에 대한 이차방정식일 때, 수 a의 값이 될 수 <u>없는</u> 수를 구하시오.

(1) $ax^2 + 5x + 4 = 0$　　답 ＿＿＿＿＿＿＿

(2) $(a-6)x^2 + 2x - 3 = 0$　　답 ＿＿＿＿＿＿＿

(3) $(2a+1)x^2 - x - 7 = 0$　　답 ＿＿＿＿＿＿＿

(4) $ax^2 - 4x + 1 = 3x^2 + 2x$　　답 ＿＿＿＿＿＿＿

(5) $(2x+1)(2x-1) = ax^2$　　답 ＿＿＿＿＿＿＿

03 다음 [ ] 안의 수가 주어진 이차방정식의 해인 것은 ○표, 해가 아닌 것은 ×표를 하시오.

(1) $x^2 + x - 6 = 0$　$[3]$　　　　　(　)

(2) $x^2 + x - 2 = 0$　$[-2]$　　　(　)

(3) $x^2 - 6x + 3 = 0$　$[3]$　　　(　)

(4) $x(3+x) = x - 1$　$[-1]$　　(　)

04 x의 값이 -1, 0, 1일 때, 다음 이차방정식을 푸시오.

(1) $x^2 - x = 0$　　　　　답 ＿＿＿＿＿＿＿

(2) $2x^2 + x - 1 = 0$　　답 ＿＿＿＿＿＿＿

(3) $3x^2 + 1 = 2(x+1)$　답 ＿＿＿＿＿＿＿

05 다음 [ ] 안의 수가 주어진 이차방정식의 해일 때, 수 a의 값을 구하시오.

(1) $x^2 + ax + 3 = 0$ $[1]$　　답 ＿＿＿＿＿＿＿

(2) $x^2 - ax - 6 = 0$ $[3]$　　답 ＿＿＿＿＿＿＿

(3) $x^2 + 2x + a = 0$ $[-4]$　　답 ＿＿＿＿＿＿＿

01 다음 이차방정식을 푸시오.

(1) $(x+3)(x-3)=0$　답 _____

(2) $\frac{1}{2}x(x-4)=0$　답 _____

(3) $(x+1)(3x-1)=0$　답 _____

(4) $(2x+3)(2x-5)=0$　답 _____

02 인수분해를 이용하여 다음 이차방정식을 푸시오.

(1) $2x^2-4x=0$　답 _____

(2) $4x^2-9=0$　답 _____

(3) $x^2-x-6=0$　답 _____

(4) $2x^2+3=7x$　답 _____

03 이차방정식 $3x^2-7x+a=0$의 한 근이 $x=1$일 때, 다음을 구하시오. (단, a는 수)

(1) a의 값　답 _____

(2) 다른 한 근　답 _____

04 인수분해를 이용하여 다음 이차방정식을 푸시오.

(1) $(2x+5)^2=0$　답 _____

(2) $3x^2+12x+12=0$　답 _____

(3) $x^2+4=4x$　답 _____

05 다음 이차방정식이 중근을 가지면 ○표, 갖지 않으면 ×표를 하시오.

(1) $(x-3)^2=0$　(　)

(2) $x^2+2x+1=0$　(　)

(3) $x^2-25=0$　(　)

(4) $x(x-8)=-16$　(　)

06 다음 이차방정식이 중근을 가질 때, 수 k의 값을 모두 구하시오.

(1) $x^2-8x+k=0$　답 _____

(2) $x^2+kx+25=0$　답 _____

(3) $x^2-6x+2k-3=0$　답 _____

01 제곱근을 이용하여 다음 이차방정식을 푸시오.

(1) $x^2=10$ 답 _____

(2) $x^2-12=0$ 답 _____

(3) $16x^2-5=0$ 답 _____

(4) $(x-2)^2=4$ 답 _____

(5) $3(x-1)^2=18$ 답 _____

02 이차방정식 $(x+3)^2-27=0$의 두 근을 α, β라 할 때, $\alpha\beta$의 값을 구하시오.

답 _____

03 이차방정식 $4(x+a)^2=b$의 해가 $x=-1\pm\sqrt{2}$일 때, 유리수 a, b의 값을 각각 구하시오.

답 _____

04 다음 이차방정식을 $(x+p)^2=q$의 꼴로 나타내시오. (단, p, q는 수)

(1) $x^2-4x-6=0$ 답 _____

(2) $-x^2-6x+3=0$ 답 _____

(3) $(x-1)(x+3)=7$ 답 _____

05 완전제곱식을 이용하여 다음 이차방정식을 푸시오.

(1) $x^2-10x+2=0$ 답 _____

(2) $x^2+6x-9=0$ 답 _____

(3) $x^2+14x+25=0$ 답 _____

(4) $2x^2-16x+18=0$ 답 _____

(5) $-x^2-2x+4=0$ 답 _____

06 이차방정식 $x^2-2x+m=0$을 완전제곱식을 이용하여 풀었더니 해가 $x=1\pm\sqrt{5}$이었다. 이때 수 m의 값을 구하시오.

답 _____

01 다음 중 이차방정식인 것을 모두 고르면? (정답 2개)

① $2x(x+5)=x(x-1)$

② $5x^2-4x+1$

③ $(x-3)^2=x^2-x+3$

④ $\dfrac{x^2-7x}{2}=1$

⑤ $(3-x)(3+x)=x-x^2$

02 $2(x-1)^2=ax^2-4x+1$이 x에 대한 이차방정식일 때, 다음 중 수 a의 값이 될 수 없는 것은?

① -2 ② -1 ③ 1

④ 2 ⑤ 3

03 이차방정식 $x^2-6x+5=0$의 한 근을 m이라 할 때, m^2-6m-2의 값을 구하시오.

04 다음 두 이차방정식의 공통인 근을 구하시오.

$$2x^2-x-3=0, \quad 4x^2+4x-15=0$$

05 이차방정식 $x^2+2ax=6a-16$이 중근을 갖도록 하는 수 a의 값을 모두 고르면? (정답 2개)

① -12 ② -8 ③ 2

④ 4 ⑤ 8

06 이차방정식 $4(x-2)^2=20$의 두 근을 α, β라 할 때, $\alpha+\beta$의 값을 구하시오.

07 이차방정식 $3x^2-12x-24=0$을 $(x-p)^2=q$의 꼴로 나타낼 때, 수 p, q에 대하여 $p+q$의 값을 구하시오.

08 다음은 완전제곱식을 이용하여 이차방정식 $x^2-8x-5=0$의 해를 구하는 과정이다. ㈎ ~ ㈒에 알맞은 수를 구하시오.

$x^2-8x-5=0$에서 $x^2-8x=\boxed{㈎}$

$x^2-8x+\boxed{㈏}=5+\boxed{㈏}$

$(x-\boxed{㈐})^2=21$ ∴ $x=\boxed{㈑}$

01 근의 공식을 이용하여 다음 이차방정식을 푸시오.

(1) $x^2 - 3x - 5 = 0$ 답 _____

(2) $x^2 - 5x + 5 = 0$ 답 _____

(3) $2x^2 + 7x + 1 = 0$ 답 _____

(4) $4x^2 = x + 2$ 답 _____

(5) $3x^2 = -5x - 1$ 답 _____

02 x의 계수가 짝수일 때의 근의 공식을 이용하여 다음 이차방정식을 푸시오.

(1) $x^2 + 2x - 4 = 0$ 답 _____

(2) $x^2 + 6x + 2 = 0$ 답 _____

(3) $3x^2 - 4x - 1 = 0$ 답 _____

(4) $5x^2 = 2x + 1$ 답 _____

(5) $4x^2 + 10x = 3$ 답 _____

03 다음 [ ] 안의 수가 주어진 이차방정식의 해일 때, 수 a의 값을 구하시오.

(1) $x^2 + x + a = 0$ $\left[\dfrac{-1 \pm \sqrt{13}}{2} \right]$

답 _____

(2) $x^2 - 2x + a = 0$ $[1 \pm \sqrt{5}]$

답 _____

(3) $3x^2 + 4x + a = 0$ $\left[\dfrac{-2 \pm \sqrt{10}}{3} \right]$

답 _____

(4) $4x^2 - x + a = 0$ $\left[\dfrac{1 \pm \sqrt{17}}{8} \right]$

답 _____

04 이차방정식 $2x^2 - 3x - k + 1 = 0$의 해가 $x = \dfrac{3 \pm \sqrt{17}}{4}$일 때, 수 k의 값을 구하시오.

답 _____

05 이차방정식 $5x^2 - 8x + a = 0$의 해가 $x = \dfrac{b \pm \sqrt{11}}{5}$일 때, 유리수 a, b의 값을 각각 구하시오.

답 _____

01 다음 이차방정식을 푸시오.

(1) $x(x-3)=28$ 답 _____

(2) $(x-2)(x+2)=5x$ 답 _____

(3) $5(x+1)(x-3)=3x(x-1)$

답 _____

02 다음 이차방정식을 푸시오.

(1) $\dfrac{1}{10}x^2+\dfrac{1}{5}x-\dfrac{3}{2}=0$ 답 _____

(2) $x^2=\dfrac{3}{2}x-\dfrac{1}{4}$ 답 _____

(3) $\dfrac{4x^2-15}{8}=\dfrac{x-2x^2}{4}$ 답 _____

03 다음 이차방정식을 푸시오.

(1) $0.2x^2+0.9x+0.4=0$ 답 _____

(2) $0.01x^2-0.2x+1=0$ 답 _____

(3) $0.3x^2+0.5=x$ 답 _____

04 다음 이차방정식을 푸시오.

(1) $0.5x^2+\dfrac{2}{3}x-\dfrac{1}{6}=0$ 답 _____

(2) $\dfrac{x^2+x}{4}-0.5x-1=0$ 답 _____

05 다음 이차방정식을 푸시오.

(1) $(x-2)^2-6(x-2)+8=0$

답 _____

(2) $(x+4)^2+4(x+4)-1=0$

답 _____

(3) $(5-x)^2-4(5-x)-12=0$

답 _____

(4) $(3x+2)^2-3(3x+2)-28=0$

답 _____

06 이차방정식 $(x+1)^2-2(x+1)-8=0$의 두 근을 α, β라 할 때, $\alpha-\beta$의 값을 구하시오. (단, $\alpha>\beta$)

답 _____

01 다음 이차방정식의 근의 개수를 구하시오.

(1) $x^2+5x+3=0$ 답 _____

(2) $x^2-2x+4=0$ 답 _____

(3) $9x^2+12x+4=0$ 답 _____

(4) $5x^2+x=-3$ 답 _____

(5) $x(x-3)=7$ 답 _____

(6) $(x-1)^2=6$ 답 _____

03 이차방정식 $4x^2-12x+k=0$이 중근을 가질 때, 다음을 구하시오. (단, k는 수)

(1) k의 값 답 _____

(2) 중근 답 _____

04 다음 이차방정식의 근이 없을 때, 수 k의 값의 범위를 구하시오.

(1) $x^2-2x+k=0$ 답 _____

(2) $3x^2+4x-k=0$ 답 _____

(3) $x^2+6x+k-2=0$ 답 _____

02 이차방정식 $x^2-5x+k=0$의 근이 다음과 같을 때, 수 k의 값 또는 k의 값의 범위를 구하시오.

(1) 서로 다른 두 근 답 _____

(2) 중근 답 _____

(3) 근이 없다. 답 _____

05 다음 이차방정식이 근을 가질 때, 수 k의 값의 범위를 구하시오.

(1) $x^2-3x+k=0$ 답 _____

(2) $2x^2+4x-k=0$ 답 _____

(3) $4x^2+6x+k+1=0$ 답 _____

바른답·알찬풀이 80쪽

01 이차방정식 $4x^2+x-1=0$의 해가 $x=\dfrac{a\pm\sqrt{b}}{8}$일 때, 유리수 a, b에 대하여 $b-a$의 값은?

① 18   ② 19   ③ 20
④ 21   ⑤ 22

02 이차방정식 $2x^2-6x+p=0$의 해가 $x=\dfrac{q\pm\sqrt{3}}{2}$일 때, 유리수 p, q에 대하여 $p+q$의 값은?

① 2   ② 3   ③ 4
④ 5   ⑤ 6

03 이차방정식 $\dfrac{1}{2}x(x+3)=x^2+1$을 푸시오.

04 이차방정식 $0.1x^2+0.8x+0.6=0$을 풀면?

① $x=-8\pm2\sqrt{10}$ ② $x=-8\pm\sqrt{10}$
③ $x=-4\pm2\sqrt{10}$ ④ $x=-4\pm\sqrt{10}$
⑤ $x=4\pm\sqrt{10}$

05 이차방정식 $\dfrac{3}{10}(2x-1)^2-\dfrac{1}{2}(2x-1)-\dfrac{1}{5}=0$의 두 근의 곱을 구하시오.

06 $3a>b$이고 $(3a-b)(3a-b-7)-18=0$일 때, $3a-b$의 값을 구하시오.

07 다음 이차방정식 중 근의 개수가 나머지 넷과 다른 하나는?

① $x^2+3x-5=0$ ② $-x^2+2x+4=0$
③ $2x^2-6x-1=0$ ④ $3x^2+x+8=0$
⑤ $-4x^2+9=0$

08 이차방정식 $x^2-(m+2)x+2m+1=0$이 중근을 갖도록 하는 수 m의 값은? (단, $m>0$)

① $\dfrac{5}{2}$ ② 3   ③ $\dfrac{7}{2}$
④ 4   ⑤ $\dfrac{9}{2}$

01 다음 이차방정식을 $ax^2+bx+c=0$의 꼴로 나타내시오. (단, a, b, c는 수)

(1) 두 근이 5, 6이고 x^2의 계수가 1인 이차방정식

답 _____

(2) 두 근이 -3, 2이고 x^2의 계수가 1인 이차방정식

답 _____

(3) 두 근이 -5, -2이고 x^2의 계수가 2인 이차방정식

답 _____

(4) 두 근이 $-\dfrac{1}{2}$, $\dfrac{1}{4}$이고 x^2의 계수가 -4인 이차방정식

답 _____

02 이차방정식 $3x^2+ax+b=0$의 두 근이 -4, 1일 때, 수 a, b에 대하여 $a-b$의 값을 구하시오.

답 _____

03 다음 수가 이차방정식 $ax^2+bx+c=0$의 한 근일 때, 다른 한 근을 구하시오. (단, a, b, c는 유리수)

(1) $1+\sqrt{5}$ 답 _____

(2) $2-\sqrt{3}$ 답 _____

(3) $-3+\sqrt{7}$ 답 _____

04 이차방정식 $x^2+ax+b=0$의 한 근이 $2+\sqrt{5}$일 때, 다음을 구하시오. (단, a, b는 유리수)

(1) 다른 한 근 답 _____

(2) a, b의 값 답 _____

05 다음 이차방정식을 $ax^2+bx+c=0$의 꼴로 나타내시오. (단, a, b, c는 수)

(1) 중근이 1이고 x^2의 계수가 1인 이차방정식

답 _____

(2) 중근이 -2이고 x^2의 계수가 3인 이차방정식

답 _____

(3) 중근이 $\dfrac{1}{2}$이고 x^2의 계수가 -1인 이차방정식

답 _____

(4) 중근이 $-\dfrac{1}{5}$이고 x^2의 계수가 5인 이차방정식

답 _____

06 이차방정식 $2x^2+ax+b=0$이 $x=3$을 중근으로 가질 때, 수 a, b에 대하여 $a+b$의 값을 구하시오.

답 _____

01 연속하는 세 자연수가 있다. 가장 큰 수의 제곱은 다른 두 수의 곱의 2배보다 11만큼 작을 때, 세 자연수를 구하려고 한다. 다음 물음에 답하시오.

(1) 세 자연수를 $x-1$, x, $x+1$이라 할 때, x에 대한 이차방정식을 세우시오. 답 _____

(2) 연속하는 세 자연수를 구하시오. 답 _____

02 어떤 자연수를 제곱해야 할 것을 잘못하여 2배를 하였더니 제곱한 것보다 48이 작아졌다. 이때 바르게 계산한 값을 구하시오.

답 _____

03 다음을 읽고, 작은형의 나이를 구하려고 한다. 물음에 답하시오.

> 나는 두 살, 세 살 차이가 나는 두 형이 있습니다. 그런데 큰형의 나이의 8배는 내 나이의 제곱보다 4만큼 크다고 합니다.

(1) 내 나이를 x살이라 할 때, x에 대한 이차방정식을 세우시오. 답 _____

(2) 작은형의 나이를 구하시오. 답 _____

04 오른쪽 그림과 같이 길이가 12 cm인 선분을 두 부분으로 나누어 각각을 한 변으로 하는 정사각형을 만들었더니 두 정사각형의 넓이의 합이 90 cm²일 때, 작은 정사각형의 한 변의 길이를 구하려고 한다. 다음 물음에 답하시오.

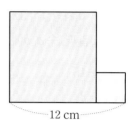

12 cm

(1) 작은 정사각형의 한 변의 길이를 x cm라 할 때, x에 대한 이차방정식을 세우시오.
답 _____

(2) 작은 정사각형의 한 변의 길이를 구하시오.
답 _____

05 정사각형 모양의 꽃밭이 있다. 가로의 길이를 2 m 늘이고, 세로의 길이를 4 m 줄여서 만든 꽃밭의 넓이가 72 m²이었다. 이때 처음 꽃밭의 한 변의 길이를 구하시오.

답 _____

06 지면에서 초속 20 m로 똑바로 위로 던져 올린 공의 x초 후의 높이는 $(20x-5x^2)$ m이다. 이 공의 높이가 20 m가 되는 것은 공을 위로 던져 올린 지 몇 초 후인지 구하려고 한다. 다음 물음에 답하시오.

(1) x에 대한 이차방정식을 세우시오.
답 _____

(2) 공의 높이가 20 m가 되는 것은 공을 위로 던져 올린 지 몇 초 후인지 구하시오.
답 _____

01 이차방정식 $3x^2+ax+b=0$의 해가 $x=-2$ 또는 $x=3$일 때, 수 a, b에 대하여 $b-a$의 값은?

① -15 ② -12 ③ -10
④ -8 ⑤ -5

02 이차방정식 $x^2+ax+b=0$의 두 근이 -2, 1일 때, 이차방정식 $ax^2+bx-4=0$을 풀면? (단, a, b는 수)

① $x=-1\pm\sqrt{5}$ ② $x=-1\pm2\sqrt{2}$
③ $x=1\pm\sqrt{3}$ ④ $x=1\pm\sqrt{5}$
⑤ $x=1\pm2\sqrt{2}$

03 x^2의 계수가 1인 이차방정식을 푸는데 하나는 x의 계수를 잘못 보아 $x=-6$ 또는 $x=2$를 해로 얻었고, 수민이는 상수항을 잘못 보아 $x=-2$ 또는 $x=4$를 해로 얻었다. 처음 이차방정식을 푸시오.

04 n명 중에서 대표 2명을 뽑는 경우의 수는 $\dfrac{n(n-1)}{2}$이다. 어떤 모임의 회원 중에서 대표 2명을 뽑는 경우의 수가 36일 때, 이 모임의 회원은 모두 몇 명인지 구하시오.

05 차가 4인 두 자연수의 곱이 96일 때, 두 자연수의 합은?

① 16 ② 18 ③ 20
④ 22 ⑤ 24

06 수경이네 가족은 어느 달에 2박 3일간 여행을 가기로 하였다. 3일간의 날짜를 각각 제곱하여 더하였더니 194이었다. 여행의 출발 일자는?

① 6일 ② 7일 ③ 8일
④ 9일 ⑤ 10일

07 오른쪽 그림과 같이 가로, 세로의 길이가 각각 15 m, 10 m인 직사각형 모양의 땅에 폭이 일정한 도로를 만들려고 한다. 도로를 제외한 부분의 넓이가 84 m²일 때, 도로의 폭을 구하시오.

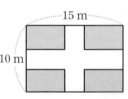

08 지면으로부터 20 m 높이의 건물 옥상에서 초속 35 m로 똑바로 위로 던져 올린 공의 x초 후의 지면으로부터의 높이는 $(-5x^2+35x+20)$ m이다. 이때 공이 건물의 옥상으로 떨어질 때까지 걸리는 시간을 구하시오.

05 이차함수

바른답·알찬풀이 83쪽

❶ 이차함수와 그 그래프

01 이차함수의 뜻

함수 $y=f(x)$에서

$y=ax^2+bx+c\ (a, b, c$는 수, $a\neq 0)$

와 같이 y가 x에 대한 이차식으로 나타내어질 때, 이 함수 $y=f(x)$를 x에 대한 ❶ [   ]라 한다.

예 $y=\dfrac{1}{3}x^2, y=-2x^2+1, y=3x^2-x+2$는 이차함수이다.

02 이차함수 $y=x^2$의 그래프

(1) 이차함수 $y=x^2$의 그래프

① 원점을 지나고 아래로 볼록한 곡선이다.

② y축에 대칭이다.

③ x ❷ [   ] 0일 때, x의 값이 증가하면 y의 값은 감소한다.

x ❸ [   ] 0일 때, x의 값이 증가하면 y의 값도 증가한다.

④ 이차함수 $y=-x^2$의 그래프와 x축에 대칭이다.

(2) 포물선

① 포물선: 이차함수 $y=x^2$의 그래프와 같은 모양의 곡선

② 축: 포물선의 대칭축

③ 꼭짓점: 포물선과 축의 교점

03 이차함수 $y=ax^2$의 그래프

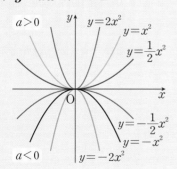

(1) 축의 방정식: $x=$ ❹ [   ] $(y$축$)$ ➡ y축에 대칭이다.

(2) 꼭짓점의 좌표: ❺ [   ]

(3) $a>0$이면 아래로 볼록하고, $a<0$이면 위로 볼록하다.

➡ a의 부호는 그래프의 모양을 결정한다.

(4) a의 ❻ [   ]이 클수록 그래프의 폭이 좁아진다.

➡ a의 ❻ [   ]은 그래프의 폭을 결정한다.

(5) 이차함수 $y=-ax^2$의 그래프와 x축에 대칭이다.

❷ 이차함수 $y=a(x-p)^2+q$의 그래프

01 이차함수 $y=ax^2+q$의 그래프

(1) 이차함수 $y=ax^2+q$의 그래프는 이차함수 $y=ax^2$의 그래프를 y축의 방향으로 q만큼 평행이동한 것이다.

한 도형을 일정한 방향으로 일정한 거리만큼 이동하는 것

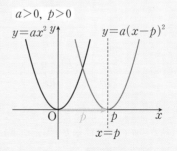

(2) 축의 방정식: $x=0(y$축$)$

(3) 꼭짓점의 좌표: ❼ [   ]

예 이차함수 $y=2x^2+1$의 그래프

➡ ① 이차함수 $y=2x^2$의 그래프를 y축의 방향으로 1만큼 평행이동한 것이다.

② 축의 방정식은 $x=0$이고, 꼭짓점의 좌표는 $(0, 1)$이다.

02 이차함수 $y=a(x-p)^2$의 그래프

$a>0, p>0$

$y=ax^2$ $y=a(x-p)^2$

$x=p$

(1) 이차함수 $y=a(x-p)^2$의 그래프는 이차함수 $y=ax^2$의 그래프를 x축의 방향으로 p만큼 평행이동한 것이다.

(2) 축의 방정식: $x=$ ❽ [   ]

(3) 꼭짓점의 좌표: $(p, 0)$

예 이차함수 $y=2(x-3)^2$의 그래프

➡ ① 이차함수 $y=2x^2$의 그래프를 x축의 방향으로 3만큼 평행이동한 것이다.

② 축의 방정식은 $x=3$이고, 꼭짓점의 좌표는 $(3, 0)$이다.

05 이차함수

03 이차함수 $y=a(x-p)^2+q$의 그래프

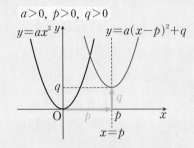

$a>0,\ p>0,\ q>0$

(1) 이차함수 $y=a(x-p)^2+q$의 그래프는 이차함수 $y=ax^2$의 그래프를 x축의 방향으로 p만큼, y축의 방향으로 q만큼 평행이동한 것이다.

(2) 축의 방정식: $x=p$

(3) 꼭짓점의 좌표: ⑨ ☐

예 이차함수 $y=2(x-3)^2+1$의 그래프
➡ ① 이차함수 $y=2x^2$의 그래프를 x축의 방향으로 3만큼, y축의 방향으로 1만큼 평행이동한 것이다.
② 축의 방정식은 $x=3$이고, 꼭짓점의 좌표는 $(3, 1)$이다.

❸ 이차함수 $y=ax^2+bx+c$의 그래프

01 이차함수 $y=ax^2+bx+c$의 그래프

(1) 이차함수 $y=ax^2+bx+c$의 그래프는 $y=a(x-p)^2+q$
↳이차함수의 일반형 ↳이차함수의 표준형
의 꼴로 고쳐서 그린다.

$$y=ax^2+bx+c \Rightarrow y=a\left(x+\frac{b}{2a}\right)^2-\frac{b^2-4ac}{4a}$$

① 축의 방정식: $x=$ ⑩ ☐

② 꼭짓점의 좌표: $\left(-\dfrac{b}{2a},\ -\dfrac{b^2-4ac}{4a}\right)$

(2) $a>0$이면 아래로 볼록하고, $a<0$이면 위로 볼록하다.

(3) y축과 점 $(0, c)$에서 만난다. 즉, y절편은 c이다.

(4) 이차함수의 그래프와 x축, y축과의 교점
① x축과의 교점의 x좌표(x절편): $y=0$일 때의 x의 값
② y축과의 교점의 y좌표(y절편): $x=0$일 때의 y의 값

예 이차함수 $y=x^2+4x-5$의 그래프
$y=x^2+4x-5=(x^2+4x+4-4)-5=(x^2+4x+4)-4-5$
$=(x+2)^2-9$
➡ ① 축의 방정식: $x=-2$ ② 꼭짓점의 좌표: $(-2, -9)$
③ y축과의 교점의 좌표: $(0, -5)$

02 이차함수 $y=ax^2+bx+c$의 그래프에서 a, b, c의 부호

(1) a의 부호: 그래프의 모양에 따라 결정
① 아래로 볼록 ➡ $a>0$
② 위로 볼록 ➡ $a<0$

$a>0$ $a<0$

(2) b의 부호: 축의 위치에 따라 결정
① 축이 y축의 왼쪽에 위치
➡ $ab>0$
② 축이 y축과 일치
➡ $b=$ ⑪
③ 축이 y축의 ⑫ ☐ 에 위치
➡ $ab<0$

왼쪽 오른쪽 y축
$ab>0$ $b=0$ $ab<0$

(3) c의 부호: y축과의 교점의 위치에 따라 결정
① y축과의 교점이 x축보다 위쪽에 위치 ➡ $c>0$
② y축과의 교점이 x축보다 ⑬ ☐ 에 위치 ➡ $c<0$

03 이차함수의 식 구하기

(1) 꼭짓점 (p, q)와 그래프 위의 다른 한 점을 알 때
이차함수의 식을 $y=$ ⑭ ☐ 로 놓고, 다른 한 점의 좌표를 대입하여 a의 값을 구한다.

(2) 축의 방정식 $x=p$와 그래프 위의 서로 다른 두 점을 알 때
이차함수의 식을 $y=a(x-p)^2+q$로 놓고, 두 점의 좌표를 각각 대입하여 a, q의 값을 구한다.

(3) y축과의 교점 $(0, k)$와 그래프 위의 서로 다른 두 점을 알 때
이차함수의 식을 $y=ax^2+bx+k$로 놓고, 두 점의 좌표를 각각 대입하여 a, b의 값을 구한다.

(4) x축과의 두 교점 $(\alpha, 0)$, $(\beta, 0)$과 그래프 위의 다른 한 점을 알 때
이차함수의 식을 $y=a(x-\alpha)(x-\beta)$로 놓고, 다른 한 점의 좌표를 대입하여 a의 값을 구한다.

04 이차함수의 활용

이차함수를 활용하여 문제를 풀 때에는 다음과 같은 순서로 푼다.

변수 x, y 정하기 ➡ 함수의 식 세우기 ➡ 조건에 맞는 값 구하기 ➡ 확인하기

익힘문제 개념 34 이차함수의 뜻

바른답·알찬풀이 83쪽

01 다음 중 y가 x에 대한 이차함수인 것은 ○표, 이차함수가 아닌 것은 ×표를 하시오.

(1) $y = 2x$ ( )

(2) $y = 4x^2 + 7$ ( )

(3) $y = 2x^3 - x - 1$ ( )

(4) $y = 2x^2 - x(x+3)$ ( )

02 다음에서 y를 x에 대한 식으로 나타내고, y가 x에 대한 이차함수인지 말하시오.

(1) 두 정수 x, $x+3$의 곱 y

답 _____

(2) 한 개에 300원인 귤 x개의 가격 y원

답 _____

(3) 가로의 길이가 x cm, 세로의 길이가 $2x$ cm인 직사각형의 둘레의 길이 y cm

답 _____

(4) x각형의 대각선의 개수 y개

답 _____

(5) x명의 학생에게 빵을 $(x-2)$개씩 나누어 줄 때 필요한 빵의 개수 y개

답 _____

03 이차함수 $f(x) = x^2 - 5x - 4$에 대하여 다음을 구하시오.

(1) $f(1)$의 값 답 _____

(2) $f(-2)$의 값 답 _____

(3) $f(0) + f(-3)$의 값 답 _____

04 다음 이차함수에 대하여 주어진 함숫값을 만족하는 수 a의 값을 구하시오.

(1) $f(x) = x^2 + ax + 1$, $f(1) = 6$

답 _____

(2) $f(x) = -x^2 - 2x + a$, $f(-1) = 3$

답 _____

(3) $f(x) = ax^2 - x + 3$, $f(2) = -2$

답 _____

05 다음은 이차함수 $f(x) = x^2 - x - 2$에 대하여 $f(a) = 4$를 만족하는 수 a의 값을 구하는 과정이다. ☐ 안에 알맞은 수를 써넣으시오.

$f(a) = a^2 - a - 2$이므로 $f(a) = 4$에서
$a^2 - a - 2 = \boxed{}$, $(a + \boxed{})(a - \boxed{}) = 0$
$\therefore a = \boxed{}$ 또는 $a = \boxed{}$

익힘문제 개념 **35** 이차함수 $y=x^2$의 그래프 + 개념 **36** 이차함수 $y=ax^2$의 그래프

바른답·알찬풀이 83쪽

01 두 이차함수 $y=x^2$, $y=-x^2$의 그래프에 대하여 다음 ☐ 안에 알맞은 것을 써넣으시오.

(1) 이차함수 $y=x^2$의 그래프는 ☐로 볼록한 곡선이고, 꼭짓점의 좌표는 ☐이다.

(2) 이차함수 $y=-x^2$의 그래프는 ☐축에 대칭이다. 즉, 축의 방정식은 ☐이다.

02 이차함수 $y=x^2$의 그래프가 점 $(a, 49)$를 지날 때, a의 값을 모두 구하시오.

답 _____

03 다음 중 이차함수 $y=-2x^2$의 그래프에 대한 설명으로 옳은 것은 ○표, 옳지 않은 것은 ×표를 하시오.

(1) x축을 축으로 하는 포물선이다. ( )

(2) 꼭짓점의 좌표는 $(-2, 0)$이다. ( )

(3) 위로 볼록한 포물선이다. ( )

(4) 이차함수 $y=-x^2$의 그래프보다 그래프의 폭이 좁다. ( )

(5) 이차함수 $y=2x^2$의 그래프와 x축에 대칭이다. ( )

04 아래 보기의 이차함수 중 다음에 해당하는 것을 모두 고르시오.

보기
ㄱ. $y=-\dfrac{4}{5}x^2$ ㄴ. $y=\dfrac{1}{4}x^2$
ㄷ. $y=\dfrac{1}{2}x^2$ ㄹ. $y=-\dfrac{2}{3}x^2$

(1) 그래프가 아래로 볼록한 이차함수

답 _____

(2) 그래프의 폭이 가장 넓은 이차함수

답 _____

(3) $x>0$일 때, x의 값이 증가하면 y의 값은 감소하는 그래프의 이차함수

답 _____

05 이차함수 $y=ax^2$의 그래프가 다음 점을 지날 때, 수 a의 값을 구하시오.

(1) $(-3, 27)$ 답 _____

(2) $\left(\dfrac{2}{3}, 4\right)$ 답 _____

(3) $\left(-\dfrac{1}{2}, -2\right)$ 답 _____

06 이차함수 $y=ax^2$의 그래프가 오른쪽 그림과 같을 때, 수 a의 값을 구하시오.

답 _____

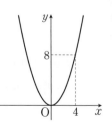

바른답·알찬풀이 83쪽

01 다음 보기 중 y가 x에 대한 이차함수인 것을 모두 고르시오.

┤보기├
ㄱ. 한 변의 길이가 x cm인 정사각형 5개의 넓이의 합 y cm^2
ㄴ. 밑면의 반지름의 길이가 x cm이고 높이가 12 cm인 원뿔의 부피 y cm^3
ㄷ. 분속 300 m로 x분 동안 간 거리 y m

02 $y=a(x^2-3)-4x^2+4x$가 x에 대한 이차함수일 때, 다음 중 수 a의 값이 될 수 <u>없는</u> 것은?

① 1 ② 2 ③ 3
④ 4 ⑤ 5

03 이차함수 $f(x)=3x^2-2x+a$에서 $f(-2)=13$일 때, 수 a의 값을 구하시오.

04 다음 중 이차함수 $y=\dfrac{1}{5}x^2$의 그래프에 대한 설명으로 옳지 <u>않은</u> 것은?

① 꼭짓점의 좌표는 $(0,0)$이다.
② 아래로 볼록한 포물선이다.
③ x축을 축으로 한다.
④ 점 $(-5,5)$를 지난다.
⑤ $x<0$일 때, x의 값이 증가하면 y의 값은 감소한다.

05 다음 이차함수 중 그 그래프가 $y=\dfrac{1}{2}x^2$의 그래프와 $y=-x^2$의 그래프 사이에 있는 것은?

① $y=-2x^2$ ② $y=-\dfrac{4}{3}x^2$ ③ $y=-\dfrac{1}{3}x^2$
④ $y=x^2$ ⑤ $y=\dfrac{3}{2}x^2$

06 다음 이차함수 중 그래프가 아래로 볼록하면서 폭이 가장 좁은 것은?

① $y=-4x^2$ ② $y=-\dfrac{1}{4}x^2$ ③ $y=\dfrac{1}{4}x^2$
④ $y=\dfrac{1}{2}x^2$ ⑤ $y=2x^2$

07 오른쪽 그림은 이차함수 $y=ax^2$의 그래프이다. 이 그래프가 점 $(k,-12)$를 지날 때, 양수 k의 값을 구하시오. (단, a는 수)

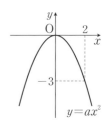

08 이차함수 $y=3x^2$의 그래프와 x축에 대칭인 그래프가 점 $(a,2a)$를 지날 때, a의 값을 구하시오. (단, $a\neq0$)

익힘문제 개념 **37** 이차함수 $y=ax^2+q$의 그래프

⇒ 바른답·알찬풀이 84쪽

01 이차함수 $y=\dfrac{1}{2}x^2$의 그래프를 y축의 방향으로 -3만큼 평행이동한 그래프를 좌표평면 위에 그리고 다음을 구하시오.

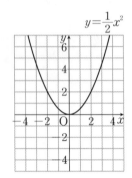

$y=\dfrac{1}{2}x^2$

(1) 평행이동한 그래프의 식 답 _____

(2) 축의 방정식 답 _____

(3) 꼭짓점의 좌표 답 _____

(4) x의 값이 증가할 때, y의 값도 증가하는 x의 값의 범위

　답 _____

02 다음은 이차함수 $y=3x^2$의 그래프를 y축의 방향으로 q만큼 평행이동한 그래프의 식이다. q의 값을 구하시오.

(1) $y=3x^2+6$ 답 _____

(2) $y=3x^2-4$ 답 _____

(3) $y=3x^2+\dfrac{1}{4}$ 답 _____

03 다음 이차함수의 그래프를 y축의 방향으로 [　] 안의 수만큼 평행이동한 그래프의 식을 구하고, 축의 방정식과 꼭짓점의 좌표를 각각 구하시오.

(1) $y=\dfrac{1}{3}x^2$　$[\,2\,]$

　답 평행이동한 그래프의 식: _____

　　축의 방정식: _____, 꼭짓점의 좌표: _____

(2) $y=-2x^2$　$[\,-4\,]$

　답 평행이동한 그래프의 식: _____

　　축의 방정식: _____, 꼭짓점의 좌표: _____

04 다음 중 이차함수 $y=5x^2-3$의 그래프에 대한 설명으로 옳은 것은 ○표, 옳지 않은 것은 ×표를 하시오.

(1) 이차함수 $y=5x^2$의 그래프를 y축의 방향으로 3만큼 평행이동한 것이다. (　　)

(2) 아래로 볼록한 포물선이다. (　　)

(3) y축에 대칭이다. (　　)

05 이차함수 $y=4x^2$의 그래프를 y축의 방향으로 3만큼 평행이동하면 점 $(-1,\,k)$를 지난다고 할 때, k의 값을 구하시오.

　답 _____

익힘문제 | 개념 38 이차함수 $y=a(x-p)^2$의 그래프

바른답·알찬풀이 84쪽

01 이차함수 $y=3x^2$의 그래프를 x축의 방향으로 -2만큼 평행이동한 그래프를 좌표평면 위에 그리고 다음을 구하시오.

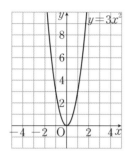

(1) 평행이동한 그래프의 식 　답 ＿＿＿＿＿＿

(2) 축의 방정식 　답 ＿＿＿＿＿＿

(3) 꼭짓점의 좌표 　답 ＿＿＿＿＿＿

(4) x의 값이 증가할 때, y의 값은 감소하는 x의 값의 범위
　답 ＿＿＿＿＿＿

02 다음은 이차함수 $y=-x^2$의 그래프를 x축의 방향으로 p만큼 평행이동한 그래프의 식이다. p의 값을 구하시오.

(1) $y=-(x-1)^2$ 　답 ＿＿＿＿＿

(2) $y=-(x+3)^2$ 　답 ＿＿＿＿＿

(3) $y=-\left(x+\dfrac{1}{5}\right)^2$ 　답 ＿＿＿＿＿

03 다음 이차함수의 그래프를 x축의 방향으로 [ ] 안의 수만큼 평행이동한 그래프의 식을 구하고, 축의 방정식과 꼭짓점의 좌표를 각각 구하시오.

(1) $y=-5x^2$ ［2］
　답 평행이동한 그래프의 식: ＿＿＿＿＿＿＿

　　축의 방정식: ＿＿＿＿＿ , 꼭짓점의 좌표: ＿＿＿＿＿

(2) $y=\dfrac{3}{4}x^2$ ［-1］
　답 평행이동한 그래프의 식: ＿＿＿＿＿＿＿

　　축의 방정식: ＿＿＿＿＿ , 꼭짓점의 좌표: ＿＿＿＿＿

04 다음 중 이차함수 $y=-\dfrac{1}{6}(x-4)^2$의 그래프에 대한 설명으로 옳은 것은 ○표, 옳지 않은 것은 ×표를 하시오.

(1) 아래로 볼록한 포물선이다. 　　　(　)

(2) 축의 방정식은 $x=4$이다. 　　　(　)

(3) $x>4$일 때, x의 값이 증가하면 y의 값도 증가한다.
　　　　　　　　　　　　　　　　(　)

05 이차함수 $y=\dfrac{1}{3}x^2$의 그래프를 x축의 방향으로 5만큼 평행이동하면 점 $(-1,\,a)$를 지난다고 할 때, a의 값을 구하시오.

　　　　　　　　　　답 ＿＿＿＿＿＿

익힘문제 개념 39 이차함수 $y=a(x-p)^2+q$의 그래프

⯈ 바른답·알찬풀이 85쪽

01 이차함수 $y=-x^2$의 그래프를 x축의 방향으로 2만큼, y축의 방향으로 1만큼 평행이동한 그래프를 좌표평면 위에 그리고 다음을 구하시오.

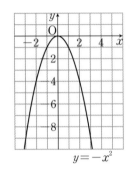

$y=-x^2$

(1) 평행이동한 그래프의 식 답 _____

(2) 축의 방정식 답 _____

(3) 꼭짓점의 좌표 답 _____

(4) x의 값이 증가할 때, y의 값은 감소하는 x의 값의 범위
답 _____

02 다음 이차함수의 그래프를 x축의 방향으로 p만큼, y축의 방향으로 q만큼 평행이동한 그래프의 식을 구하고, 축의 방정식과 꼭짓점의 좌표를 각각 구하시오.

(1) $y=5x^2$ $[p=5, q=4]$

답 평행이동한 그래프의 식: _____

축의 방정식: _____ , 꼭짓점의 좌표: _____

(2) $y=-\dfrac{1}{2}x^2$ $[p=-2, q=3]$

답 평행이동한 그래프의 식: _____

축의 방정식: _____ , 꼭짓점의 좌표: _____

03 다음 중 이차함수 $y=2(x-1)^2+1$의 그래프에 대한 설명으로 옳은 것은 ○표, 옳지 않은 것은 ×표를 하시오.

(1) 꼭짓점의 좌표는 $(1, 1)$이다. ( )

(2) 그래프는 제3, 4사분면을 지난다. ( )

(3) 이차함수 $y=\dfrac{5}{2}x^2$의 그래프보다 폭이 넓다. ( )

04 이차함수 $y=4(x+3)^2-1$의 그래프를 다음과 같이 평행이동한 그래프의 식을 구하시오.

(1) x축의 방향으로 -1만큼 평행이동
답 _____

(2) y축의 방향으로 6만큼 평행이동
답 _____

(3) x축의 방향으로 4만큼, y축의 방향으로 -5만큼 평행이동 답 _____

05 이차함수 $y=a(x-p)^2+q$의 그래프가 오른쪽 그림과 같을 때, a, p, q의 부호를 각각 구하시오.
(단, a, p, q는 수)

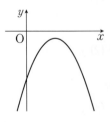

답 _____

필수문제 개념37~개념39

바른답·알찬풀이 85쪽

01 이차함수 $y=ax^2+q$의 그래프가 오른쪽 그림과 같을 때, 수 a, q에 대하여 aq의 값은?

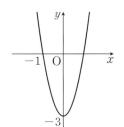

① -9 ② -6

③ -3 ④ 6

⑤ 9

02 이차함수 $y=ax^2$의 그래프를 x축의 방향으로 5만큼 평행이동하면 점 $(4, -3)$을 지난다고 할 때, 수 a의 값을 구하시오.

03 다음 중 두 이차함수 $y=\dfrac{1}{4}x^2-3$, $y=-\dfrac{1}{4}(x+3)^2$의 그래프에 대한 설명으로 옳은 것은?

① 그래프의 폭이 같다.

② 꼭짓점의 좌표가 같다.

③ 축의 방정식이 같다.

④ 점 $(0, -3)$을 지난다.

⑤ 이차함수 $y=\dfrac{1}{4}x^2$의 그래프를 평행이동한 것이다.

04 이차함수 $y=-2(x+3)^2+2$의 그래프에서 x의 값이 증가할 때, y의 값은 감소하는 x의 값의 범위를 구하시오.

05 이차함수 $y=3x^2$의 그래프를 x축의 방향으로 2만큼, y축의 방향으로 5만큼 평행이동하면 점 $(1, a)$를 지난다고 할 때, a의 값을 구하시오.

06 이차함수 $y=\dfrac{1}{4}(x-p)^2+2p^2$의 그래프의 꼭짓점이 직선 $y=x+1$ 위에 있을 때, 수 p의 값을 구하시오.

(단, $p<0$)

07 이차함수 $y=-(x-2)^2+1$의 그래프를 x축의 방향으로 m만큼, y축의 방향으로 n만큼 평행이동하였더니 이차함수 $y=-(x+3)^2+4$의 그래프와 일치하였다. 이때 $m-n$의 값은?

① -8 ② -7 ③ -6

④ -4 ⑤ -2

08 이차함수 $y=a(x-p)^2+q$의 그래프가 오른쪽 그림과 같을 때, a, p, q의 부호는? (단, a, p, q는 수)

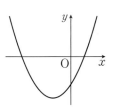

① $a>0, p>0, q>0$

② $a>0, p<0, q>0$

③ $a>0, p<0, q<0$

④ $a<0, p>0, q<0$

⑤ $a<0, p<0, q<0$

익힘문제 개념 40 이차함수 $y=ax^2+bx+c$의 그래프

바른답·알찬풀이 86쪽

01 이차함수 $y=-\dfrac{1}{2}x^2-4x-3$에 대하여 다음 물음에 답하시오.

(1) □ 안에 알맞은 수를 써넣으시오.

$$y=-\frac{1}{2}x^2-4x-3=-\frac{1}{2}(x+\square)^2+\square$$

(2) 그래프의 축의 방정식을 구하시오.

답 _____

(3) 그래프의 꼭짓점의 좌표를 구하시오.

답 _____

(4) 그래프와 y축과의 교점의 좌표를 구하시오.

답 _____

(5) 오른쪽 좌표평면 위에 그래프를 그리시오.

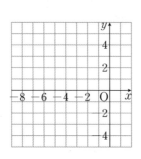

02 다음 이차함수의 식을 $y=a(x-p)^2+q$의 꼴로 나타내시오. (단, a, p, q는 수)

(1) $y=x^2-2x-1$ 답 _____

(2) $y=-x^2-8x+2$ 답 _____

(3) $y=\dfrac{1}{3}x^2-2x+7$ 답 _____

03 다음 이차함수의 그래프의 축의 방정식과 꼭짓점의 좌표를 각각 구하시오.

(1) $y=x^2+2x-5$

답 축의 방정식: _____ , 꼭짓점의 좌표: _____

(2) $y=-x^2-6x-8$

답 축의 방정식: _____ , 꼭짓점의 좌표: _____

(3) $y=2x^2-4x+3$

답 축의 방정식: _____ , 꼭짓점의 좌표: _____

(4) $y=-\dfrac{3}{2}x^2+6x-1$

답 축의 방정식: _____ , 꼭짓점의 좌표: _____

04 다음 이차함수의 그래프와 x축, y축과의 교점의 좌표를 각각 구하시오.

(1) $y=-x^2-2x+15$

답 x축과의 교점의 좌표: _____

y축과의 교점의 좌표: _____

(2) $y=2x^2-x-6$

답 x축과의 교점의 좌표: _____

y축과의 교점의 좌표: _____

![자전거 아이콘] 익힘문제 개념 **41** 이차함수 $y=ax^2+bx+c$의 그래프에서 a, b, c의 부호

📖 바른답·알찬풀이 86쪽

01 이차함수 $y=ax^2+bx+c$의 그래프가 오른쪽 그림과 같을 때, 다음 □ 안에 알맞은 것을 써넣으시오. (단, a, b, c는 수)

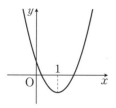

(1) 그래프가 아래로 볼록하므로
$a \ \square \ 0$이다.

(2) 그래프의 축이 y축의 ☐ 쪽에 있으므로 $ab \ \square \ 0$이다. 이때 $a \ \square \ 0$이므로 $b \ \square \ 0$이다.

(3) y축과의 교점이 x축보다 ☐ 쪽에 있으므로 $c \ \square \ 0$이다.

(4) $x=1$일 때, $y \ \square \ 0$이므로 $a+b+c \ \square \ 0$

02 이차함수 $y=ax^2+bx+c$의 그래프가 오른쪽 그림과 같을 때, 다음 □ 안에 알맞은 것을 써넣으시오. (단, a, b, c는 수)

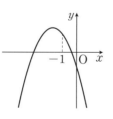

(1) 그래프가 위로 볼록하므로
$a \ \square \ 0$이다.

(2) 그래프의 축이 y축의 ☐ 쪽에 있으므로 $ab \ \square \ 0$이다. 이때 $a \ \square \ 0$이므로 $b \ \square \ 0$이다.

(3) y축과의 교점이 x축보다 ☐ 쪽에 있으므로 $c \ \square \ 0$이다.

(4) $x=-1$일 때, $y \ \square \ 0$이므로 $a-b+c \ \square \ 0$

03 이차함수 $y=ax^2+bx+c$의 그래프가 다음 그림과 같을 때, a, b, c의 부호를 각각 구하시오. (단, a, b, c는 수)

(1)

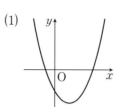

답 _____

(2)

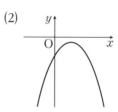

답 _____

(3)

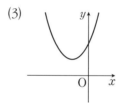

답 _____

(4)

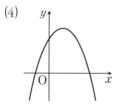

답 _____

04 이차함수 $y=ax^2-bx-c$의 그래프가 오른쪽 그림과 같을 때, a, b, c의 부호를 각각 구하시오. (단, a, b, c는 수)

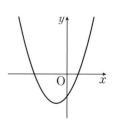

답 _____

익힘문제 개념 **42** 이차함수의 식 구하기

바른답·알찬풀이 86쪽

01 다음 포물선을 그래프로 하는 이차함수의 식을 $y=ax^2+bx+c$의 꼴로 나타내시오. (단, a, b, c는 수)

(1) 꼭짓점의 좌표가 $(0, 3)$이고, 점 $(3, 0)$을 지나는 포물선 　　답 _____

(2) 꼭짓점의 좌표가 $(2, 0)$이고, 점 $(1, -3)$을 지나는 포물선 　　답 _____

(3) 꼭짓점의 좌표가 $(-2, 1)$이고, 점 $(-4, 5)$를 지나는 포물선 　　답 _____

02 오른쪽 그림과 같이 꼭짓점의 좌표가 $(-1, 3)$인 포물선을 그래프로 하는 이차함수의 식을 $y=ax^2+bx+c$의 꼴로 나타내시오. (단, a, b, c는 수)
　　답 _____

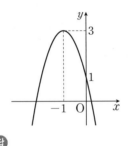

03 다음 포물선을 그래프로 하는 이차함수의 식을 $y=a(x-p)^2+q$의 꼴로 나타내시오. (단, a, p, q는 수)

(1) 축의 방정식이 $x=-1$이고 두 점 $(-2, 5)$, $(1, 2)$를 지나는 포물선 　　답 _____

(2) 축의 방정식이 $x=2$이고 두 점 $(1, 7)$, $(0, 4)$를 지나는 포물선 　　답 _____

04 다음 포물선을 그래프로 하는 이차함수의 식을 $y=ax^2+bx+c$의 꼴로 나타내시오. (단, a, b, c는 수)

(1) y축과 점 $(0, 8)$에서 만나고, 두 점 $(2, 0)$, $(-1, 9)$를 지나는 포물선 　　답 _____

(2) 세 점 $(0, 3)$, $(1, 6)$, $(-1, 2)$를 지나는 포물선 　　답 _____

(3) 세 점 $(0, 4)$, $(-1, 3)$, $(1, 1)$을 지나는 포물선 　　답 _____

05 다음 포물선을 그래프로 하는 이차함수의 식을 $y=a(x-b)(x-c)$의 꼴로 나타내시오. (단, a, b, c는 수)

(1) x축과 두 점 $(1, 0)$, $(3, 0)$에서 만나고, 점 $(0, -3)$을 지나는 포물선 　　답 _____

(2) x축과 두 점 $(-2, 0)$, $(4, 0)$에서 만나고, 점 $(3, -10)$을 지나는 포물선 　　답 _____

06 오른쪽 그림과 같은 포물선을 그래프로 하는 이차함수의 식을 $y=ax^2+bx+c$의 꼴로 나타내시오. (단, a, b, c는 수)
　　답 _____

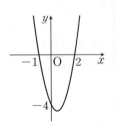

익힘문제 ^{개념}**43** 이차함수의 활용

➡ 바른답·알찬풀이 87쪽

01 지면에서 초속 80 m로 똑바로 위로 쏘아 올린 물 로켓의 x초 후의 높이를 y m라 하면 $y=80x-5x^2$인 관계가 성립한다고 한다. 다음 물음에 답하시오.

(1) 이 물 로켓을 쏘아 올린 지 4초 후의 높이를 구하시오.

> 답 _____

(2) 이 물 로켓의 높이가 275 m가 되는 것은 쏘아 올린 지 몇 초 후인지 구하시오.

> 답 _____

(3) 이 물 로켓이 지면에 떨어지는 것은 쏘아 올린 지 몇 초 후인지 구하시오.

> 답 _____

02 지면으로부터 10 m 높이의 건물 옥상에서 초속 40 m로 똑바로 위로 던져 올린 공의 x초 후의 지면으로부터의 높이를 y m라 하면 $y=-5x^2+40x+10$인 관계가 성립한다고 한다. 이 공이 지면으로부터의 높이가 90 m가 되는 것은 공을 위로 던져 올린 지 몇 초 후인지 구하시오.

> 답 _____

03 어느 공장에서 하루에 제품 x개를 생산하였을 때의 이익금을 y만 원이라 하면 $y=-\dfrac{1}{100}x^2+10x-300$인 관계가 성립한다고 한다. 이 공장의 하루 이익금이 2200만 원이 되려면 하루에 몇 개의 제품을 생산해야 하는지 구하시오.

> 답 _____

04 합이 10인 두 자연수가 있다. 두 수 중 한 수를 x라 하고 두 수의 곱을 y라 할 때, 다음 물음에 답하시오.

(1) x와 y 사이의 관계식을 $y=ax^2+bx+c$의 꼴로 나타내시오. (단, a, b, c는 수)

> 답 _____

(2) 두 수의 곱이 24일 때, 두 수를 구하시오.

> 답 _____

05 길이가 36 cm인 끈을 모두 사용하여 세로의 길이가 x cm인 직사각형을 만들려고 한다. 이 직사각형의 넓이를 y cm²라 할 때, 다음 물음에 답하시오.

(단, 끈의 두께는 무시한다.)

(1) x와 y 사이의 관계식을 $y=ax^2+bx+c$의 꼴로 나타내시오. (단, a, b, c는 수)

> 답 _____

(2) 이 직사각형의 세로의 길이가 10 cm일 때, 넓이를 구하시오.

> 답 _____

06 밑변의 길이와 높이의 합이 40 cm인 삼각형에서 밑변의 길이가 x cm일 때의 넓이를 y cm²라 할 때, 다음 물음에 답하시오.

(1) x와 y 사이의 관계식을 $y=ax^2+bx+c$의 꼴로 나타내시오. (단, a, b, c는 수)

> 답 _____

(2) 이 삼각형의 넓이가 150 cm²일 때, 밑변의 길이를 구하시오.

> 답 _____

☞ 바른답·알찬풀이 88쪽

01 이차함수 $y=x^2-6x+3$의 그래프에서 꼭짓점의 좌표가 (a, b)이고 축의 방정식이 $x=c$일 때, $a-b+c$의 값을 구하시오.

02 이차함수 $y=x^2+2x-4$의 그래프에서 x의 값이 증가할 때, y의 값은 감소하는 x의 값의 범위를 구하시오.

03 오른쪽 그림과 같이 이차함수 $y=x^2-4x$의 그래프가 x축과 두 점 O, A에서 만나고, 이 그래프의 꼭짓점이 점 B일 때, $\triangle$OAB의 넓이를 구하시오. (단, O는 원점)

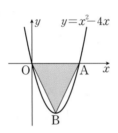

04 일차함수 $y=ax+b$의 그래프가 오른쪽 그림과 같을 때, 다음 중 이차함수 $y=x^2-ax+b$의 그래프로 가장 적당한 것은? (단, a, b는 수)

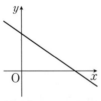

① 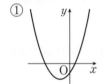 ② ③

④ ⑤

05 이차함수 $y=ax^2+bx+c$의 그래프가 오른쪽 그림과 같을 때, 다음 중 옳지 않은 것은? (단, a, b, c는 수)

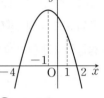

① $c>0$ ② $ab>0$ ③ $ac<0$
④ $a-b+c<0$ ⑤ $a+b+c>0$

06 이차함수 $y=ax^2+bx+c$의 그래프가 오른쪽 그림과 같을 때, 수 a, b, c에 대하여 $a+b-c$의 값을 구하시오.

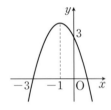

07 세 점 $(2, 0)$, $(6, 0)$, $(0, -12)$를 지나는 이차함수의 그래프의 꼭짓점의 좌표를 구하시오.

08 오른쪽 그림과 같이 가로의 길이가 4 cm, 세로의 길이가 8 cm인 직사각형에서 가로의 길이는 x cm만큼 늘이고, 세로의 길이는 x cm만큼 줄여서 새로운 직사각형을 만들었다. 새로운 직사각형의 넓이를 y cm²라 할 때, 다음 물음에 답하시오.

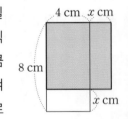

(1) x와 y 사이의 관계식을 $y=ax^2+bx+c$의 꼴로 나타내시오. (단, a, b, c는 수)

(2) 새로운 직사각형의 넓이가 35 cm²일 때, x의 값을 구하시오.

익힘교재편 중등 수학 3(상)

Contact Mirae-N
www.mirae-n.com
(우)06532 서울시 서초구 신반포로 321
1800-8890

수학 EASY 개념서

개념숙다

개념이 수학의 전부다! 술술 읽으며 개념 잡는 EASY 개념서

수학　0_초등 핵심 개념,
　　　1_1(상), 2_1(하),
　　　3_2(상), 4_2(하),
　　　5_3(상), 6_3(하)

수학 필수 유형서

 유형완성

체계적인 유형별 학습으로 실전에서 더욱 강력하게!

수학　1(상), 1(하), 2(상), 2(하), 3(상), 3(하)

미래엔 교과서 연계 도서

자습서

 자습서

핵심 정리와 적중 문제로 완벽한 자율학습!

국어	1-1, 1-2, 2-1, 2-2, 3-1, 3-2	역사	①, ②
영어	1, 2, 3	도덕	①, ②
수학	1, 2, 3	과학	1, 2, 3
사회	①, ②	기술·가정	①, ②
		생활 일본어, 생활 중국어, 한문	

평가 문제집

 평가 문제집

정확한 학습 포인트와 족집게 예상 문제로 완벽한 시험 대비!

국어	1-1, 1-2, 2-1, 2-2, 3-1, 3-2
영어	1-1, 1-2, 2-1, 2-2, 3-1, 3-2
사회	①, ②
역사	①, ②
도덕	①, ②
과학	1, 2, 3

내신 대비 문제집

 시험직보 문제집

내신 만점을 위한 시험 직전에 보는 문제집

국어　1-1, 1-2, 2-1, 2-2, 3-1, 3-2

예비 고1을 위한 고등 도서

룩 LOOK

이미지 연상으로 필수 개념을 쉽게 익히는
비주얼 개념서

국어　문법
영어　분석독해

손쉬운

작품 이해에서 문제 해결까지
손쉬운 비법을 담은 문학 입문서

현대 문학, 고전 문학

수학중심

개념과 유형을 한 번에 잡는
개념 기본서

고등 수학(상), 고등 수학(하),
수학 I, 수학 II, 확률과 통계, 미적분, 기하

유형중심

체계적인 유형별 학습으로
실전에서 더욱 강력한 문제 기본서

고등 수학(상), 고등 수학(하),
수학 I, 수학 II, 확률과 통계, 미적분

올리드

탄탄한 개념 설명, 자신있는 실전 문제

사회　통합사회, 한국사
과학　통합과학

수학 개념을 쉽게 이해하는 방법?
개념수다로 시작하자!

수학의 진짜 실력자가 되는 비결 -
나에게 딱 맞는 개념서를 술술 읽으며 시작하자!

개념 이해
친구와 수다 떨듯 쉽고 재미있게,
베테랑 선생님의 동영상 강의로 완벽하게

개념 확인·정리
깔끔하게 구조화된 문제로 개념을 확인하고,
개념 전체의 흐름을 한 번에 정리

개념 끝장
온라인을 통해 개개인별 성취도 분석과
틀린 문항에 대한 맞춤 클리닉 제공

| 추천 대상 |
• 중등 수학 과정을 예습하고 싶은 초등 5~6학년
• 중등 수학을 어려워하는 중학생

수학은 순서를 따라 학습해야 효과적이므로,
초등 수학부터 꼼꼼하게 공부해 보자.

개념이 수학의 전부다
수학 개념을 제대로 공부하는 EASY 개념서
개념수다 시리즈 (전7책)

0_초등 핵심 개념
1_중등 수학 1(상), 2_중등 수학 1(하)
3_중등 수학 2(상), 4_중등 수학 2(하)
5_중등 수학 3(상), 6_중등 수학 3(하)

초등 핵심 개념
한 권으로 빠르게 정리!

바른답·알찬풀이

중등 수학 3(상)

01 제곱근과 실수

① 제곱근

개념 01 제곱근의 뜻과 표현

개념 확인하기 8쪽

1 답 (1) 16, 16, 4, -4 (2) 5, 5, $\sqrt{5}$, $-\sqrt{5}$

대표문제
9쪽

01 답 (1) 5, -5 (2) $\dfrac{2}{3}$, $-\dfrac{2}{3}$ (3) 0.6, -0.6 (4) 7, -7

(1) $5^2=25$, $(-5)^2=25$이므로 제곱하여 25가 되는 수는 5, -5이다.

(2) $\left(\dfrac{2}{3}\right)^2=\dfrac{4}{9}$, $\left(-\dfrac{2}{3}\right)^2=\dfrac{4}{9}$이므로 제곱하여 $\dfrac{4}{9}$가 되는 수는 $\dfrac{2}{3}$, $-\dfrac{2}{3}$이다.

(3) $0.6^2=0.36$, $(-0.6)^2=0.36$이므로 제곱하여 0.36이 되는 수는 0.6, -0.6이다.

(4) $(-7)^2=49$이고 $7^2=49$, $(-7)^2=49$이므로 제곱하여 $(-7)^2$이 되는 수는 7, -7이다.

02 답 (1) 8, -8 (2) 11, -11 (3) 0 (4) $\dfrac{4}{7}$, $-\dfrac{4}{7}$
(5) 0.2, -0.2 (6) 6, -6

(1) $8^2=64$, $(-8)^2=64$이므로 64의 제곱근은 8, -8이다.

(2) $11^2=121$, $(-11)^2=121$이므로 121의 제곱근은 11, -11이다.

(3) 0의 제곱근은 0이다.

(4) $\left(\dfrac{4}{7}\right)^2=\dfrac{16}{49}$, $\left(-\dfrac{4}{7}\right)^2=\dfrac{16}{49}$이므로 $\dfrac{16}{49}$의 제곱근은 $\dfrac{4}{7}$, $-\dfrac{4}{7}$이다.

(5) $0.2^2=0.04$, $(-0.2)^2=0.04$이므로 0.04의 제곱근은 0.2, -0.2이다.

(6) $6^2=36$이고 $6^2=36$, $(-6)^2=36$이므로 6^2의 제곱근은 6, -6이다.

03 답 (1) $\pm\sqrt{8}$ (2) $\pm\sqrt{15}$ (3) $\pm\sqrt{\dfrac{1}{3}}$ (4) $\pm\sqrt{0.1}$

04 답 (1) $\pm\sqrt{7}$ (2) $\sqrt{13}$ (3) $-\sqrt{\dfrac{1}{2}}$ (4) $\sqrt{0.8}$

05 답 (1) 45 (2) $\sqrt{45}$

(1) $\overline{BC}^2+\overline{AB}^2=\overline{AC}^2$이므로 $6^2+3^2=x^2$
$\therefore x^2=45$

(2) $x^2=45$이므로 $x=\pm\sqrt{45}$
그런데 $x>0$이므로 $x=\sqrt{45}$

이것만은 꼭!

피타고라스 정리
직각삼각형에서 직각을 낀 두 변의 길이를
각각 a, b라 하고, 빗변의 길이를 c라 하면
$$a^2+b^2=c^2$$

06 답 (1) 2 (2) -4 (3) ± 6 (4) $\dfrac{3}{5}$ (5) -0.1 (6) 0.8

(1) $2^2=4$, $(-2)^2=4$이므로 4의 제곱근은 2, -2이다.
$\sqrt{4}$는 4의 양의 제곱근이므로 $\sqrt{4}=2$이다.

(2) $4^2=16$, $(-4)^2=16$이므로 16의 제곱근은 4, -4이다.
$-\sqrt{16}$은 16의 음의 제곱근이므로 $-\sqrt{16}=-4$이다.

(4) $\left(\dfrac{3}{5}\right)^2=\dfrac{9}{25}$, $\left(-\dfrac{3}{5}\right)^2=\dfrac{9}{25}$이므로 $\dfrac{9}{25}$의 제곱근은
$\dfrac{3}{5}$, $-\dfrac{3}{5}$이다.
$\sqrt{\dfrac{9}{25}}$는 $\dfrac{9}{25}$의 양의 제곱근이므로 $\sqrt{\dfrac{9}{25}}=\dfrac{3}{5}$이다.

(5) $0.1^2=0.01$, $(-0.1)^2=0.01$이므로 0.01의 제곱근은
0.1, -0.1이다.
$-\sqrt{0.01}$은 0.01의 음의 제곱근이므로 $-\sqrt{0.01}=-0.1$이다.

07 답 (1) ± 10 (2) 9 (3) $-\dfrac{8}{3}$ (4) 0.7

(1) $\pm\sqrt{100}=\pm 10$

(2) $\sqrt{81}=9$

(3) $-\sqrt{\dfrac{64}{9}}=-\dfrac{8}{3}$

(4) $\sqrt{0.49}=0.7$

개념 02 제곱근의 성질

개념 확인하기 10쪽

1 답 (1) 3 (2) 7 (3) 5 (4) 6

2 답 (1) 풀이 참조 (2) 풀이 참조
(1) $a \geq 0$일 때, $2a \geq 0$이므로
$\sqrt{(2a)^2}=\boxed{2a}$

$a<0$일 때, $2a<0$이므로
$\sqrt{(2a)^2}=\boxed{-2a}$

(2) $a \geq 1$일 때, $a-1 \geq 0$이므로

$\sqrt{(a-1)^2} = \boxed{a-1}$

$a < 1$일 때, $a-1 < 0$이므로

$\sqrt{(a-1)^2} = -(a-1) = \boxed{-a+1}$

대표문제
11쪽

01 답 (1) $\dfrac{1}{8}$ (2) -2.8 (3) -5 (4) -9 (5) $\dfrac{4}{7}$ (6) -0.7

02 답 (1) 8 (2) 6 (3) 5 (4) 14 (5) 15 (6) -3

(1) $(\sqrt{2})^2 + (-\sqrt{6})^2 = 2 + 6 = 8$

(2) $\sqrt{11^2} - \sqrt{(-5)^2} = 11 - 5 = 6$

(3) $(-\sqrt{8})^2 - \sqrt{3^2} = 8 - 3 = 5$

(4) $(\sqrt{7})^2 \times \sqrt{4} = 7 \times 2 = 14$

(5) $\sqrt{100} \times \sqrt{\left(-\dfrac{3}{2}\right)^2} = 10 \times \dfrac{3}{2} = 15$

(6) $\sqrt{24^2} \div (-\sqrt{64}) = 24 \div (-8) = -3$

03 답 (1) 4 (2) -30 (3) 5

(1) $\sqrt{(-3)^2} + (-\sqrt{5})^2 - \sqrt{16} = 3 + 5 - 4 = 4$

(2) $\sqrt{6^2} \times (-\sqrt{10})^2 \div \{-\sqrt{(-2)^2}\} = 6 \times 10 \div (-2) = -30$

(3) $(-\sqrt{7})^2 - \sqrt{\left(\dfrac{2}{9}\right)^2} \times (\sqrt{9})^2 = 7 - \dfrac{2}{9} \times 9 = 7 - 2 = 5$

04 답 (1) $<$, $-\dfrac{2}{3}a$ (2) $>$, $-3a$

05 답 (1) $-a$ (2) $-2a$

(1) $a > 0$, $-2a < 0$이므로

$\sqrt{a^2} - \sqrt{(-2a)^2} = a - \{-(-2a)\}$
$= a - 2a = -a$

(2) $-4a > 0$, $2a < 0$이므로

$\sqrt{(-4a)^2} - \sqrt{(2a)^2} = -4a - (-2a)$
$= -4a + 2a = -2a$

06 답 (1) 풀이 참조 (2) 풀이 참조

(1) $a > 3$일 때, $a-3 \boxed{>} 0$이므로

$\sqrt{(a-3)^2} = \underline{a-3}$

(2) $a > 3$일 때, $3-a \boxed{<} 0$이므로

$\sqrt{(3-a)^2} = -(3-a) = \underline{a-3}$

07 답 (1) $-x+2$ (2) $a-b$

(1) $x < 2$일 때, $x-2 < 0$이므로

$\sqrt{(x-2)^2} = -(x-2) = -x+2$

(2) $a > 0$, $b < 0$일 때, $a-b > 0$이므로

$\sqrt{(a-b)^2} = a-b$

개념 **03** 근호 안의 수가 자연수의 제곱인 수

개념 확인하기 ··· 12쪽

1 답 (1) 11 (2) 13 (3) 15 (4) 25

2 답 (1) 10, 10 (2) 18, 18

대표문제
13쪽

01 답 3, 3, 3, 3

02 답 (1) 3 (2) 14

(1) $\sqrt{3 \times 5^2 \times x}$가 자연수가 되려면 소인수의 지수가 모두 짝수가 되어야 하므로 $x = 3 \times (자연수)^2$의 꼴이어야 한다.

따라서 가장 작은 자연수 x는 3이다.

(2) 56을 소인수분해하면 $56 = 2^3 \times 7$

$\sqrt{56x} = \sqrt{2^3 \times 7 \times x}$가 자연수가 되려면 소인수의 지수가 모두 짝수가 되어야 하므로 $x = 2 \times 7 \times (자연수)^2$의 꼴이어야 한다.

따라서 가장 작은 자연수 x는

$2 \times 7 = 14$

03 답 (1) 2×5^2 (2) 2

(2) $\sqrt{\dfrac{50}{x}} = \sqrt{\dfrac{2 \times 5^2}{x}}$이 자연수가 되려면 x는 50의 약수이면서 $2 \times (자연수)^2$의 꼴이어야 한다.

따라서 가장 작은 자연수 x는 2이다.

04 답 (1) 7 (2) 10

(1) $\sqrt{\dfrac{2^2 \times 7}{x}}$이 자연수가 되려면 x는 $2^2 \times 7$의 약수이면서 $7 \times (자연수)^2$의 꼴이어야 한다.

따라서 가장 작은 자연수 x는 7이다.

(2) 90을 소인수분해하면 $90 = 2 \times 3^2 \times 5$

$\sqrt{\dfrac{90}{x}} = \sqrt{\dfrac{2 \times 3^2 \times 5}{x}}$가 자연수가 되려면 x는 90의 약수이면서 $2 \times 5 \times (자연수)^2$의 꼴이어야 한다.

따라서 가장 작은 자연수 x는

$2 \times 5 = 10$

05 답 4, 13, 24, 4

06 답 8

$\sqrt{28+x}$가 자연수가 되기 위해서는 $28+x$가 28보다 큰 제곱수이어야 하므로

$28+x = 36, 49, 64, \cdots$

$\therefore x = 8, 21, 36, \cdots$

따라서 가장 작은 자연수 x는 8이다.

07 답 (1) 1, 4, 9, 16 (2) 8, 15, 20, 23

(2) $\sqrt{24-x}$가 자연수가 되기 위해서는 $24-x$가 24보다 작은 제곱수이어야 하므로

$24-x=1, 4, 9, 16$

$\therefore x=23, 20, 15, 8$

개념 **04** 제곱근의 대소 관계

개념 확인하기 14쪽

1 답 (1) < (2) > (3) < (4) < (5) > (6) <

(1) $5<6$이므로 $\sqrt{5}\boxed{<}\sqrt{6}$

(2) $\dfrac{1}{4}>\dfrac{1}{5}$이므로 $\sqrt{\dfrac{1}{4}}\boxed{>}\sqrt{\dfrac{1}{5}}$

(3) $0.5<\dfrac{2}{3}$이므로 $\sqrt{0.5}\boxed{<}\sqrt{\dfrac{2}{3}}$

(4) $7>3$이므로 $\sqrt{7}>\sqrt{3}$

$\therefore -\sqrt{7}\boxed{<}-\sqrt{3}$

(5) $\dfrac{3}{4}<\dfrac{5}{6}$이므로 $\sqrt{\dfrac{3}{4}}<\sqrt{\dfrac{5}{6}}$

$\therefore -\sqrt{\dfrac{3}{4}}\boxed{>}-\sqrt{\dfrac{5}{6}}$

(6) $\dfrac{3}{5}>0.2$이므로 $\sqrt{\dfrac{3}{5}}>\sqrt{0.2}$

$\therefore -\sqrt{\dfrac{3}{5}}\boxed{<}-\sqrt{0.2}$

 대표문제
15쪽

01 답 (1) $\sqrt{12}<\sqrt{21}$ (2) $-\sqrt{\dfrac{1}{6}}<-\sqrt{\dfrac{1}{7}}$ (3) $6>\sqrt{35}$

(4) $-\sqrt{30}<-5$ (5) $\sqrt{0.5}>0.7$ (6) $-\dfrac{3}{5}>-\sqrt{\dfrac{2}{5}}$

(1) $12<21$이므로 $\sqrt{12}<\sqrt{21}$

(2) $\dfrac{1}{6}>\dfrac{1}{7}$이므로 $\sqrt{\dfrac{1}{6}}>\sqrt{\dfrac{1}{7}}$ $\therefore -\sqrt{\dfrac{1}{6}}<-\sqrt{\dfrac{1}{7}}$

(3) $6=\sqrt{36}$이고 $\sqrt{36}>\sqrt{35}$이므로 $6>\sqrt{35}$

(4) $5=\sqrt{25}$이고 $\sqrt{30}>\sqrt{25}$이므로 $-\sqrt{30}<-\sqrt{25}$

$\therefore -\sqrt{30}<-5$

(5) $0.7=\sqrt{0.49}$이고 $\sqrt{0.5}>\sqrt{0.49}$이므로 $\sqrt{0.5}>0.7$

(6) $\dfrac{3}{5}=\sqrt{\dfrac{9}{25}}$, $\sqrt{\dfrac{2}{5}}=\sqrt{\dfrac{10}{25}}$이고 $\sqrt{\dfrac{9}{25}}<\sqrt{\dfrac{10}{25}}$이므로

$-\sqrt{\dfrac{9}{25}}>-\sqrt{\dfrac{10}{25}}$

$\therefore -\dfrac{3}{5}>-\sqrt{\dfrac{2}{5}}$

02 답 (1) $\sqrt{(-6)^2}>\sqrt{4^2}$ (2) $-\sqrt{(-3)^2}<-\sqrt{8}$

(1) $\sqrt{(-6)^2}=6$, $\sqrt{4^2}=4$이므로 $\sqrt{(-6)^2}>\sqrt{4^2}$

(2) $-\sqrt{(-3)^2}=-3=-\sqrt{9}$이고 $-\sqrt{9}<-\sqrt{8}$이므로

$-\sqrt{(-3)^2}<-\sqrt{8}$

03 답 (1) $\sqrt{\dfrac{13}{2}}$, $\sqrt{8}$, 3, $\sqrt{10}$ (2) $-\sqrt{11}$, $-\sqrt{6}$, 0, $\sqrt{15}$, 4

(1) $3=\sqrt{9}$, $\sqrt{\dfrac{13}{2}}=\sqrt{6.5}$이므로

$\sqrt{\dfrac{13}{2}}<\sqrt{8}<3<\sqrt{10}$

(2) (음수) $<0<$ (양수)이므로 음수와 양수로 나누어 비교한다.

음수: $\sqrt{11}>\sqrt{6}$이므로 $-\sqrt{11}<-\sqrt{6}$

양수: $4=\sqrt{16}$이고 $\sqrt{16}>\sqrt{15}$이므로 $4>\sqrt{15}$

$\therefore -\sqrt{11}<-\sqrt{6}<0<\sqrt{15}<4$

04 답 (1) 7개 (2) 9개 (3) 6개 (4) 3개

(1) $\sqrt{x}<\sqrt{8}$에서 양변을 제곱하면 $x<8$이므로 주어진 부등식을 만족하는 자연수 x는 1, 2, 3, $\cdots$, 7의 7개이다.

(2) $\sqrt{x}\leq 3$에서 양변을 제곱하면 $x\leq 9$이므로 주어진 부등식을 만족하는 자연수 x는 1, 2, 3, $\cdots$, 9의 9개이다.

(3) $-\sqrt{x}\geq -\sqrt{6}$의 양변에 -1을 곱하면

$\sqrt{x}\leq\sqrt{6}$

따라서 양변을 제곱하면 $x\leq 6$이므로 주어진 부등식을 만족하는 자연수 x는 1, 2, 3, $\cdots$, 6의 6개이다.

(4) $-\sqrt{x}>-2$의 양변에 -1을 곱하면

$\sqrt{x}<2$

따라서 양변을 제곱하면 $x<4$이므로 주어진 부등식을 만족하는 자연수 x는 1, 2, 3의 3개이다.

05 답 (1) 7개 (2) 9개 (3) 4개 (4) 2개

(1) $1<\sqrt{x}<3$의 각 변을 제곱하면

$1<x<9$

따라서 자연수 x는 2, 3, 4, 5, 6, 7, 8의 7개이다.

(2) $4\leq\sqrt{x}<5$의 각 변을 제곱하면

$16\leq x<25$

따라서 자연수 x는 16, 17, 18, $\cdots$, 24의 9개이다.

(3) $-2\leq -\sqrt{x}\leq 0$의 각 변에 -1을 곱하면

$0\leq\sqrt{x}\leq 2$

각 변을 제곱하면

$0\leq x\leq 4$

따라서 자연수 x는 1, 2, 3, 4의 4개이다.

(4) $\sqrt{7}<x<\sqrt{18}$의 각 변을 제곱하면

$(\sqrt{7})^2<x^2<(\sqrt{18})^2$, $7<x^2<18$

이때 7과 18 사이의 수 중에서 제곱수는 9, 16이므로 자연수 x는 3, 4의 2개이다.

06 🖉 풀이 참조

$2<\sqrt{x+3}<3$의 각 변을 제곱하면

$2^2<(\sqrt{x+3})^2<\boxed{3}^2$, $4<x+3<\boxed{9}$

각 변에서 3을 빼면

$\boxed{1}<x<\boxed{6}$

따라서 자연수 x는 $\boxed{2}$, $\boxed{3}$, $\boxed{4}$, $\boxed{5}$이다.

소단원 **핵심문제**　　　　　　　　　　　　**16~17쪽**

01 ⑤	02 −3	03 $\sqrt{35}$ m	04 ②	05 ④
06 3	07 5	08 3	09 ③	10 ③
11 2				

01 6의 제곱근은 제곱하여 6이 되는 수이므로 x가 6의 제곱근임을 나타내는 것은 $x^2=6$ 또는 $x=\pm\sqrt{6}$이다.

> **이것만은 꼭!**
> a의 제곱근$(a\ge 0)$ ⇨ 제곱하여 a가 되는 수
> 　　　　　　　　　⇨ $x^2=a$를 만족하는 x의 값
> 　　　　　　　　　⇨ $\pm\sqrt{a}$

02 $\dfrac{9}{64}$의 양의 제곱근은 $\dfrac{3}{8}$이므로 $a=\dfrac{3}{8}$

$(-8)^2=64$의 음의 제곱근은 -8이므로 $b=-8$

$\therefore ab=\dfrac{3}{8}\times(-8)=-3$

03 직사각형 모양의 화단의 넓이는

$7\times 5=35(\text{m}^2)$

정사각형 모양의 화단의 한 변의 길이를 x m라 하면

$x^2=35$　　$\therefore x=\pm\sqrt{35}$

그런데 $x>0$이므로 $x=\sqrt{35}$

따라서 정사각형 모양의 화단의 한 변의 길이는 $\sqrt{35}$ m이다.

04 ① $\sqrt{9}=3$　　　　　　　③ $-\sqrt{16}=-4$

④ $\sqrt{1.21}=1.1$　　　　⑤ $\sqrt{0.\dot{1}}=\sqrt{\dfrac{1}{9}}=\dfrac{1}{3}$

> **이것만은 꼭!**
> 순환소수를 분수로 나타내기
> ① $0.\dot{a}=\dfrac{a}{9}$　　　② $0.\dot{a}\dot{b}=\dfrac{ab}{99}$
> ③ $0.a\dot{b}=\dfrac{ab-a}{90}$　　④ $a.b\dot{c}\dot{d}=\dfrac{abcd-ab}{990}$

05 ①, ②, ③, ⑤ 5　　　④ −5

06 $\sqrt{4^2}-\sqrt{\dfrac{1}{9}}\times(-\sqrt{6})^2\div\sqrt{(-2)^2}=4-\dfrac{1}{3}\times 6\div 2$

$=4-1=3$

---

07 $-3<x<2$일 때,

$3+x>0$, $x-2<0$이므로

$\sqrt{(3+x)^2}+\sqrt{(x-2)^2}=(3+x)+\{-(x-2)\}$

$=3+x-x+2=5$

08 108을 소인수분해하면 $108=2^2\times 3^3$

$\sqrt{\dfrac{108}{x}}=\sqrt{\dfrac{2^2\times 3^3}{x}}$이 자연수가 되려면 x는 108의 약수이면서 $3\times(\text{자연수})^2$의 꼴이어야 한다.

따라서 가장 작은 자연수 x는 3이다.

09 $\sqrt{18+x}$가 자연수가 되기 위해서는 $18+x$가 18보다 큰 제곱수이어야 하므로

$18+x=25, 36, 49, 64, \cdots$

$\therefore x=7, 18, 31, 46, \cdots$

따라서 x의 값이 아닌 것은 ③이다.

10 ① $7=\sqrt{49}$이고 $\sqrt{48}<\sqrt{49}$이므로 $\sqrt{48}<7$

② $\sqrt{14}>\sqrt{12}$이므로 $-\sqrt{14}<-\sqrt{12}$

③ $0.1=\sqrt{0.1^2}=\sqrt{0.01}$이고 $\sqrt{0.01}<\sqrt{0.1}$이므로 $0.1<\sqrt{0.1}$

④ $\dfrac{1}{2}=\sqrt{\dfrac{1}{4}}$이고 $\sqrt{\dfrac{1}{3}}>\sqrt{\dfrac{1}{4}}$이므로 $\sqrt{\dfrac{1}{3}}>\dfrac{1}{2}$

⑤ $4=\sqrt{16}$이고 $-\sqrt{15}>-\sqrt{16}$이므로 $-\sqrt{15}>-4$

11 $25<30<36$에서 $\sqrt{25}<\sqrt{30}<\sqrt{36}$이므로 $5<\sqrt{30}<6$

즉, $\sqrt{30}$ 이하의 자연수는 1, 2, 3, 4, 5의 5개이므로

$f(30)=5$

$9<12<16$에서 $\sqrt{9}<\sqrt{12}<\sqrt{16}$이므로 $3<\sqrt{12}<4$

즉, $\sqrt{12}$ 이하의 자연수는 1, 2, 3의 3개이므로

$f(12)=3$

$\therefore f(30)-f(12)=5-3=2$

---

② 무리수와 실수

05 **무리수와 실수**

확인하기 ··· **18쪽**

1 🖉 (1) 유　(2) 유　(3) 무　(4) 무　(5) 무　(6) 유

(2) 순환소수는 유리수이다.

(3) 순환소수가 아닌 무한소수는 무리수이다.

(5) $\sqrt{5}$는 무리수이고 $1+\sqrt{5}$도 무리수이다.

(6) $-\sqrt{81}=-\sqrt{9^2}=-9$이므로 유리수이다.

대표문제

19쪽

01 답 (1) $-\sqrt{\dfrac{1}{16}}$, $0.\dot{3}$ (2) $\sqrt{0.9}$, $\sqrt{35}$, $\dfrac{\sqrt{3}}{2}$

(1) $-\sqrt{\dfrac{1}{16}}=-\dfrac{1}{4}$ 이고 $0.\dot{3}$은 순환소수이므로 $-\sqrt{\dfrac{1}{16}}$과 $0.\dot{3}$
은 유리수이다.

02 답 (가) 무한소수 (나) 순환소수가 아닌 무한소수

03 답 ㄱ, ㄴ, ㅁ

순환소수가 아닌 무한소수는 무리수이다.

ㄷ. $\sqrt{0.09}=\sqrt{0.3^2}=0.3$ (유리수)

ㅂ. $\sqrt{144}=\sqrt{12^2}=12$ (유리수)

이상에서 순환소수가 아닌 무한소수는 ㄱ, ㄴ, ㅁ이다.

04 답 (1) ◯ (2) × (3) × (4) ◯

(2) 무한소수 중에서 순환소수는 유리수이다.

(3) 순환소수는 모두 유리수이다.

05 답 (가) 정수 (나) 정수가 아닌 유리수 (다) 무리수

06 답 ㄴ, ㄷ, ㄹ, ㅁ

ㄱ. $\sqrt{\dfrac{1}{64}}=\sqrt{\left(\dfrac{1}{8}\right)^2}=\dfrac{1}{8}$ (유리수)

ㅂ. $\sqrt{0.\dot{4}}=\sqrt{\dfrac{4}{9}}=\sqrt{\left(\dfrac{2}{3}\right)^2}=\dfrac{2}{3}$ (유리수)

이상에서 무리수는 ㄴ, ㄷ, ㄹ, ㅁ이다.

개념 06 실수와 수직선

개념 확인하기

20쪽

1 답 (1) $\sqrt{2}$ (2) $1+\sqrt{2}$ (3) $1-\sqrt{2}$

(1) △ABC에서 $\overline{AC}=\sqrt{1^2+1^2}=\sqrt{2}$

(2) $\overline{AP}=\overline{AC}=\sqrt{2}$이고 점 P는 점 A(1)에서 오른쪽으로 $\sqrt{2}$
만큼 떨어진 점이므로 점 P가 나타내는 수는 $1+\sqrt{2}$이다.

(3) $\overline{AQ}=\overline{AC}=\sqrt{2}$이고 점 Q는 점 A(1)에서 왼쪽으로 $\sqrt{2}$만
큼 떨어진 점이므로 점 Q가 나타내는 수는 $1-\sqrt{2}$이다.

대표문제

21쪽

01 답 (1) $-2+\sqrt{2}$ (2) $3-\sqrt{2}$ (3) $-5-\sqrt{2}$

(1) $\overline{AC}=\sqrt{1^2+1^2}=\sqrt{2}$이므로 $\overline{AP}=\overline{AC}=\sqrt{2}$
점 P는 점 A(-2)에서 오른쪽으로 $\sqrt{2}$만큼 떨어진 점
이므로 점 P가 나타내는 수는 $-2+\sqrt{2}$이다.

(2) $\overline{AC}=\sqrt{1^2+1^2}=\sqrt{2}$이므로 $\overline{AP}=\overline{AC}=\sqrt{2}$
점 P는 점 A(3)에서 왼쪽으로 $\sqrt{2}$만큼 떨어진 점이므
로 점 P가 나타내는 수는 $3-\sqrt{2}$이다.

(3) $\overline{AC}=\sqrt{1^2+1^2}=\sqrt{2}$이므로 $\overline{AP}=\overline{AC}=\sqrt{2}$
점 P는 점 A(-5)에서 왼쪽으로 $\sqrt{2}$만큼 떨어진 점이
므로 점 P가 나타내는 수는 $-5-\sqrt{2}$이다.

02 답 (1) $\sqrt{10}$ (2) $\sqrt{10}$

(1) $\overline{AC}$는 $\angle B=90°$이고 $\overline{AB}=1$, $\overline{BC}=3$인 직각삼각형
ABC의 빗변이므로
$\overline{AC}=\sqrt{1^2+3^2}=\sqrt{10}$

(2) $\overline{AP}=\overline{AC}=\sqrt{10}$이고 점 P는 점 A(0)에서 오른쪽으로
$\sqrt{10}$만큼 떨어진 점이므로 점 P가 나타내는 수는 $\sqrt{10}$
이다.

03 답 (1) $-\sqrt{5}$ (2) $-1+\sqrt{8}$ (3) $2-\sqrt{13}$

(1) $\overline{AB}=\sqrt{2^2+1^2}=\sqrt{5}$이므로 $\overline{AP}=\overline{AB}=\sqrt{5}$
점 P는 점 A(0)에서 왼쪽으로 $\sqrt{5}$만큼 떨어진 점이므
로 점 P가 나타내는 수는 $-\sqrt{5}$이다.

(2) $\overline{AB}=\sqrt{2^2+2^2}=\sqrt{8}$이므로 $\overline{AP}=\overline{AB}=\sqrt{8}$
점 P는 점 A(-1)에서 오른쪽으로 $\sqrt{8}$만큼 떨어진 점
이므로 점 P가 나타내는 수는 $-1+\sqrt{8}$이다.

(3) $\overline{AB}=\sqrt{3^2+2^2}=\sqrt{13}$이므로 $\overline{AP}=\overline{AB}=\sqrt{13}$
점 P는 점 A(2)에서 왼쪽으로 $\sqrt{13}$만큼 떨어진 점이므
로 점 P가 나타내는 수는 $2-\sqrt{13}$이다.

04 답 (1) × (2) ◯ (3) × (4) ◯

(1) -1과 1 사이에는 0, 0.1, 0.11, 0.111, …과 같이 무수히
많은 유리수가 있다.

(3) 수직선 위의 모든 점은 실수를 하나씩 나타낸다.

개념 07 실수의 대소 관계

개념 확인하기

22쪽

1 답 (1) 풀이 참조 (2) 풀이 참조

(1) $2-(1+\sqrt{5})=\boxed{1-\sqrt{5}}$

그런데 $1\boxed{<}\sqrt{5}$이므로 $1-\sqrt{5}\boxed{<}0$

∴ $2\boxed{<}1+\sqrt{5}$

(2) $(6-\sqrt{7})-3=\boxed{3-\sqrt{7}}$

그런데 $3=\sqrt{9}$이고, $\sqrt{9}>\sqrt{7}$에서 $3\boxed{>}\sqrt{7}$이므로

$3-\sqrt{7}\boxed{>}0$

∴ $6-\sqrt{7}\boxed{>}3$

01 탑 (1) <   (2) >   (3) <   (4) >

(1) $(\sqrt{12}-3)-1=\sqrt{12}-4=\sqrt{12}-\sqrt{16}<0$
∴ $\sqrt{12}-3<1$

(2) $5-(\sqrt{15}+1)=4-\sqrt{15}=\sqrt{16}-\sqrt{15}>0$
∴ $5>\sqrt{15}+1$

(3) $(1-\sqrt{11})-(-2)=3-\sqrt{11}=\sqrt{9}-\sqrt{11}<0$
∴ $1-\sqrt{11}<-2$

(4) $3-(-2+\sqrt{10})=5-\sqrt{10}=\sqrt{25}-\sqrt{10}>0$
∴ $3>-2+\sqrt{10}$

02 탑 풀이 참조

두 수 -3, -4에 대하여 $-3 \,\textcircled{>}\, -4$

양변에 $\boxed{\sqrt{3}}$ 을 더하면

$-3+\boxed{\sqrt{3}} \,\textcircled{>}\, -4+\boxed{\sqrt{3}}$

∴ $-3+\sqrt{3} \,\textcircled{>}\, \sqrt{3}-4$

03 탑 (1) >   (2) <   (3) >

(1) $1>-1$이므로 양변에 $\sqrt{13}$을 더하면
$1+\sqrt{13}>-1+\sqrt{13}$ ∴ $1+\sqrt{13}>\sqrt{13}-1$

(2) $\sqrt{5}<\sqrt{7}$이므로 양변에서 2를 빼면
$\sqrt{5}-2<\sqrt{7}-2$

(3) $-3>-5$이므로 양변에 $\sqrt{6}$을 더하면
$-3+\sqrt{6}>-5+\sqrt{6}$ ∴ $\sqrt{6}-3>-5+\sqrt{6}$

04 탑 풀이 참조

두 수 4, $\sqrt{15}$에 대하여 $4=\sqrt{16}$이고

$\sqrt{16} \,\textcircled{>}\, \sqrt{15}$이므로 $4 \,\textcircled{>}\, \sqrt{15}$

양변에 $\boxed{\sqrt{11}}$ 을 더하면

$4+\sqrt{11} \,\textcircled{>}\, \sqrt{15}+\sqrt{11}$

∴ $4+\sqrt{11} \,\textcircled{>}\, \sqrt{11}+\sqrt{15}$

05 탑 (1) >   (2) <   (3) <

(1) $2=\sqrt{4}$이고 $\sqrt{4}>\sqrt{2}$이므로 $2>\sqrt{2}$
양변에 $\sqrt{7}$을 더하면 $\sqrt{7}+2>\sqrt{7}+\sqrt{2}$

(2) $3=\sqrt{9}$이고 $\sqrt{8}<\sqrt{9}$이므로 $\sqrt{8}<3$
양변에서 $\sqrt{5}$를 빼면 $\sqrt{8}-\sqrt{5}<3-\sqrt{5}$

(3) $-2=-\sqrt{4}$이고 $-\sqrt{4}<-\sqrt{3}$이므로 $-2<-\sqrt{3}$
양변에 $\sqrt{6}$을 더하면 $-2+\sqrt{6}<-\sqrt{3}+\sqrt{6}$
∴ $-2+\sqrt{6}<\sqrt{6}-3$

06 탑 풀이 참조

$\sqrt{4}<\sqrt{6}<\sqrt{9}$, 즉 $2<\sqrt{6}<3$에서

$\sqrt{6}=\boxed{2}.\times\times\times$이므로 $\sqrt{6}+1=\boxed{3}.\times\times\times$

∴ $3 \,\textcircled{<}\, \sqrt{6}+1$

07 탑 (1) >, >   (2) <, <   (3) $b<a<c$

(3) $a>b$, $a<c$이므로 $b<a<c$

08 탑 (1) $c<a<b$ (2) $c<b<a$ (3) $a<c<b$

(1) $a-b=(\sqrt{3}+2)-(\sqrt{5}+2)=\sqrt{3}-\sqrt{5}<0$이므로
$a<b$
$a-c=(\sqrt{3}+2)-3=\sqrt{3}-1>0$이므로
$a>c$
∴ $c<a<b$

(2) $a-b=(\sqrt{11}-1)-2=\sqrt{11}-3=\sqrt{11}-\sqrt{9}>0$이므로
$a>b$
$b-c=2-(-2+\sqrt{11})=4-\sqrt{11}=\sqrt{16}-\sqrt{11}>0$이므로
$b>c$
∴ $c<b<a$

(3) $a-c=(3-\sqrt{17})-(-1)=4-\sqrt{17}=\sqrt{16}-\sqrt{17}<0$
이므로 $a<c$
$b-c=(3-\sqrt{15})-(-1)=4-\sqrt{15}=\sqrt{16}-\sqrt{15}>0$
이므로 $b>c$
∴ $a<c<b$

09 탑 $\sqrt{8}$

$3-\sqrt{8}=\sqrt{9}-\sqrt{8}>0$이므로 $3>\sqrt{8}$

$3-(\sqrt{3}+2)=1-\sqrt{3}<0$이므로 $3<\sqrt{3}+2$

$-\sqrt{2}+1<0$

∴ $\sqrt{3}+2>3>\sqrt{8}>0>-\sqrt{2}+1$

따라서 큰 것부터 차례대로 나열할 때, 세 번째에 오는 수는
$\sqrt{8}$이다.

10 탑 (1) $\sqrt{5}$, $\sqrt{7.1}$, $\sqrt{\dfrac{17}{2}}$ (2) $\sqrt{16.2}$

(1) $2=\sqrt{4}$, $4=\sqrt{16}$이므로
$\sqrt{3}<\sqrt{4}$, $\sqrt{4}<\sqrt{5}<\sqrt{16}$, $\sqrt{4}<\sqrt{7.1}<\sqrt{16}$,
$\sqrt{4}<\sqrt{\dfrac{17}{2}}(=\sqrt{8.5})<\sqrt{16}$, $\sqrt{16}<\sqrt{16.2}$

따라서 2와 4 사이에 있는 수는 $\sqrt{5}$, $\sqrt{7.1}$, $\sqrt{\dfrac{17}{2}}$이다.

(2) $3=\sqrt{9}$, $5=\sqrt{25}$이므로
$\sqrt{3}<\sqrt{9}$, $\sqrt{5}<\sqrt{9}$, $\sqrt{7.1}<\sqrt{9}$, $\sqrt{\dfrac{17}{2}}(=\sqrt{8.5})<\sqrt{9}$,
$\sqrt{9}<\sqrt{16.2}<\sqrt{25}$

따라서 3과 5 사이에 있는 수는 $\sqrt{16.2}$이다.

11 탑 풀이 참조

$\sqrt{4}<\sqrt{7}<\sqrt{9}$이므로 $\boxed{2}<\sqrt{7}<\boxed{3}$

$\sqrt{16}<\sqrt{20}<\sqrt{25}$, 즉 $\boxed{4}<\sqrt{20}<\boxed{5}$이므로

$\boxed{5}<1+\sqrt{20}<\boxed{6}$

따라서 $\sqrt{7}$과 $1+\sqrt{20}$ 사이에 있는 정수는

$\boxed{3}$, $\boxed{4}$, $\boxed{5}$이다.

개념 08 제곱근의 값

1 답 (1) 3, $\sqrt{12}-3$ (2) 5, $\sqrt{30}-5$ (3) 8, $\sqrt{75}-8$

(1) $\sqrt{12}$에서 $3^2=9$, $4^2=16$이므로
$\sqrt{9}<\sqrt{12}<\sqrt{16}$ ∴ $3<\sqrt{12}<4$
따라서 $\sqrt{12}$의 정수 부분은 3이고, 소수 부분은
$\sqrt{12}-3$이다.

(2) $\sqrt{30}$에서 $5^2=25$, $6^2=36$이므로
$\sqrt{25}<\sqrt{30}<\sqrt{36}$ ∴ $5<\sqrt{30}<6$
따라서 $\sqrt{30}$의 정수 부분은 5이고, 소수 부분은
$\sqrt{30}-5$이다.

(3) $\sqrt{75}$에서 $8^2=64$, $9^2=81$이므로
$\sqrt{64}<\sqrt{75}<\sqrt{81}$ ∴ $8<\sqrt{75}<9$
따라서 $\sqrt{75}$의 정수 부분은 8이고, 소수 부분은
$\sqrt{75}-8$이다.

대표문제 26쪽

01 답 (1) 1.095 (2) 1.145 (3) 1.192 (4) 1.241

02 답 (1) 4.743 (2) 4.919

03 답 (1) 9.52 (2) 9.61 (3) 9.74 (4) 9.83

04 답 1, 3, 3, 3, $\sqrt{2}-1$

05 답 -2, -1, 1, 2, 1, 1, $2-\sqrt{3}$

06 답 (1) 정수 부분: 3, 소수 부분: $\sqrt{6}-2$
　　 (2) 정수 부분: 1, 소수 부분: $3-\sqrt{5}$

(1) $2<\sqrt{6}<3$이므로 $3<1+\sqrt{6}<4$
따라서 $1+\sqrt{6}$의 정수 부분은 3이고,
소수 부분은 $(1+\sqrt{6})-3=\sqrt{6}-2$이다.

(2) $2<\sqrt{5}<3$에서 $-3<-\sqrt{5}<-2$이므로
$1<4-\sqrt{5}<2$
따라서 $4-\sqrt{5}$의 정수 부분은 1이고,
소수 부분은 $(4-\sqrt{5})-1=3-\sqrt{5}$이다.

소단원 핵심문제 .... 27~28쪽

01 2개	**02** ④	**03** ④	**04** $\sqrt{3}$	**05** ㄱ, ㄹ
06 ⑤	**07** 점 D	**08** ⑤	**09** 133.1	**10** ②

01 순환소수가 아닌 무한소수는 무리수이다.
$\sqrt{\dfrac{1}{49}}=\dfrac{1}{7}$이고, $-\sqrt{(-5)^2}=-5$이므로
$\sqrt{\dfrac{1}{49}}$, $-\sqrt{(-5)^2}$은 유리수이다.
따라서 순환소수가 아닌 무한소수는 $-\sqrt{0.9}$, $4-\sqrt{2}$의 2개이다.

02 ③ $(\sqrt{2})^2=2$이므로 제곱하면 유리수가 된다.
④ 무리수는 기약분수로 나타낼 수 없다.
　 기약분수로 나타낼 수 있는 수는 유리수이다.
따라서 옳지 않은 것은 ④이다.

03 유리수가 아닌 실수는 무리수이다.
① $\sqrt{0.25}=\sqrt{0.5^2}=0.5$
② $\sqrt{0.\dot{4}}=\sqrt{\dfrac{4}{9}}=\sqrt{\left(\dfrac{2}{3}\right)^2}=\dfrac{2}{3}$
③ $-\sqrt{100}=-\sqrt{10^2}=-10$
⑤ $-\dfrac{1}{\sqrt{36}}=-\dfrac{1}{\sqrt{6^2}}=-\dfrac{1}{6}$
따라서 유리수가 아닌 실수는 ④이다.

04 $\overline{OD}=\overline{OB}=\sqrt{2}$이고 $\triangle ODE$에서
$\overline{OE}=\sqrt{(\sqrt{2})^2+1^2}=\sqrt{3}$
따라서 $\overline{OP}=\overline{OE}=\sqrt{3}$이므로 점 P가 나타내는 수는 $\sqrt{3}$이다.

05 ㄴ. -2와 2 사이에 있는 정수는 -1, 0, 1의 3개이다.
ㄷ. $\sqrt{2}$와 $\sqrt{5}$ 사이에는 무수히 많은 무리수가 있다.
이상에서 옳은 것은 ㄱ, ㄹ이다.

06 ① $(\sqrt{5}+1)-3=\sqrt{5}-2=\sqrt{5}-\sqrt{4}>0$이므로
$\sqrt{5}+1>3$
② $(8-\sqrt{6})-6=2-\sqrt{6}=\sqrt{4}-\sqrt{6}<0$이므로
$8-\sqrt{6}<6$
③ $3-(\sqrt{2}+2)=1-\sqrt{2}=\sqrt{1}-\sqrt{2}<0$이므로
$3<\sqrt{2}+2$
④ $5=\sqrt{25}$이고 $\sqrt{25}>\sqrt{24}$이므로 $-5<-\sqrt{24}$
양변에 $\sqrt{11}$을 더하면 $\sqrt{11}-5<\sqrt{11}-\sqrt{24}$
⑤ $(\sqrt{10}+2)-5=\sqrt{10}-3=\sqrt{10}-\sqrt{9}>0$이므로
$\sqrt{10}+2>5$

07 $\sqrt{9}<\sqrt{13}<\sqrt{16}$, 즉 $3<\sqrt{13}<4$이므로
$1<\sqrt{13}-2<2$
따라서 $\sqrt{13}-2$를 나타내는 점은 점 D이다.

08 ① $\sqrt{3}+0.2=1.732+0.2=1.932$이므로
$\sqrt{3}<\sqrt{3}+0.2<\sqrt{5}$
② $\sqrt{5}-0.1=2.236-0.1=2.136$이므로
$\sqrt{3}<\sqrt{5}-0.1<\sqrt{5}$
④ $\dfrac{\sqrt{3}+\sqrt{5}}{2}$는 $\sqrt{3}$과 $\sqrt{5}$의 평균이므로 $\sqrt{3}<\dfrac{\sqrt{3}+\sqrt{5}}{2}<\sqrt{5}$

⑤ $1+\sqrt{3}=1+1.732=2.732>\sqrt{5}$이므로 $1+\sqrt{3}$은 $\sqrt{3}$과 $\sqrt{5}$ 사이에 있지 않다.

(참고) ① $\sqrt{5}-\sqrt{3}=2.236-1.732=0.504$이므로 $\sqrt{3}+0.2$, $\sqrt{5}-0.1$은 $\sqrt{3}$과 $\sqrt{5}$ 사이에 있는 수이다.

② 두 수 a, b에 대하여 $\dfrac{a+b}{2}$는 수직선에서 a와 b를 나타내는 두 점의 한가운데 점을 나타내는 수이므로 a와 b 사이에 있는 수이다.

09 $\sqrt{56.4}=7.510$이므로 $x=7.510$
$\sqrt{58}=7.616$이므로 $y=58$
$\therefore 10x+y=10\times7.510+58=75.1+58=133.1$

10 $3<\sqrt{15}<4$에서 $-4<-\sqrt{15}<-3$이므로
$2<6-\sqrt{15}<3$
즉, $6-\sqrt{15}$의 정수 부분은 2이고, 소수 부분은
$(6-\sqrt{15})-2=4-\sqrt{15}$이므로
$a=2$, $b=4-\sqrt{15}$
$\therefore b-a=(4-\sqrt{15})-2=2-\sqrt{15}$

중단원 마무리문제   29~31쪽

01 ②, ⑤	**02** -33	**03** 2개	**04** ④	**05** 3
06 ㄴ, ㄷ	**07** ③	**08** ②	**09** ⑤	**10** ④
11 $a^2, a, \sqrt{a}, \sqrt{\dfrac{1}{a}}$		**12** 33	**13** 10	**14** ①, ④
15 $a=-\sqrt{8}, b=1+\sqrt{10}$		**16** ①, ④	**17** ⑤	
18 ③	**19** 5.586	**20** $5-\sqrt{3}$		

01 ① -2는 4의 음의 제곱근이다.
③ $\sqrt{9}=3$
④ 제곱근 5는 $\sqrt{5}$이다.

02 $(-11)^2=121$의 양의 제곱근은 11이므로 $a=11$ … ㉮
$\sqrt{81}=9$의 음의 제곱근은 -3이므로 $b=-3$ … ㉯
$\therefore ab=11\times(-3)=-33$ … ㉰

단계	채점 기준	배점 비율
㉮	a의 값 구하기	40 %
㉯	b의 값 구하기	40 %
㉰	ab의 값 구하기	20 %

03 주어진 수의 제곱근을 각각 구해 보면
$2 \Rightarrow \pm\sqrt{2}$, $\sqrt{36}=6 \Rightarrow \pm\sqrt{6}$,
$\sqrt{144}=12 \Rightarrow \pm\sqrt{12}$, $(-5)^2=25 \Rightarrow \pm5$,
$1.\dot{7}=\dfrac{16}{9} \Rightarrow \pm\dfrac{4}{3}$
따라서 주어진 수의 제곱근 중 근호를 사용하지 않고 나타낼 수 있는 것은 $(-5)^2$, $1.\dot{7}$의 2개이다.

04 ④ $-\left(-\sqrt{\dfrac{1}{3}}\right)^2=-\dfrac{1}{3}$

05 $\sqrt{169}+(-\sqrt{8})^2\times\left(-\sqrt{\dfrac{1}{4}}\right)-\sqrt{(-6)^2}$
$=13+8\times\left(-\dfrac{1}{2}\right)-6=13-4-6=3$

06 ㄱ. $-\sqrt{a^2}=-(-a)=a$
ㄹ. $(-\sqrt{-a})^2=-a$
이상에서 옳은 것은 ㄴ, ㄷ이다.

07 $\sqrt{(-7a)^2}+\sqrt{4b^2}=\sqrt{(-7a)^2}+\sqrt{(2b)^2}$
$a>0$이므로 $-7a<0$, $b<0$이므로 $2b<0$
$\therefore \sqrt{(-7a)^2}+\sqrt{4b^2}=\sqrt{(-7a)^2}+\sqrt{(2b)^2}$
$\qquad\qquad\qquad\qquad =-(-7a)+(-2b)=7a-2b$

08 $\sqrt{150x}=\sqrt{2\times3\times5^2\times x}$가 자연수가 되려면 소인수의 지수가 모두 짝수가 되어야 하므로 $x=2\times3\times$(자연수)^{2}의 꼴이어야 한다.
① $6=2\times3$ ② $12=2\times3\times2$
③ $24=2\times3\times2^2$ ④ $54=2\times3\times3^2$
⑤ $96=2\times3\times4^2$

09 $\sqrt{20-x}$가 정수가 되기 위해서는 $20-x$가 0 또는 20보다 작은 제곱수이어야 하므로
$20-x=0, 1, 4, 9, 16$ $\therefore x=20, 19, 16, 11, 4$
따라서 $\sqrt{20-x}$가 정수가 되도록 하는 자연수 x의 개수는 5개이다.

이것만은 꼭!
$\sqrt{\bigstar}$이 정수가 되려면 $\bigstar$은 0 또는 제곱수이어야 한다.

10 ④ $\sqrt{5}<\sqrt{6}$이므로 $\dfrac{1}{\sqrt{5}}>\dfrac{1}{\sqrt{6}}$
⑤ $0.7=\sqrt{0.49}$이고 $\sqrt{0.49}<\sqrt{0.7}$이므로 $0.7<\sqrt{0.7}$

11 (전략) $0<a<1$임을 이용하여 a, $\sqrt{\dfrac{1}{a}}$, a^2, $\sqrt{a}$의 값의 범위를 구한다.
$0<a<1$이므로 $a^2<a$, $a<\sqrt{a}$
즉, $a^2<a<\sqrt{a}$
또, $0<\sqrt{a}<1$, $1<\sqrt{\dfrac{1}{a}}$이므로 $\sqrt{a}<\sqrt{\dfrac{1}{a}}$
$\therefore a^2<a<\sqrt{a}<\sqrt{\dfrac{1}{a}}$

이런 풀이 어때요?
$a=\dfrac{1}{4}$을 각각 대입하면
$\sqrt{\dfrac{1}{a}}=\sqrt{4}=2$, $a^2=\dfrac{1}{16}$, $\sqrt{a}=\sqrt{\dfrac{1}{4}}=\dfrac{1}{2}$
따라서 $\dfrac{1}{16}<\dfrac{1}{4}<\dfrac{1}{2}<2$이므로 $a^2<a<\sqrt{a}<\sqrt{\dfrac{1}{a}}$

12 (i) $3<\sqrt{x}<4$에서 $3^2<(\sqrt{x})^2<4^2$ $\quad\therefore\ 9<x<16$

즉, 이를 만족하는 자연수 x는

10, 11, 12, 13, 14, 15이다. $\qquad\cdots\ ㉮$

(ii) $\sqrt{80}<x<\sqrt{150}$에서 $(\sqrt{80})^2<x^2<(\sqrt{150})^2$

$\therefore\ 80<x^2<150$

즉, 이를 만족하는 자연수 x는

9, 10, 11, 12이다. $\qquad\cdots\ ㉯$

(i), (ii)에서 두 부등식을 동시에 만족하는 자연수 x는 10, 11,

12이므로 구하는 합은

$10+11+12=33$ $\qquad\cdots\ ㉰$

단계	채점 기준	배점 비율
㉮	$3<\sqrt{x}<4$를 만족하는 자연수 x의 값 구하기	40 %
㉯	$\sqrt{80}<x<\sqrt{150}$을 만족하는 자연수 x의 값 구하기	40 %
㉰	두 부등식을 동시에 만족하는 모든 자연수 x의 값의 합 구하기	20 %

13 전략 $f(1)$, $f(2)$, $f(3)$, $\cdots$의 값을 차례대로 구한다.

$\sqrt{1}=1$, $\sqrt{4}=2$, $\sqrt{9}=3$, $\sqrt{16}=4$, $\cdots$이므로

$f(1)=(\sqrt{1}$보다 작은 자연수의 개수$)=0$

$f(2)=(\sqrt{2}$보다 작은 자연수의 개수$)=1$

$f(3)=(\sqrt{3}$보다 작은 자연수의 개수$)=1$

$f(4)=(\sqrt{4}$보다 작은 자연수의 개수$)$

$\qquad=(2$보다 작은 자연수의 개수$)=1$

이와 같은 방법으로

$f(5)=f(6)=f(7)=f(8)=f(9)=2$,

$f(10)=f(11)=\cdots=f(16)=3$이므로

$f(1)+f(2)+f(3)+\cdots+f(10)$

$\quad=0+1\times3+2\times5+3\times1=16$

$\therefore\ x=10$

14 각각의 수의 제곱근을 구하면

① 0 ② $\pm\sqrt{12}$ ③ $\pm\sqrt{32}$ ④ ±7 ⑤ $\pm\sqrt{160}$

따라서 그 제곱근이 무리수가 아닌 것은 ①, ④이다.

15 $\overline{AB}=\sqrt{2^2+2^2}=\sqrt{8}$이고 $\overline{AP}=\overline{AB}=\sqrt{8}$이므로

$P(-\sqrt{8})$ $\quad\therefore\ a=-\sqrt{8}$

또, $\overline{CD}=\sqrt{3^2+1^2}=\sqrt{10}$이고 $\overline{CQ}=\overline{CD}=\sqrt{10}$이므로

$Q(1+\sqrt{10})$ $\quad\therefore\ b=1+\sqrt{10}$

16 ① $2<\sqrt{6}<3$, $3<\sqrt{12}<4$이므로 $\sqrt{6}$과 $\sqrt{12}$ 사이에는 1개의

자연수 3이 있다.

② 0과 1 사이에는 무수히 많은 무리수가 있다.

③ $-\sqrt{6}$과 1 사이에는 무수히 많은 유리수가 있다.

⑤ 순환소수가 아닌 무한소수는 무리수이고, 무리수는 수직

선 위의 점으로 나타낼 수 있다.

17 $a-b=(5-\sqrt{7})-2=3-\sqrt{7}=\sqrt{9}-\sqrt{7}>0$이므로 $a>b$

$b-c=2-(4-\sqrt{6})=-2+\sqrt{6}=-\sqrt{4}+\sqrt{6}>0$이므로

$b>c$

$\therefore\ c<b<a$

18 $-1-\sqrt{5}$, -3, $-\sqrt{5}$는 음수, $\sqrt{5}+\sqrt{3}$, $3+\sqrt{5}$는 양수이고

(음수)$<0<$(양수)이므로 음수와 양수로 나누어 비교한다.

음수: $(-1-\sqrt{5})-(-3)=2-\sqrt{5}=\sqrt{4}-\sqrt{5}<0$이므로

$\qquad-1-\sqrt{5}<-3$

$\qquad-3-(-\sqrt{5})=-3+\sqrt{5}=-\sqrt{9}+\sqrt{5}<0$이므로

$\qquad-3<-\sqrt{5}$

양수: $\sqrt{3}<3$이므로 양변에 $\sqrt{5}$를 더하면 $\sqrt{5}+\sqrt{3}<3+\sqrt{5}$

$\therefore\ -1-\sqrt{5}<-3<-\sqrt{5}<\sqrt{5}+\sqrt{3}<3+\sqrt{5}$

따라서 수직선 위에 나타낼 때, 왼쪽에서 두 번째에 위치하는

수는 -3이다.

19 $\sqrt{30.3}=5.505$이므로 $a=30.3$

$\sqrt{32.1}=5.666$이므로 $b=32.1$

따라서 $\dfrac{a+b}{2}=\dfrac{30.3+32.1}{2}=31.2$이므로

$\sqrt{\dfrac{a+b}{2}}=\sqrt{31.2}=5.586$

20 $2<\sqrt{5}<3$이므로 $\sqrt{5}$의 정수 부분은 2이다. $\quad\therefore\ a=2$

$1<\sqrt{3}<2$이므로 $3<2+\sqrt{3}<4$

즉, $2+\sqrt{3}$의 정수 부분은 3이고, 소수 부분은

$(2+\sqrt{3})-3=\sqrt{3}-1$이다. $\quad\therefore\ b=\sqrt{3}-1$

$\therefore\ 2a-b=2\times2-(\sqrt{3}-1)=4-\sqrt{3}+1=5-\sqrt{3}$

창의·융합 문제

31쪽

10개의 정사각형의 넓이가 각각 $1\,\mathrm{cm}^2$, $2\,\mathrm{cm}^2$, $3\,\mathrm{cm}^2$, $4\,\mathrm{cm}^2$,

$5\,\mathrm{cm}^2$, $6\,\mathrm{cm}^2$, $7\,\mathrm{cm}^2$, $8\,\mathrm{cm}^2$, $9\,\mathrm{cm}^2$, $10\,\mathrm{cm}^2$이므로 정사각형의 한

변의 길이는 각각 $\sqrt{1}\,\mathrm{cm}$, $\sqrt{2}\,\mathrm{cm}$, $\sqrt{3}\,\mathrm{cm}$, $\sqrt{4}\,\mathrm{cm}$, $\sqrt{5}\,\mathrm{cm}$, $\sqrt{6}\,\mathrm{cm}$,

$\sqrt{7}\,\mathrm{cm}$, $\sqrt{8}\,\mathrm{cm}$, $\sqrt{9}\,\mathrm{cm}$, $\sqrt{10}\,\mathrm{cm}$이다. $\qquad\cdots\ ❶$

이때 한 변의 길이가 유리수인 정사각형은 근호 안의 수가 제곱수

인 $\sqrt{1}=1(\mathrm{cm})$, $\sqrt{4}=2(\mathrm{cm})$, $\sqrt{9}=3(\mathrm{cm})$의 3개이다. $\qquad\cdots\ ❷$

따라서 한 변의 길이가 무리수인 정사각형의 개수는

$10-3=7(개)$ $\qquad\cdots\ ❸$

답 7개

교과서 속 서술형 문제

32~33쪽

1 ❶ $\sqrt{180x}$가 자연수가 되려면?

$180x$가 제곱수가 되어야 한다. 즉, $180x$를 소인수분해

하였을 때 소인수의 지수가 모두 짝수 가 되어야 한다.

❷ 180을 소인수분해하면?

$180 = 2^2 \times \boxed{3}^2 \times \boxed{5}$ … ㉮

❸ $\sqrt{180x}$가 자연수가 되도록 하는 자연수 x의 값은?

$\sqrt{180x} = \sqrt{2^2 \times \boxed{3}^2 \times \boxed{5} \times x}$가 자연수가 되려면 소인수

의 지수가 모두 $\boxed{\text{짝수}}$가 되어야 하므로

$x = \boxed{5} \times (\text{자연수})^2$의 꼴이어야 한다.

따라서 자연수 x는

$5, 5 \times \boxed{2}^2, 5 \times \boxed{3}^2, 5 \times 4^2, \cdots$

❹ $\sqrt{180x}$가 자연수가 되도록 하는 가장 작은 두 자리 자연수 x의 값은?

이때 x는 가장 작은 두 자리 자연수이므로

$x = 5 \times \boxed{2}^2 = \boxed{20}$ … ㉯

단계	채점 기준	배점 비율
㉮	180을 소인수분해하기	40 %
㉯	조건을 만족하는 자연수 x의 값 구하기	60 %

2 ❶ $\sqrt{\dfrac{700}{x}}$이 자연수가 되려면?

$\dfrac{700}{x}$이 제곱수가 되어야 한다. 즉, $\dfrac{700}{x}$을 소인수분해하

였을 때 소인수의 지수가 모두 짝수가 되어야 한다.

❷ 700을 소인수분해하면?

$700 = 2^2 \times 5^2 \times 7$ … ㉮

❸ $\sqrt{\dfrac{700}{x}}$이 자연수가 되도록 하는 자연수 x의 값은?

$\sqrt{\dfrac{700}{x}} = \sqrt{\dfrac{2^2 \times 5^2 \times 7}{x}}$이 자연수가 되려면 소인수의 지

수가 모두 짝수가 되어야 하므로 자연수 x는 700의 약수

이면서 $7 \times (\text{자연수})^2$의 꼴이어야 한다.

따라서 자연수 x는

$7, 7 \times 2^2, 7 \times 5^2, 7 \times 2^2 \times 5^2$

❹ $\sqrt{\dfrac{700}{x}}$이 자연수가 되도록 하는 가장 작은 세 자리 자연수 x의 값은?

이때 x는 가장 작은 세 자리 자연수이므로

$x = 7 \times 5^2 = 175$ … ㉯

단계	채점 기준	배점 비율
㉮	700을 소인수분해하기	40 %
㉯	조건을 만족하는 자연수 x의 값 구하기	60 %

3 주어진 우리의 전체 넓이는 정사각형의 넓이와 삼각형의 넓이의 합과 같으므로

$7 \times 7 + \dfrac{1}{2} \times 7 \times 6 = 49 + 21 = 70(\text{m}^2)$ … ㉮

이때 새로 만들어지는 정사각형 모양의 우리의 한 변의 길이를 x m라 하면

$x^2 = 70$ $\therefore x = \pm\sqrt{70}$

그런데 $x > 0$이므로 $x = \sqrt{70}$

따라서 새로 만들어지는 우리의 한 변의 길이는 $\sqrt{70}$ m이다.

     … ㉯

답 $\sqrt{70}$ m

단계	채점 기준	배점 비율
㉮	주어진 우리의 전체 넓이 구하기	50 %
㉯	새로 만들어지는 정사각형 모양의 우리의 한 변의 길이 구하기	50 %

4 $xy < 0$, $x < y$이므로 $x < 0$, $y > 0$ … ㉮

따라서 $-4x > 0$, $x - 2y < 0$이므로

$\sqrt{(-4x)^2} - \sqrt{-y^2} + \sqrt{(x-2y)^2}$

$= -4x - y + \{-(x-2y)\} = -4x - y - x + 2y$

$= -5x + y$ … ㉯

답 $-5x + y$

단계	채점 기준	배점 비율
㉮	x, y의 부호 정하기	40 %
㉯	주어진 식 간단히 하기	60 %

5 $\overline{AC} = \overline{BD} = \sqrt{1^2 + 1^2} = \sqrt{2}$ … ㉮

$\overline{AP} = \overline{AC} = \sqrt{2}$이고 점 P가 나타내는 수가 $\sqrt{2} - 2$이므로

점 A가 나타내는 수는 -2이다.   … ㉯

점 A가 나타내는 수는 -2이고 $\overline{AB} = 1$이므로 점 B가 나타내는 수는 -1이다.   … ㉰

$\overline{BQ} = \overline{BD} = \sqrt{2}$이고 점 B가 나타내는 수는 -1이므로 점 Q가 나타내는 수는 $-1 - \sqrt{2}$이다.   … ㉱

답 $-1 - \sqrt{2}$

단계	채점 기준	배점 비율
㉮	$\overline{AC}, \overline{BD}$의 길이 구하기	20 %
㉯	점 A가 나타내는 수 구하기	30 %
㉰	점 B가 나타내는 수 구하기	20 %
㉱	점 Q가 나타내는 수 구하기	30 %

6 $2 < \sqrt{5} < 3$이므로 $-4 < \sqrt{5} - 6 < -3$ … ㉮

$-3 < -\sqrt{5} < -2$이므로 $3 < 6 - \sqrt{5} < 4$ … ㉯

따라서 두 수 $\sqrt{5} - 6$과 $6 - \sqrt{5}$ 사이에 있는 정수는 $-3, -2,$ $-1, 0, 1, 2, 3$의 7개이다.   … ㉰

답 7개

단계	채점 기준	배점 비율
㉮	$\sqrt{5} - 6$의 값의 범위 구하기	30 %
㉯	$6 - \sqrt{5}$의 값의 범위 구하기	30 %
㉰	두 수 사이에 있는 정수의 개수 구하기	40 %

02 근호를 포함한 식의 계산

❶ 근호를 포함한 식의 곱셈과 나눗셈

개념 확인하기 ··· 36쪽

1 ❶ (1) 7, 21 (2) 3, 2, 6 (3) 2, 2 (4) 3, 27

대표문제 37쪽

01 ❶ (1) $\sqrt{10}$ (2) $\sqrt{70}$ (3) $-\sqrt{66}$ (4) $\sqrt{7}$

(5) $\sqrt{\dfrac{2}{3}}$ (6) $-\sqrt{2}$

(4) $\sqrt{\dfrac{1}{2}}\sqrt{14}=\sqrt{\dfrac{1}{2}\times 14}=\sqrt{7}$

02 ❶ (1) $3\sqrt{22}$ (2) $16\sqrt{15}$ (3) $-20\sqrt{14}$ (4) $-12\sqrt{3}$

(5) $6\sqrt{5}$ (6) $-21\sqrt{2}$

(3) $-4\sqrt{7}\times 5\sqrt{2}=(-4\times 5)\times\sqrt{7\times 2}=-20\sqrt{14}$

(4) $6\sqrt{18}\times\left(-2\sqrt{\dfrac{1}{6}}\right)=\{6\times(-2)\}\times\sqrt{18\times\dfrac{1}{6}}$

$=-12\sqrt{3}$

(5) $3\sqrt{\dfrac{15}{2}}\times 2\sqrt{\dfrac{2}{3}}=(3\times 2)\times\sqrt{\dfrac{15}{2}\times\dfrac{2}{3}}$

$=6\sqrt{5}$

(6) $7\sqrt{\dfrac{3}{4}}\times\left(-3\sqrt{\dfrac{8}{3}}\right)=\{7\times(-3)\}\times\sqrt{\dfrac{3}{4}\times\dfrac{8}{3}}$

$=-21\sqrt{2}$

03 ❶ (1) 3, $\sqrt{42}$ (2) $-\sqrt{3}$ (3) $6\sqrt{6}$

(2) $-\sqrt{6}\times\sqrt{\dfrac{7}{6}}\times\sqrt{\dfrac{3}{7}}=-\sqrt{6\times\dfrac{7}{6}\times\dfrac{3}{7}}$

$=-\sqrt{3}$

(3) $\sqrt{15}\times 2\sqrt{\dfrac{4}{5}}\times 3\sqrt{\dfrac{1}{2}}=(2\times 3)\times\sqrt{15\times\dfrac{4}{5}\times\dfrac{1}{2}}$

$=6\sqrt{6}$

04 ❶ (1) $2\sqrt{5}$ (2) $4\sqrt{3}$ (3) $6\sqrt{5}$ (4) $10\sqrt{10}$

(5) $-3\sqrt{6}$ (6) $-6\sqrt{2}$

(1) $\sqrt{20}=\sqrt{2^2\times 5}=2\sqrt{5}$

(2) $\sqrt{48}=\sqrt{4^2\times 3}=4\sqrt{3}$

(3) $\sqrt{180}=\sqrt{6^2\times 5}=6\sqrt{5}$

(4) $\sqrt{1000}=\sqrt{10^2\times 10}=10\sqrt{10}$

(5) $-\sqrt{54}=-\sqrt{3^2\times 6}=-3\sqrt{6}$

(6) $-\sqrt{72}=-\sqrt{6^2\times 2}=-6\sqrt{2}$

---

05 ❶ (1) $\sqrt{24}$ (2) $\sqrt{45}$ (3) $-\sqrt{50}$ (4) $-\sqrt{700}$

(1) $2\sqrt{6}=\sqrt{2^2\times 6}=\sqrt{24}$

(2) $3\sqrt{5}=\sqrt{3^2\times 5}=\sqrt{45}$

(3) $-5\sqrt{2}=-\sqrt{5^2\times 2}=-\sqrt{50}$

(4) $-10\sqrt{7}=-\sqrt{10^2\times 7}=-\sqrt{700}$

06 ❶ 71

$\sqrt{32}=\sqrt{4^2\times 2}=4\sqrt{2}$이므로 $a=4$

$5\sqrt{3}=\sqrt{5^2\times 3}=\sqrt{75}$이므로 $b=75$

$\therefore b-a=75-4=71$

개념 확인하기 ··· 38쪽

1 ❶ (1) 풀이 참조 (2) 풀이 참조 (3) 풀이 참조

(4) 풀이 참조

(1) $\sqrt{10}\div\sqrt{2}=\dfrac{\sqrt{10}}{\sqrt{\boxed{2}}}=\sqrt{\dfrac{10}{2}}=\sqrt{\boxed{5}}$

(2) $4\sqrt{6}\div 2\sqrt{2}=\dfrac{\boxed{4}}{2}\sqrt{\dfrac{\boxed{6}}{2}}=\boxed{2}\sqrt{\boxed{3}}$

(3) $\sqrt{\dfrac{5}{49}}=\sqrt{\dfrac{5}{\boxed{7}^2}}=\dfrac{\sqrt{5}}{\boxed{7}}$

(4) $\dfrac{\sqrt{7}}{3}=\sqrt{\dfrac{7}{\boxed{3}^2}}=\sqrt{\dfrac{7}{\boxed{9}}}$

대표문제 39쪽

01 ❶ (1) $\sqrt{3}$ (2) $\sqrt{5}$ (3) $2\sqrt{2}$ (4) $-\dfrac{1}{2}$

(1) $\dfrac{\sqrt{15}}{\sqrt{5}}=\sqrt{\dfrac{15}{5}}=\sqrt{3}$

(2) $\dfrac{\sqrt{60}}{\sqrt{12}}=\sqrt{\dfrac{60}{12}}=\sqrt{5}$

(3) $\sqrt{24}\div\sqrt{3}=\dfrac{\sqrt{24}}{\sqrt{3}}=\sqrt{8}=2\sqrt{2}$

(4) $\sqrt{7}\div(-\sqrt{28})=-\dfrac{\sqrt{7}}{\sqrt{28}}=-\sqrt{\dfrac{1}{4}}=-\dfrac{1}{2}$

02 ❶ (1) $3\sqrt{2}$ (2) -4

(1) $9\sqrt{14}\div 3\sqrt{7}=\dfrac{9}{3}\sqrt{\dfrac{14}{7}}=3\sqrt{2}$

(2) $8\sqrt{20}\div(-4\sqrt{5})=-\dfrac{8}{4}\sqrt{\dfrac{20}{5}}=-2\sqrt{4}=-4$

03 답 (1) $\sqrt{5}, \sqrt{35}$ (2) $-\dfrac{1}{6}$ (3) $\sqrt{6}$

(2) $\dfrac{\sqrt{3}}{\sqrt{6}} \div (-\sqrt{18}) = \dfrac{\sqrt{3}}{\sqrt{6}} \times \left(-\dfrac{1}{\sqrt{18}}\right)$

$= -\sqrt{\dfrac{3}{6} \times \dfrac{1}{18}}$

$= -\sqrt{\dfrac{1}{36}} = -\dfrac{1}{6}$

(3) $\dfrac{\sqrt{15}}{\sqrt{2}} \div \dfrac{\sqrt{10}}{\sqrt{8}} = \dfrac{\sqrt{15}}{\sqrt{2}} \times \dfrac{\sqrt{8}}{\sqrt{10}}$

$= \sqrt{\dfrac{15}{2} \times \dfrac{8}{10}} = \sqrt{6}$

04 답 (1) 풀이 참조 (2) $2\sqrt{3}$

(1) $\sqrt{48} \div \sqrt{6} \div \dfrac{\sqrt{2}}{3} = \sqrt{48} \times \dfrac{1}{\sqrt{6}} \times \dfrac{3}{\boxed{\sqrt{2}}}$

$= 3 \times \sqrt{48 \times \dfrac{1}{6} \times \dfrac{1}{2}}$

$= 3\sqrt{4} = \boxed{6}$

(2) $4\sqrt{35} \div \sqrt{7} \div 2\sqrt{\dfrac{5}{3}} = 4\sqrt{35} \times \dfrac{1}{\sqrt{7}} \times \dfrac{\sqrt{3}}{2\sqrt{5}}$

$= \left(4 \times \dfrac{1}{2}\right) \times \sqrt{35 \times \dfrac{1}{7} \times \dfrac{3}{5}}$

$= 2\sqrt{3}$

05 답 (1) $\dfrac{\sqrt{6}}{5}$ (2) $-\dfrac{\sqrt{5}}{6}$ (3) $\dfrac{\sqrt{19}}{10}$ (4) $\dfrac{\sqrt{11}}{15}$

(1) $\sqrt{\dfrac{6}{25}} = \sqrt{\dfrac{6}{5^2}} = \dfrac{\sqrt{6}}{5}$

(2) $-\sqrt{\dfrac{5}{36}} = -\sqrt{\dfrac{5}{6^2}} = -\dfrac{\sqrt{5}}{6}$

(3) $\sqrt{\dfrac{38}{200}} = \sqrt{\dfrac{19}{100}} = \sqrt{\dfrac{19}{10^2}} = \dfrac{\sqrt{19}}{10}$

(4) $\sqrt{\dfrac{11}{3^2 \times 5^2}} = \dfrac{\sqrt{11}}{3 \times 5} = \dfrac{\sqrt{11}}{15}$

06 답 (1) $100, 10$ (2) $-\dfrac{\sqrt{21}}{10}$ (3) $\dfrac{\sqrt{11}}{2}$

(2) $-\sqrt{0.21} = -\sqrt{\dfrac{21}{100}} = -\sqrt{\dfrac{21}{10^2}} = -\dfrac{\sqrt{21}}{10}$

(3) $\sqrt{2.75} = \sqrt{\dfrac{275}{100}} = \sqrt{\dfrac{11}{4}} = \sqrt{\dfrac{11}{2^2}} = \dfrac{\sqrt{11}}{2}$

07 답 (1) $\sqrt{\dfrac{5}{4}}$ (2) $-\sqrt{\dfrac{3}{10}}$ (3) $\sqrt{2}$ (4) $\sqrt{\dfrac{63}{16}}$

(1) $\dfrac{\sqrt{5}}{2} = \sqrt{\dfrac{5}{2^2}} = \sqrt{\dfrac{5}{4}}$

(2) $-\dfrac{\sqrt{30}}{10} = -\sqrt{\dfrac{30}{10^2}} = -\sqrt{\dfrac{30}{100}} = -\sqrt{\dfrac{3}{10}}$

(3) $\dfrac{\sqrt{98}}{7} = \sqrt{\dfrac{98}{7^2}} = \sqrt{\dfrac{98}{49}} = \sqrt{2}$

(4) $\dfrac{3\sqrt{7}}{4} = \sqrt{\dfrac{3^2 \times 7}{4^2}} = \sqrt{\dfrac{63}{16}}$

개념 **11** 분모의 유리화

개념 확인하기 ·········· 40쪽

1 답 (1) 풀이 참조 (2) 풀이 참조 (3) 풀이 참조

(1) $\dfrac{1}{\sqrt{5}} = \dfrac{1 \times \boxed{\sqrt{5}}}{\sqrt{5} \times \boxed{\sqrt{5}}} = \boxed{\dfrac{\sqrt{5}}{5}}$

(2) $\dfrac{\sqrt{2}}{\sqrt{3}} = \dfrac{\sqrt{2} \times \boxed{\sqrt{3}}}{\sqrt{3} \times \boxed{\sqrt{3}}} = \boxed{\dfrac{\sqrt{6}}{3}}$

(3) $\dfrac{4}{3\sqrt{2}} = \dfrac{4 \times \boxed{\sqrt{2}}}{3\sqrt{2} \times \boxed{\sqrt{2}}} = \dfrac{4\sqrt{\boxed{2}}}{\boxed{6}} = \dfrac{\boxed{2}\sqrt{\boxed{2}}}{3}$

대표문제 41쪽

01 답 (1) $\dfrac{\sqrt{10}}{10}$ (2) $\dfrac{3\sqrt{7}}{7}$ (3) $\dfrac{\sqrt{10}}{5}$ (4) $-\dfrac{\sqrt{22}}{2}$

(5) $\dfrac{\sqrt{6}}{3}$ (6) $-3\sqrt{3}$

(3) $\dfrac{\sqrt{2}}{\sqrt{5}} = \dfrac{\sqrt{2} \times \sqrt{5}}{\sqrt{5} \times \sqrt{5}} = \dfrac{\sqrt{10}}{5}$

(4) $-\dfrac{\sqrt{11}}{\sqrt{2}} = -\dfrac{\sqrt{11} \times \sqrt{2}}{\sqrt{2} \times \sqrt{2}} = -\dfrac{\sqrt{22}}{2}$

(5) $\dfrac{2}{\sqrt{6}} = \dfrac{2 \times \sqrt{6}}{\sqrt{6} \times \sqrt{6}} = \dfrac{2\sqrt{6}}{6} = \dfrac{\sqrt{6}}{3}$

(6) $-\dfrac{9}{\sqrt{3}} = -\dfrac{9 \times \sqrt{3}}{\sqrt{3} \times \sqrt{3}} = -\dfrac{9\sqrt{3}}{3} = -3\sqrt{3}$

02 답 (1) $\dfrac{7\sqrt{6}}{12}$ (2) $\dfrac{4\sqrt{7}}{21}$ (3) $-\dfrac{\sqrt{15}}{10}$ (4) $\dfrac{\sqrt{6}}{2}$

(1) $\dfrac{7}{2\sqrt{6}} = \dfrac{7 \times \sqrt{6}}{2\sqrt{6} \times \sqrt{6}} = \dfrac{7\sqrt{6}}{12}$

(2) $\dfrac{4}{3\sqrt{7}} = \dfrac{4 \times \sqrt{7}}{3\sqrt{7} \times \sqrt{7}} = \dfrac{4\sqrt{7}}{21}$

(3) $-\dfrac{\sqrt{3}}{2\sqrt{5}} = -\dfrac{\sqrt{3} \times \sqrt{5}}{2\sqrt{5} \times \sqrt{5}} = -\dfrac{\sqrt{15}}{10}$

(4) $\dfrac{3\sqrt{2}}{2\sqrt{3}} = \dfrac{3\sqrt{2} \times \sqrt{3}}{2\sqrt{3} \times \sqrt{3}} = \dfrac{3\sqrt{6}}{6} = \dfrac{\sqrt{6}}{2}$

03 답 풀이 참조

$\dfrac{6}{\sqrt{24}} = \dfrac{6}{\boxed{2}\sqrt{6}} = \dfrac{3}{\sqrt{6}} = \dfrac{3 \times \boxed{\sqrt{6}}}{\sqrt{6} \times \boxed{\sqrt{6}}} = \dfrac{3\sqrt{6}}{6} = \boxed{\dfrac{\sqrt{6}}{2}}$

04 답 (1) $\dfrac{\sqrt{3}}{9}$ (2) $-\dfrac{\sqrt{2}}{4}$ (3) $\dfrac{\sqrt{42}}{14}$ (4) $\dfrac{\sqrt{10}}{2}$

(1) $\dfrac{1}{\sqrt{27}} = \dfrac{1}{3\sqrt{3}} = \dfrac{1 \times \sqrt{3}}{3\sqrt{3} \times \sqrt{3}} = \dfrac{\sqrt{3}}{9}$

(2) $-\dfrac{2}{\sqrt{32}} = -\dfrac{2}{4\sqrt{2}} = -\dfrac{1}{2\sqrt{2}} = -\dfrac{1 \times \sqrt{2}}{2\sqrt{2} \times \sqrt{2}} = -\dfrac{\sqrt{2}}{4}$

(3) $\dfrac{\sqrt{6}}{\sqrt{28}} = \dfrac{\sqrt{6}}{2\sqrt{7}} = \dfrac{\sqrt{6} \times \sqrt{7}}{2\sqrt{7} \times \sqrt{7}} = \dfrac{\sqrt{42}}{14}$

(4) $\dfrac{3\sqrt{5}}{\sqrt{18}}=\dfrac{3\sqrt{5}}{3\sqrt{2}}=\dfrac{\sqrt{5}}{\sqrt{2}}=\dfrac{\sqrt{5}\times\sqrt{2}}{\sqrt{2}\times\sqrt{2}}=\dfrac{\sqrt{10}}{2}$

05 답 (1) $\dfrac{2\sqrt{3}}{3}$ (2) $-\dfrac{\sqrt{10}}{2}$ (3) $\dfrac{2\sqrt{6}}{3}$ (4) $\dfrac{\sqrt{15}}{5}$

(1) $\sqrt{5}\times\dfrac{2}{\sqrt{15}}=2\times\sqrt{5\times\dfrac{1}{15}}=2\sqrt{\dfrac{1}{3}}$

$\qquad =\dfrac{2}{\sqrt{3}}=\dfrac{2\times\sqrt{3}}{\sqrt{3}\times\sqrt{3}}=\dfrac{2\sqrt{3}}{3}$

(2) $-\sqrt{\dfrac{3}{7}}\times\sqrt{\dfrac{35}{6}}=-\sqrt{\dfrac{3}{7}\times\dfrac{35}{6}}=-\sqrt{\dfrac{5}{2}}$

$\qquad =-\dfrac{\sqrt{5}}{\sqrt{2}}=-\dfrac{\sqrt{5}\times\sqrt{2}}{\sqrt{2}\times\sqrt{2}}=-\dfrac{\sqrt{10}}{2}$

(3) $4\sqrt{2}\div\sqrt{12}=\dfrac{4\sqrt{2}}{\sqrt{12}}=4\sqrt{\dfrac{1}{6}}$

$\qquad =\dfrac{4}{\sqrt{6}}=\dfrac{4\times\sqrt{6}}{\sqrt{6}\times\sqrt{6}}=\dfrac{4\sqrt{6}}{6}=\dfrac{2\sqrt{6}}{3}$

(4) $\sqrt{\dfrac{1}{2}}\div\sqrt{\dfrac{5}{6}}=\sqrt{\dfrac{1}{2}}\times\sqrt{\dfrac{6}{5}}=\sqrt{\dfrac{1}{2}\times\dfrac{6}{5}}=\sqrt{\dfrac{3}{5}}$

$\qquad =\dfrac{\sqrt{3}}{\sqrt{5}}=\dfrac{\sqrt{3}\times\sqrt{5}}{\sqrt{5}\times\sqrt{5}}=\dfrac{\sqrt{15}}{5}$

06 답 $\dfrac{1}{3}$

$\dfrac{\sqrt{3}}{\sqrt{2}}\times\sqrt{8}\div\sqrt{18}=\dfrac{\sqrt{3}}{\sqrt{2}}\times2\sqrt{2}\times\dfrac{1}{3\sqrt{2}}=\dfrac{2}{3}\times\sqrt{\dfrac{3}{2}\times2\times\dfrac{1}{2}}$

$\qquad =\dfrac{2}{3}\sqrt{\dfrac{3}{2}}=\dfrac{2\sqrt{3}}{3\sqrt{2}}=\dfrac{2\sqrt{3}\times\sqrt{2}}{3\sqrt{2}\times\sqrt{2}}=\dfrac{2\sqrt{6}}{6}=\dfrac{\sqrt{6}}{3}$

$\therefore a=\dfrac{1}{3}$

개념 12 제곱근표에 없는 수의 제곱근의 값

개념 확인하기 ·· 42쪽

1 답 (1) 100, 10, 17.32 (2) 30, 30, 54.77
(3) 30, 30, 0.5477 (4) 100, 10, 0.1732

대표문제 43쪽

01 답 (1) 22.36 (2) 70.71 (3) 223.6 (4) 0.7071
(5) 0.2236 (6) 0.07071

(1) $\sqrt{500}=\sqrt{5\times100}=10\sqrt{5}=10\times2.236=22.36$

(2) $\sqrt{5000}=\sqrt{50\times100}=10\sqrt{50}=10\times7.071=70.71$

(3) $\sqrt{50000}=\sqrt{5\times10000}=100\sqrt{5}=100\times2.236=223.6$

(4) $\sqrt{0.5}=\sqrt{\dfrac{50}{100}}=\dfrac{\sqrt{50}}{10}=\dfrac{1}{10}\times7.071=0.7071$

(5) $\sqrt{0.05}=\sqrt{\dfrac{5}{100}}=\dfrac{\sqrt{5}}{10}=\dfrac{1}{10}\times2.236=0.2236$

(6) $\sqrt{0.005}=\sqrt{\dfrac{50}{10000}}=\dfrac{\sqrt{50}}{100}=\dfrac{1}{100}\times7.071=0.07071$

02 답 (1) 30.25 (2) 95.66 (3) 956.6 (4) 0.9566
(5) 0.3025 (6) 0.09566

(1) $\sqrt{915}=\sqrt{9.15\times100}=10\sqrt{9.15}$
$\qquad =10\times3.025=30.25$

(2) $\sqrt{9150}=\sqrt{91.5\times100}=10\sqrt{91.5}$
$\qquad =10\times9.566=95.66$

(3) $\sqrt{915000}=\sqrt{91.5\times10000}=100\sqrt{91.5}$
$\qquad =100\times9.566=956.6$

(4) $\sqrt{0.915}=\sqrt{\dfrac{91.5}{100}}=\dfrac{\sqrt{91.5}}{10}$
$\qquad =\dfrac{1}{10}\times9.566=0.9566$

(5) $\sqrt{0.0915}=\sqrt{\dfrac{9.15}{100}}=\dfrac{\sqrt{9.15}}{10}$
$\qquad =\dfrac{1}{10}\times3.025=0.3025$

(6) $\sqrt{0.00915}=\sqrt{\dfrac{91.5}{10000}}=\dfrac{\sqrt{91.5}}{100}$
$\qquad =\dfrac{1}{100}\times9.566=0.09566$

03 답 16

$\sqrt{260}=\sqrt{2.6\times100}=10\sqrt{2.6}=10\times1.612=16.12$
따라서 $\sqrt{260}$과 가장 가까운 정수는 16이다.

04 답 ㄷ

ㄱ. $\sqrt{0.0035}=\sqrt{\dfrac{35}{10000}}=\dfrac{\sqrt{35}}{100}=\dfrac{1}{100}\times5.916=0.05916$

ㄴ. $\sqrt{0.35}=\sqrt{\dfrac{35}{100}}=\dfrac{\sqrt{35}}{10}=\dfrac{1}{10}\times5.916=0.5916$

ㄷ. $\sqrt{350}=\sqrt{3.5\times100}=10\sqrt{3.5}$이므로 제곱근표에서 $\sqrt{3.5}$의
   값이 주어져야 $\sqrt{350}$의 값을 구할 수 있다.

ㄹ. $\sqrt{3500}=\sqrt{35\times100}=10\sqrt{35}=10\times5.916=59.16$

이상에서 제곱근의 값을 구할 수 없는 것은 ㄷ뿐이다.

05 답 (1) 25.53 (2) 532 (3) 0.5235 (4) 0.2532

(1) $\sqrt{652}=\sqrt{6.52\times100}=10\sqrt{6.52}=10\times2.553=25.53$

(2) $\sqrt{283000}=\sqrt{28.3\times10000}=100\sqrt{28.3}$
$\qquad =100\times5.320=532$

(3) $\sqrt{0.274}=\sqrt{\dfrac{27.4}{100}}=\dfrac{\sqrt{27.4}}{10}=\dfrac{1}{10}\times5.235=0.5235$

(4) $\sqrt{0.0641}=\sqrt{\dfrac{6.41}{100}}=\dfrac{\sqrt{6.41}}{10}=\dfrac{1}{10}\times2.532=0.2532$

06 답 2, 2, 0.707

01 13	02 ④	03 ㄴ, ㄹ	04 1	05 7
06 ①	07 $\dfrac{3}{4}$	08 ③	09 $\sqrt{6}$	10 ⑤

01 $2\sqrt{5} \times 5\sqrt{2} = (2 \times 5) \times \sqrt{5 \times 2} = 10\sqrt{10}$이므로 $a = 10$

$\sqrt{\dfrac{15}{2}}\sqrt{\dfrac{6}{5}} = \sqrt{\dfrac{15}{2} \times \dfrac{6}{5}} = \sqrt{9} = 3$이므로 $b = 3$

$\therefore a + b = 10 + 3 = 13$

02 $\sqrt{6}\sqrt{30}\sqrt{35} = \sqrt{(2 \times 3) \times (2 \times 3 \times 5) \times (5 \times 7)}$
$= \sqrt{2^2 \times 3^2 \times 5^2 \times 7}$
$= \sqrt{(2 \times 3 \times 5)^2 \times 7}$
$= 30\sqrt{7}$

03 ㄱ. $-\dfrac{\sqrt{56}}{\sqrt{8}} = -\sqrt{\dfrac{56}{8}} = -\sqrt{7}$

ㄴ. $4\sqrt{30} \div 2\sqrt{6} = \dfrac{4\sqrt{30}}{2\sqrt{6}} = \dfrac{4}{2}\sqrt{\dfrac{30}{6}} = 2\sqrt{5}$

ㄷ. $\sqrt{15} \div \dfrac{1}{\sqrt{3}} = \sqrt{15} \times \sqrt{3} = \sqrt{45} = 3\sqrt{5}$

ㄹ. $\dfrac{\sqrt{21}}{\sqrt{5}} \div \dfrac{\sqrt{3}}{\sqrt{10}} = \dfrac{\sqrt{21}}{\sqrt{5}} \times \dfrac{\sqrt{10}}{\sqrt{3}} = \sqrt{\dfrac{21}{5} \times \dfrac{10}{3}} = \sqrt{14}$

이상에서 옳은 것은 ㄴ, ㄹ이다.

04 $\sqrt{\dfrac{18}{75}} = \sqrt{\dfrac{6}{25}} = \sqrt{\dfrac{6}{5^2}} = \dfrac{\sqrt{6}}{5}$이므로

$a = 6, b = 5$
$\therefore a - b = 6 - 5 = 1$

05 $\sqrt{180} = \sqrt{6^2 \times 5} = 6\sqrt{5}$이므로 $\sqrt{180}$은 $\sqrt{5}$의 6배이다.

$\therefore a = 6$

$\sqrt{0.4} = \sqrt{\dfrac{4}{10}} = \sqrt{\dfrac{40}{100}} = \sqrt{\dfrac{2^2 \times 10}{10^2}} = \dfrac{2\sqrt{10}}{10} = \dfrac{\sqrt{10}}{5}$

이므로 $\sqrt{0.4}$는 $\sqrt{10}$의 $\dfrac{1}{5}$배이다.

$\therefore b = \dfrac{1}{5}$

$\therefore a + 5b = 6 + 5 \times \dfrac{1}{5} = 7$

이런 풀이 어때요?

$\sqrt{180} = \sqrt{6^2 \times 5} = 6\sqrt{5}$이므로 $a = 6$

$\sqrt{0.4} = \sqrt{\dfrac{2}{5}} = \dfrac{\sqrt{2}}{\sqrt{5}} = \dfrac{\sqrt{2} \times \sqrt{5}}{\sqrt{5} \times \sqrt{5}} = \dfrac{\sqrt{10}}{5}$이므로 $b = \dfrac{1}{5}$

$\therefore a + 5b = 6 + 5 \times \dfrac{1}{5} = 7$

06 $\sqrt{150} = \sqrt{2 \times 3 \times 5^2} = 5\sqrt{2}\sqrt{3} = 5ab$

07 $\dfrac{5}{\sqrt{20}} = \dfrac{5}{2\sqrt{5}} = \dfrac{5 \times \sqrt{5}}{2\sqrt{5} \times \sqrt{5}} = \dfrac{5\sqrt{5}}{10} = \dfrac{\sqrt{5}}{2}$이므로 $a = \dfrac{1}{2}$

$\dfrac{9\sqrt{2}}{2\sqrt{3}} = \dfrac{9\sqrt{2} \times \sqrt{3}}{2\sqrt{3} \times \sqrt{3}} = \dfrac{9\sqrt{6}}{6} = \dfrac{3\sqrt{6}}{2}$이므로 $b = \dfrac{3}{2}$

$\therefore ab = \dfrac{1}{2} \times \dfrac{3}{2} = \dfrac{3}{4}$

이것만은 꼭!
분모를 유리화할 때에는 분모가 유리수가 되도록 하는 수 중에서 가장 간단한 수를 분모와 분자에 각각 곱한다.

08 $\dfrac{4}{\sqrt{3}} \times \dfrac{1}{\sqrt{2}} \div \left(-\dfrac{1}{\sqrt{8}}\right) = \dfrac{4}{\sqrt{3}} \times \dfrac{1}{\sqrt{2}} \times (-2\sqrt{2})$

$= \{4 \times (-2)\} \times \sqrt{\dfrac{1}{3} \times \dfrac{1}{2} \times 2}$

$= -\dfrac{8}{\sqrt{3}} = -\dfrac{8 \times \sqrt{3}}{\sqrt{3} \times \sqrt{3}}$

$= -\dfrac{8\sqrt{3}}{3}$

$\therefore a = -\dfrac{8}{3}$

09 주어진 삼각형의 넓이는

$\dfrac{1}{2} \times \sqrt{42} \times \sqrt{12} = \dfrac{1}{2} \times \sqrt{42} \times 2\sqrt{3} = \left(\dfrac{1}{2} \times 2\right) \times \sqrt{42 \times 3}$
$= \sqrt{2 \times 3^2 \times 7} = 3\sqrt{14}$

주어진 직사각형의 넓이는 $\sqrt{21} \times x$이고, 두 도형의 넓이가 서로 같으므로

$\sqrt{21} \times x = 3\sqrt{14}$

$\therefore x = 3\sqrt{14} \div \sqrt{21} = \dfrac{3\sqrt{14}}{\sqrt{21}} = \dfrac{3\sqrt{2}}{\sqrt{3}}$

$= \dfrac{3\sqrt{2} \times \sqrt{3}}{\sqrt{3} \times \sqrt{3}} = \dfrac{3\sqrt{6}}{3} = \sqrt{6}$

10 ① $\sqrt{134000} = \sqrt{13.4 \times 10000} = 100\sqrt{13.4}$
$= 100 \times 3.661 = 366.1$

② $\sqrt{1340} = \sqrt{13.4 \times 100} = 10\sqrt{13.4}$
$= 10 \times 3.661 = 36.61$

③ $\sqrt{134} = \sqrt{1.34 \times 100} = 10\sqrt{1.34}$
$= 10 \times 1.158 = 11.58$

④ $\sqrt{0.134} = \sqrt{\dfrac{13.4}{100}} = \dfrac{\sqrt{13.4}}{10}$
$= \dfrac{1}{10} \times 3.661 = 0.3661$

⑤ $\sqrt{0.0134} = \sqrt{\dfrac{1.34}{100}} = \dfrac{\sqrt{1.34}}{10}$
$= \dfrac{1}{10} \times 1.158 = 0.1158$

따라서 옳지 않은 것은 ⑤이다.

개념교재편

❷ 근호를 포함한 식의 덧셈과 뺄셈

개념 13 제곱근의 덧셈과 뺄셈

개념 확인하기 46쪽

1 답 (1) 1, $7\sqrt{7}$ (2) 9, 3, $6\sqrt{3}$ (3) 3, 5, $10\sqrt{5}$ (4) 4, 8, $\sqrt{2}$

대표문제 47쪽

01 답 (1) $9\sqrt{3}$ (2) $10\sqrt{5}$ (3) $2\sqrt{6}$ (4) $-\sqrt{10}$ (5) $5\sqrt{7}$
(6) $-6\sqrt{11}$

(1) $4\sqrt{3}+5\sqrt{3}=(4+5)\sqrt{3}=9\sqrt{3}$
(2) $7\sqrt{5}+3\sqrt{5}=(7+3)\sqrt{5}=10\sqrt{5}$
(3) $8\sqrt{6}-6\sqrt{6}=(8-6)\sqrt{6}=2\sqrt{6}$
(4) $4\sqrt{10}-5\sqrt{10}=(4-5)\sqrt{10}=-\sqrt{10}$
(5) $2\sqrt{7}-3\sqrt{7}+6\sqrt{7}=(2-3+6)\sqrt{7}=5\sqrt{7}$
(6) $4\sqrt{11}-2\sqrt{11}-8\sqrt{11}=(4-2-8)\sqrt{11}=-6\sqrt{11}$

02 답 (1) 3, 1, $9\sqrt{2}+4\sqrt{10}$ (2) $2\sqrt{5}-3\sqrt{3}$
(3) $7\sqrt{6}+5\sqrt{7}$ (4) $-8\sqrt{11}+8\sqrt{6}$

(2) $3\sqrt{5}-7\sqrt{3}-\sqrt{5}+4\sqrt{3}$
$=(3-1)\sqrt{5}+(-7+4)\sqrt{3}$
$=2\sqrt{5}-3\sqrt{3}$
(3) $8\sqrt{6}+3\sqrt{7}-\sqrt{6}+2\sqrt{7}$
$=(8-1)\sqrt{6}+(3+2)\sqrt{7}$
$=7\sqrt{6}+5\sqrt{7}$
(4) $-3\sqrt{11}+2\sqrt{6}+6\sqrt{6}-5\sqrt{11}$
$=(-3-5)\sqrt{11}+(2+6)\sqrt{6}$
$=-8\sqrt{11}+8\sqrt{6}$

03 답 (1) 5, $8\sqrt{2}$ (2) $3\sqrt{3}$ (3) $3\sqrt{7}$ (4) $-6\sqrt{2}-\sqrt{3}$

(2) $\sqrt{75}-\sqrt{12}=5\sqrt{3}-2\sqrt{3}=3\sqrt{3}$
(3) $\sqrt{28}-\sqrt{63}+\sqrt{112}=2\sqrt{7}-3\sqrt{7}+4\sqrt{7}=3\sqrt{7}$
(4) $-\sqrt{8}+3\sqrt{3}-\sqrt{48}-4\sqrt{2}$
$=-2\sqrt{2}+3\sqrt{3}-4\sqrt{3}-4\sqrt{2}$
$=-6\sqrt{2}-\sqrt{3}$

04 답 (1) 풀이 참조 (2) $7\sqrt{5}$ (3) 0 (4) $\dfrac{8\sqrt{6}}{3}$ (5) $-4\sqrt{3}$

(1) $\dfrac{7}{\sqrt{7}}-2\sqrt{7}=\dfrac{7\times\boxed{\sqrt{7}}}{\sqrt{7}\times\boxed{\sqrt{7}}}-2\sqrt{7}$
$=\boxed{\sqrt{7}}-2\sqrt{7}=\boxed{-\sqrt{7}}$
(2) $5\sqrt{5}+\dfrac{10}{\sqrt{5}}=5\sqrt{5}+\dfrac{10\times\sqrt{5}}{\sqrt{5}\times\sqrt{5}}$
$=5\sqrt{5}+2\sqrt{5}=7\sqrt{5}$

(3) $\sqrt{2}-\dfrac{4}{\sqrt{8}}=\sqrt{2}-\dfrac{4}{2\sqrt{2}}=\sqrt{2}-\dfrac{2}{\sqrt{2}}=\sqrt{2}-\dfrac{2\times\sqrt{2}}{\sqrt{2}\times\sqrt{2}}$
$=\sqrt{2}-\sqrt{2}=0$
(4) $\dfrac{18}{\sqrt{6}}-\sqrt{24}+\dfrac{5\sqrt{2}}{\sqrt{3}}=\dfrac{18\times\sqrt{6}}{\sqrt{6}\times\sqrt{6}}-2\sqrt{6}+\dfrac{5\sqrt{2}\times\sqrt{3}}{\sqrt{3}\times\sqrt{3}}$
$=3\sqrt{6}-2\sqrt{6}+\dfrac{5\sqrt{6}}{3}$
$=\dfrac{8\sqrt{6}}{3}$
(5) $-\sqrt{27}+\dfrac{6}{\sqrt{3}}-\dfrac{9}{\sqrt{3}}=-3\sqrt{3}+\dfrac{6\times\sqrt{3}}{\sqrt{3}\times\sqrt{3}}-\dfrac{9\times\sqrt{3}}{\sqrt{3}\times\sqrt{3}}$
$=-3\sqrt{3}+2\sqrt{3}-3\sqrt{3}$
$=-4\sqrt{3}$

05 답 $\dfrac{7\sqrt{10}}{10}$

$\dfrac{b}{a}+\dfrac{a}{b}=\dfrac{\sqrt{5}}{\sqrt{2}}+\dfrac{\sqrt{2}}{\sqrt{5}}=\dfrac{\sqrt{5}\times\sqrt{2}}{\sqrt{2}\times\sqrt{2}}+\dfrac{\sqrt{2}\times\sqrt{5}}{\sqrt{5}\times\sqrt{5}}$
$=\dfrac{\sqrt{10}}{2}+\dfrac{\sqrt{10}}{5}=\dfrac{5\sqrt{10}}{10}+\dfrac{2\sqrt{10}}{10}$
$=\dfrac{7\sqrt{10}}{10}$

개념 14 근호를 포함한 식의 혼합 계산

개념 확인하기 48쪽

1 답 (1) 풀이 참조 (2) 풀이 참조 (3) 풀이 참조

(1) $\sqrt{2}(\sqrt{11}+\sqrt{7})=\boxed{\sqrt{2}}\times\sqrt{11}+\boxed{\sqrt{2}}\times\sqrt{7}$
$=\boxed{\sqrt{22}+\sqrt{14}}$
(2) $\dfrac{\sqrt{7}-\sqrt{5}}{\sqrt{3}}=\dfrac{(\sqrt{7}-\sqrt{5})\times\boxed{\sqrt{3}}}{\sqrt{3}\times\boxed{\sqrt{3}}}=\dfrac{\boxed{\sqrt{21}-\sqrt{15}}}{3}$
(3) $\sqrt{6}\times\sqrt{3}-\sqrt{5}\div\sqrt{10}$
$=\sqrt{18}-\sqrt{5}\times\dfrac{1}{\boxed{\sqrt{10}}}=\boxed{3}\sqrt{2}-\dfrac{1}{\boxed{\sqrt{2}}}$
$=\boxed{3}\sqrt{2}-\dfrac{\boxed{\sqrt{2}}}{2}=\dfrac{\boxed{5\sqrt{2}}}{2}$

대표문제 49쪽

01 답 (1) $\sqrt{10}-2\sqrt{2}$ (2) $3\sqrt{5}+6$ (3) $2\sqrt{30}-10$
(4) $2\sqrt{5}-2\sqrt{3}$

(2) $\sqrt{3}(\sqrt{15}+2\sqrt{3})=\sqrt{45}+6=3\sqrt{5}+6$
(4) $(\sqrt{40}-\sqrt{24})\div\sqrt{2}=(2\sqrt{10}-2\sqrt{6})\times\dfrac{1}{\sqrt{2}}$
$=2\sqrt{5}-2\sqrt{3}$

02 답 -1

$\sqrt{2}(\sqrt{3}-1)+(\sqrt{6}-4\sqrt{2})\sqrt{3}$
$=\sqrt{6}-\sqrt{2}+\sqrt{18}-4\sqrt{6}$
$=\sqrt{6}-\sqrt{2}+3\sqrt{2}-4\sqrt{6}$
$=2\sqrt{2}-3\sqrt{6}$
따라서 $a=2, b=-3$이므로
$a+b=2+(-3)=-1$

03 답 (1) $\dfrac{\sqrt{10}+\sqrt{15}}{5}$ (2) $\dfrac{3\sqrt{2}-2}{2}$ (3) $2\sqrt{3}-2$

(4) $\dfrac{2\sqrt{3}+6}{3}$ (5) $\dfrac{\sqrt{6}-9}{6}$ (6) $\dfrac{\sqrt{10}+\sqrt{3}}{3}$

(1) $\dfrac{\sqrt{2}+\sqrt{3}}{\sqrt{5}}=\dfrac{(\sqrt{2}+\sqrt{3})\times\sqrt{5}}{\sqrt{5}\times\sqrt{5}}=\dfrac{\sqrt{10}+\sqrt{15}}{5}$

(2) $\dfrac{3-\sqrt{2}}{\sqrt{2}}=\dfrac{(3-\sqrt{2})\times\sqrt{2}}{\sqrt{2}\times\sqrt{2}}=\dfrac{3\sqrt{2}-2}{2}$

(3) $\dfrac{6-\sqrt{12}}{\sqrt{3}}=\dfrac{(6-2\sqrt{3})\times\sqrt{3}}{\sqrt{3}\times\sqrt{3}}=\dfrac{6\sqrt{3}-6}{3}=2\sqrt{3}-2$

(4) $\dfrac{\sqrt{8}+\sqrt{24}}{\sqrt{6}}=\dfrac{(2\sqrt{2}+2\sqrt{6})\times\sqrt{6}}{\sqrt{6}\times\sqrt{6}}=\dfrac{4\sqrt{3}+12}{6}=\dfrac{2\sqrt{3}+6}{3}$

(5) $\dfrac{\sqrt{2}-3\sqrt{3}}{2\sqrt{3}}=\dfrac{(\sqrt{2}-3\sqrt{3})\times\sqrt{3}}{2\sqrt{3}\times\sqrt{3}}=\dfrac{\sqrt{6}-9}{6}$

(6) $\dfrac{2\sqrt{5}+\sqrt{6}}{\sqrt{18}}=\dfrac{2\sqrt{5}+\sqrt{6}}{3\sqrt{2}}=\dfrac{(2\sqrt{5}+\sqrt{6})\times\sqrt{2}}{3\sqrt{2}\times\sqrt{2}}$
$=\dfrac{2\sqrt{10}+2\sqrt{3}}{6}=\dfrac{\sqrt{10}+\sqrt{3}}{3}$

04 답 (1) $-9\sqrt{3}$ (2) $2\sqrt{5}$ (3) $\sqrt{2}$ (4) $\dfrac{8\sqrt{6}}{3}+3$

(1) $\sqrt{21}\div\sqrt{7}-5\sqrt{6}\times\sqrt{2}=\sqrt{3}-10\sqrt{3}=-9\sqrt{3}$

(2) $\sqrt{32}\times\dfrac{5}{\sqrt{10}}-\sqrt{20}=4\sqrt{2}\times\dfrac{\sqrt{10}}{2}-2\sqrt{5}$
$=4\sqrt{5}-2\sqrt{5}=2\sqrt{5}$

(3) $\sqrt{8}-12\div\sqrt{2}+\sqrt{50}=\sqrt{8}-\dfrac{12}{\sqrt{2}}+\sqrt{50}$
$=2\sqrt{2}-6\sqrt{2}+5\sqrt{2}=\sqrt{2}$

(4) $\sqrt{3}(\sqrt{18}+\sqrt{3})-\sqrt{2}\div\sqrt{3}$
$=\sqrt{3}(3\sqrt{2}+\sqrt{3})-\dfrac{\sqrt{2}}{\sqrt{3}}$
$=3\sqrt{6}+3-\dfrac{\sqrt{6}}{3}=\dfrac{8\sqrt{6}}{3}+3$

05 답 $5, -2, 0, -2, 0, 2$

| 01 $5\sqrt{5}$ | 02 ④ | 03 $\dfrac{9}{2}$ | 04 8 | 05 $5-2\sqrt{6}$ |
| 06 4 | | | | |

01 $A=6\sqrt{3}-7\sqrt{3}-\sqrt{3}$
$=(6-7-1)\sqrt{3}=-2\sqrt{3}$
$B=-4\sqrt{5}+2\sqrt{3}+9\sqrt{5}$
$=2\sqrt{3}+(-4+9)\sqrt{5}$
$=2\sqrt{3}+5\sqrt{5}$
$\therefore A+B=-2\sqrt{3}+(2\sqrt{3}+5\sqrt{5})$
$=(-2+2)\sqrt{3}+5\sqrt{5}=5\sqrt{5}$

02 직사각형의 둘레의 길이는 $2\{(가로의 길이)+(세로의 길이)\}$
이므로 구하는 직사각형의 둘레의 길이는
$2\{(\sqrt{20}-\sqrt{2})+(\sqrt{18}-\sqrt{5})\}$
$=2(2\sqrt{5}-\sqrt{2}+3\sqrt{2}-\sqrt{5})$
$=2(2\sqrt{2}+\sqrt{5})$
$=4\sqrt{2}+2\sqrt{5}\,(cm)$

03 $\sqrt{50}+\dfrac{4}{\sqrt{32}}-\dfrac{\sqrt{8}}{2}=5\sqrt{2}+\dfrac{4}{4\sqrt{2}}-\dfrac{2\sqrt{2}}{2}$
$=5\sqrt{2}+\dfrac{1}{\sqrt{2}}-\sqrt{2}$
$=5\sqrt{2}+\dfrac{\sqrt{2}}{2}-\sqrt{2}$
$=\dfrac{9\sqrt{2}}{2}$
$\therefore k=\dfrac{9}{2}$

04 $\sqrt{3}a-\sqrt{5}b=\sqrt{3}(\sqrt{3}+\sqrt{5})-\sqrt{5}(\sqrt{3}-\sqrt{5})$
$=3+\sqrt{15}-\sqrt{15}+5=8$

05 $\sqrt{18}\left(\dfrac{1}{\sqrt{2}}-\dfrac{1}{\sqrt{3}}\right)-\dfrac{\sqrt{12}-\sqrt{8}}{\sqrt{2}}$
$=\dfrac{\sqrt{18}}{\sqrt{2}}-\dfrac{\sqrt{18}}{\sqrt{3}}-\dfrac{(2\sqrt{3}-2\sqrt{2})\times\sqrt{2}}{\sqrt{2}\times\sqrt{2}}$
$=\sqrt{9}-\sqrt{6}-\dfrac{2\sqrt{6}-4}{2}$
$=3-\sqrt{6}-\sqrt{6}+2$
$=5-2\sqrt{6}$

이런 풀이 어때요?

$\sqrt{18}\left(\dfrac{1}{\sqrt{2}}-\dfrac{1}{\sqrt{3}}\right)-\dfrac{\sqrt{12}-\sqrt{8}}{\sqrt{2}}$
$=3\sqrt{2}\left(\dfrac{1}{\sqrt{2}}-\dfrac{1}{\sqrt{3}}\right)-\dfrac{2\sqrt{3}-2\sqrt{2}}{\sqrt{2}}$
$=3-\dfrac{3\sqrt{2}}{\sqrt{3}}-\dfrac{2\sqrt{3}}{\sqrt{2}}+2$
$=3-\sqrt{6}-\sqrt{6}+2$
$=5-2\sqrt{6}$

06 $a(2-\sqrt{7})+4\sqrt{7}=2a-a\sqrt{7}+4\sqrt{7}$
$=2a+(-a+4)\sqrt{7}$
유리수가 되려면 $-a+4=0$이어야 하므로
$a=4$

01 ③	02 ④	03 ④	04 12	05 $\sqrt{35}$
06 7	07 $\dfrac{1}{45}$	08 ③	09 ④	10 28.85
11 ④	12 $-1+2\sqrt{2}$	13 ④	14 ③	
15 $b<c<a$		16 24	17 ⑤	18 ④
19 ④	20 $a=-5,\ A=-7$			

01 ③ $-\sqrt{\dfrac{11}{4}}\sqrt{\dfrac{20}{11}}=-\sqrt{\dfrac{11}{4}\times\dfrac{20}{11}}=-\sqrt{5}$

02 $6\sqrt{2}=\sqrt{6^2\times2}=\sqrt{72}$이므로 $a=72$

$\sqrt{27}=\sqrt{3^2\times3}=3\sqrt{3}$이므로 $b=3$

$\therefore a+b=72+3=75$

03 $\sqrt{48}=\sqrt{4^2\times3}=4\sqrt{3}=4a$

$\sqrt{45}=\sqrt{3^2\times5}=(\sqrt{3})^2\times\sqrt{5}=a^2b$

$\therefore \sqrt{48}-\sqrt{45}=4a-a^2b$

04 전략 근호 밖의 양수는 제곱하여 근호 안으로 넣을 수 있다.

$a\sqrt{\dfrac{8b}{a}}+b\sqrt{\dfrac{2a}{b}}=\sqrt{a^2\times\dfrac{8b}{a}}+\sqrt{b^2\times\dfrac{2a}{b}}$

$\qquad\qquad\qquad =\sqrt{8ab}+\sqrt{2ab}=\sqrt{64}+\sqrt{16}$

$\qquad\qquad\qquad =8+4=12$

이런 풀이 어때요?

$a\sqrt{\dfrac{8b}{a}}+b\sqrt{\dfrac{2a}{b}}$

$=\dfrac{a\sqrt{8b}}{\sqrt{a}}+\dfrac{b\sqrt{2a}}{\sqrt{b}}=\dfrac{a\sqrt{8b}\times\sqrt{a}}{\sqrt{a}\times\sqrt{a}}+\dfrac{b\sqrt{2a}\times\sqrt{b}}{\sqrt{b}\times\sqrt{b}}$

$=\sqrt{8ab}+\sqrt{2ab}=\sqrt{64}+\sqrt{16}=8+4=12$

05 $\dfrac{5}{\sqrt{7}}=\dfrac{5\times\sqrt{7}}{\sqrt{7}\times\sqrt{7}}=\dfrac{5\sqrt{7}}{7}$, $\sqrt{\dfrac{5}{7}}=\dfrac{\sqrt{5}}{\sqrt{7}}=\dfrac{\sqrt{5}\times\sqrt{7}}{\sqrt{7}\times\sqrt{7}}=\dfrac{\sqrt{35}}{7}$

$\therefore \dfrac{\sqrt{5}}{7}<\dfrac{5}{7}<\dfrac{\sqrt{35}}{7}<\dfrac{5\sqrt{7}}{7}$ ··· ㉮

따라서 $a=\dfrac{5}{\sqrt{7}},\ b=\dfrac{\sqrt{5}}{7}$이므로 ··· ㉯

$\dfrac{a}{b}=a\times\dfrac{1}{b}=\dfrac{5}{\sqrt{7}}\times\dfrac{7}{\sqrt{5}}=\dfrac{35}{\sqrt{35}}=\dfrac{35\times\sqrt{35}}{\sqrt{35}\times\sqrt{35}}=\sqrt{35}$ ··· ㉰

단계	채점 기준	배점 비율
㉮	주어진 수를 크기 순으로 나열하기	50 %
㉯	$a,\ b$의 값 각각 구하기	20 %
㉰	$\dfrac{a}{b}$의 값 구하기	30 %

06 $\dfrac{5\sqrt{k}}{6\sqrt{10}}=\dfrac{5\sqrt{k}\times\sqrt{10}}{6\sqrt{10}\times\sqrt{10}}=\dfrac{5\sqrt{10k}}{60}=\dfrac{\sqrt{10k}}{12}$

즉, $\dfrac{\sqrt{10k}}{12}=\dfrac{\sqrt{70}}{12}$이므로 $10k=70$ $\therefore k=7$

07 $\sqrt{\dfrac{5^2\times11}{81}}=\sqrt{\dfrac{5^2\times11}{9^2}}=\dfrac{5\sqrt{11}}{9}$이므로 $a=\dfrac{5}{9}$

$\sqrt{0.024}=\sqrt{\dfrac{24}{1000}}=\sqrt{\dfrac{3}{125}}=\sqrt{\dfrac{3}{5^2\times5}}=\dfrac{\sqrt{3}}{5\sqrt{5}}$

$\qquad\qquad =\dfrac{\sqrt{3}\times\sqrt{5}}{5\sqrt{5}\times\sqrt{5}}=\dfrac{\sqrt{15}}{25}$

이므로 $b=\dfrac{1}{25}$

$\therefore ab=\dfrac{5}{9}\times\dfrac{1}{25}=\dfrac{1}{45}$

08 $\dfrac{\sqrt{20}}{24}\times(-\sqrt{8})\div\dfrac{\sqrt{15}}{3\sqrt{2}}=\dfrac{2\sqrt{5}}{24}\times(-2\sqrt{2})\times\dfrac{3\sqrt{2}}{\sqrt{15}}$

$\qquad\qquad\qquad =-\dfrac{1}{\sqrt{3}}=-\dfrac{1\times\sqrt{3}}{\sqrt{3}\times\sqrt{3}}=-\dfrac{\sqrt{3}}{3}$

09 ① $\sqrt{5.72}=2.392$

② $\sqrt{585}=\sqrt{5.85\times100}=10\sqrt{5.85}=10\times2.419=24.19$

③ $\sqrt{59500}=\sqrt{5.95\times10000}=100\sqrt{5.95}$

$\qquad\quad =100\times2.439=243.9$

④ $\sqrt{0.593}=\sqrt{\dfrac{59.3}{100}}=\dfrac{\sqrt{59.3}}{10}$이므로 제곱근표에서 $\sqrt{59.3}$의

값이 주어져야 $\sqrt{0.593}$의 값을 구할 수 있다.

⑤ $\sqrt{0.06}=\sqrt{\dfrac{6}{100}}=\dfrac{\sqrt{6}}{10}=\dfrac{1}{10}\times2.449=0.2449$

따라서 제곱근의 값을 구할 수 없는 것은 ④이다.

10 $\sqrt{1780}=\sqrt{17.8\times100}=10\sqrt{17.8}=10\times4.219=42.19$

$\sqrt{178}=\sqrt{1.78\times100}=10\sqrt{1.78}=10\times1.334=13.34$

$\therefore \sqrt{1780}-\sqrt{178}=42.19-13.34=28.85$

11 ② $\sqrt{4}+2\sqrt{2}=2+2\sqrt{2}$

⑤ $\sqrt{24}-3\sqrt{6}=2\sqrt{6}-3\sqrt{6}=-\sqrt{6}$

12 전략 한 변의 길이가 1인 정사각형의 대각선의 길이는 $\sqrt{2}$임을 이용하여 먼저 수직선 위의 두 점 P, Q가 나타내는 수를 각각 구한다.

$\overline{\text{AP}}=\overline{\text{AC}}=\sqrt{2}$이고 점 P는 점 A(1)에서 오른쪽으로 $\sqrt{2}$만큼 떨어진 점이므로 점 P가 나타내는 수는 $1+\sqrt{2}$이다.

$\overline{\text{BQ}}=\overline{\text{BD}}=\sqrt{2}$이고 점 Q는 점 B(2)에서 왼쪽으로 $\sqrt{2}$만큼 떨어진 점이므로 점 Q가 나타내는 수는 $2-\sqrt{2}$이다.

$\therefore \overline{\text{PQ}}=(1+\sqrt{2})-(2-\sqrt{2})=1+\sqrt{2}-2+\sqrt{2}$

$\qquad\quad =-1+2\sqrt{2}$

13 $\sqrt{108}-\sqrt{75}+\sqrt{45}-\sqrt{80}=6\sqrt{3}-5\sqrt{3}+3\sqrt{5}-4\sqrt{5}$

$\qquad\qquad\qquad\qquad\qquad =\sqrt{3}-\sqrt{5}$

이므로 $a=1,\ b=-1$

$\therefore a-b=1-(-1)=2$

이것만은 꼭!

근호 안에 제곱인 인수가 포함되어 있을 때,

❶ 근호 안의 수를 소인수분해한다.

❷ 제곱인 인수는 근호 밖으로 꺼낸다.

14 $\dfrac{b}{a}-\dfrac{a}{b}=\dfrac{\sqrt6}{\sqrt5}-\dfrac{\sqrt5}{\sqrt6}=\dfrac{\sqrt6\times\sqrt5}{\sqrt5\times\sqrt5}-\dfrac{\sqrt5\times\sqrt6}{\sqrt6\times\sqrt6}$

$\qquad=\dfrac{\sqrt{30}}{5}-\dfrac{\sqrt{30}}{6}=\dfrac{6\sqrt{30}}{30}-\dfrac{5\sqrt{30}}{30}=\dfrac{\sqrt{30}}{30}$

15 $a-c=(2\sqrt3-1)-(5-2\sqrt3)$

$\qquad=2\sqrt3-1-5+2\sqrt3$

$\qquad=4\sqrt3-6=\sqrt{48}-\sqrt{36}>0$

이므로 $a>c$

$\quad b-c=(5-\sqrt{15})-(5-2\sqrt3)$

$\qquad=5-\sqrt{15}-5+2\sqrt3$

$\qquad=-\sqrt{15}+2\sqrt3=-\sqrt{15}+\sqrt{12}<0$

이므로 $b<c$

$\therefore b<c<a$

이것만은 꼭!

두 실수 a, b의 대소 관계는 $a-b$의 값의 부호에 따라 다음과 같이 정해진다.

① $a-b>0$이면 $a>b$

② $a-b=0$이면 $a=b$

③ $a-b<0$이면 $a<b$

16 $\sqrt3(5\sqrt3-4)-7(1-\sqrt3)=15-4\sqrt3-7+7\sqrt3$

$\qquad\qquad\qquad\qquad\qquad\quad=8+3\sqrt3$ $\qquad$ … ㉮

이므로 $a=8$, $b=3$ $\qquad$ … ㉯

$\therefore ab=8\times3=24$ $\qquad$ … ㉰

단계	채점 기준	배점 비율
㉮	$\sqrt3(5\sqrt3-4)-7(1-\sqrt3)$ 계산하기	50 %
㉯	a, b의 값 각각 구하기	30 %
㉰	ab의 값 구하기	20 %

17 $-\dfrac{\sqrt{10}+\sqrt{40}}{\sqrt5}+\dfrac{\sqrt{12}-\sqrt{54}}{\sqrt3}$

$=-\dfrac{\sqrt{10}+2\sqrt{10}}{\sqrt5}+\dfrac{2\sqrt3-3\sqrt6}{\sqrt3}$

$=-\dfrac{3\sqrt{10}\times\sqrt5}{\sqrt5\times\sqrt5}+\dfrac{(2\sqrt3-3\sqrt6)\times\sqrt3}{\sqrt3\times\sqrt3}$

$=-\dfrac{15\sqrt2}{5}+\dfrac{6-9\sqrt2}{3}=-3\sqrt2+2-3\sqrt2$

$=-6\sqrt2+2$

18 $2\sqrt3(1-\sqrt3)+\sqrt{12}\div\sqrt3+\dfrac{6}{\sqrt3}=2\sqrt3-6+2+2\sqrt3$

$\qquad\qquad\qquad\qquad\qquad\qquad=4\sqrt3-4$

19 $(\square ABCD의 넓이)=\dfrac{1}{2}\times(\sqrt{20}+\sqrt{45})\times\sqrt{55}$

$\qquad=\dfrac{1}{2}\times(2\sqrt5+3\sqrt5)\times\sqrt{55}$

$\qquad=\dfrac{1}{2}\times5\sqrt5\times\sqrt{55}=\dfrac{25\sqrt{11}}{2}$

20 $A=\sqrt3(\sqrt3-5)+a(2-\sqrt3)$

$\qquad=3-5\sqrt3+2a-a\sqrt3$

$\qquad=3+2a+(-5-a)\sqrt3$ $\qquad$ … ㉮

이때 A가 유리수가 되려면 $-5-a=0$이어야 하므로

$a=-5$ $\qquad$ … ㉯

$\therefore A=3+2a=3+2\times(-5)=-7$ $\qquad$ … ㉰

단계	채점 기준	배점 비율
㉮	A를 간단히 하기	50 %
㉯	유리수가 될 조건을 이용하여 a의 값 구하기	30 %
㉰	A의 값 구하기	20 %

창의·융합 문제 　　　　　53쪽

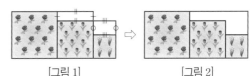

[그림 1] 　　　　 [그림 2] 　　　 … ❶

넓이가 $300\,m^2$, $192\,m^2$, $75\,m^2$인 세 정사각형 모양의 꽃밭의 한 변의 길이는 각각

$\sqrt{300}=10\sqrt3\,(m)$, $\sqrt{192}=8\sqrt3\,(m)$, $\sqrt{75}=5\sqrt3\,(m)$ 　 … ❷

세 꽃밭으로 이루어진 도형의 둘레의 길이는 [그림 2]에서 큰 직사각형의 둘레의 길이와 같다.

따라서 구하는 도형의 둘레의 길이는

$2(10\sqrt3+8\sqrt3+5\sqrt3)+2\times10\sqrt3$

$=46\sqrt3+20\sqrt3=66\sqrt3\,(m)$ 　 … ❸

답 $66\sqrt3\,m$

교과서 속 서술형 문제 　　　　54~55쪽

1 ❶ $\sqrt{200}$을 $a\sqrt b$의 꼴로 나타내어 A의 값을 구하면?

　　　　　　　　　　　　　　　（단, b는 가장 작은 자연수）

$\sqrt{200}=\sqrt{\boxed{10}^2\times2}=\boxed{10}\sqrt2$이므로

$\sqrt{200}$은 $\sqrt2$의 $\boxed{10}$배이다.

$\therefore A=\boxed{10}$ $\qquad$ … ㉮

❷ $\dfrac{\sqrt3}{3\sqrt5}$을 $\sqrt a$의 꼴로 나타내어 B의 값을 구하면?

$\dfrac{\sqrt3}{3\sqrt5}=\dfrac{\sqrt3}{\sqrt{\boxed{3}^2\times\boxed{5}}}=\dfrac{\sqrt3}{\sqrt{\boxed{45}}}=\sqrt{\dfrac{3}{\boxed{45}}}=\sqrt{\boxed{\dfrac{1}{15}}}$

이므로 $B=\boxed{\dfrac{1}{15}}$ $\qquad$ … ㉯

❸ AB의 값을 구하면?

$A=\boxed{10}$, $B=\boxed{\frac{1}{15}}$이므로

$AB=10\times\frac{1}{15}=\boxed{\frac{2}{3}}$ … ㉰

단계	채점 기준	배점 비율
㉮	A의 값 구하기	40 %
㉯	B의 값 구하기	40 %
㉰	AB의 값 구하기	20 %

2 ❶ $\sqrt{0.24}$를 $\frac{\sqrt{a}}{b}$의 꼴로 나타내어 A의 값을 구하면?

(단, a는 가장 작은 자연수)

$\sqrt{0.24}=\sqrt{\frac{24}{100}}=\sqrt{\frac{6}{25}}=\sqrt{\frac{6}{5^2}}=\frac{\sqrt{6}}{5}$이므로

$\sqrt{0.24}$는 $\sqrt{6}$의 $\frac{1}{5}$배이다.

$\therefore A=\frac{1}{5}$ … ㉮

❷ $\frac{2\sqrt{7}}{\sqrt{10}}$을 $\sqrt{a}$의 꼴로 나타내어 B의 값을 구하면?

$\frac{2\sqrt{7}}{\sqrt{10}}=\frac{\sqrt{2^2\times7}}{\sqrt{10}}=\frac{\sqrt{28}}{\sqrt{10}}=\sqrt{\frac{28}{10}}=\sqrt{\frac{14}{5}}$이므로

$B=\frac{14}{5}$ … ㉯

❸ $A\div B$의 값을 구하면?

$A=\frac{1}{5}$, $B=\frac{14}{5}$이므로

$A\div B=\frac{1}{5}\div\frac{14}{5}=\frac{1}{5}\times\frac{5}{14}=\frac{1}{14}$ … ㉰

단계	채점 기준	배점 비율
㉮	A의 값 구하기	40 %
㉯	B의 값 구하기	40 %
㉰	$A\div B$의 값 구하기	20 %

3 $\sqrt{2}\sqrt{6}\sqrt{5}=\sqrt{2\times6\times5}=\sqrt{60}=\sqrt{2^2\times15}=2\sqrt{15}$이므로

$a=2$ … ㉮

$4\sqrt{7}\times b\sqrt{3}=4b\sqrt{21}$, 즉 $4b\sqrt{21}=-8\sqrt{21}$이므로

$4b=-8$ $\quad\therefore b=-2$ … ㉯

$\therefore a-b=2-(-2)=4$ … ㉰

답 4

단계	채점 기준	배점 비율
㉮	a의 값 구하기	40 %
㉯	b의 값 구하기	40 %
㉰	$a-b$의 값 구하기	20 %

4 $3<\sqrt{10}<4$에서 $-4<-\sqrt{10}<-3$이므로

$2<6-\sqrt{10}<3$ … ㉮

즉, $6-\sqrt{10}$의 정수 부분은 2이므로 소수 부분은

$(6-\sqrt{10})-2=4-\sqrt{10}$

$\therefore a=4-\sqrt{10}$ … ㉯

$\therefore \frac{4+a}{4-a}=\frac{4+(4-\sqrt{10})}{4-(4-\sqrt{10})}=\frac{8-\sqrt{10}}{\sqrt{10}}$

$=\frac{(8-\sqrt{10})\times\sqrt{10}}{\sqrt{10}\times\sqrt{10}}=\frac{8\sqrt{10}-10}{10}$

$=\frac{4\sqrt{10}-5}{5}$ … ㉰

답 $\frac{4\sqrt{10}-5}{5}$

단계	채점 기준	배점 비율
㉮	$6-\sqrt{10}$의 값의 범위 구하기	30 %
㉯	a의 값 구하기	30 %
㉰	$\frac{4+a}{4-a}$의 값 구하기	40 %

5 $A=\sqrt{2}(5-\sqrt{3})+3\sqrt{6}=5\sqrt{2}-\sqrt{6}+3\sqrt{6}$

$=5\sqrt{2}+2\sqrt{6}$ … ㉮

$B=4\sqrt{5}\div\frac{\sqrt{2}}{\sqrt{5}}-\frac{\sqrt{24}}{2}=4\sqrt{5}\times\frac{\sqrt{5}}{\sqrt{2}}-\frac{2\sqrt{6}}{2}$

$=10\sqrt{2}-\sqrt{6}$ … ㉯

$\therefore A-B=(5\sqrt{2}+2\sqrt{6})-(10\sqrt{2}-\sqrt{6})$

$=5\sqrt{2}+2\sqrt{6}-10\sqrt{2}+\sqrt{6}$

$=-5\sqrt{2}+3\sqrt{6}$ … ㉰

답 $-5\sqrt{2}+3\sqrt{6}$

단계	채점 기준	배점 비율
㉮	A의 값 구하기	40 %
㉯	B의 값 구하기	40 %
㉰	$A-B$의 값 구하기	20 %

6 주어진 전개도로 만들어지는 상자의 높이를 x라 하자.

이 상자의 부피가 24이므로

$\sqrt{8}\times\sqrt{12}\times x=24$ … ㉮

$4\sqrt{6}x=24$

$\therefore x=\frac{24}{4\sqrt{6}}=\frac{24\times\sqrt{6}}{4\sqrt{6}\times\sqrt{6}}=\sqrt{6}$ … ㉯

따라서 상자의 옆넓이는

$(\sqrt{8}+\sqrt{12}+\sqrt{8}+\sqrt{12})\times\sqrt{6}$

$=(2\sqrt{2}+2\sqrt{3}+2\sqrt{2}+2\sqrt{3})\times\sqrt{6}$

$=(4\sqrt{2}+4\sqrt{3})\times\sqrt{6}$

$=8\sqrt{3}+12\sqrt{2}$ … ㉰

답 $8\sqrt{3}+12\sqrt{2}$

단계	채점 기준	배점 비율
㉮	상자의 높이를 구하는 식 세우기	20 %
㉯	상자의 높이 구하기	30 %
㉰	상자의 옆넓이 구하기	50 %

03 다항식의 곱셈과 인수분해

❶ 다항식의 곱셈과 곱셈 공식

개념 15 다항식과 다항식의 곱셈

개념 확인하기 58쪽

1 **답** (1) $4a$, 12　(2) $3x$, 6　(3) $5ab$, 10

대표문제 　　　　　　　　　59쪽

01 **답** (1) $ax-ay+bx-by$

(2) $2xy+3x+6y+9$

(3) $-3ab+12a+b-4$

(4) $x^2+5x-2xy-10y$

(5) $ax+bx+cx+ay+by+cy$

(6) $2ax+6ay+bx+3by-6x-18y$

02 **답** (1) 5, 5, 6, 5

(2) 2, 12, 18, $2a^2+9a-18$

(3) 3, 12, 4, $3x^2+11xy-4y^2$

03 **답** (1) $a^2+4a-21$　(2) $6x^2+10x-4$

(3) $-2a^2+7ab-3b^2$　(4) $x^2+2xy-2x+2y-3$

(1) $(a+7)(a-3)=a^2-3a+7a-21$
$\qquad\qquad\qquad =a^2+4a-21$

(2) $(3x-1)(2x+4)=6x^2+12x-2x-4$
$\qquad\qquad\qquad\quad =6x^2+10x-4$

(3) $(2a-b)(-a+3b)=-2a^2+6ab+ab-3b^2$
$\qquad\qquad\qquad\qquad =-2a^2+7ab-3b^2$

(4) $(x+1)(x+2y-3)=x^2+2xy-3x+x+2y-3$
$\qquad\qquad\qquad\qquad\quad =x^2+2xy-2x+2y-3$

04 **답** (1) 2　(2) 21　(3) -3　(4) 2

(1) $(x-1)(y-2)=xy-2x-y+2$
　　이므로 상수항은 2이다.

(2) $(-4x+y)(x-5y)=-4x^2+20xy+xy-5y^2$
$\qquad\qquad\qquad\qquad\quad =-4x^2+21xy-5y^2$
　　이므로 xy의 계수는 21이다.

(3) $(x-3)(3x+y+6)=3x^2+xy+6x-9x-3y-18$
$\qquad\qquad\qquad\qquad =3x^2+xy-3x-3y-18$
　　이므로 x의 계수는 -3이다.

(4) $(x-y+3)(2x+3)=2x^2+3x-2xy-3y+6x+9$
$\qquad\qquad\qquad\qquad =2x^2-2xy+9x-3y+9$
　　이므로 x^2의 계수는 2이다.

이런 풀이 어때요?

(1) 상수항은 $(-1)\times(-2)=2$에서 2이다.
(2) xy의 계수는 $-4x\times(-5y)+y\times x=21xy$에서 21이다.
(3) x의 계수는 $x\times6+(-3)\times3x=-3x$에서 -3이다.
(4) x^2의 계수는 $x\times2x=2x^2$에서 2이다.

05 **답** -20

$(7x-1)(y+3x)=7xy+21x^2-y-3x$
$\qquad\qquad\qquad =21x^2+7xy-3x-y$

이므로 $a=7$, $b=-3$, $c=-1$

$\therefore ab-c=7\times(-3)-(-1)$
$\qquad\qquad =-20$

개념 16 곱셈 공식 (1)

개념 확인하기 60쪽

1 **답** (1) 2, 3, 6, 9　(2) 2, 2, 4, 4　(3) 5, 25

대표문제 　　　　　　　61~62쪽

01 **답** (1) 5, 5, $x^2+10x+25$

(2) 2, 1, $4a^2+4a+1$

02 **답** (1) $a^2+12a+36$　(2) $16x^2+16x+4$

(3) $x^2+18xy+81y^2$　(4) $9a^2+42ab+49b^2$

(5) $25x^2+4xy+\dfrac{4}{25}y^2$　(6) $x^2+16xy+64y^2$

(6) $(-x-8y)^2=\{-(x+8y)\}^2$
$\qquad\qquad\quad =(x+8y)^2$
$\qquad\qquad\quad =x^2+16xy+64y^2$

03 **답** $\dfrac{1}{4}$

$\left(\dfrac{1}{4}x+2\right)^2=\dfrac{1}{16}x^2+x+4$이므로

$a=\dfrac{1}{16}$, $b=1$, $c=4$

$\therefore abc=\dfrac{1}{16}\times1\times4=\dfrac{1}{4}$

04 **답** $A=9$, $B=81$

$(x+A)^2=x^2+2Ax+A^2$이므로

$2A=18$, $A^2=B$

$\therefore A=9$, $B=81$

05 **답** (1) 3, 3, a^2-6a+9

(2) 4, 5, 5, $16x^2-40x+25$

06 답 (1) $x^2-14x+49$ (2) $25a^2-20a+4$

(3) $x^2-12xy+36y^2$ (4) $4a^2-12ab+9b^2$

(5) $\dfrac{9}{4}a^2-12ab+16b^2$ (6) $a^2-8ab+16b^2$

(6) $(-a+4b)^2=\{-(a-4b)\}^2$
$$=(a-4b)^2$$
$$=a^2-8ab+16b^2$$

07 답 -11

$(Ax-3)^2=A^2x^2-6Ax+9$

즉, $A^2x^2-6Ax+9=16x^2-Bx+C$이므로

$A^2=16$, $-6A=-B$, $9=C$

이때 A는 양수이므로 $A=4$, $B=24$, $C=9$

$\therefore A-B+C=4-24+9=-11$

08 답 (1) x, 4, x^2-16 (2) $5a$, $2b$, $25a^2-4b^2$

09 답 (1) $4x^2-1$ (2) $9-a^2$ (3) $9x^2-25y^2$ (4) $16a^2-\dfrac{1}{4}b^2$

(5) a^2-b^2 (6) $-b^2+49$

(5) $(-a-b)(-a+b)=(-a)^2-b^2=a^2-b^2$

(6) $(-b-7)(b-7)=(-7-b)(-7+b)$
$$=(-7)^2-b^2=49-b^2=-b^2+49$$

10 답 (1) 4, 49 (2) 2, 1, 4, 1

11 답 1, 1, 1, $a+b$, $a^2+2ab+b^2-1$

12 답 $4x^2+4xy+y^2+4x+2y+1$

$2x+y=A$로 놓으면

$(2x+y+1)^2=(A+1)^2=A^2+2A+1$

A에 $2x+y$를 대입하면

$A^2+2A+1=(2x+y)^2+2(2x+y)+1$
$$=4x^2+4xy+y^2+4x+2y+1$$

개념 17 곱셈 공식(2)

개념 확인하기 63쪽

1 답 (1) 1, 4, x^2+5x+4

(2) 4, 3, 4, 3, $8x^2+10x+3$

대표문제 64쪽

01 답 (1) $a^2+8a+15$ (2) x^2+2x-8

(3) $x^2-\dfrac{7}{12}x+\dfrac{1}{12}$ (4) $a^2-4ab-21b^2$

(1) $(a+3)(a+5)=a^2+(3+5)a+3\times5$
$$=a^2+8a+15$$

(2) $(x-2)(x+4)=x^2+(-2+4)x+(-2)\times4$
$$=x^2+2x-8$$

(3) $\left(x-\dfrac{1}{4}\right)\left(x-\dfrac{1}{3}\right)$
$$=x^2+\left(-\dfrac{1}{4}-\dfrac{1}{3}\right)x+\left(-\dfrac{1}{4}\right)\times\left(-\dfrac{1}{3}\right)$$
$$=x^2-\dfrac{7}{12}x+\dfrac{1}{12}$$

(4) $(a+3b)(a-7b)=a^2+(3b-7b)a+3b\times(-7b)$
$$=a^2-4ab-21b^2$$

02 답 -3

$(x+3)(x+A)=x^2+(3+A)x+3A$

즉, $x^2+(3+A)x+3A=x^2+Bx-12$이므로

$3+A=B$, $3A=-12$ $\therefore A=-4$, $B=-1$

$\therefore A-B=-4-(-1)=-3$

03 답 (1) $5x^2+32x+12$ (2) $15y^2+7y-2$

(3) $\dfrac{3}{4}x^2-7x+16$ (4) $6a^2-ab-12b^2$

(3) $\left(\dfrac{1}{2}x-2\right)\left(\dfrac{3}{2}x-8\right)$
$$=\left(\dfrac{1}{2}\times\dfrac{3}{2}\right)x^2+\left\{\dfrac{1}{2}\times(-8)+(-2)\times\dfrac{3}{2}\right\}x$$
$$\qquad\qquad\qquad\qquad +(-2)\times(-8)$$
$$=\dfrac{3}{4}x^2-7x+16$$

(4) $(2a-3b)(3a+4b)$
$$=(2\times3)a^2+\{2\times4b+(-3b)\times3\}a+(-3b)\times4b$$
$$=6a^2-ab-12b^2$$

04 답 (1) $6x^2+(-6+a)x-a$ (2) 3

(2) $(6x+a)(x-1)=6x^2+(-6+a)x-a$

이때 x의 계수는 $-6+a$이므로

$-6+a=-3$ $\therefore a=3$

05 답 $3x^2-3x-1$

$(4x+7)(2x-1)-(5x-2)(x+3)$
$$=8x^2+10x-7-(5x^2+13x-6)$$
$$=3x^2-3x-1$$

06 답 $x-1$, $2x+7$, $x-1$, $x+4$, 7, 4, $2x^2+15x+28$

이것만은 꼭!

도형에서의 곱셈 공식의 활용

직사각형의 넓이는 곱셈 공식을 이용하여 다음과 같은 방법으로 구한다.

❶ 넓이를 구하려는 직사각형의 가로, 세로의 길이를 문자를 사용한 식으로 나타낸다.

❷ 직사각형의 넓이를 구하는 식을 세운 후 곱셈 공식을 이용하여 전개한다.

01 4　　02 ⑤　　03 $1-a^8$　04 3　　05 ③

01 $(x-y)(x+2y-3)=x^2+2xy-3x-xy-2y^2+3y$
$\qquad\qquad\qquad\qquad=x^2+xy-2y^2-3x+3y$
따라서 $A=1$, $B=-3$이므로
$A-B=1-(-3)=4$

02 ① $(a+4)^2=a^2+8a+16$
　　② $(x-5)^2=x^2-10x+25$
　　③ $(a+7)(a-7)=a^2-49$
　　④ $(y+2)(y-1)=y^2+y-2$

03 $(1-a)(1+a)(1+a^2)(1+a^4)=(1-a^2)(1+a^2)(1+a^4)$
$\qquad\qquad\qquad\qquad\qquad\quad=(1-a^4)(1+a^4)$
$\qquad\qquad\qquad\qquad\qquad\quad=1-a^8$

> **이것만은 꼭!**
> 연속한 합과 차의 곱
> $(a+b)(a-b)=a^2-b^2$을 연속하여 적용한다. 이때 지수가
> 2 이상인 경우 지수법칙 $(a^m)^n=a^{mn}$ (m, n은 자연수)을 이
> 용한다.

04 $(4x-3)(7x+a)=28x^2+(4a-21)x-3a$이므로
$4a-21=-3a$, $7a=21$　∴ $a=3$

05 색칠한 직사각형의 가로의 길이는 $x+3$, 세로의 길이는
$x-2$이므로 구하는 넓이는
$(x+3)(x-2)=x^2+x-6$

② 곱셈 공식의 응용

개념 **18** 곱셈 공식의 응용 (1)

개념 확인하기 ⋯⋯⋯⋯⋯⋯⋯⋯⋯⋯⋯⋯⋯⋯⋯ 66쪽

1 📋 (1) 1, 100, 100, 10201　(2) 1, 1, 100, 1, 9999
　　(3) $\sqrt{3}$, $\sqrt{3}$, 2, $7-4\sqrt{3}$　(4) 3, $\sqrt{5}$, 4

대표문제 67쪽

01 📋 (1) ㄱ　(2) ㄴ　(3) ㄷ　(4) ㄹ　(5) ㄴ　(6) ㄷ

(1) 502^2 $\xrightarrow{\;\text{ㄱ}\;}$ $(500+2)^2=500^2+2\times500\times2+2^2$
$\qquad\qquad\qquad\qquad\quad=250000+2000+4$
$\qquad\qquad\qquad\qquad\quad=252004$

(2) 97^2 $\xrightarrow{\;\text{ㄴ}\;}$ $(100-3)^2=100^2-2\times100\times3+3^2$
$\qquad\qquad\qquad\qquad\quad=10000-600+9$
$\qquad\qquad\qquad\qquad\quad=9409$

(3) 55×45 $\xrightarrow{\;\text{ㄷ}\;}$ $(50+5)(50-5)=50^2-5^2$
$\qquad\qquad\qquad\qquad\qquad\qquad=2500-25$
$\qquad\qquad\qquad\qquad\qquad\qquad=2475$

(4) 101×102 $\xrightarrow{\;\text{ㄹ}\;}$ $(100+1)(100+2)$
$\qquad\qquad\qquad\qquad\quad=100^2+(1+2)\times100+1\times2$
$\qquad\qquad\qquad\qquad\quad=10000+300+2$
$\qquad\qquad\qquad\qquad\quad=10302$

(5) 9.8^2 $\xrightarrow{\;\text{ㄴ}\;}$ $(10-0.2)^2=10^2-2\times10\times0.2+0.2^2$
$\qquad\qquad\qquad\qquad\quad=100-4+0.04$
$\qquad\qquad\qquad\qquad\quad=96.04$

(6) 5.3×4.7 $\xrightarrow{\;\text{ㄷ}\;}$ $(5+0.3)(5-0.3)$
$\qquad\qquad\qquad\qquad\quad=5^2-0.3^2=25-0.09$
$\qquad\qquad\qquad\qquad\quad=24.91$

02 📋 (1) 42025　(2) 159201　(3) 2209　(4) 51.84
　　(5) 1596　(6) 10088　(7) 8.99　(8) 2520.03

(1) $205^2=(200+5)^2$
$\qquad=200^2+2\times200\times5+5^2$
$\qquad=40000+2000+25=42025$

(2) $399^2=(400-1)^2$
$\qquad=400^2-2\times400\times1+1^2$
$\qquad=160000-800+1=159201$

(3) $47^2=(50-3)^2$
$\qquad=50^2-2\times50\times3+3^2$
$\qquad=2500-300+9=2209$

(4) $7.2^2=(7+0.2)^2$
$\qquad=7^2+2\times7\times0.2+0.2^2$
$\qquad=49+2.8+0.04=51.84$

(5) $42\times38=(40+2)(40-2)=40^2-2^2$
$\qquad\qquad=1600-4=1596$

(6) $97\times104=(100-3)(100+4)$
$\qquad\qquad=100^2+(-3+4)\times100+(-3)\times4$
$\qquad\qquad=10000+100-12=10088$

(7) $2.9\times3.1=(3-0.1)(3+0.1)=3^2-0.1^2$
$\qquad\qquad=9-0.01=8.99$

(8) $50.1\times50.3=(50+0.1)(50+0.3)$
$\qquad\qquad=50^2+(0.1+0.3)\times50+0.1\times0.3$
$\qquad\qquad=2500+20+0.03=2520.03$

03 📋 (1) $11+4\sqrt{7}$　(2) $13-2\sqrt{30}$　(3) -12　(4) -10

(1) $(\sqrt{7}+2)^2=(\sqrt{7})^2+2\times\sqrt{7}\times2+2^2$
$\qquad\qquad\quad=7+4\sqrt{7}+4=11+4\sqrt{7}$

(2) $(\sqrt{10}-\sqrt{3})^2=(\sqrt{10})^2-2\times\sqrt{10}\times\sqrt{3}+(\sqrt{3})^2$
$\qquad\qquad\qquad=10-2\sqrt{30}+3=13-2\sqrt{30}$

(3) $(\sqrt{13}+5)(\sqrt{13}-5)=(\sqrt{13})^2-5^2=13-25=-12$

(4) $(3\sqrt{6}-8)(3\sqrt{6}+8)=(3\sqrt{6})^2-8^2=54-64=-10$

04 답 (1) 풀이 참조 (2) 풀이 참조

(1) $(\sqrt{6}+7)(\sqrt{6}-4)$
$=(\sqrt{6})^2+(7-\boxed{4})\times\sqrt{6}+7\times(\boxed{-4})$
$=6+3\sqrt{6}-28=\boxed{-22+3\sqrt{6}}$

(2) $(\sqrt{2}+3)(2\sqrt{2}-4)$
$=1\times2\times(\boxed{\sqrt{2}})^2+\{1\times(-4)+3\times2\}\times\boxed{\sqrt{2}}$
$\qquad\qquad\qquad\qquad\qquad+\boxed{3}\times(-4)$
$=4+2\sqrt{2}-12=\boxed{-8+2\sqrt{2}}$

05 답 (1) $2\sqrt{3}$ (2) 1 (3) $2\sqrt{3}$

(1) $x+y=(\sqrt{3}-\sqrt{2})+(\sqrt{3}+\sqrt{2})=2\sqrt{3}$

(2) $xy=(\sqrt{3}-\sqrt{2})(\sqrt{3}+\sqrt{2})$
$\quad=(\sqrt{3})^2-(\sqrt{2})^2=3-2=1$

(3) $\dfrac{1}{x}+\dfrac{1}{y}=\dfrac{x+y}{xy}=\dfrac{2\sqrt{3}}{1}=2\sqrt{3}$

---

 19 곱셈 공식의 응용 (2)

개념 확인하기 68쪽

1 답 풀이 참조

$$\dfrac{1}{2+\sqrt{3}}=\dfrac{2-\boxed{\sqrt{3}}}{(2+\sqrt{3})(2-\boxed{\sqrt{3}})}=\dfrac{2-\boxed{\sqrt{3}}}{4-\boxed{3}}=\boxed{2-\sqrt{3}}$$

대표문제 69쪽

01 답 (1) $\dfrac{3-\sqrt{5}}{4}$ (2) $5-\sqrt{23}$ (3) $\dfrac{4+\sqrt{11}}{5}$ (4) $\sqrt{7}+2$

(5) $\sqrt{6}-\sqrt{2}$ (6) $5+\sqrt{15}$

(1) $\dfrac{1}{3+\sqrt{5}}=\dfrac{3-\sqrt{5}}{(3+\sqrt{5})(3-\sqrt{5})}=\dfrac{3-\sqrt{5}}{9-5}=\dfrac{3-\sqrt{5}}{4}$

(2) $\dfrac{2}{5+\sqrt{23}}=\dfrac{2(5-\sqrt{23})}{(5+\sqrt{23})(5-\sqrt{23})}=\dfrac{2(5-\sqrt{23})}{25-23}$
$\qquad\qquad=5-\sqrt{23}$

(3) $\dfrac{1}{4-\sqrt{11}}=\dfrac{4+\sqrt{11}}{(4-\sqrt{11})(4+\sqrt{11})}=\dfrac{4+\sqrt{11}}{16-11}=\dfrac{4+\sqrt{11}}{5}$

(4) $\dfrac{3}{\sqrt{7}-2}=\dfrac{3(\sqrt{7}+2)}{(\sqrt{7}-2)(\sqrt{7}+2)}=\dfrac{3(\sqrt{7}+2)}{7-4}=\sqrt{7}+2$

(5) $\dfrac{4}{\sqrt{6}+\sqrt{2}}=\dfrac{4(\sqrt{6}-\sqrt{2})}{(\sqrt{6}+\sqrt{2})(\sqrt{6}-\sqrt{2})}=\dfrac{4(\sqrt{6}-\sqrt{2})}{6-2}$
$\qquad\qquad=\sqrt{6}-\sqrt{2}$

(6) $\dfrac{2\sqrt{5}}{\sqrt{5}-\sqrt{3}}=\dfrac{2\sqrt{5}(\sqrt{5}+\sqrt{3})}{(\sqrt{5}-\sqrt{3})(\sqrt{5}+\sqrt{3})}=\dfrac{2\sqrt{5}(\sqrt{5}+\sqrt{3})}{5-3}$
$\qquad\qquad=\sqrt{5}(\sqrt{5}+\sqrt{3})=5+\sqrt{15}$

02 답 (1) $3+2\sqrt{2}$ (2) $7-4\sqrt{3}$ (3) $15-4\sqrt{14}$ (4) $17+12\sqrt{2}$

(1) $\dfrac{\sqrt{2}+1}{\sqrt{2}-1}=\dfrac{(\sqrt{2}+1)^2}{(\sqrt{2}-1)(\sqrt{2}+1)}$
$\qquad\quad=\dfrac{2+2\sqrt{2}+1}{2-1}=3+2\sqrt{2}$

(2) $\dfrac{2-\sqrt{3}}{2+\sqrt{3}}=\dfrac{(2-\sqrt{3})^2}{(2+\sqrt{3})(2-\sqrt{3})}$
$\qquad\quad=\dfrac{4-4\sqrt{3}+3}{4-3}=7-4\sqrt{3}$

(3) $\dfrac{2\sqrt{2}-\sqrt{7}}{2\sqrt{2}+\sqrt{7}}=\dfrac{(2\sqrt{2}-\sqrt{7})^2}{(2\sqrt{2}+\sqrt{7})(2\sqrt{2}-\sqrt{7})}$
$\qquad\qquad=\dfrac{8-4\sqrt{14}+7}{8-7}=15-4\sqrt{14}$

(4) $\dfrac{3+2\sqrt{2}}{3-2\sqrt{2}}=\dfrac{(3+2\sqrt{2})^2}{(3-2\sqrt{2})(3+2\sqrt{2})}$
$\qquad\qquad=\dfrac{9+12\sqrt{2}+8}{9-8}=17+12\sqrt{2}$

03 답 (1) 2, -8, 20 (2) 4, 4, 36

04 답 (1) 11 (2) 10

(1) $x^2+y^2=(x-y)^2+2xy$
$\qquad\qquad=(-1)^2+2\times5=11$

(2) $(x-y)^2=(x+y)^2-4xy$
$\qquad\qquad=(3\sqrt{2})^2-4\times2=10$

05 답 (1) 2, 2, 14 (2) 4, 4, 12

06 답 (1) 22 (2) $\dfrac{22}{3}$

$x+y=(\sqrt{7}+2)+(\sqrt{7}-2)=2\sqrt{7}$
$xy=(\sqrt{7}+2)(\sqrt{7}-2)=3$

(1) $x^2+y^2=(x+y)^2-2xy$
$\qquad\qquad=(2\sqrt{7})^2-2\times3=22$

(2) $\dfrac{y}{x}+\dfrac{x}{y}=\dfrac{x^2+y^2}{xy}=\dfrac{22}{3}$

07 답 (1) $x=\sqrt{10}+3,\ y=\sqrt{10}-3$ (2) 38

(1) $x=\dfrac{1}{\sqrt{10}-3}=\dfrac{\sqrt{10}+3}{(\sqrt{10}-3)(\sqrt{10}+3)}=\sqrt{10}+3$

$\quad y=\dfrac{1}{\sqrt{10}+3}=\dfrac{\sqrt{10}-3}{(\sqrt{10}+3)(\sqrt{10}-3)}=\sqrt{10}-3$

(2) $x+y=(\sqrt{10}+3)+(\sqrt{10}-3)=2\sqrt{10}$

$\quad xy=(\sqrt{10}+3)(\sqrt{10}-3)=1$

$\quad\therefore\ x^2+y^2=(x+y)^2-2xy=(2\sqrt{10})^2-2\times1=38$

이런 풀이 어때요?

(2) $x=\sqrt{10}+3,\ y=\sqrt{10}-3$이므로
$\quad x^2+y^2=(\sqrt{10}+3)^2+(\sqrt{10}-3)^2$
$\qquad\qquad=(10+6\sqrt{10}+9)+(10-6\sqrt{10}+9)=38$

소단원 **핵심문제** 　　　　　　　　　70쪽

> **01** ③, ⑤　　**02** $\sqrt{3}$　　**03** ⑤　　　**04** 87
> **05** $\sqrt{3}, \sqrt{3}, 2, 3, 2, 2, 7$

01 ① $31^2 = (30+1)^2$ ← $(a+b)^2 = a^2+2ab+b^2$
$\qquad = 30^2 + 2 \times 30 \times 1 + 1^2$
$\qquad = 900 + 60 + 1$
$\qquad = 961$

② $298^2 = (300-2)^2$ ← $(a-b)^2 = a^2-2ab+b^2$
$\qquad = 300^2 - 2 \times 300 \times 2 + 2^2$
$\qquad = 90000 - 1200 + 4$
$\qquad = 88804$

③ $1.03 \times 0.97 = (1+0.03)(1-0.03)$ ← $(a+b)(a-b)=a^2-b^2$
$\qquad = 1^2 - 0.03^2 = 0.9991$

④ $196 \times 201 = (200-4)(200+1)$ ← $\begin{array}{l}(x+a)(x+b)\\=x^2+(a+b)x+ab\end{array}$
$\qquad = 200^2 + (-4+1) \times 200 + (-4) \times 1$
$\qquad = 40000 - 600 - 4 = 39396$

⑤ $305 \times 295 = (300+5)(300-5)$ ← $(a+b)(a-b)=a^2-b^2$
$\qquad = 300^2 - 5^2 = 90000 - 25$
$\qquad = 89975$

따라서 곱셈 공식 $(a+b)(a-b)=a^2-b^2$을 이용하여 계산하면 편리한 것은 ③, ⑤이다.

02 $A = (5+2\sqrt{3})(2-\sqrt{3})$
$\qquad = 5 \times 2 + \{5 \times (-1) + 2 \times 2\}\sqrt{3} + 2 \times (-1) \times (\sqrt{3})^2$
$\qquad = 10 - \sqrt{3} - 6 = 4 - \sqrt{3}$
$B = (\sqrt{3}-1)^2 = (\sqrt{3})^2 - 2 \times \sqrt{3} \times 1 + 1^2$
$\qquad = 3 - 2\sqrt{3} + 1 = 4 - 2\sqrt{3}$
$\therefore A - B = (4-\sqrt{3}) - (4-2\sqrt{3})$
$\qquad = 4 - \sqrt{3} - 4 + 2\sqrt{3}$
$\qquad = \sqrt{3}$

03 $\dfrac{\sqrt{2}}{\sqrt{5}-2} + \dfrac{\sqrt{2}}{\sqrt{5}+2}$
$\qquad = \dfrac{\sqrt{2}(\sqrt{5}+2)}{(\sqrt{5}-2)(\sqrt{5}+2)} + \dfrac{\sqrt{2}(\sqrt{5}-2)}{(\sqrt{5}+2)(\sqrt{5}-2)}$
$\qquad = \sqrt{2}(\sqrt{5}+2) + \sqrt{2}(\sqrt{5}-2)$
$\qquad = \sqrt{10} + 2\sqrt{2} + \sqrt{10} - 2\sqrt{2}$
$\qquad = 2\sqrt{10}$

04 $(a+b)^2 = (a-b)^2 + 4ab$
$\qquad = (3\sqrt{7})^2 + 4 \times 6 = 87$

05 이런 풀이 어때요?

> $x^2 - 2x + 5 = (\sqrt{3}+1)^2 - 2(\sqrt{3}+1) + 5$
> $\qquad = 3 + 2\sqrt{3} + 1 - 2\sqrt{3} - 2 + 5$
> $\qquad = 7$

---

③ 인수분해

개념 **20** 인수분해

개념 **확인하기** 71쪽

1 답 (1) $3x+3y$　(2) x^2-2x

2 답 (1) $y, x+y$　(2) $-3b, a-3b$

대표문제 　　　　　　　　　72쪽

01 답 (1) $xy-x$　(2) $2a^2+6a$　(3) x^2+4x+4
$\qquad$ (4) a^2-1　(5) x^2+x-6　(6) $6x^2-7x-3$

02 답 (1) $x, x+y$　(2) $xy, x(x-y), xy(x-y)$

03 답 ②
$x(x-1)(x+2) = (x^2-x)(x+2)$
$\qquad\qquad\qquad = (x^2+2x)(x-1)$
$\qquad\qquad\qquad = x(x^2+x-2)$
따라서 주어진 다항식의 인수가 아닌 것은 ②이다.

04 답 (1) $2x$　(2) $a+b-5$

05 답 (1) $a^2, a^2(1-2a)$　(2) $xy, xy(y+4)$
$\qquad$ (3) $3ab, 3ab(5a-b)$
(1) $a^2 - 2a^3 = a^2 + a^2 \times (-2a) = a^2(1-2a)$
(2) $xy^2 + 4xy = xy \times y + xy \times 4$
$\qquad\qquad\quad = xy(y+4)$
(3) $15a^2b - 3ab^2 = 3ab \times 5a + 3ab \times (-b)$
$\qquad\qquad\qquad = 3ab(5a-b)$

06 답 (1) $3x(x-3y)$　(2) $c(a+b-2)$
(1) $3x^2 - 9xy = 3x \times x + 3x \times (-3y)$
$\qquad\qquad\quad = 3x(x-3y)$
(2) $ca + bc - 2c = c \times a + c \times b + c \times (-2)$
$\qquad\qquad\qquad = c(a+b-2)$

07 답 (1) $x, x-2, x+5$　(2) $(b+1)(a-3)$

개념 **21** 인수분해 공식 (1)

개념 **확인하기** 73쪽

1 답 (1) $5, 5, 5$　(2) $2, 2, x-2$　(3) $\dfrac{1}{3}, \dfrac{1}{3}, \dfrac{1}{3}$

개념교재편

01 탑 $(1)(x+7)^2$ $(2)\left(x+\dfrac{1}{4}\right)^2$ $(3)(a+6b)^2$

(1) $x^2+14x+49=x^2+2\times x\times 7+7^2$
$\qquad =(x+7)^2$

(2) $x^2+\dfrac{1}{2}x+\dfrac{1}{16}=x^2+2\times x\times \dfrac{1}{4}+\left(\dfrac{1}{4}\right)^2$
$\qquad\qquad =\left(x+\dfrac{1}{4}\right)^2$

(3) $a^2+12ab+36b^2=a^2+2\times a\times 6b+(6b)^2$
$\qquad\qquad =(a+6b)^2$

02 탑 $(1)\,3x,\,3x,\,3x+1$ $(2)(4a+3)^2$ $(3)(5x+y)^2$

(2) $16a^2+24a+9=(4a)^2+2\times 4a\times 3+3^2$
$\qquad\qquad =(4a+3)^2$

(3) $25x^2+10xy+y^2=(5x)^2+2\times 5x\times y+y^2$
$\qquad\qquad =(5x+y)^2$

03 탑 $(1)\,4,\,4,\,x+2$ $(2)-3(a+1)^2$

(2) $-3a^2-6a-3=-3(a^2+2a+1)$
$\qquad\qquad =-3(a+1)^2$

04 탑 $(1)(x-4)^2$ $(2)\left(a-\dfrac{2}{3}\right)^2$ $(3)(x-9y)^2$

(1) $x^2-8x+16=x^2-2\times x\times 4+4^2$
$\qquad\qquad =(x-4)^2$

(2) $a^2-\dfrac{4}{3}a+\dfrac{4}{9}=a^2-2\times a\times \dfrac{2}{3}+\left(\dfrac{2}{3}\right)^2$
$\qquad\qquad =\left(a-\dfrac{2}{3}\right)^2$

(3) $x^2-18xy+81y^2=x^2-2\times x\times 9y+(9y)^2$
$\qquad\qquad =(x-9y)^2$

05 탑 $(1)\,4x,\,4x,\,4x-1$ $(2)(3x-2)^2$ $(3)(2x-5y)^2$

(2) $9x^2-12x+4=(3x)^2-2\times 3x\times 2+2^2$
$\qquad\qquad =(3x-2)^2$

(3) $4x^2-20xy+25y^2=(2x)^2-2\times 2x\times 5y+(5y)^2$
$\qquad\qquad =(2x-5y)^2$

06 탑 $(1)\,12,\,36,\,y-6$ $(2)\,a(3x-y)^2$

(2) $9ax^2-6axy+ay^2=a(9x^2-6xy+y^2)$
$\qquad\qquad =a(3x-y)^2$

07 탑 $(1)\,9$ $(2)\,64$ $(3)\,100$

(1) $x^2+6x+\square=x^2+2\times x\times 3+\square$이므로
$\qquad \square=3^2=9$

(2) $a^2-16a+\square=a^2-2\times a\times 8+\square$이므로
$\qquad \square=8^2=64$

(3) $x^2-20xy+\square y^2=x^2-2\times x\times 10y+\square y^2$이므로
$\qquad \square=10^2=100$

08 탑 $(1)\pm 4$ $(2)\pm 10$ $(3)\pm 14$

(1) $x^2+Ax+4=x^2+Ax+2^2=(x\pm 2)^2$이므로
$\qquad A=\pm 2\times 2=\pm 4$

(2) $x^2+Ax+25=x^2+Ax+5^2=(x\pm 5)^2$이므로
$\qquad A=\pm 2\times 5=\pm 10$

(3) $x^2+Axy+49y^2=x^2+Axy+(7y)^2=(x\pm 7y)^2$이므로
$\qquad A=\pm 2\times 7=\pm 14$

09 탑 9

$4x^2-12x+k=(2x)^2-2\times 2x\times 3+k$이므로
$k=3^2=9$

10 탑 $(1)(x+6)(x-6)$ $(2)(3x+4y)(3x-4y)$

$\qquad (3)(5+2x)(5-2x)$ $(4)\left(x+\dfrac{3}{2}\right)\left(x-\dfrac{3}{2}\right)$

$\qquad (5)\left(\dfrac{1}{8}a+\dfrac{1}{3}b\right)\left(\dfrac{1}{8}a-\dfrac{1}{3}b\right)$

(1) $x^2-36=x^2-6^2=(x+6)(x-6)$

(2) $9x^2-16y^2=(3x)^2-(4y)^2$
$\qquad\qquad =(3x+4y)(3x-4y)$

(3) $-4x^2+25=25-4x^2=5^2-(2x)^2$
$\qquad\qquad =(5+2x)(5-2x)$

(4) $x^2-\dfrac{9}{4}=x^2-\left(\dfrac{3}{2}\right)^2=\left(x+\dfrac{3}{2}\right)\left(x-\dfrac{3}{2}\right)$

(5) $\dfrac{1}{64}a^2-\dfrac{1}{9}b^2=\left(\dfrac{1}{8}a\right)^2-\left(\dfrac{1}{3}b\right)^2$
$\qquad\qquad =\left(\dfrac{1}{8}a+\dfrac{1}{3}b\right)\left(\dfrac{1}{8}a-\dfrac{1}{3}b\right)$

주의 $4a^2-b^2=(4a+b)(4a-b)$와 같이 잘못 인수분해하는
경우가 많으므로 주어진 다항식의 각 항을 제곱의 꼴로 고친 후
인수분해하도록 한다.
$\Rightarrow 4a^2-b^2=(2a)^2-b^2=(2a+b)(2a-b)$

11 탑 $(1)\,3,\,3,\,3$ $(2)\,b(a+b)(a-b)$

$\qquad (3)\,3x(2x+y)(2x-y)$

(2) $a^2b-b^3=b(a^2-b^2)=b(a+b)(a-b)$

(3) $12x^3-3xy^2=3x(4x^2-y^2)$
$\qquad\qquad =3x\{(2x)^2-y^2\}$
$\qquad\qquad =3x(2x+y)(2x-y)$

12 탑 $(1)\,x^2,\,y^2,\,x^2-y^2,\,x+y,\,x-y$

$\qquad (2)\,(a^2+1)(a+1)(a-1)$

(2) $a^4-1=(a^2)^2-1^2$
$\qquad =(a^2+1)(a^2-1)$
$\qquad =(a^2+1)(a+1)(a-1)$

개념 22 인수분해 공식 (2)

개념 확인하기 ……………………………………… 76쪽

1 답 (1) 1, 5   (2) −2, 4   (3) −3, −1

대표문제 77쪽

01 답 (1) 풀이 참조   (2) 풀이 참조

(1) 곱해서 2인 두 정수는 1, 2 또는 −1, −2이다.

이 중 합이 −3인 것은 $\boxed{-1}$, $\boxed{-2}$이므로

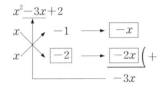

$$\Rightarrow x^2-3x+2=\underline{(x-1)(x-2)}$$

(2) 곱해서 15인 두 정수는 1, 15 또는 3, 5 또는 −1, −15

또는 −3, −5이다.

이 중 합이 8인 것은 $\boxed{3}$, $\boxed{5}$이므로

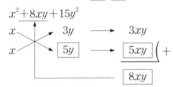

$$\Rightarrow x^2+8xy+15y^2=\underline{(x+3y)(x+5y)}$$

02 답 (1) $(x+1)(x+4)$ (2) $(a-3)(a+5)$

(3) $(x+2)(x-6)$ (4) $(y-5)(y-7)$

(1) x^2+5x+4

$$
\begin{array}{c}
x 1 \longrightarrow x \\
x 4 \longrightarrow \underline{4x} \, (+ \\
 5x
\end{array}
$$

$$\Rightarrow x^2+5x+4=(x+1)(x+4)$$

(2) $a^2+2a-15$

$$
\begin{array}{c}
a -3 \longrightarrow -3a \\
a 5 \longrightarrow \underline{5a} \, (+ \\
 2a
\end{array}
$$

$$\Rightarrow a^2+2a-15=(a-3)(a+5)$$

(3) $x^2-4x-12$

$$
\begin{array}{c}
x 2 \longrightarrow 2x \\
x -6 \longrightarrow \underline{-6x} \, (+ \\
 -4x
\end{array}
$$

$$\Rightarrow x^2-4x-12=(x+2)(x-6)$$

(4) $y^2-12y+35$

$$
\begin{array}{c}
y -5 \longrightarrow -5y \\
y -7 \longrightarrow \underline{-7y} \, (+ \\
 -12y
\end{array}
$$

$$\Rightarrow y^2-12y+35=(y-5)(y-7)$$

03 답 (1) $(x+y)(x+3y)$ (2) $(a-3b)(a-4b)$

(3) $(x+2y)(x-7y)$ (4) $(x-4y)(x+5y)$

(1) $x^2+4xy+3y^2$

$$
\begin{array}{c}
x y \longrightarrow xy \\
x 3y \longrightarrow \underline{3xy} \, (+ \\
 4xy
\end{array}
$$

$$\Rightarrow x^2+4xy+3y^2=(x+y)(x+3y)$$

(2) $a^2-7ab+12b^2$

$$
\begin{array}{c}
a -3b \longrightarrow -3ab \\
a -4b \longrightarrow \underline{-4ab} \, (+ \\
 -7ab
\end{array}
$$

$$\Rightarrow a^2-7ab+12b^2=(a-3b)(a-4b)$$

(3) $x^2-5xy-14y^2$

$$
\begin{array}{c}
x 2y \longrightarrow 2xy \\
x -7y \longrightarrow \underline{-7xy} \, (+ \\
 -5xy
\end{array}
$$

$$\Rightarrow x^2-5xy-14y^2=(x+2y)(x-7y)$$

(4) $x^2+xy-20y^2$

$$
\begin{array}{c}
x -4y \longrightarrow -4xy \\
x 5y \longrightarrow \underline{5xy} \, (+ \\
 xy
\end{array}
$$

$$\Rightarrow x^2+xy-20y^2=(x-4y)(x+5y)$$

04 답 (1) 12, $x+3$, $x+4$ (2) $2a(x-1)(x+2)$

(2) $2ax^2+2ax-4a$

$$=2a(x^2+x-2)=2a(x-1)(x+2)$$

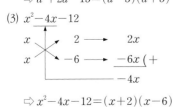

05 답 (1) $a=6$, $b=3$ (2) $a=-5$, $b=4$

(1) $x^2+5x+a=(x+2)(x+b)$에서

$5=2+b$이므로 $b=3$

$a=2b$이므로 $a=2\times3=6$

(2) $x^2+ax-36=(x+b)(x-9)$에서

$-36=-9b$이므로 $b=4$

$a=b-9$이므로 $a=4-9=-5$

개념교재편

개념 23 인수분해 공식 (3)

개념 확인하기 78쪽

1 🖺 (1) 풀이 참조 (2) 풀이 참조

(1) $4x^2+8x+3$

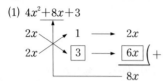

$\Rightarrow 4x^2+8x+3=(2x+\boxed{1})(2x+\boxed{3})$

(2) $2x^2-7x+3$

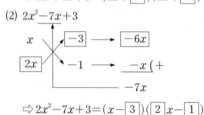

$\Rightarrow 2x^2-7x+3=(x-\boxed{3})(\boxed{2}x-\boxed{1})$

대표문제

79쪽

01 🖺 (1) 풀이 참조 (2) 풀이 참조

(1) $2x^2+11x-21$

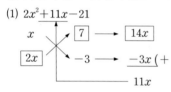

$\Rightarrow 2x^2+11x-21=\underline{(x+7)(2x-3)}$

(2) $6x^2-5xy+y^2$

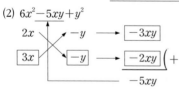

$\Rightarrow 6x^2-5xy+y^2=\underline{(2x-y)(3x-y)}$

02 🖺 (1) $(x+5)(2x+3)$ (2) $(a-1)(3a+10)$
(3) $(x+3)(4x-1)$ (4) $(x-1)(6x+1)$

(1) $2x^2+13x+15$

$x \diagup 5 \longrightarrow 10x$
$2x \diagdown 3 \longrightarrow \underline{3x}\,(+$
$\,13x$

$\Rightarrow 2x^2+13x+15=(x+5)(2x+3)$

(2) $3a^2+7a-10$

$a \diagup -1 \longrightarrow -3a$
$3a \diagdown 10 \longrightarrow \underline{10a}\,(+$
$\,7a$

$\Rightarrow 3a^2+7a-10=(a-1)(3a+10)$

(3) $4x^2+11x-3$

$x \diagup 3 \longrightarrow 12x$
$4x \diagdown -1 \longrightarrow \underline{-x}\,(+$
$\,11x$

$\Rightarrow 4x^2+11x-3=(x+3)(4x-1)$

(4) $6x^2-5x-1$

$x \diagup -1 \longrightarrow -6x$
$6x \diagdown 1 \longrightarrow \underline{x}\,(+$
$\,-5x$

$\Rightarrow 6x^2-5x-1=(x-1)(6x+1)$

03 🖺 $x-1, 7x+4$

$7x^2-3x-4$

$x \diagup -1 \longrightarrow -7x$
$7x \diagdown 4 \longrightarrow \underline{4x}\,(+$
$\,-3x$

$\Rightarrow 7x^2-3x-4=(x-1)(7x+4)$

이상에서 주어진 식의 인수인 것은
$x-1, 7x+4$이다.

04 🖺 (1) $(x-5y)(3x-2y)$ (2) $(x+7y)(6x+y)$
(3) $(3a+b)(4a-b)$ (4) $(4x+y)(6x-5y)$

(1) $3x^2-17xy+10y^2$

$x \diagup -5y \longrightarrow -15xy$
$3x \diagdown -2y \longrightarrow \underline{-2xy}\,(+$
$\,-17xy$

$\Rightarrow 3x^2-17xy+10y^2=(x-5y)(3x-2y)$

(2) $6x^2+43xy+7y^2$

$x \diagup 7y \longrightarrow 42xy$
$6x \diagdown y \longrightarrow \underline{xy}\,(+$
$\,43xy$

$\Rightarrow 6x^2+43xy+7y^2=(x+7y)(6x+y)$

(3) $12a^2+ab-b^2$

$3a \diagup b \longrightarrow 4ab$
$4a \diagdown -b \longrightarrow \underline{-3ab}\,(+$
$\,ab$

$\Rightarrow 12a^2+ab-b^2=(3a+b)(4a-b)$

(4) $24x^2-14xy-5y^2$

$4x \diagup y \longrightarrow 6xy$
$6x \diagdown -5y \longrightarrow \underline{-20xy}\,(+$
$\,-14xy$

$\Rightarrow 24x^2-14xy-5y^2=(4x+y)(6x-5y)$

05 **답** (1) $2y(x-1)(3x+1)$　(2) $3b(x+y)(3x+y)$

(1) $6x^2y-4xy-2y$
$=2y(3x^2-2x-1)=2y(x-1)(3x+1)$

$$
\begin{array}{ccccc}
x & & -1 & \longrightarrow & -3x \\
3x & & 1 & \longrightarrow & \underline{x\ (+} \\
& & & & -2x
\end{array}
$$

(2) $9bx^2+12bxy+3by^2$
$=3b(3x^2+4xy+y^2)=3b(x+y)(3x+y)$

$$
\begin{array}{ccccc}
x & & y & \longrightarrow & 3xy \\
3x & & y & \longrightarrow & \underline{xy\ (+} \\
& & & & 4xy
\end{array}
$$

06 **답** (1) $a=-5$, $b=5$　(2) $a=20$, $b=-6$

(1) $2x^2+3x+a=(x-1)(2x+b)$에서
　　$3=b-2$이므로 $b=5$
　　$a=-b$이므로 $a=-5$

(2) $3x^2-ax+12=(x+b)(3x-2)$에서
　　$12=-2b$이므로 $b=-6$
　　$-a=-2+3b$이므로
　　$-a=-2+3\times(-6)$
　　$-a=-20$　∴ $a=20$

소단원 핵심문제　　　　　　　80~81쪽

01 ⑤	02 ④	03 $a=3, b=-4$	04 ③
05 ②	06 9	07 ③	08 $6x-4$　09 ①
10 $4x+1$			

01 ⑤ x, x^2-2y는 x^3-2xy의 인수이지만 $x-2y$는 x^3-2xy의 인수가 아니다.

02 $3ax-9bx=3x(a-3b)$
따라서 인수가 아닌 것은 ④이다.

03 $9x^2-24x+16=(3x-4)^2$이므로
$a=3$, $b=-4$

04 $(x+8)(x+2)+k=x^2+10x+16+k$에서
$x^2+10x+16+k=x^2+2\times x\times5+16+k$이므로
$16+k=5^2=25$　∴ $k=9$

05 $-3<a<1$이므로 $a+3>0$, $a-1<0$
∴ $\sqrt{a^2+6a+9}+\sqrt{a^2-2a+1}=\sqrt{(a+3)^2}+\sqrt{(a-1)^2}$
$=a+3-(a-1)$
$=a+3-a+1=4$

---

06 $5x^2-45y^2=5(x^2-9y^2)=5(x+3y)(x-3y)$
따라서 $a=5$, $b=1$, $c=3$이므로
$a+b+c=5+1+3=9$

07 $x^2-6x-16=(x+2)(x-8)$
$x^2+13x+22=(x+2)(x+11)$
따라서 두 다항식의 공통인수는 $x+2$이다.

08 $8x^2-14x+3=(2x-3)(4x-1)$
따라서 두 일차식은 $2x-3$, $4x-1$이므로 두 일차식의 합은
$(2x-3)+(4x-1)=6x-4$

09 $x^2-6x+k=(x+1)(x+m)$ (m은 수)으로 놓으면
$x^2-6x+k=x^2+(1+m)x+m$
따라서 $-6=1+m$, $k=m$이므로
$m=-7$, $k=-7$

10 $8x^2+22x+5=(2x+5)(4x+1)$
(직사각형의 넓이)=(가로의 길이)×(세로의 길이)이므로
직사각형의 가로의 길이는 $4x+1$이다.

---

❹ 인수분해 공식의 응용

개념 24 복잡한 식의 인수분해

개념 확인하기　　　　　　　　　82쪽

1 **답** $x-1$, $x-1$, $x-1$, 1

대표문제　　　　　　　　　　83쪽

01 **답** (1) 2, 1　(2) $x(x-4)$
　　(3) $(a+b+1)(2a+2b-3)$
　　(4) $(x-2y-3)(x-2y+4)$

(2) $x+1=A$로 놓으면
　$(x+1)^2-6(x+1)+5$
　$=A^2-6A+5$
　$=(A-1)(A-5)$
　$=(x+1-1)(x+1-5)$
　$=x(x-4)$

(3) $a+b=A$로 놓으면
　$2(a+b)^2-(a+b)-3$
　$=2A^2-A-3$
　$=(A+1)(2A-3)$
　$=(a+b+1)(2a+2b-3)$

(4) $x-2y=A$로 놓으면

$(x-2y)(x-2y+1)-12$

$=A(A+1)-12$

$=A^2+A-12$

$=(A-3)(A+4)$

$=(x-2y-3)(x-2y+4)$

02 답 (1) B, 1, $a-b-3$ (2) $(x+y)(x-y+10)$

(3) $-(3a+b)(a-3b)$

(4) $(x+2y-8)(x-2y+4)$

(1) $a-2=A$, $b+1=B$로 놓으면

$(a-2)^2-(b+1)^2$

$=A^2-B^2$

$=(A+B)(A-B)$

$=\{(a-2)+(b+1)\}\{(a-2)-(b+1)\}$

$=(a+b-1)(a-b-3)$

(2) $x+5=A$, $y-5=B$로 놓으면

$(x+5)^2-(y-5)^2$

$=A^2-B^2$

$=(A+B)(A-B)$

$=\{(x+5)+(y-5)\}\{(x+5)-(y-5)\}$

$=(x+y)(x-y+10)$

(3) $a+2b=A$, $2a-b=B$로 놓으면

$(a+2b)^2-(2a-b)^2$

$=A^2-B^2$

$=(A+B)(A-B)$

$=\{(a+2b)+(2a-b)\}\{(a+2b)-(2a-b)\}$

$=(3a+b)(-a+3b)$

$=-(3a+b)(a-3b)$

(4) $x-2=A$, $y-3=B$로 놓으면

$(x-2)^2-4(y-3)^2$

$=A^2-4B^2$

$=(A+2B)(A-2B)$

$=\{(x-2)+2(y-3)\}\{(x-2)-2(y-3)\}$

$=(x+2y-8)(x-2y+4)$

03 답 (1) $y-1$, $y-1$, 1, $y-1$ (2) $(a-4)(b-1)$

(3) $(a-b)(a+b-5)$ (4) $(x+1)(x+2)(x-2)$

(2) $ab-4b+4-a$

$=(ab-4b)-(a-4)$

$=b(a-4)-(a-4)$

$=(a-4)(b-1)$

(3) $a^2-b^2-5a+5b$

$=(a^2-b^2)-(5a-5b)$

$=(a+b)(a-b)-5(a-b)$

$=(a-b)(a+b-5)$

(4) x^3+x^2-4x-4

$=(x^3+x^2)-(4x+4)$

$=x^2(x+1)-4(x+1)$

$=(x+1)(x^2-4)$

$=(x+1)(x+2)(x-2)$

04 답 (1) $x-1$, y, y, 1, 1

(2) $(2x+3y+1)(2x-3y+1)$

(3) $(a+b+2)(a-b-2)$

(4) $(a-b+c)(a-b-c)$

(2) $4x^2+4x+1-9y^2$

$=(4x^2+4x+1)-9y^2$

$=(2x+1)^2-(3y)^2$

$=(2x+1+3y)(2x+1-3y)$

$=(2x+3y+1)(2x-3y+1)$

(3) a^2-b^2-4b-4

$=a^2-(b^2+4b+4)$

$=a^2-(b+2)^2$

$=(a+b+2)(a-b-2)$

(4) $a^2+b^2-c^2-2ab$

$=(a^2-2ab+b^2)-c^2$

$=(a-b)^2-c^2$

$=(a-b+c)(a-b-c)$

개념 **25** 인수분해 공식의 응용

개념 확인하기 ……………………………………… 84쪽

1 답 75, 3, 24

2 답 3, 3, 3, 3, 9400

대표문제 85쪽

01 답 (1) 900 (2) 78 (3) 660

(1) $65\times9+35\times9=9(65+35)=9\times100=900$

(2) $39\times47-39\times45=39(47-45)=39\times2=78$

(3) $86\times11-11\times26=11(86-26)=11\times60=660$

02 답 (1) 43, 50, 2500 (2) 400 (3) 100 (4) 8100

(2) $24^2-2\times24\times4+4^2=(24-4)^2$

$=20^2=400$

(3) $8.5^2 + 2 \times 8.5 \times 1.5 + 1.5^2 = (8.5+1.5)^2$
$$= 10^2 = 100$$
(4) $95^2 - 10 \times 95 + 5^2 = 95^2 - 2 \times 5 \times 95 + 5^2$
$$= (95-5)^2 = 90^2 = 8100$$

03 🔴 (1) 48, 32, 80, 16, 1280 (2) 199
  (3) 8000 (4) 5000
  (2) $100^2 - 99^2 = (100+99)(100-99) = 199$
  (3) $10 \times 102^2 - 10 \times 98^2 = 10(102^2 - 98^2)$
$$= 10(102+98)(102-98)$$
$$= 10 \times 200 \times 4$$
$$= 8000$$
  (4) $60^2 \times 2.5 - 40^2 \times 2.5 = 2.5(60^2 - 40^2)$
$$= 2.5(60+40)(60-40)$$
$$= 2.5 \times 100 \times 20$$
$$= 5000$$

04 🔴 910
$A = 58^2 - 56 \times 58 + 28^2$
$$= 58^2 - 2 \times 28 \times 58 + 28^2$$
$$= (58-28)^2 = 30^2 = 900$$
$B = 5.5^2 - 4.5^2$
$$= (5.5+4.5)(5.5-4.5)$$
$$= 10 \times 1 = 10$$
$\therefore A+B = 900+10 = 910$

05 🔴 (1) 2, 2, 100, 10000 (2) 2500 (3) 2
  (2) $x=53$일 때,
$$x^2 - 6x + 9 = (x-3)^2 = (53-3)^2$$
$$= 50^2 = 2500$$
  (3) $x = -5+\sqrt{2}$일 때,
$$x^2 + 10x + 25 = (x+5)^2 = (-5+\sqrt{2}+5)^2$$
$$= (\sqrt{2})^2 = 2$$

06 🔴 (1) 풀이 참조 (2) 24 (3) $-8\sqrt{3}$
  (1) $x = 3+\sqrt{2}$, $y = 3-\sqrt{2}$일 때,
$$x^2 - y^2 = (x+y)(\boxed{x-y})$$
$$= \{(3+\sqrt{2})+(3-\sqrt{2})\}\{(3+\sqrt{2})-(3-\sqrt{2})\}$$
$$= \boxed{6} \times 2\sqrt{2} = \boxed{12\sqrt{2}}$$
  (2) $a = 1+\sqrt{6}$, $b = 1-\sqrt{6}$일 때,
$$a^2 - 2ab + b^2 = (a-b)^2$$
$$= \{(1+\sqrt{6})-(1-\sqrt{6})\}^2$$
$$= (2\sqrt{6})^2 = 24$$
  (3) $a = \dfrac{1}{2+\sqrt{3}} = \dfrac{2-\sqrt{3}}{(2+\sqrt{3})(2-\sqrt{3})} = 2-\sqrt{3}$
  $b = \dfrac{1}{2-\sqrt{3}} = \dfrac{2+\sqrt{3}}{(2-\sqrt{3})(2+\sqrt{3})} = 2+\sqrt{3}$

$\therefore a^2 - b^2$
$$= (a+b)(a-b)$$
$$= \{(2-\sqrt{3})+(2+\sqrt{3})\}\{(2-\sqrt{3})-(2+\sqrt{3})\}$$
$$= 4 \times (-2\sqrt{3}) = -8\sqrt{3}$$

소단원 핵심문제 86쪽

01 ④	**02** ③, ⑤	**03** $6x-2$
04 ㄹ, $10\sqrt{2}$		**05** $-4\sqrt{6}+1$

01 $x+2 = A$로 놓으면
$$4(x+2)^2 - 7(x+2) - 2$$
$$= 4A^2 - 7A - 2 = (A-2)(4A+1)$$
$$= (x+2-2)\{4(x+2)+1\} = x(4x+9)$$
따라서 $a=4$, $b=9$이므로
$$b-a = 9-4 = 5$$

02 $x^3 - 3x^2 - 4x + 12$
$$= (x^3 - 3x^2) - (4x-12)$$
$$= x^2(\underline{x-3}) - 4(\underline{x-3})$$
$$= (x^2-4)(x-3) = (x+2)(x-2)(x-3)$$
따라서 주어진 다항식의 인수가 아닌 것은 ③, ⑤이다.

03 $9x^2 - y^2 - 6x + 1 = (9x^2 - 6x + 1) - y^2$
$$= (3x-1)^2 - y^2$$
$$= (3x-1+y)(3x-1-y)$$
$$= (3x+y-1)(3x-y-1)$$
따라서 두 일차식은 $3x+y-1$, $3x-y-1$이므로 두 일차식의 합은
$$(3x+y-1) + (3x-y-1) = 6x-2$$

04 $\sqrt{51^2 - 49^2} = \sqrt{(51+49)(51-49)} = \sqrt{100 \times 2} = 10\sqrt{2}$
따라서 ㄹ. $a^2 - b^2 = (a+b)(a-b)$를 이용하면 가장 편리하고, 계산한 값은 $10\sqrt{2}$이다.

05 $x = \dfrac{1}{\sqrt{3}+\sqrt{2}} = \dfrac{\sqrt{3}-\sqrt{2}}{(\sqrt{3}+\sqrt{2})(\sqrt{3}-\sqrt{2})} = \sqrt{3}-\sqrt{2}$,
$y = \dfrac{1}{\sqrt{3}-\sqrt{2}} = \dfrac{\sqrt{3}+\sqrt{2}}{(\sqrt{3}-\sqrt{2})(\sqrt{3}+\sqrt{2})} = \sqrt{3}+\sqrt{2}$
이므로
$$x+y = (\sqrt{3}-\sqrt{2}) + (\sqrt{3}+\sqrt{2}) = 2\sqrt{3}$$
$$x-y = (\sqrt{3}-\sqrt{2}) - (\sqrt{3}+\sqrt{2}) = -2\sqrt{2}$$
$$xy = (\sqrt{3}-\sqrt{2})(\sqrt{3}+\sqrt{2}) = 3-2 = 1$$
$\therefore x^2 - y^2 + xy = (x+y)(x-y) + xy$
$$= 2\sqrt{3} \times (-2\sqrt{2}) + 1$$
$$= -4\sqrt{6}+1$$

01 ④	**02** ④	**03** ③	**04** $-3x^2-10x+26$
05 ①	**06** 1	**07** -150 **08** ③	**09** 3
10 ③	**11** ⑤	**12** ④ **13** 25	**14** ④
15 ③	**16** ①	**17** -6 **18** ④	**19** ④
20 18π m²		**21** 1	

01 $(3x+1)(5-y)=15x-3xy+5-y$
$\qquad\qquad\qquad =-3xy+15x-y+5$
이므로 $a=-3$, $b=15$, $c=-1$
$\therefore a+b-c=-3+15-(-1)=13$

02 $(x+y)^2=x^2+2xy+y^2$
 ① $(x-y)^2=x^2-2xy+y^2$
 ② $(y-x)^2=x^2-2xy+y^2$
 ③ $(-x+y)^2=\{-(x-y)\}^2=(x-y)^2$
 $\qquad\qquad\qquad =x^2-2xy+y^2$
 ④ $(-x-y)^2=\{-(x+y)\}^2=(x+y)^2$
 $\qquad\qquad\qquad =x^2+2xy+y^2$
 ⑤ $-(x-y)^2=-(x^2-2xy+y^2)$
 $\qquad\qquad\qquad =-x^2+2xy-y^2$
따라서 $(x+y)^2$과 전개식이 같은 것은 ④이다.

03 [그림 1]의 도형의 넓이는 $(a+b)(a-b)$
 [그림 2]의 도형의 넓이는 a^2-b^2
 이때 두 도형의 넓이가 서로 같으므로
 $(a+b)(a-b)=a^2-b^2$

04 $(x-5)^2-(2x+1)(2x-1)$
$=x^2-10x+25-(4x^2-1)$
$=x^2-10x+25-4x^2+1$
$=-3x^2-10x+26$

05 $(x+8)(x-a)=x^2+(8-a)x-8a$이므로
 $8-a=5$ $\qquad \therefore a=3$
 따라서 상수항은 $-8a=-8\times3=-24$

06 $(2x+1)(3x-A)=6x^2+(-2A+3)x-A$ ··· ㉮
 즉, $6x^2+(-2A+3)x-A=6x^2+Bx-2$이므로
 $-2A+3=B$, $-A=-2$
 $\therefore A=2$, $B=-1$ ··· ㉯
 $\therefore A+B=2+(-1)=1$ ··· ㉰

단계	채점 기준	배점 비율
㉮	$(2x+1)(3x-A)$를 전개하기	40 %
㉯	A, B의 값 각각 구하기	40 %
㉰	$A+B$의 값 구하기	20 %

07 $79^2-77\times83=(80-1)^2-(80-3)(80+3)$
$\qquad\qquad\quad =80^2-2\times80\times1+1^2-(80^2-3^2)$
$\qquad\qquad\quad =80^2-160+1-80^2+9$
$\qquad\qquad\quad =-160+1+9=-150$

> **이런 풀이** 어때요?
> $79^2-77\times83=79^2-(79-2)(79+4)$
> $\qquad\qquad\quad =79^2-\{79^2+(-2+4)\times79-2\times4\}$
> $\qquad\qquad\quad =79^2-(79^2+158-8)$
> $\qquad\qquad\quad =79^2-79^2-158+8=-150$

08 $\dfrac{2+\sqrt3}{2-\sqrt3}-\dfrac{2-\sqrt3}{2+\sqrt3}$
$=\dfrac{(2+\sqrt3)^2}{(2-\sqrt3)(2+\sqrt3)}-\dfrac{(2-\sqrt3)^2}{(2+\sqrt3)(2-\sqrt3)}$
$=(4+4\sqrt3+3)-(4-4\sqrt3+3)=8\sqrt3$

09 $x^2+y^2=(x-y)^2+2xy$이므로
 $10=2^2+2xy$, $6=2xy$ $\qquad \therefore xy=3$

10 **전략** $x^2-3x+1=0$의 양변을 x로 나누어 $x+\dfrac1x$의 값을 먼저 구한다.
 $x^2-3x+1=0$에서 $x\neq0$이므로 양변을 x로 나누면
 $x-3+\dfrac1x=0$ $\qquad \therefore x+\dfrac1x=3$
 $\therefore x^2+\dfrac1{x^2}=\left(x+\dfrac1x\right)^2-2=3^2-2=7$
 참고 $x^2-3x+1=0$에서 $x=0$이면 $0-0+1=0$이 되어 등식이 성립하지 않는다. 즉, $x\neq0$이므로 양변을 x로 나눌 수 있다.

11 $ab^2+a^2b=ab(b+a)=ab(a+b)$
 $2a+2b=2(a+b)$
 따라서 두 다항식의 공통인수는 $a+b$이다.

12 ④ $x^2+2x-3=(x-1)(x+3)$

13 $ax^2+20xy+4y^2=(\sqrt{a}x)^2+2\times\sqrt{a}x+2y+(2y)^2$이므로
 $20=2\times\sqrt{a}\times2$, $\sqrt{a}=5$ $\qquad \therefore a=25$

14 $(x-2)(x+5)-8=x^2+3x-10-8=x^2+3x-18$
$\qquad\qquad\qquad\qquad =(x-3)(x+6)$
 따라서 두 일차식은 $x-3$, $x+6$이므로 두 일차식의 합은
 $(x-3)+(x+6)=2x+3$

15 $ab=36$, $a+b=A$이므로 곱이 36이 되는 두 정수를 구하면
 $(1, 36)$, $(2, 18)$, $(3, 12)$, $(4, 9)$, $(6, 6)$, $(-1, -36)$,
 $(-2, -18)$, $(-3, -12)$, $(-4, -9)$, $(-6, -6)$
 따라서 A의 값이 될 수 있는 수는
 ±37, ±20, ±15, ±13, ±12이다.

16 $5x^2+kx-1=(x-1)(5x+m)$ (m은 수)으로 놓으면

$5x^2+kx-1=5x^2+(m-5)x-m$

따라서 $k=m-5$, $-1=-m$이므로

$m=1$, $k=1-5=-4$

17 $2x-1=A$로 놓으면 $\cdots$ ㉮

$(2x-1)^2-8(2x-1)+12$

$=A^2-8A+12$

$=(A-2)(A-6)$

$=(2x-1-2)(2x-1-6)$

$=(2x-3)(2x-7)$ $\cdots$ ㉯

$\therefore a+b+c+d=2+(-3)+2+(-7)$

$\qquad\qquad\qquad =-6$ $\cdots$ ㉰

단계	채점 기준	배점 비율
㉮	$2x-1=A$로 놓기	20 %
㉯	주어진 식을 인수분해하기	50 %
㉰	$a+b+c+d$의 값 구하기	30 %

18 x^3+x^2-x-1

$=x^2(x+1)-(x+1)$

$=(x+1)(x^2-1)$

$=(x+1)(x+1)(x-1)$

$=(x+1)^2(x-1)$

따라서 주어진 다항식의 인수가 아닌 것은 ④이다.

19 $\dfrac{1}{101}\times 1060^2-\dfrac{1}{101}\times 960^2$

$=\dfrac{1}{101}(1060^2-960^2)$

$=\dfrac{1}{101}(1060+960)(1060-960)$

$=\dfrac{1}{101}\times 2020\times 100$

$=2000$

20 **전략** 길의 넓이는 (큰 원의 넓이)$-$(작은 원의 넓이)임을 이용한다.

큰 원의 지름의 길이가 $7+2\times 2=11$(m)이므로

(큰 원의 넓이)$=\pi\left(\dfrac{11}{2}\right)^2$(m^2)

(작은 원의 넓이)$=\pi\left(\dfrac{7}{2}\right)^2$(m^2)

$\therefore$ (길의 넓이)$=$(큰 원의 넓이)$-$(작은 원의 넓이)

$=\pi\left(\dfrac{11}{2}\right)^2-\pi\left(\dfrac{7}{2}\right)^2$

$=\pi\left\{\left(\dfrac{11}{2}\right)^2-\left(\dfrac{7}{2}\right)^2\right\}$

$=\pi\left(\dfrac{11}{2}+\dfrac{7}{2}\right)\left(\dfrac{11}{2}-\dfrac{7}{2}\right)$

$=\pi\times 9\times 2=18\pi$ (m^2)

21 $x^2-4x+4-y^2=(x^2-4x+4)-y^2$

$=(x-2)^2-y^2$

$=(x-2+y)(x-2-y)$

$=(x+y-2)(x-y-2)$

$=(\sqrt{5}+4-2)\times(\sqrt{5}-2)$

$=(\sqrt{5}+2)(\sqrt{5}-2)$

$=(\sqrt{5})^2-2^2=1$

이런 풀이 어때요?

$x+y=\sqrt{5}+4$ $\cdots\cdots$ ㉠

$x-y=\sqrt{5}$ $\cdots\cdots$ ㉡

㉠$-$㉡을 하면

$2y=4$ $\therefore y=2$

$y=2$를 ㉠에 대입하면

$x+2=\sqrt{5}+4$ $\therefore x=\sqrt{5}+2$

$\therefore x^2-4x+4-y^2=(x-2)^2-y^2$

$=(\sqrt{5}+2-2)^2-2^2$

$=5-4=1$

창의·융합 문제 89쪽

$(x-4)(Ax-B)=Ax^2+(-B-4A)x+4B$

즉, $Ax^2+(-B-4A)x+4B=3x^2-13x+4$이므로

$A=3$, $-B-4A=-13$, $4B=4$

$\therefore A=3$, $B=1$ $\cdots$ ❶

$x^2+Cx-35=(x+D)(x-5)$에서

$-35=-5D$이므로 $D=7$

$C=D-5$이므로 $C=7-5=2$ $\cdots$ ❷

$A=3$, $B=1$, $C=2$, $D=7$이므로 은주네 집 현관문의 새로운 비밀번호는 3127이다. $\cdots$ ❸

답 3127

교과서 속 서술형 문제 90~91쪽

1 ❶ 처음 이차식의 상수항을 구하면?

승우는 x의 계수를 잘못 보고 상수항은 바르게 보았으므로

$(x-4)(x-5)=x^2-\boxed{9}x+\boxed{20}$에서 처음 이차식의

상수항은 $\boxed{20}$이다. $\cdots$ ㉮

② 처음 이차식의 x의 계수를 구하면?

지윤이는 상수항을 잘못 보고 x의 계수는 바르게 보았으므로

$(x+2)(x+7)=x^2+\boxed{9}x+\boxed{14}$ 에서 처음 이차식의

x의 계수는 $\boxed{9}$ 이다. … ㉯

③ 처음 이차식을 구하면?

x^2의 계수가 1인 처음 이차식의 x의 계수는 $\boxed{9}$, 상수항

은 $\boxed{20}$ 이므로 처음 이차식은

$x^2+\boxed{9}x+\boxed{20}$ … ㉰

④ 처음 이차식을 바르게 인수분해하면?

$x^2+\boxed{9}x+\boxed{20}=(x+\boxed{4})(x+\boxed{5})$ … ㉱

단계	채점 기준	배점 비율
㉮	처음 이차식의 상수항 구하기	30 %
㉯	처음 이차식의 x의 계수 구하기	30 %
㉰	처음 이차식 구하기	10 %
㉱	처음 이차식을 바르게 인수분해하기	30 %

2 **①** 처음 이차식의 상수항을 구하면?

혜수는 x의 계수를 잘못 보고 상수항은 바르게 보았으므로

$(x-5)(2x+3)=2x^2-7x-15$ 에서 처음 이차식의 상수항은 -15이다. … ㉮

② 처음 이차식의 x의 계수를 구하면?

민준이는 상수항을 잘못 보고 x의 계수는 바르게 보았으므로

$(x+4)(2x-1)=2x^2+7x-4$ 에서 처음 이차식의 x의 계수는 7이다. … ㉯

③ 처음 이차식을 구하면?

x^2의 계수가 2인 처음 이차식의 x의 계수는 7, 상수항은 -15이므로 처음 이차식은

$2x^2+7x-15$ … ㉰

④ 처음 이차식을 바르게 인수분해하면?

$2x^2+7x-15=(x+5)(2x-3)$ … ㉱

단계	채점 기준	배점 비율
㉮	처음 이차식의 상수항 구하기	30 %
㉯	처음 이차식의 x의 계수 구하기	30 %
㉰	처음 이차식 구하기	10 %
㉱	처음 이차식을 바르게 인수분해하기	30 %

3 $(5x+a)(2x-3)=10x^2+(-15+2a)x-3a$

즉, $10x^2+(-15+2a)x-3a=10x^2-x-21$ 이므로

$-15+2a=-1$, $-3a=-21$

$\therefore a=7$ … ㉮

따라서 바르게 계산하면

$(5x+7)(3x-2)=15x^2+11x-14$ … ㉯

답 $15x^2+11x-14$

단계	채점 기준	배점 비율
㉮	a의 값 구하기	50 %
㉯	바르게 계산한 식 구하기	50 %

4 (1) $x=\dfrac{1}{4+\sqrt{15}}=\dfrac{4-\sqrt{15}}{(4+\sqrt{15})(4-\sqrt{15})}=4-\sqrt{15}$,

$y=\dfrac{1}{4-\sqrt{15}}=\dfrac{4+\sqrt{15}}{(4-\sqrt{15})(4+\sqrt{15})}=4+\sqrt{15}$ … ㉮

이므로 $x+y=(4-\sqrt{15})+(4+\sqrt{15})=8$,

$xy=(4-\sqrt{15})(4+\sqrt{15})=1$ … ㉯

(2) $\dfrac{y}{x}+\dfrac{x}{y}=\dfrac{x^2+y^2}{xy}=\dfrac{(x+y)^2-2xy}{xy}$

$=\dfrac{8^2-2\times 1}{1}=62$ … ㉰

답 (1) $x+y=8$, $xy=1$　(2) 62

단계		채점 기준	배점 비율
(1)	㉮	x, y의 분모를 각각 유리화하기	30 %
	㉯	$x+y$, xy의 값 각각 구하기	20 %
(2)	㉰	$\dfrac{y}{x}+\dfrac{x}{y}$의 값 구하기	50 %

5 $-4<x<2$이므로

$x-2<0$, $x+4>0$ … ㉮

$\therefore \sqrt{x^2-4x+4}-\sqrt{x^2+8x+16}$

$=\sqrt{(x-2)^2}-\sqrt{(x+4)^2}$ … ㉯

$=-(x-2)-(x+4)$

$=-x+2-x-4$

$=-2x-2$ … ㉰

답 $-2x-2$

단계	채점 기준	배점 비율
㉮	$x-2$, $x+4$의 부호 알기	20 %
㉯	근호 안의 식 인수분해하기	40 %
㉰	주어진 식 간단히 하기	40 %

6 도형 ㈎의 넓이는

$(2x+1)^2-2^2=(2x+1+2)(2x+1-2)$

$=(2x+3)(2x-1)$ … ㉮

도형 ㈎와 도형 ㈏의 넓이가 서로 같고, 도형 ㈏의 세로의 길이가 $2x-1$이므로 도형 ㈏의 가로의 길이는 $2x+3$이다. … ㉯

답 $2x+3$

단계	채점 기준	배점 비율
㉮	도형 ㈎의 넓이 구하기	50 %
㉯	도형 ㈏의 가로의 길이 구하기	50 %

04 이차방정식

❶ 이차방정식의 풀이 (1)

개념 26 이차방정식과 그 해

개념 확인하기 94쪽

1 답 (1) $2x^2-8x+1=0$ (2) $x^2+4x-1=0$

(1) $2x^2-5x=3x-1$에서 $2x^2-5x-3x+1=0$
  $\therefore 2x^2-8x+1=0$

(2) $3x^2+1=2(x-1)^2$에서 $3x^2+1=2x^2-4x+2$
  $3x^2+1-2x^2+4x-2=0$
  $\therefore x^2+4x-1=0$

2 답 표는 풀이 참조, $x=1$ 또는 $x=2$

x의 값	좌변의 값	우변의 값	참/거짓
1	$1^2-3\times1+2=0$	0	참
2	$2^2-3\times2+2=0$	0	참
3	$3^2-3\times3+2=2$	0	거짓

대표문제 95쪽

01 답 (1) × (2) ○ (3) × (4) × (5) ○

(1) $3x+4=x+2$에서 $2x+2=0$ ⇨ 일차방정식
(2) $x^2=x-6$에서 $x^2-x+6=0$ ⇨ 이차방정식
(3) $(x+3)^2=x^2$에서 $x^2+6x+9=x^2$
  $\therefore 6x+9=0$ ⇨ 일차방정식
(4) $5x^2-1$ ⇨ 이차식
(5) $(x+2)(x-1)=3$에서 $x^2+x-2=3$
  $\therefore x^2+x-5=0$ ⇨ 이차방정식

02 답 (1) 0 (2) -1 (3) 5

(2) $(a+1)x^2-7=0$이 $(x$에 대한 이차식$)=0$의 꼴이 되려면 $a+1\neq0$이어야 하므로
  $a\neq-1$
(3) $(5-a)x^2+x+2=0$이 $(x$에 대한 이차식$)=0$의 꼴이 되려면 $5-a\neq0$이어야 하므로
  $a\neq5$

03 답 $a\neq4$

$ax^2+3x+1=4x^2-x$에서 $(a-4)x^2+4x+1=0$
이 방정식이 $(x$에 대한 이차식$)=0$의 꼴이 되려면 $a-4\neq0$이어야 하므로
$a\neq4$

04 답 (1) ○ (2) × (3) × (4) ○

(1) $2^2-4=0$ (참)
(2) $(-3)^2-(-3)-2\neq0$ (거짓)
(3) $4^2+5\times4-4\neq0$ (거짓)
(4) $2\times1^2-3\times1+1=0$ (참)

05 답 (1) $x=-1$ 또는 $x=1$ (2) $x=-1$ (3) $x=2$

(1) $x=-2$일 때, $(-2)^2-1\neq0$ (거짓)
  $x=-1$일 때, $(-1)^2-1=0$ (참)
  $x=0$일 때, $0^2-1\neq0$ (거짓)
  $x=1$일 때, $1^2-1=0$ (참)
  $x=2$일 때, $2^2-1\neq0$ (거짓)
  따라서 해는 $x=-1$ 또는 $x=1$이다.

(2) $x=-2$일 때, $3\times(-2)^2+2\times(-2)-1\neq0$ (거짓)
  $x=-1$일 때, $3\times(-1)^2+2\times(-1)-1=0$ (참)
  $x=0$일 때, $3\times0^2+2\times0-1\neq0$ (거짓)
  $x=1$일 때, $3\times1^2+2\times1-1\neq0$ (거짓)
  $x=2$일 때, $3\times2^2+2\times2-1\neq0$ (거짓)
  따라서 해는 $x=-1$이다.

(3) $x=-2$일 때, $(-2)^2-3\neq5-2\times(-2)$ (거짓)
  $x=-1$일 때, $(-1)^2-3\neq5-2\times(-1)$ (거짓)
  $x=0$일 때, $0^2-3\neq5-2\times0$ (거짓)
  $x=1$일 때, $1^2-3\neq5-2\times1$ (거짓)
  $x=2$일 때, $2^2-3=5-2\times2$ (참)
  따라서 해는 $x=2$이다.

06 답 2

$x=-1$을 $x^2+ax-a+3=0$에 대입하면
$(-1)^2+a\times(-1)-a+3=0$
$1-a-a+3=0, -2a+4=0$
$\therefore a=2$

개념 27 이차방정식의 풀이; 인수분해

개념 확인하기 96쪽

1 답 (1) $x=0$ 또는 $x=5$ (2) $x=-1$ 또는 $x=1$
  (3) $x=4$ (4) $x=-2$

(1) $x(x-5)=0$이므로
  $x=0$ 또는 $x-5=0$ $\therefore x=0$ 또는 $x=5$
(2) $(x+1)(x-1)=0$이므로
  $x+1=0$ 또는 $x-1=0$ $\therefore x=-1$ 또는 $x=1$

01 답 ㄴ

주어진 이차방정식의 해를 구하면 각각 다음과 같다.

ㄱ. $x=1$ 또는 $x=2$

ㄴ. $x=-\dfrac{1}{2}$ 또는 $x=1$

ㄷ. $x=-2$ 또는 $x=1$

ㄹ. $x=-1$ 또는 $x=\dfrac{1}{2}$

이상에서 해가 $x=-\dfrac{1}{2}$ 또는 $x=1$인 것은 ㄴ뿐이다.

02 답 (1) $x=-4$ 또는 $x=2$　(2) $x=-1$ 또는 $x=\dfrac{1}{3}$

　　　(3) $x=0$ 또는 $x=\dfrac{1}{4}$　(4) $x=-4$ 또는 $x=4$

(1) $x^2+2x-8=0$에서 $(x+4)(x-2)=0$

$\therefore x=-4$ 또는 $x=2$

(2) $3x^2+2x-1=0$에서 $(x+1)(3x-1)=0$

$\therefore x=-1$ 또는 $x=\dfrac{1}{3}$

(3) $4x^2+4x+3=5x+3$에서

$4x^2-x=0$, $x(4x-1)=0$

$\therefore x=0$ 또는 $x=\dfrac{1}{4}$

(4) $x^2+2x=2x+16$에서

$x^2-16=0$, $(x+4)(x-4)=0$

$\therefore x=-4$ 또는 $x=4$

03 답 (1) 4　(2) $x=\dfrac{2}{3}$

(1) $x=-2$를 $3x^2+ax-4=0$에 대입하면

$12-2a-4=0$, $8-2a=0$

$\therefore a=4$

(2) $3x^2+4x-4=0$에서 $(x+2)(3x-2)=0$

$\therefore x=-2$ 또는 $x=\dfrac{2}{3}$

따라서 다른 한 근은 $x=\dfrac{2}{3}$이다.

04 답 (1) $x=3$　(2) $x=-\dfrac{2}{3}$　(3) $x=2$　(4) $x=-1$

(1) $x^2-6x+9=0$에서 $(x-3)^2=0$

$\therefore x=3$

(2) $9x^2+12x+4=0$에서 $(3x+2)^2=0$

$\therefore x=-\dfrac{2}{3}$

(3) $2x^2+8=8x$에서 $2x^2-8x+8=0$

$x^2-4x+4=0$, $(x-2)^2=0$

$\therefore x=2$

(4) $x^2-4=-2x-5$에서

$x^2+2x+1=0$, $(x+1)^2=0$

$\therefore x=-1$

05 답 (1) 0　(2) 4　(3) ± 8

(2) $x^2+4x+k=0$이 중근을 가지므로

$k=\left(\dfrac{4}{2}\right)^2=4$

(3) $x^2+kx+16=0$이 중근을 가지므로

$16=\left(\dfrac{k}{2}\right)^2$, $k^2=64$

$\therefore k=\pm 8$

06 답 (1) 50　(2) 7

(1) $x^2-14x+k-1=0$이 중근을 가지므로

$k-1=\left(\dfrac{-14}{2}\right)^2=49$

$\therefore k=50$

(2) $x^2-14x+50-1=0$에서

$x^2-14x+49=0$, $(x-7)^2=0$　$\therefore x=7$

$\therefore m=7$

개념 확인하기　　　　　　　　　　　　　　　98쪽

1 답 (1) $x=\pm\sqrt{3}$　(2) $x=\pm 2\sqrt{2}$　(3) $x=-2$ 또는 $x=4$

　　　(4) $x=-2\pm\sqrt{5}$

(3) $(x-1)^2=9$에서 $x-1=\pm 3$

$\therefore x=-2$ 또는 $x=4$

(4) $(x+2)^2=5$에서 $x+2=\pm\sqrt{5}$

$\therefore x=-2\pm\sqrt{5}$

---

01 답 (1) 16, ± 4　(2) $x=\pm\sqrt{6}$　(3) $x=\pm\dfrac{3}{4}$　(4) $x=\pm\sqrt{2}$

(2) $2x^2=12$에서 $x^2=6$　$\therefore x=\pm\sqrt{6}$

(3) $9-16x^2=0$에서 $16x^2=9$

$x^2=\dfrac{9}{16}$　$\therefore x=\pm\dfrac{3}{4}$

(4) $3x^2-1=5$에서 $3x^2=6$

$x^2=2$　$\therefore x=\pm\sqrt{2}$

02 답 (1) $49, \pm 7, -11, 3$ (2) $x=1\pm\sqrt{2}$
      (3) $x=-3\pm\sqrt{6}$ (4) $x=-1\pm\sqrt{7}$

(2) $4(x-1)^2=8$에서 $(x-1)^2=2$
   $x-1=\pm\sqrt{2}$ $\therefore x=1\pm\sqrt{2}$

(3) $2(x+3)^2-12=0$에서 $2(x+3)^2=12$
   $(x+3)^2=6$, $x+3=\pm\sqrt{6}$
   $\therefore x=-3\pm\sqrt{6}$

(4) $-3(x+1)^2+21=0$에서 $-3(x+1)^2=-21$
   $(x+1)^2=7$, $x+1=\pm\sqrt{7}$
   $\therefore x=-1\pm\sqrt{7}$

03 답 (1) $(x+1)^2=15$ (2) $(x+2)^2=5$ (3) $(x-1)^2=12$

(1) $x^2+2x=14$에서 $x^2+2x+1=14+1$
   $\therefore (x+1)^2=15$

(2) $2x^2+8x-2=0$에서 $x^2+4x-1=0$
   $x^2+4x=1$, $x^2+4x+4=1+4$
   $\therefore (x+2)^2=5$

(3) $(x+1)(x-3)=8$에서 $x^2-2x-3=8$
   $x^2-2x=11$, $x^2-2x+1=11+1$
   $\therefore (x-1)^2=12$

04 답 $6, 4, 4, 2, 10, 2, \pm\sqrt{10}, -2\pm\sqrt{10}$

05 답 (1) $x=5\pm\sqrt{15}$ (2) $x=-1\pm2\sqrt{2}$
      (3) $x=\dfrac{3\pm\sqrt{17}}{2}$ (4) $x=\dfrac{-5\pm\sqrt{13}}{2}$

(1) $x^2-10x+10=0$에서 $x^2-10x=-10$
   $x^2-10x+25=-10+25$, $(x-5)^2=15$
   $x-5=\pm\sqrt{15}$ $\therefore x=5\pm\sqrt{15}$

(2) $-2x^2-4x+14=0$에서 $x^2+2x-7=0$
   $x^2+2x=7$, $x^2+2x+1=7+1$
   $(x+1)^2=8$, $x+1=\pm2\sqrt{2}$
   $\therefore x=-1\pm2\sqrt{2}$

(3) $x^2-3x-2=0$에서 $x^2-3x=2$
   $x^2-3x+\dfrac{9}{4}=2+\dfrac{9}{4}$
   $\left(x-\dfrac{3}{2}\right)^2=\dfrac{17}{4}$, $x-\dfrac{3}{2}=\pm\dfrac{\sqrt{17}}{2}$
   $\therefore x=\dfrac{3\pm\sqrt{17}}{2}$

(4) $x^2+5x+3=0$에서 $x^2+5x=-3$
   $x^2+5x+\dfrac{25}{4}=-3+\dfrac{25}{4}$
   $\left(x+\dfrac{5}{2}\right)^2=\dfrac{13}{4}$, $x+\dfrac{5}{2}=\pm\dfrac{\sqrt{13}}{2}$
   $\therefore x=\dfrac{-5\pm\sqrt{13}}{2}$

소단원 핵심문제

01 ③	**02** ④	**03** ㄴ, ㄹ	**04** ③	**05** $x=3$
06 $x=-5$	**07** ①, ⑤	**08** 15	**09** 8	
10 ③				

01 ② $x^2=3x$에서 $x^2-3x=0$ ⇨ 이차방정식
   ③ $2x^2+4x+1=2x^2$에서 $4x+1=0$ ⇨ 일차방정식
   ④ $5x^2+4=(x+1)(x-1)$에서 $5x^2+4=x^2-1$
     $\therefore 4x^2+5=0$ ⇨ 이차방정식
   ⑤ $(x+1)^2=2x-1$에서 $x^2+2x+1=2x-1$
     $\therefore x^2+2=0$ ⇨ 이차방정식
   따라서 이차방정식이 아닌 것은 ③이다.

02 $ax^2-3x+5=2x(x-1)$에서 $ax^2-3x+5=2x^2-2x$
   $(a-2)x^2-x+5=0$
   이 방정식이 $(x$에 대한 이차식$)=0$의 꼴이 되려면
   $a-2\neq0$이어야 하므로 $a\neq2$
   （주의） 주어진 이차방정식 $ax^2-3x+5=2x(x-1)$의 좌변만
   보고 $a\neq0$으로 답하지 않도록 주의한다. 우변의 모든 항을 좌변
   으로 이항하여 정리한 후 답을 구해야 한다.

03 ㄱ. $2^2-2\neq0$ (거짓)
   ㄴ. $(-1)^2-4\times(-1)-5=0$ (참)
   ㄷ. $2\times0^2-0+2\neq0\times(0-1)$ (거짓)
   ㄹ. $(1-1)\times(2\times1-1)=0$ (참)
   이상에서 [   ] 안의 수가 주어진 이차방정식의 해인 것은
   ㄴ, ㄹ이다.

04 $x^2-3x-4=0$에서 $(x+1)(x-4)=0$
   $\therefore x=-1$ 또는 $x=4$

05 $x=2$를 $x^2+ax-a+1=0$에 대입하면
   $4+2a-a+1=0$
   $\therefore a=-5$
   $a=-5$를 $x^2+ax-a+1=0$에 대입하면
   $x^2-5x+6=0$, $(x-2)(x-3)=0$
   $\therefore x=2$ 또는 $x=3$
   따라서 다른 한 근은 $x=3$이다.

06 $3x^2+16x+5=0$에서 $(x+5)(3x+1)=0$
   $\therefore x=-5$ 또는 $x=-\dfrac{1}{3}$
   $2x^2+7x-15=0$에서 $(x+5)(2x-3)=0$
   $\therefore x=-5$ 또는 $x=\dfrac{3}{2}$
   따라서 두 이차방정식의 공통인 근은 $x=-5$이다.

07 $x^2+2a(x-1)+8=0$에서 $x^2+2ax-2a+8=0$

이 이차방정식이 중근을 가지려면

$-2a+8=\left(\dfrac{2a}{2}\right)^2$, $a^2+2a-8=0$

$(a+4)(a-2)=0$ ∴ $a=-4$ 또는 $a=2$

08 $9x^2-5=0$에서 $9x^2=5$

$x^2=\dfrac{5}{9}$ ∴ $x=\pm\dfrac{\sqrt{5}}{3}$

따라서 $a=3$, $b=5$이므로

$ab=3\times5=15$

> **이것만은 꼭!**
>
> 제곱근을 이용한 이차방정식의 풀이 (단, $a>0$, $q>0$)
>
> ① $x^2=q \Rightarrow x=\pm\sqrt{q}$
>
> ② $ax^2=q \Rightarrow x=\pm\sqrt{\dfrac{q}{a}}$
>
> ③ $(x+p)^2=q \Rightarrow x=-p\pm\sqrt{q}$
>
> ④ $a(x+p)^2=q \Rightarrow x=-p\pm\sqrt{\dfrac{q}{a}}$

09 $3(x+a)^2=15$에서 $(x+a)^2=5$

$x+a=\pm\sqrt{5}$ ∴ $x=-a\pm\sqrt{5}$

따라서 $a=-3$, $b=5$이므로

$b-a=5-(-3)=8$

10 $x^2+4x+k=0$에서 $x^2+4x=-k$

$x^2+4x+4=-k+4$, $(x+2)^2=4-k$

$x+2=\pm\sqrt{4-k}$ ∴ $x=-2\pm\sqrt{4-k}$

따라서 $4-k=3$이므로 $k=1$

❷ 이차방정식의 풀이 (2)

개념 **29** 이차방정식의 근의 공식

 개념 확인하기 ……………………… 102쪽

1 🅐 (1) 풀이 참조 (2) 풀이 참조 (3) 풀이 참조

(1) $x=\dfrac{-(\boxed{-5})\pm\sqrt{(-5)^2-4\times1\times\boxed{2}}}{2\times\boxed{1}}$

$=\boxed{\dfrac{5\pm\sqrt{17}}{2}}$

(2) $x=\dfrac{-\boxed{1}\pm\sqrt{\boxed{1}^2-4\times\boxed{3}\times(\boxed{-1})}}{2\times\boxed{3}}$

$=\boxed{\dfrac{-1\pm\sqrt{13}}{6}}$

(3) $x=\dfrac{-(\boxed{-2})\pm\sqrt{(-2)^2-2\times\boxed{-1}}}{\boxed{2}}$

$=\boxed{\dfrac{2\pm\sqrt{6}}{2}}$

대표문제
103쪽

01 🅐 (1) $x=\dfrac{-1\pm\sqrt{5}}{2}$ (2) $x=\dfrac{7\pm\sqrt{17}}{4}$

(3) $x=\dfrac{-5\pm\sqrt{37}}{6}$ (4) $x=\dfrac{9\pm\sqrt{41}}{10}$

(1) $a=1$, $b=1$, $c=-1$이므로

$x=\dfrac{-1\pm\sqrt{1^2-4\times1\times(-1)}}{2\times1}=\dfrac{-1\pm\sqrt{5}}{2}$

(2) $a=2$, $b=-7$, $c=4$이므로

$x=\dfrac{-(-7)\pm\sqrt{(-7)^2-4\times2\times4}}{2\times2}=\dfrac{7\pm\sqrt{17}}{4}$

(3) $a=3$, $b=5$, $c=-1$이므로

$x=\dfrac{-5\pm\sqrt{5^2-4\times3\times(-1)}}{2\times3}=\dfrac{-5\pm\sqrt{37}}{6}$

(4) $5x^2-9x=-2$에서 $5x^2-9x+2=0$

$a=5$, $b=-9$, $c=2$이므로

$x=\dfrac{-(-9)\pm\sqrt{(-9)^2-4\times5\times2}}{2\times5}=\dfrac{9\pm\sqrt{41}}{10}$

02 🅐 (1) $x=-2\pm\sqrt{6}$ (2) $x=\dfrac{1\pm\sqrt{7}}{2}$

(3) $x=\dfrac{-3\pm\sqrt{6}}{3}$ (4) $x=\dfrac{4\pm\sqrt{11}}{5}$

(1) $a=1$, $b'=2$, $c=-2$이므로

$x=\dfrac{-2\pm\sqrt{2^2-1\times(-2)}}{1}=-2\pm\sqrt{6}$

(2) $a=2$, $b'=-1$, $c=-3$이므로

$x=\dfrac{-(-1)\pm\sqrt{(-1)^2-2\times(-3)}}{2}=\dfrac{1\pm\sqrt{7}}{2}$

(3) $a=3$, $b'=3$, $c=1$이므로

$x=\dfrac{-3\pm\sqrt{3^2-3\times1}}{3}=\dfrac{-3\pm\sqrt{6}}{3}$

(4) $5x^2-8x=-1$에서 $5x^2-8x+1=0$

$a=5$, $b'=-4$, $c=1$이므로

$x=\dfrac{-(-4)\pm\sqrt{(-4)^2-5\times1}}{5}=\dfrac{4\pm\sqrt{11}}{5}$

03 🅐 $A=3$, $B=5$

$6x^2-4x=2x^2+2x-1$에서 $4x^2-6x+1=0$

∴ $x=\dfrac{-(-3)\pm\sqrt{(-3)^2-4\times1}}{4}=\dfrac{3\pm\sqrt{5}}{4}$

∴ $A=3$, $B=5$

04 **답** 풀이 참조

근의 공식을 이용하여 $x^2-3x+a=0$을 풀면

$$x=\frac{-(\boxed{-3})\pm\sqrt{(-3)^2-4\times\boxed{1}\times a}}{\boxed{2}\times 1}$$

$$=\frac{3\pm\sqrt{\boxed{9}-4a}}{\boxed{2}}$$

즉, $\dfrac{3\pm\sqrt{\boxed{9}-4a}}{\boxed{2}}=\dfrac{3\pm\sqrt{5}}{2}$이므로

$9-4a=\boxed{5}$, $-4a=-4$ $\quad\therefore a=\boxed{1}$

05 **답** (1) -1 (2) 2

(1) $2x^2+3x+a=0$에서

$$x=\frac{-3\pm\sqrt{3^2-4\times 2\times a}}{2\times 2}=\frac{-3\pm\sqrt{9-8a}}{4}$$

즉, $\dfrac{-3\pm\sqrt{9-8a}}{4}=\dfrac{-3\pm\sqrt{17}}{4}$이므로

$9-8a=17$, $-8a=8$ $\quad\therefore a=-1$

(2) $5x^2-8x+a=0$에서

$$x=\frac{-(-4)\pm\sqrt{(-4)^2-5\times a}}{5}=\frac{4\pm\sqrt{16-5a}}{5}$$

즉, $\dfrac{4\pm\sqrt{16-5a}}{5}=\dfrac{4\pm\sqrt{6}}{5}$이므로

$16-5a=6$, $-5a=-10$ $\quad\therefore a=2$

06 **답** 8

$ax^2+4x-3=0$에서

$$x=\frac{-2\pm\sqrt{2^2-a\times(-3)}}{a}=\frac{-2\pm\sqrt{4+3a}}{a}$$

즉, $\dfrac{-2\pm\sqrt{4+3a}}{a}=-2\pm\sqrt{b}$이므로

$a=1$, $4+3a=b$ $\quad\therefore a=1$, $b=7$

$\therefore a+b=1+7=8$

개념 30 복잡한 이차방정식의 풀이

개념 확인하기 ············ 104쪽

1 **답** (1) 풀이 참조 (2) 10, 25, 5, 5

(1) $\dfrac{1}{2}x^2+\dfrac{1}{3}x-\dfrac{1}{2}=0$의 양변에 $\boxed{6}$을 곱하면

$3x^2+\boxed{2}x-3=0$

$\therefore x=\dfrac{-1\pm\sqrt{1^2-3\times(-3)}}{3}=\boxed{\dfrac{-1\pm\sqrt{10}}{3}}$

---

01 **답** (1) $x=\dfrac{3\pm\sqrt{21}}{2}$ (2) $x=-2$ 또는 $x=8$

(3) $x=\dfrac{5\pm 3\sqrt{5}}{2}$

(1) $x(x+3)=2x^2-3$에서

$x^2-3x-3=0$

$\therefore x=\dfrac{-(-3)\pm\sqrt{(-3)^2-4\times 1\times(-3)}}{2\times 1}$

$=\dfrac{3\pm\sqrt{21}}{2}$

(2) $(x+4)(x-4)=6x$에서

$x^2-6x-16=0$, $(x+2)(x-8)=0$

$\therefore x=-2$ 또는 $x=8$

(3) $(x-1)(2x+1)=(x+2)^2$에서

$x^2-5x-5=0$

$\therefore x=\dfrac{-(-5)\pm\sqrt{(-5)^2-4\times 1\times(-5)}}{2\times 1}$

$=\dfrac{5\pm 3\sqrt{5}}{2}$

02 **답** (1) $x=\dfrac{1}{6}$ 또는 $x=\dfrac{1}{2}$ (2) $x=\dfrac{-2\pm\sqrt{10}}{3}$

(3) $x=-\dfrac{5}{4}$ 또는 $x=3$

(1) $x^2-\dfrac{2}{3}x+\dfrac{1}{12}=0$의 양변에 12를 곱하면

$12x^2-8x+1=0$

$(6x-1)(2x-1)=0$

$\therefore x=\dfrac{1}{6}$ 또는 $x=\dfrac{1}{2}$

(2) $\dfrac{3}{4}x^2+x-\dfrac{1}{2}=0$의 양변에 4를 곱하면

$3x^2+4x-2=0$

$\therefore x=\dfrac{-2\pm\sqrt{2^2-3\times(-2)}}{3}$

$=\dfrac{-2\pm\sqrt{10}}{3}$

(3) $\dfrac{x^2-5}{5}-\dfrac{x-1}{4}=\dfrac{x}{10}$의 양변에 20을 곱하면

$4(x^2-5)-5(x-1)=2x$

$4x^2-20-5x+5=2x$

$4x^2-7x-15=0$

$(4x+5)(x-3)=0$

$\therefore x=-\dfrac{5}{4}$ 또는 $x=3$

03 **답** (1) $x=\dfrac{-3\pm\sqrt{3}}{3}$ (2) $x=-\dfrac{4}{5}$ 또는 $x=1$

(3) $x=\dfrac{5\pm\sqrt{17}}{4}$

(1) $0.3x^2+0.6x+0.2=0$의 양변에 10을 곱하면

$3x^2+6x+2=0$

$\therefore x=\dfrac{-3\pm\sqrt{3^2-3\times 2}}{3}=\dfrac{-3\pm\sqrt{3}}{3}$

(2) $x^2-0.2x-0.8=0$의 양변에 10을 곱하면

$10x^2-2x-8=0$

$5x^2-x-4=0$

$(5x+4)(x-1)=0$

$\therefore x=-\dfrac{4}{5}$ 또는 $x=1$

(3) $0.4x^2+0.2=x$의 양변에 10을 곱하면

$4x^2+2=10x$

$4x^2-10x+2=0$

$\therefore x=\dfrac{-(-5)\pm\sqrt{(-5)^2-4\times 2}}{4}=\dfrac{5\pm\sqrt{17}}{4}$

04 📖 (1) $x=-\dfrac{1}{2}$ 또는 $x=\dfrac{5}{6}$ (2) $x=\dfrac{-3\pm\sqrt{59}}{10}$

(1) $1.2x^2-0.4x-\dfrac{1}{2}=0$의 양변에 10을 곱하면

$12x^2-4x-5=0$

$(2x+1)(6x-5)=0$

$\therefore x=-\dfrac{1}{2}$ 또는 $x=\dfrac{5}{6}$

(2) $\dfrac{1}{2}x^2+0.3x-\dfrac{1}{4}=0$의 양변에 20을 곱하면

$10x^2+6x-5=0$

$\therefore x=\dfrac{-3\pm\sqrt{3^2-10\times(-5)}}{10}=\dfrac{-3\pm\sqrt{59}}{10}$

05 📖 $x-2$, $A-4$, 4, 4, 6

06 📖 (1) $x=\dfrac{9}{2}$ 또는 $x=5$ (2) $x=-\dfrac{3}{2}$ 또는 $x=-1$

(3) $x=-5$ 또는 $x=1$

(1) $x-3=A$로 놓으면

$2A^2-7A+6=0$

$(2A-3)(A-2)=0$

$\therefore A=\dfrac{3}{2}$ 또는 $A=2$

즉, $x-3=\dfrac{3}{2}$ 또는 $x-3=2$이므로

$x=\dfrac{9}{2}$ 또는 $x=5$

(2) $2x+1=A$로 놓으면

$A^2+3A+2=0$

$(A+2)(A+1)=0$

$\therefore A=-2$ 또는 $A=-1$

즉, $2x+1=-2$ 또는 $2x+1=-1$이므로

$x=-\dfrac{3}{2}$ 또는 $x=-1$

(3) $x+1=A$로 놓으면

$\dfrac{A^2}{4}+\dfrac{A}{2}-2=0$

위의 식의 양변에 4를 곱하면

$A^2+2A-8=0$

$(A+4)(A-2)=0$

$\therefore A=-4$ 또는 $A=2$

즉, $x+1=-4$ 또는 $x+1=2$이므로

$x=-5$ 또는 $x=1$

개념 **31** 이차방정식의 근의 개수

개념 **확인하기** ····················· 106쪽

1 📖 풀이 참조

$ax^2+bx+c=0$	a, b, c의 값	b^2-4ac의 값	근의 개수
(1) $x^2+3x-2=0$	$a=1, b=3,$ $c=-2$	$3^2-4\times 1\times(-2)$ $=17$	2개
(2) $x^2+8x+16=0$	$a=1, b=8,$ $c=16$	$8^2-4\times 1\times 16=0$	1개
(3) $x^2-4x+6=0$	$a=1,$ $b=-4, c=6$	$(-4)^2-4\times 1\times 6$ $=-8$	0개
(4) $3x^2+5x+2=0$	$a=3, b=5,$ $c=2$	$5^2-4\times 3\times 2=1$	2개

대표문제
107쪽

01 📖 (1) 2개   (2) 0개   (3) 1개

(1) $(-5)^2-4\times 1\times(-2)=33>0$이므로 서로 다른 두 근을 갖는다.

(2) $3^2-4\times 2\times 4=-23<0$이므로 근이 없다.

(3) $(-6)^2-4\times 9\times 1=0$이므로 중근을 갖는다.

02 📖 ㄴ

ㄱ. $(-16)^2-4\times 1\times 64=0$이므로 중근을 갖는다.

ㄴ. $3^2-4\times 2\times(-8)=73>0$이므로 서로 다른 두 근을 갖는다.

ㄷ. $(-5)^2-4\times 4\times 2=-7<0$이므로 근이 없다.

ㄹ. $x^2+\dfrac{1}{2}x+\dfrac{1}{16}=0$의 양변에 16을 곱하면

$16x^2+8x+1=0$

즉, $8^2-4\times 16\times 1=0$이므로 중근을 갖는다.

이상에서 서로 다른 두 근을 갖는 것은 ㄴ뿐이다.

03 답 (1) $k>-\dfrac{9}{4}$ (2) $k=-\dfrac{9}{4}$ (3) $k<-\dfrac{9}{4}$

$3^2-4\times1\times(-k)=4k+9$

(1) $4k+9>0$ $\therefore k>-\dfrac{9}{4}$

(2) $4k+9=0$ $\therefore k=-\dfrac{9}{4}$

(3) $4k+9<0$ $\therefore k<-\dfrac{9}{4}$

04 답 $k=18,\ x=5$

$(-10)^2-4\times1\times(k+7)=0$이므로

$-4k+72=0$ $\therefore k=18$

즉, $x^2-10x+25=0$에서

$(x-5)^2=0$ $\therefore x=5$

> **이것만은 꼭!**
>
> 이차방정식이 중근을 가질 조건
>
> ① x^2의 계수가 1일 때, $(\text{상수항})=\left(\dfrac{x의\ 계수}{2}\right)^2$
>
> ② $ax^2+bx+c=0\ (a\ne0)\Rightarrow b^2-4ac=0$

05 답 (1) $k>9$ (2) $k<-\dfrac{1}{2}$ (3) $k>\dfrac{25}{8}$

(1) $(-6)^2-4\times1\times k<0$이므로

$36-4k<0$ $\therefore k>9$

(2) $4^2-4\times8\times(-k)<0$이므로

$16+32k<0$ $\therefore k<-\dfrac{1}{2}$

(3) $(-5)^2-4\times1\times2k<0$이므로

$25-8k<0$ $\therefore k>\dfrac{25}{8}$

06 답 (1) $k\le1$ (2) $k\ge-\dfrac{4}{3}$ (3) $k\le\dfrac{9}{8}$

(1) $2^2-4\times1\times k\ge0$이므로

$4-4k\ge0$ $\therefore k\le1$

(2) $4^2-4\times1\times(-3k)\ge0$이므로

$16+12k\ge0$ $\therefore k\ge-\dfrac{4}{3}$

(3) $(-5)^2-4\times2\times(k+2)\ge0$이므로

$-8k+9\ge0$ $\therefore k\le\dfrac{9}{8}$

소단원 **핵심문제**   108~109쪽

| 01 2 | 02 ② | 03 ④ | 04 ② | 05 0 |
| 06 ④ | 07 ③ | 08 ④ | 09 ② | 10 ③ |

---

01 $x^2+3x+1=0$에서

$x=\dfrac{-3\pm\sqrt{3^2-4\times1\times1}}{2\times1}=\dfrac{-3\pm\sqrt5}{2}$

따라서 $A=-3,\ B=5$이므로

$A+B=-3+5=2$

02 $5x^2-12x+3=0$에서

$x=\dfrac{-(-6)\pm\sqrt{(-6)^2-5\times3}}{5}=\dfrac{6\pm\sqrt{21}}{5}$

따라서 $m=\dfrac{6+\sqrt{21}}{5}+\dfrac{6-\sqrt{21}}{5}=\dfrac{12}{5}$이므로

$5m-3=5\times\dfrac{12}{5}-3=9$

03 $2x^2-8x+a=0$에서

$x=\dfrac{-(-4)\pm\sqrt{(-4)^2-2\times a}}{2}=\dfrac{4\pm\sqrt{16-2a}}{2}$

즉, $\dfrac{4\pm\sqrt{16-2a}}{2}=\dfrac{b\pm\sqrt{10}}{2}$이므로

$4=b,\ 16-2a=10$

$\therefore a=3,\ b=4$

$\therefore ab=3\times4=12$

04 $(x+4)(x-1)=-x-5$에서

$x^2+4x+1=0$

$\therefore x=\dfrac{-2\pm\sqrt{2^2-1\times1}}{1}=-2\pm\sqrt3$

05 $x^2-\dfrac{1}{4}x=\dfrac{15}{8}$의 양변에 8을 곱하면

$8x^2-2x=15,\ 8x^2-2x-15=0$

$(4x+5)(2x-3)=0$ $\therefore x=-\dfrac{5}{4}$ 또는 $x=\dfrac{3}{2}$

따라서 $-\dfrac{5}{4}<n<\dfrac{3}{2}$을 만족하는 정수 n은 $-1,\ 0,\ 1$이므로

구하는 합은

$-1+0+1=0$

06 $\dfrac{3}{10}x^2+0.2x-\dfrac{1}{5}=0$의 양변에 10을 곱하면

$3x^2+2x-2=0$

$\therefore x=\dfrac{-1\pm\sqrt{1^2-3\times(-2)}}{3}=\dfrac{-1\pm\sqrt7}{3}$

따라서 $p=-1,\ q=7$이므로

$q-p=7-(-1)=8$

07 $x-2y=A$로 놓으면

$A(A-3)=4,\ A^2-3A-4=0$

$(A+1)(A-4)=0$ $\therefore A=-1$ 또는 $A=4$

그런데 $x>2y$이므로 $x-2y=A>0$

$\therefore x-2y=4$

08 ① $(-4)^2-4\times1\times1=12>0$이므로 서로 다른 두 근을 갖는다.
② $6^2-4\times1\times9=0$이므로 중근을 갖는다.
③ $(-5)^2-4\times3\times(-2)=49>0$이므로 서로 다른 두 근을 갖는다.
④ $(-2)^2-4\times2\times1=-4<0$이므로 근이 없다.
⑤ $(-12)^2-4\times9\times4=0$이므로 중근을 갖는다.
따라서 근이 없는 것은 ④이다.

09 $x^2-4kx-k+3=0$이 중근을 가지려면
$(-4k)^2-4\times1\times(-k+3)=0$이어야 하므로
$16k^2+4k-12=0,\ 4k^2+k-3=0$
$(k+1)(4k-3)=0$　　∴ $k=-1$ 또는 $k=\dfrac{3}{4}$
따라서 모든 수 k의 값의 합은
$-1+\dfrac{3}{4}=-\dfrac{1}{4}$

10 $mx^2-8x+5=0$이 근을 가지려면
$(-8)^2-4\times m\times5\geq0$이어야 하므로
$64-20m\geq0$　　∴ $m\leq\dfrac{16}{5}$
따라서 자연수 m은 1, 2, 3의 3개이다.

---

③ 이차방정식의 활용

개념 32 이차방정식 구하기

개념 확인하기 110쪽

1 답 (1) 2, 3, 5, 6　(2) 3, 5, 1, 3, 12　(3) 4, 8, 16

 111쪽

01 답 (1) $x^2+2x-8=0$　(2) $x^2+9x+18=0$
(3) $x^2-5x=0$　(4) $x^2-\dfrac{1}{49}=0$
(1) 두 근이 -4, 2이고 x^2의 계수가 1인 이차방정식이므로
$(x+4)(x-2)=0$　　∴ $x^2+2x-8=0$
(2) 두 근이 -6, -3이고 x^2의 계수가 1인 이차방정식이므로
$(x+6)(x+3)=0$　　∴ $x^2+9x+18=0$
(3) 두 근이 0, 5이고 x^2의 계수가 1인 이차방정식이므로
$x(x-5)=0$　　∴ $x^2-5x=0$

---

(4) 두 근이 $-\dfrac{1}{7}$, $\dfrac{1}{7}$이고 x^2의 계수가 1인 이차방정식이므로
$\left(x+\dfrac{1}{7}\right)\left(x-\dfrac{1}{7}\right)=0$　　∴ $x^2-\dfrac{1}{49}=0$

02 답 (1) $2x^2-10x+8=0$　(2) $4x^2+16x+12=0$
(3) $\dfrac{1}{3}x^2+x-18=0$　(4) $-2x^2+5x-3=0$
(1) 두 근이 1, 4이고 x^2의 계수가 2인 이차방정식은
$2(x-1)(x-4)=0$　　∴ $2x^2-10x+8=0$
(2) 두 근이 -3, -1이고 x^2의 계수가 4인 이차방정식은
$4(x+3)(x+1)=0$　　∴ $4x^2+16x+12=0$
(3) 두 근이 -9, 6이고 x^2의 계수가 $\dfrac{1}{3}$인 이차방정식은
$\dfrac{1}{3}(x+9)(x-6)=0$　　∴ $\dfrac{1}{3}x^2+x-18=0$
(4) 두 근이 1, $\dfrac{3}{2}$이고 x^2의 계수가 -2인 이차방정식은
$-2(x-1)\left(x-\dfrac{3}{2}\right)=0$　　∴ $-2x^2+5x-3=0$

03 답 8
두 근이 -1, 2이고 x^2의 계수가 2인 이차방정식이므로
$2(x+1)(x-2)=0$　　∴ $2x^2-2x-4=0$
따라서 $a=-2$, $b=-4$이므로 $ab=(-2)\times(-4)=8$

04 답 (1) $3-\sqrt{2}$　(2) $a=-6$, $b=7$
(2) 두 근이 $3+\sqrt{2}$, $3-\sqrt{2}$이고 x^2의 계수가 1인 이차방정식은
$\{x-(3+\sqrt{2})\}\{x-(3-\sqrt{2})\}=0$
$x^2-(3+\sqrt{2}+3-\sqrt{2})x+(3+\sqrt{2})(3-\sqrt{2})=0$
∴ $x^2-6x+7=0$
∴ $a=-6$, $b=7$

05 답 (1) $x^2+12x+36=0$　(2) $x^2-\dfrac{1}{2}x+\dfrac{1}{16}=0$
(1) 중근이 -6이고 x^2의 계수가 1인 이차방정식이므로
$(x+6)^2=0$　　∴ $x^2+12x+36=0$
(2) 중근이 $\dfrac{1}{4}$이고 x^2의 계수가 1인 이차방정식이므로
$\left(x-\dfrac{1}{4}\right)^2=0$　　∴ $x^2-\dfrac{1}{2}x+\dfrac{1}{16}=0$

06 답 (1) $3x^2-12x+12=0$　(2) $-2x^2-4x-2=0$
(1) 중근이 2이고 x^2의 계수가 3인 이차방정식은
$3(x-2)^2=0$　　∴ $3x^2-12x+12=0$
(2) 중근이 -1이고 x^2의 계수가 -2인 이차방정식은
$-2(x+1)^2=0$　　∴ $-2x^2-4x-2=0$

07 답 3
중근이 $-\dfrac{1}{2}$이고 x^2의 계수가 4인 이차방정식은
$4\left(x+\dfrac{1}{2}\right)^2=0$　　∴ $4x^2+4x+1=0$
따라서 $a=4$, $b=1$이므로 $a-b=4-1=3$

33 이차방정식의 활용

개념 **확인하기** 112쪽

1 ⓐ $3x+10$, -2, 5, 5, 5

대표문제 113~114쪽

01 ⓐ (1) $\dfrac{n(n-3)}{2}=27$ (2) 구각형

(2) $\dfrac{n(n-3)}{2}=27$에서 $n(n-3)=54$

$n^2-3n-54=0$, $(n+6)(n-9)=0$

$\therefore n=-6$ 또는 $n=9$

그런데 $n>3$이므로 $n=9$

따라서 구하는 다각형은 구각형이다.

02 ⓐ (1) $x+2$ (2) $x(x+2)=168$ (3) 12

(3) $x(x+2)=168$에서 $x^2+2x-168=0$

$(x+14)(x-12)=0$ $\therefore x=-14$ 또는 $x=12$

그런데 x는 자연수이므로 $x=12$

따라서 두 짝수 중 작은 수는 12이다.

참고 연속하는 수에 대한 문제는 다음과 같이 미지수를 정한다.

① 연속하는 두 정수 ▷ x, $x+1$ (x는 정수)

연속하는 세 정수 ▷ $x-1$, x, $x+1$ (x는 정수)

② 연속하는 두 짝수 ▷ x, $x+2$ (x는 짝수)

연속하는 두 홀수 ▷ x, $x+2$ (x는 홀수)

03 ⓐ 8, 9

연속하는 두 자연수를 x, $x+1$이라 하면

$x^2+(x+1)^2=145$, $2x^2+2x-144=0$

$x^2+x-72=0$, $(x+9)(x-8)=0$

$\therefore x=-9$ 또는 $x=8$

그런데 x는 자연수이므로 $x=8$

따라서 두 자연수는 8, 9이다.

04 ⓐ (1) $(x+3)$살 (2) $x(x+3)=x+(x+3)+27$

(3) 5살

(3) $x(x+3)=x+(x+3)+27$에서

$x^2+x-30=0$, $(x+6)(x-5)=0$

$\therefore x=-6$ 또는 $x=5$

그런데 x는 자연수이므로 $x=5$

따라서 동생의 나이는 5살이다.

05 ⓐ (1) $x(x-2)=120$ (2) 12명

(1) 한 학생이 받는 사탕의 개수는 $(x-2)$개이고 사탕이 모두 120개 있으므로

$x(x-2)=120$

(2) $x(x-2)=120$에서 $x^2-2x-120=0$

$(x+10)(x-12)=0$ $\therefore x=-10$ 또는 $x=12$

그런데 $x>2$이므로 $x=12$

따라서 동아리 학생은 모두 12명이다.

06 ⓐ 14쪽, 15쪽

펼친 왼쪽 면의 쪽수를 x쪽이라 하면 오른쪽 면의 쪽수는

$(x+1)$쪽이므로

$x(x+1)=210$, $x^2+x-210=0$

$(x+15)(x-14)=0$ $\therefore x=-15$ 또는 $x=14$

그런데 x는 자연수이므로 $x=14$

따라서 두 면의 쪽수는 14쪽, 15쪽이다.

07 ⓐ (1) 가로의 길이: $(7+x)$ cm, 세로의 길이: $(5+x)$ cm

(2) $(7+x)(5+x)=7\times5+28$ (3) 2 cm

(3) $(7+x)(5+x)=7\times5+28$에서

$x^2+12x-28=0$, $(x+14)(x-2)=0$

$\therefore x=-14$ 또는 $x=2$

그런데 $x>0$이므로 $x=2$

따라서 가로, 세로의 길이를 각각 2 cm만큼 늘였다.

08 ⓐ 1 m

길의 폭을 x m라 하고 오른쪽 그림과 같이 화단을 이동하면 길을 제외한 나머지 부분의 넓이는 가로의 길이가 $(16-x)$ m, 세로의 길이가 $(10-x)$ m인 직사각형의 넓이와 같다. 즉,

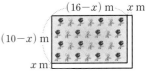

$(16-x)(10-x)=135$, $x^2-26x+25=0$

$(x-1)(x-25)=0$ $\therefore x=1$ 또는 $x=25$

그런데 $0<x<10$이므로 $x=1$

따라서 길의 폭은 1 m이다.

09 ⓐ (1) $25x-5x^2=0$ (2) 5초 후

(1) 물 로켓이 지면에 떨어지는 것은 높이가 0 m일 때이므로

$25x-5x^2=0$

(2) $25x-5x^2=0$에서 $x^2-5x=0$

$x(x-5)=0$ $\therefore x=0$ 또는 $x=5$

그런데 $x>0$이므로 $x=5$

따라서 물 로켓이 지면에 떨어지는 것은 물 로켓을 쏘아 올린 지 5초 후이다.

10 ⓐ 2초 후

$-5x^2+30x+40=80$이므로

$x^2-6x+8=0$, $(x-2)(x-4)=0$

$\therefore x=2$ 또는 $x=4$

따라서 공의 높이가 처음으로 80 m가 되는 것은 공을 던져 올린 지 2초 후이다.

소단원 **핵심문제** 115~116쪽

01 ④ **02** ②
03 (1) $x^2-4x-15=0$ (2) $x=2\pm\sqrt{19}$
04 $x=\dfrac{-1\pm\sqrt{3}}{5}$ **05** 21 **06** ② **07** ④
08 9 cm **09** 3초 후

01 두 근이 -3, 4이고 x^2의 계수가 2인 이차방정식은
$2(x+3)(x-4)=0$
$\therefore 2x^2-2x-24=0$
따라서 $a=-2$, $b=24$이므로
$a+b=-2+24=22$

02 두 근이 m, $2m$이고 x^2의 계수가 1인 이차방정식은
$(x-m)(x-2m)=0$
$\therefore x^2-3mx+2m^2=0$
$-3m=9$에서 $m=-3$
$2m^2=-3a$에서 $-3a=2\times(-3)^2=18$
$\therefore a=-6$

03 (1) 효정이는 상수항을, 승연이는 x의 계수를 바르게 보았으므로
효정: $(x+3)(x-5)=0$, $x^2-2x-15=0$
승연: $(x+2)(x-6)=0$, $x^2-4x-12=0$
따라서 처음 이차방정식은
$x^2-4x-15=0$
(2) $x=\dfrac{-(-2)\pm\sqrt{(-2)^2-1\times(-15)}}{1}$
$=2\pm\sqrt{19}$

04 중근이 5이고 x^2의 계수가 1인 이차방정식은
$(x-5)^2=0$
즉, $x^2-10x+25=0$이므로
$a=10$, $b=25$
따라서 $25x^2+10x-2=0$의 해는
$x=\dfrac{-5\pm\sqrt{5^2-25\times(-2)}}{25}=\dfrac{-5\pm\sqrt{75}}{25}$
$=\dfrac{-5\pm5\sqrt{3}}{25}=\dfrac{-1\pm\sqrt{3}}{5}$

05 어떤 자연수를 n이라 하면
$\dfrac{n(n+1)}{2}=231$, $n(n+1)=462$
$n^2+n-462=0$, $(n+22)(n-21)=0$
$\therefore n=-22$ 또는 $n=21$
그런데 n은 자연수이므로 $n=21$
따라서 구하는 자연수는 21이다.

06 연속하는 두 홀수를 x, $x+2$라 하면
$x^2+(x+2)^2=130$, $2x^2+4x-126=0$
$x^2+2x-63=0$, $(x+9)(x-7)=0$
$\therefore x=-9$ 또는 $x=7$
그런데 x는 자연수이므로 $x=7$
따라서 두 홀수는 7, 9이므로 구하는 곱은
$7\times9=63$

07 두 날짜 중 위에 있는 날짜를 x일이라 하면 아래에 있는 날짜는 $(x+7)$일이므로
$x(x+7)=198$, $x^2+7x-198=0$
$(x+18)(x-11)=0$
$\therefore x=-18$ 또는 $x=11$
그런데 x는 자연수이므로 $x=11$
따라서 두 날짜는 11일, 18일이므로 구하는 합은
$11+18=29$

08 색칠한 원의 반지름의 길이를 x cm라 하면
$\pi\times(x+9)^2=4\times\pi\times x^2$
$x^2+18x+81=4x^2$, $3x^2-18x-81=0$
$x^2-6x-27=0$, $(x+3)(x-9)=0$
$\therefore x=-3$ 또는 $x=9$
그런데 $x>0$이므로 $x=9$
따라서 색칠한 원의 반지름의 길이는 9 cm이다.

09 $-5t^2+50t+15=120$에서 $t^2-10t+21=0$
$(t-3)(t-7)=0$ $\therefore t=3$ 또는 $t=7$
따라서 이 폭죽이 처음으로 높이가 120 m인 지점에 도달하는 것은 쏘아 올린 지 3초 후이다.

중단원 **마무리문제** 117~119쪽

01 ② **02** ②, ⑤ **03** 3 **04** 14 **05** 3
06 $a=63$, $x=-8$ **07** ⑤ **08** ②
09 $x=\dfrac{-3\pm\sqrt{39}}{2}$ **10** -10
11 $x=-1$ 또는 $x=2$ **12** ④ **13** ③ **14** ①
15 ④ **16** 93 **17** ③ **18** ②
19 6초 동안

01 ㄴ. $x^2-1=(x-1)^2$에서 $2x-2=0$ ⇨ 일차방정식
ㄷ. $x^2+1=x(x+3)$에서 $-3x+1=0$ ⇨ 일차방정식
ㄹ. $1-(x-2)^2=4x$에서 $-x^2-3=0$ ⇨ 이차방정식
ㅁ. $x^3+5x^2-1=x^3+1$에서 $5x^2-2=0$ ⇨ 이차방정식
이상에서 이차방정식이 아닌 것은 ㄴ, ㄷ이다.

02
① $(-1)^2-3\times(-1)=4\neq0$ (거짓)

② $1^2-8\times1+7=0$ (참)

③ $(-2)^2+5\times(-2)-14=-20\neq0$ (거짓)

④ $(\sqrt{3}\,)^2-9=-6\neq0$ (거짓)

⑤ $3\times\left(\dfrac{1}{3}\right)^2+2\times\dfrac{1}{3}-1=0$ (참)

따라서 이차방정식의 해인 것은 ②, ⑤이다.

03 두 이차방정식에 $x=2$를 각각 대입하면

$4+2a-6=0$, $2a=2$ ∴ $a=1$

$12-8-b=0$, $-b=-4$ ∴ $b=4$

∴ $b-a=4-1=3$

04 전략 $m^2+\dfrac{1}{m^2}=\left(m+\dfrac{1}{m}\right)^2-2$임을 이용한다.

$x=m$을 $x^2-4x+1=0$에 대입하면

$m^2-4m+1=0$ ······ ㉠

㉠에서 $m=0$이면 등식이 성립하지 않으므로 $m\neq0$

㉠의 양변을 m으로 나누면

$m-4+\dfrac{1}{m}=0$에서 $m+\dfrac{1}{m}=4$

∴ $m^2+\dfrac{1}{m^2}=\left(m+\dfrac{1}{m}\right)^2-2=4^2-2=14$

이것만은 꼭!
두 수의 곱이 1인 식의 변형

① $a^2+\dfrac{1}{a^2}=\left(a+\dfrac{1}{a}\right)^2-2$, $a^2+\dfrac{1}{a^2}=\left(a-\dfrac{1}{a}\right)^2+2$

② $\left(a+\dfrac{1}{a}\right)^2=\left(a-\dfrac{1}{a}\right)^2+4$, $\left(a-\dfrac{1}{a}\right)^2=\left(a+\dfrac{1}{a}\right)^2-4$

05 $x^2+2x-8=0$에서 $(x+4)(x-2)=0$

∴ $x=-4$ 또는 $x=2$

$x=2$가 $x^2-2ax+5+a=0$의 한 근이므로

$4-4a+5+a=0$, $9-3a=0$ ∴ $a=3$

06 $x^2+16x+a+1=0$이 중근을 가지므로

$a+1=\left(\dfrac{16}{2}\right)^2$, $a+1=64$ ∴ $a=63$ ··· ㉮

$a=63$을 $x^2+16x+a+1=0$에 대입하면

$x^2+16x+64=0$, $(x+8)^2=0$

∴ $x=-8$ ··· ㉯

단계	채점 기준	배점 비율
㉮	a의 값 구하기	50 %
㉯	중근 구하기	50 %

07 $x^2-10x+15=0$에서 $x^2-10x=-15$

$x^2-10x+25=-15+25$ ∴ $(x-5)^2=10$

따라서 $p=5$, $q=10$이므로

$p+q=5+10=15$

08 $Ax^2+5x-1=0$의 해를 구하면

$x=\dfrac{-5\pm\sqrt{5^2-4\times A\times(-1)}}{2\times A}=\dfrac{-5\pm\sqrt{25+4A}}{2A}$

즉, $\dfrac{-5\pm\sqrt{25+4A}}{2A}=\dfrac{-5\pm\sqrt{B}}{6}$이므로

$2A=6$, $25+4A=B$

∴ $A=3$, $B=37$

∴ $A+B=3+37=40$

09 $\dfrac{1}{5}x^2+0.6x-\dfrac{3}{2}=0$의 양변에 10을 곱하면

$2x^2+6x-15=0$

∴ $x=\dfrac{-3\pm\sqrt{3^2-2\times(-15)}}{2}=\dfrac{-3\pm\sqrt{39}}{2}$

10 $x-1=A$로 놓으면 $2A^2+7A-15=0$

$(A+5)(2A-3)=0$

∴ $A=-5$ 또는 $A=\dfrac{3}{2}$ ··· ㉮

즉, $x-1=-5$ 또는 $x-1=\dfrac{3}{2}$이므로

$x=-4$ 또는 $x=\dfrac{5}{2}$ ··· ㉯

따라서 두 근의 곱은 $(-4)\times\dfrac{5}{2}=-10$ ··· ㉰

단계	채점 기준	배점 비율
㉮	$x-1=A$로 놓고 A의 값 구하기	50 %
㉯	이차방정식의 두 근 구하기	40 %
㉰	두 근의 곱 구하기	10 %

11 전략 정해진 약속에 따라 x에 대한 이차방정식을 세운다.

$(2x+3)(3x-8)+2(2x+3)-(3x-8)=2$

$6x^2-7x-24+4x+6-3x+8=2$

$6x^2-6x-12=0$, $x^2-x-2=0$

$(x+1)(x-2)=0$ ∴ $x=-1$ 또는 $x=2$

12
① $(-4)^2-4\times1\times2=8>0$이므로 서로 다른 두 근을 갖는다.

② $(-3)^2-4\times2\times(-4)=41>0$이므로 서로 다른 두 근을 갖는다.

③ $5^2-4\times3\times(-1)=37>0$이므로 서로 다른 두 근을 갖는다.

④ $x(x-2)=-1$에서 $x^2-2x+1=0$
즉, $(-2)^2-4\times1\times1=0$이므로 중근을 갖는다.

⑤ $0.6x^2-0.9x+0.2=0$의 양변에 10을 곱하면
$6x^2-9x+2=0$
즉, $(-9)^2-4\times6\times2=33>0$이므로 서로 다른 두 근을 갖는다.

따라서 근의 개수가 나머지 넷과 다른 하나는 ④이다.

13 $x^2-3x+k+1=0$이 서로 다른 두 근을 가지므로

$(-3)^2-4\times1\times(k+1)>0$

$5-4k>0$　　$\therefore k<\dfrac{5}{4}$

따라서 가장 큰 정수 k의 값은 1이다.

14 두 근을 $a,\ 3a$로 놓으면

$(x-a)(x-3a)=0$이므로 $x^2-4ax+3a^2=0$

$-4a=-4$에서 $a=1$

$\therefore k=3a^2=3\times1^2=3$

(참고) 조건이 주어진 두 근을 다음과 같이 놓고 이차방정식을
구한다.

① 한 근이 다른 한 근의 k배이다. ⇨ 두 근을 $a,\ ka$로 놓는다.

② 두 근의 차가 k이다. ⇨ 두 근을 $a,\ a+k$로 놓는다.

15 x^2의 계수가 1이고 $x=-3$을 중근으로 갖는 이차방정식은

$(x+3)^2=0$　　$\therefore x^2+6x+9=0$

따라서 $a+b=6,\ 2a-b=9$이므로 두 식을 연립하여 풀면
$a=5,\ b=1$

16 두 자리 자연수의 일의 자리의 숫자를 x라 하면 십의 자리의
숫자는 $3x$이므로

$x\times3x=(10\times3x+x)-66,\ 3x^2-31x+66=0$

$(x-3)(3x-22)=0$　　$\therefore x=3$ 또는 $x=\dfrac{22}{3}$

그런데 x는 자연수이므로 $x=3$

따라서 구하는 두 자리 자연수는 93이다.

17 상자의 개수를 x개라 하면 한 상자에 들어 있는 고구마의 개
수는 $(x-3)$개이므로

$x(x-3)=180,\ x^2-3x-180=0$

$(x+12)(x-15)=0$　　$\therefore x=-12$ 또는 $x=15$

그런데 $x>3$이므로 $x=15$

따라서 상자의 개수는 15개이다.

18 (전략) 구하는 길이를 x cm로 놓고 직육면체의 밑넓이를 이용하여
이차방정식을 세운다.

잘라 낸 정사각형의 한 변의 길이를 x cm라 하면

상자의 밑면의 가로의 길이는 $(16-2x)$ cm, 세로의 길이는
$(12-2x)$ cm이므로

$(16-2x)(12-2x)=96,\ x^2-14x+24=0$

$(x-2)(x-12)=0$　　$\therefore x=2$ 또는 $x=12$

그런데 $x>0,\ 12-2x>0$이므로 $x=2$

따라서 잘라 낸 정사각형의 한 변의 길이는 2 cm이다.

19 $-5x^2+60x=135$이므로　　… ㉮

$5x^2-60x+135=0,\ x^2-12x+27=0$

$(x-3)(x-9)=0$　　$\therefore x=3$ 또는 $x=9$　　… ㉯

따라서 야구공이 지면으로부터의 높이가 135 m 이상인 지점
을 지나는 것은 3초부터 9초까지이므로 6초 동안이다. … ㉰

단계	채점 기준	배점 비율
㉮	문제의 뜻에 맞게 이차방정식 세우기	30 %
㉯	이차방정식 풀기	40 %
㉰	문제의 뜻에 맞는 답 구하기	30 %

창의·융합 문제

119쪽

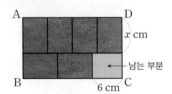

위의 그림에서 $\overline{AD}=\overline{BC}=(2x+6)$ cm이므로

$(\text{짧은 변의 길이})=\dfrac{2x+6}{4}=\dfrac{1}{2}x+\dfrac{3}{2}$ (cm)　　… ❶

이때 $\overline{AB}=x+\left(\dfrac{1}{2}x+\dfrac{3}{2}\right)=\dfrac{3}{2}x+\dfrac{3}{2}$ (cm)이고

$\overline{AD}\times\overline{AB}=240$ (cm²)이므로

$(2x+6)\left(\dfrac{3}{2}x+\dfrac{3}{2}\right)=240$　　… ❷

$(2x+6)\left(\dfrac{3}{2}x+\dfrac{3}{2}\right)=240$에서 $x^2+4x-77=0$

$(x+11)(x-7)=0$

$\therefore x=-11$ 또는 $x=7$　　… ❸

그런데 $x>0$이므로 $x=7$　　… ❹

답 7

교과서 속 서술형 문제

120~121쪽

1 ❶ $x=-1$을 주어진 이차방정식에 대입하면 등식이 성립하는가?

$x=-1$은 주어진 이차방정식의 $\boxed{\text{해}}$이므로 대입하면 등
식이 성립한다.

❷ $x=-1$을 주어진 이차방정식에 대입하면?

$x=-1$을 $(a-1)x^2-(a^2-2)x+1=0$에 대입하면

$(a-1)\times(\boxed{-1})^2-(a^2-2)\times(\boxed{-1})+1=0$

$a^2+a-\boxed{2}=0$　　… ㉮

❸ ❷의 이차방정식을 풀면?

$a^2+a-\boxed{2}=0$에서

$(a+\boxed{2})(a-\boxed{1})=0$

$\therefore a=\boxed{-2}$ 또는 $a=\boxed{1}$　　… ㉯

❹ ❸에서 구한 a의 값 중 문제의 조건을 만족하는 것은?

$a=\boxed{1}$이면 x^2의 계수가 0이 되므로 이차방정식이 되지 않는다.

$\therefore a=\boxed{-2}$ ⋯ ㉰

단계	채점 기준	배점 비율
㉮	a에 대한 이차방정식 구하기	40 %
㉯	이차방정식을 풀어 a의 값 구하기	30 %
㉰	문제의 조건을 만족하는 a의 값 찾기	30 %

2 ❶ $x=1$을 주어진 이차방정식에 대입하면 등식이 성립하는가?

$x=1$은 주어진 이차방정식의 해이므로 대입하면 등식이 성립한다.

❷ $x=1$을 주어진 이차방정식에 대입하면?

$x=1$을 $(a+2)x^2+a^2x+2a=0$에 대입하면

$a+2+a^2+2a=0$

$a^2+3a+2=0$ ⋯ ㉮

❸ ❷의 이차방정식을 풀면?

$a^2+3a+2=0$에서 $(a+2)(a+1)=0$

$\therefore a=-2$ 또는 $a=-1$ ⋯ ㉯

❹ ❸에서 구한 a의 값 중 문제의 조건을 만족하는 것은?

$a=-2$이면 x^2의 계수가 0이 되므로 이차방정식이 되지 않는다.

$\therefore a=-1$ ⋯ ㉰

단계	채점 기준	배점 비율
㉮	a에 대한 이차방정식 구하기	40 %
㉯	이차방정식을 풀어 a의 값 구하기	30 %
㉰	문제의 조건을 만족하는 a의 값 찾기	30 %

3 $x=-5$를 $(2a-1)x^2+ax-2=0$에 대입하면

$(2a-1)\times(-5)^2+a\times(-5)-2=0$

$45a-27=0$ $\therefore a=\dfrac{3}{5}$ ⋯ ㉮

$a=\dfrac{3}{5}$을 $(2a-1)x^2+ax-2=0$에 대입하면

$\dfrac{1}{5}x^2+\dfrac{3}{5}x-2=0$

위의 식의 양변에 5를 곱하면

$x^2+3x-10=0$, $(x+5)(x-2)=0$

$\therefore x=-5$ 또는 $x=2$

따라서 다른 한 근은 $x=2$이다. ⋯ ㉯

🄰 $a=\dfrac{3}{5}$, $x=2$

단계	채점 기준	배점 비율
㉮	a의 값 구하기	40 %
㉯	다른 한 근 구하기	60 %

4 현정이는 상수항을 바르게 보았으므로

$(x+1)(x-5)=0$, 즉 $x^2-4x-5=0$에서 상수항은 -5이다. ⋯ ㉮

준서는 x의 계수를 바르게 보았으므로

$(x+6)(x-2)=0$, 즉 $x^2+4x-12=0$에서 x의 계수는 4이다. ⋯ ㉯

따라서 처음 이차방정식은

$x^2+4x-5=0$ ⋯ ㉰

$(x+5)(x-1)=0$

$\therefore x=-5$ 또는 $x=1$ ⋯ ㉱

🄰 $x=-5$ 또는 $x=1$

단계	채점 기준	배점 비율
㉮	처음 이차방정식의 상수항 구하기	30 %
㉯	처음 이차방정식의 x의 계수 구하기	30 %
㉰	처음 이차방정식 구하기	20 %
㉱	처음 이차방정식 풀기	20 %

5 두 근이 -2, 3이고 x^2의 계수가 1인 이차방정식은

$(x+2)(x-3)=0$ $\therefore x^2-x-6=0$

$\therefore a=-1$, $b=-6$ ⋯ ㉮

따라서 이차방정식 $ax^2+bx+4=0$은

$-x^2-6x+4=0$에서 $x^2+6x-4=0$

$\therefore x=\dfrac{-3\pm\sqrt{3^2-1\times(-4)}}{1}$

$=-3\pm\sqrt{13}$ ⋯ ㉯

🄰 $x=-3\pm\sqrt{13}$

단계	채점 기준	배점 비율
㉮	a, b의 값 각각 구하기	50 %
㉯	이차방정식 $ax^2+bx+4=0$ 풀기	50 %

6 x초 후에 처음 직사각형의 넓이와 같아진다고 하면 x초 후의 가로의 길이는 $(8-x)$ cm, 세로의 길이는 $(12+2x)$ cm이므로

$(8-x)(12+2x)=8\times12$ ⋯ ㉮

$96+4x-2x^2=96$

$x^2-2x=0$, $x(x-2)=0$

$\therefore x=0$ 또는 $x=2$ ⋯ ㉯

그런데 $x>0$, $8-x>0$이므로 $x=2$

따라서 처음 직사각형의 넓이와 같아지는 것은 2초 후이다.

⋯ ㉰

🄰 2초 후

단계	채점 기준	배점 비율
㉮	문제의 뜻에 맞게 이차방정식 세우기	40 %
㉯	이차방정식 풀기	40 %
㉰	몇 초 후에 넓이가 같아지는지 구하기	20 %

05 이차함수

① 이차함수와 그 그래프

개념 34 이차함수의 뜻

개념 확인하기 ·························· 124쪽

1 **답** (1) ○ (2) × (3) ○ (4) × (5) × (6) ○
(3) $y=x(x-3)=x^2-3x$이므로 이차함수이다.
(4) $y=(x+1)^2-x^2=2x+1$에서 $2x+1$이 x에 대한 일차식이므로 이차함수가 아니다.
(5) $y=-\dfrac{3}{x^2}+4$는 분모에 x^2이 있으므로 이차함수가 아니다.

2 **답** (1) 5 (2) 11 (3) 8 (4) 6
(2) $y=2\times 2^2-2+5=11$
(3) $y=2\times(-1)^2-(-1)+5=8$
(4) $y=2\times\left(-\dfrac{1}{2}\right)^2-\left(-\dfrac{1}{2}\right)+5=6$

대표문제 125쪽

01 **답** ㄱ, ㅁ
ㄴ. $y=5(x+2)-5=5x+5$에서 $5x+5$가 x에 대한 일차식이므로 이차함수가 아니다.
ㄹ. $y=3x(x-1)-3x^2=-3x$에서 $-3x$가 x에 대한 일차식이므로 이차함수가 아니다.
ㅁ. $y=2x^2-x(x+1)=x^2-x$이므로 이차함수이다.
이상에서 y가 x에 대한 이차함수인 것은 ㄱ, ㅁ이다.

02 **답** 풀이 참조
(1) $y=\boxed{4x}$, 이차함수가 아니다.
(2) $y=\boxed{x^2}$, 이차함수이다.
(3) $y=\boxed{6x}$, 이차함수가 아니다.
(4) $y=\boxed{\pi x^2}$, 이차함수이다.
(5) $y=\boxed{x^3}$, 이차함수가 아니다.

03 **답** (1) 4 (2) 1 (3) $\dfrac{11}{4}$ (4) 5
$f(x)=-x^2-2x+4$에서
(1) $f(0)=-0^2-2\times 0+4=4$
(2) $f(1)=-1^2-2\times 1+4=1$
(3) $f\left(\dfrac{1}{2}\right)=-\left(\dfrac{1}{2}\right)^2-2\times\dfrac{1}{2}+4=\dfrac{11}{4}$
(4) $f(-1)=-(-1)^2-2\times(-1)+4=5$

04 **답** (1) 12 (2) −1 (3) −7
(1) $f(x)=3x^2$에서 $f(2)=3\times 2^2=12$

(2) $f(x)=x^2-5$에서 $f(2)=2^2-5=-1$
(3) $f(x)=-2x^2+x-1$에서
$f(2)=-2\times 2^2+2-1=-7$

05 **답** (1) 3, 3, 3, 3, 2 (2) 3
(2) $f(x)=2x^2+ax+1$에서
$f(-2)=2\times(-2)^2+a\times(-2)+1=9-2a$
따라서 $9-2a=3$이므로 $a=3$

개념 35 이차함수 $y=x^2$의 그래프

개념 확인하기 ·························· 126쪽

1 **답** (1)

x	$\cdots$	-3	-2	-1	0	1	2	3	$\cdots$
y	$\cdots$	-9	-4	-1	0	-1	-4	-9	$\cdots$

(2)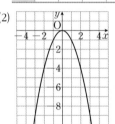

대표문제 127쪽

01 **답** (1) ○ (2) ○ (3) × (4) ×
(3) y축에 대칭이다.
(4) $x<0$일 때, x의 값이 증가하면 y의 값은 감소한다.

02 **답** (1) $y=-x^2$ (2) $x<0$

03 **답** (1) ○ (2) ×
$y=x^2$에 주어진 점의 좌표를 각각 대입하면
(1) $9=(-3)^2$
(2) $4\ne\left(\dfrac{1}{2}\right)^2$

04 **답** −5, 5
$y=x^2$에 $x=a$, $y=25$를 대입하면
$a^2=25$ ∴ $a=\pm 5$

05 **답** (1) 0, 0 (2) 위 (3) 감소 (4) x

06 **답** (1) $x=0$ (2) $x<0$
(1) $y=-x^2$의 그래프는 y축에 대칭이므로 축의 방정식은 $x=0$이다.

07 답 ㄱ, ㄴ, ㅁ

$y=-x^2$에 주어진 점의 좌표를 각각 대입하면

ㄱ. $-4=-(-2)^2$

ㄴ. $-1=-1^2$

ㄷ. $\dfrac{2}{3}\neq-\left(-\dfrac{1}{3}\right)^2$

ㄹ. $49\neq-7^2$

ㅁ. $-\dfrac{1}{16}=-\left(\dfrac{1}{4}\right)^2$

이상에서 $y=-x^2$의 그래프가 지나는 점은 ㄱ, ㄴ, ㅁ이다.

08 답 $(-4,\ -16),\ (4,\ -16)$

$y=-x^2$에 $y=-16$을 대입하면

$-x^2=-16$ ∴ $x=\pm4$

따라서 구하는 점의 좌표는 $(-4,\ -16),\ (4,\ -16)$이다.

개념 36 **이차함수 $y=ax^2$의 그래프**

개념 확인하기 **128쪽**

1 답 (1)

x	$\cdots$	-3	-2	-1	0	1	2	3	$\cdots$
$2x^2$	$\cdots$	18	8	2	0	2	8	18	$\cdots$
$-2x^2$	$\cdots$	-18	-8	-2	0	-2	-8	-18	$\cdots$

(2)

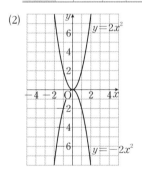

대표문제 **129쪽**

01 답 (1) × (2) ○ (3) ○ (4) ×

(1) 꼭짓점의 좌표는 $(0, 0)$이다.

(4) $x<0$일 때, x의 값이 증가하면 y의 값은 감소한다.

02 답 (1) ㄱ, ㄴ (2) ㄷ, ㄹ (3) ㄴ (4) ㄱ

(1) 이차함수 $y=ax^2$의 그래프는 $a>0$일 때 아래로 볼록하므로 ㄱ, ㄴ의 그래프가 아래로 볼록하다.

(2) 이차함수 $y=ax^2$의 그래프는 $a<0$일 때 위로 볼록하므로 ㄷ, ㄹ의 그래프가 위로 볼록하다.

---

(3) 이차함수 $y=ax^2$의 그래프는 a의 절댓값이 클수록 그래프의 폭이 좁아지므로 a의 절댓값이 가장 큰 ㄴ의 그래프의 폭이 가장 좁다.

(4) 이차함수 $y=ax^2$의 그래프는 a의 절댓값이 작을수록 그래프의 폭이 넓어지므로 a의 절댓값이 가장 작은 ㄱ의 그래프의 폭이 가장 넓다.

03 답 (1) ㄷ (2) ㄴ (3) ㄱ

이차함수 $y=ax^2$의 그래프는 $y=-ax^2$의 그래프와 x축에 대칭이다.

04 답 (1) ㄱ (2) ㄷ (3) ㄴ

(1) $\dfrac{1}{3}>0$, $\left|\dfrac{1}{3}\right|<|1|$이므로 $y=\dfrac{1}{3}x^2$의 그래프는 아래로 볼록하고 $y=x^2$의 그래프보다 폭이 넓다.

⇨ ㄱ

(2) $-\dfrac{1}{3}<0$, $\left|-\dfrac{1}{3}\right|<|-1|$이므로 $y=-\dfrac{1}{3}x^2$의 그래프는 위로 볼록하고 $y=-x^2$의 그래프보다 폭이 넓다.

⇨ ㄷ

(3) $3>0$, $|3|>|1|$이므로 $y=3x^2$의 그래프는 아래로 볼록하고 $y=x^2$의 그래프보다 폭이 좁다.

⇨ ㄴ

05 답 (1) 3, 3, 2 (2) -3 (3) -25

(2) $y=ax^2$에 $x=2$, $y=-12$를 대입하면

$-12=a\times2^2$ ∴ $a=-3$

(3) $y=ax^2$에 $x=-\dfrac{1}{5}$, $y=-1$을 대입하면

$-1=a\times\left(-\dfrac{1}{5}\right)^2$ ∴ $a=-25$

소단원 핵심문제 **130~131쪽**

01 ①, ③	02 -1	03 ②	04 ①, ⑤	05 ③
06 ②	07 $a=2, b=8$	08 3		

01 ① $y=\dfrac{1}{x^2}-2$는 분모에 x^2이 있으므로 이차함수가 아니다.

③ $y=(x+2)^2-x^2$에서 $4x+4$가 x에 대한 일차식이므로 이차함수가 아니다.

⑤ $y=(x+4)(x-4)=x^2-16$이므로 이차함수이다.

따라서 y가 x에 대한 이차함수가 아닌 것은 ①, ③이다.

02 $f(x)=2x^2-5x-3$에서

$f(-1)=2\times(-1)^2-5\times(-1)-3=4$

$f(2)=2\times2^2-5\times2-3=-5$

∴ $f(-1)+f(2)=4+(-5)=-1$

03 $y=x^2$에 주어진 점의 좌표를 각각 대입하면

① $-1\neq(-1)^2$ ② $\dfrac{4}{9}=\left(-\dfrac{2}{3}\right)^2$

③ $-\dfrac{1}{16}\neq\left(\dfrac{1}{4}\right)^2$ ④ $-1\neq1^2$

⑤ $12\neq6^2$

따라서 $y=x^2$의 그래프가 지나는 점은 ②이다.

04 ② 꼭짓점의 좌표는 $(0, 0)$이다.

③ 점 $(1, -3)$을 지난다.

④ $x<0$일 때, x의 값이 증가하면 y의 값도 증가한다.

05 $y=ax^2$의 그래프가 아래로 볼록하고 폭이 $y=x^2$의 그래프보다 넓으므로 $0<a<1$이어야 한다.

따라서 a의 값이 될 수 있는 것은 ③이다.

06 그래프가 위로 볼록한 이차함수는 x^2의 계수가 음수인 ①, ②이고, $\left|-\dfrac{2}{3}\right|<|-6|$이므로 ①, ② 중 그래프의 폭이 가장 넓은 것은 x^2의 계수의 절댓값이 작은 ②이다.

07 $y=ax^2$의 그래프가 점 $(-1, 2)$를 지나므로

$2=a\times(-1)^2$ ∴ $a=2$

$y=2x^2$의 그래프가 점 $(2, b)$를 지나므로

$b=2\times2^2=8$

08 $y=\dfrac{1}{3}x^2$의 그래프는 $y=-\dfrac{1}{3}x^2$의 그래프와 x축에 대칭이다.

즉, $y=\dfrac{1}{3}x^2$의 그래프가 점 $(k, 3)$을 지나므로

$3=\dfrac{1}{3}k^2$, $k^2=9$ ∴ $k=\pm3$

그런데 $k>0$이므로 $k=3$

❷ 이차함수 $y=a(x-p)^2+q$의 그래프

개념 37 이차함수 $y=ax^2+q$의 그래프

개념 확인하기 ---------- 132쪽

1 답 그래프는 풀이 참조 (1) $x=0$ (2) $(0, 4)$ (3) $x<0$

$y=-x^2+4$의 그래프는

$y=-x^2$의 그래프를 y축의 방향으로 4만큼 평행이동한 것이므로 그 그래프를 그리면 오른쪽 그림과 같다.

(1) 축의 방정식은 $x=0$이다.

(2) 꼭짓점의 좌표는 $(0, 4)$이다.

(3) x의 값이 증가할 때, y의 값도 증가하는 x의 값의 범위는 $x<0$이다.

대표문제
133쪽

01 답 (1) 2 (2) $-\dfrac{2}{5}$

02 답 (1) $y=3x^2+4$ (2) $y=-\dfrac{1}{3}x^2+\dfrac{1}{2}$ (3) $y=-4x^2-3$

03 답 (1) 그래프는 풀이 참조,
축의 방정식: $x=0$, 꼭짓점의 좌표: $(0, -1)$

(2) 그래프는 풀이 참조,
축의 방정식: $x=0$, 꼭짓점의 좌표: $(0, 5)$

(1) $y=\dfrac{1}{2}x^2-1$의 그래프는

$y=\dfrac{1}{2}x^2$의 그래프를 y축의 방향으로 -1만큼 평행이동한 것이므로 그 그래프를 그리면 오른쪽 그림과 같다.

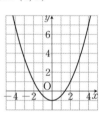

이때 축의 방정식은 $x=0$이고, 꼭짓점의 좌표는 $(0, -1)$이다.

(2) $y=-3x^2+5$의 그래프는

$y=-3x^2$의 그래프를 y축의 방향으로 5만큼 평행이동한 것이므로 그 그래프를 그리면 오른쪽 그림과 같다.

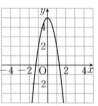

이때 축의 방정식은 $x=0$이고, 꼭짓점의 좌표는 $(0, 5)$이다.

04 답 (1) -1 (2) 아래 (3) $x=0$ (4) -1

05 답 (1) -6 (2) -13 (3) $-\dfrac{2}{9}$

(1) $y=-x^2-5$에 $x=-1$, $y=k$를 대입하면

$k=-(-1)^2-5=-6$

(2) $y=4x^2+k$에 $x=2$, $y=3$을 대입하면

$3=4\times2^2+k$

∴ $k=-13$

(3) $y=kx^2+1$에 $x=3$, $y=-1$을 대입하면

$-1=k\times3^2+1$

∴ $k=-\dfrac{2}{9}$

06 답 (1) $y=2x^2+3$ (2) 11

(2) $y=2x^2+3$의 그래프가 점 $(2, k)$를 지나므로

$k=2\times2^2+3=11$

개념 38 이차함수 $y=a(x-p)^2$의 그래프

개념 확인하기 ·························· 134쪽

1 **답** 그래프는 풀이 참조 (1) $x=3$ (2) $(3, 0)$ (3) $x>3$

$y=-2(x-3)^2$의 그래프는 $y=-2x^2$의 그래프를 x축의 방향으로 3만큼 평행이동한 것이므로 그 그래프를 그리면 오른쪽 그림과 같다.

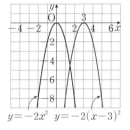

(1) 축의 방정식은 $x=3$이다.

(2) 꼭짓점의 좌표는 $(3, 0)$이다.

(3) x의 값이 증가할 때, y의 값은 감소하는 x의 값의 범위는 $x>3$이다.

대표문제 ·························· 135쪽

01 **답** (1) 2 (2) -6

02 **답** (1) $y=3(x-1)^2$ (2) $y=\frac{1}{2}(x+2)^2$

(3) $y=-4\left(x-\frac{1}{3}\right)^2$

03 **답** (1) 그래프는 풀이 참조,
축의 방정식: $x=-2$, 꼭짓점의 좌표: $(-2, 0)$

(2) 그래프는 풀이 참조,
축의 방정식: $x=4$, 꼭짓점의 좌표: $(4, 0)$

(1) $y=\frac{1}{4}(x+2)^2$의 그래프는

$y=\frac{1}{4}x^2$의 그래프를 x축의 방향으로 -2만큼 평행이동한 것이므로 그 그래프를 그리면 오른쪽 그림과 같다.

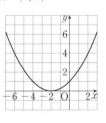

이때 축의 방정식은 $x=-2$이고, 꼭짓점의 좌표는 $(-2, 0)$이다.

(2) $y=-(x-4)^2$의 그래프는

$y=-x^2$의 그래프를 x축의 방향으로 4만큼 평행이동한 것이므로 그 그래프를 그리면 오른쪽 그림과 같다.

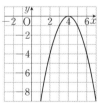

이때 축의 방정식은 $x=4$이고, 꼭짓점의 좌표는 $(4, 0)$이다.

04 **답** (1) -5 (2) $x=-5$ (3) $-5, 0$ (4) 감소

05 **답** (1) $-\frac{1}{2}$ (2) 1 (3) 5

---

(1) $y=-\frac{1}{2}(x-1)^2$에 $x=2$, $y=k$를 대입하면

$k=-\frac{1}{2}\times(2-1)^2=-\frac{1}{2}$

(2) $y=4\left(x+\frac{3}{2}\right)^2$에 $x=-1$, $y=k$를 대입하면

$k=4\times\left(-1+\frac{3}{2}\right)^2=1$

(3) $y=k(x+2)^2$에 $x=-3$, $y=5$를 대입하면

$5=k(-3+2)^2$ $\therefore k=5$

06 **답** (1) $y=6(x-4)^2$ (2) 3, 5

(2) $y=6(x-4)^2$의 그래프가 점 $(k, 6)$을 지나므로

$6=6(k-4)^2$, $(k-4)^2=1$

$k-4=\pm1$ $\therefore k=3$ 또는 $k=5$

개념 39 이차함수 $y=a(x-p)^2+q$의 그래프

개념 확인하기 ·························· 136쪽

1 **답** 그래프는 풀이 참조

(1) $x=-1$ (2) $(-1, 2)$ (3) $x<-1$

$y=-4(x+1)^2+2$의 그래프는 $y=-4x^2$의 그래프를 x축의 방향으로 -1만큼, y축의 방향으로 2만큼 평행이동한 것이므로 그 그래프를 그리면 오른쪽 그림과 같다.

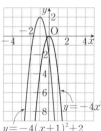

(1) 축의 방정식은 $x=-1$이다.

(2) 꼭짓점의 좌표는 $(-1, 2)$이다.

(3) x의 값이 증가할 때, y의 값도 증가하는 x의 값의 범위는 $x<-1$이다.

대표문제 ·························· 137~138쪽

01 **답** (1) x축의 방향으로 4만큼, y축의 방향으로 7만큼

(2) x축의 방향으로 -1만큼, y축의 방향으로 -5만큼

02 **답** (1) $y=3(x-1)^2+5$ (2) $y=-(x-2)^2-1$

(3) $y=\frac{1}{2}(x+3)^2+8$

03 **답** (1) 그래프는 풀이 참조,
축의 방정식: $x=-3$, 꼭짓점의 좌표: $(-3, -3)$

(2) 그래프는 풀이 참조,
축의 방정식: $x=1$, 꼭짓점의 좌표: $(1, 2)$

(1) $y=2(x+3)^2-3$의 그래프는 $y=2x^2$의 그래프를 x축의 방향으로 -3만큼, y축의 방향으로 -3만큼 평행이동한 것이므로 그 그래프를 그리면 오른쪽 그림과 같다.

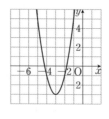

이때 축의 방정식은 $x=-3$이고, 꼭짓점의 좌표는 $(-3, -3)$이다.

(2) $y=-\dfrac{1}{4}(x-1)^2+2$의 그래프는 $y=-\dfrac{1}{4}x^2$의 그래프를 x축의 방향으로 1만큼, y축의 방향으로 2만큼 평행이동한 것이므로 그 그래프를 그리면 오른쪽 그림과 같다.

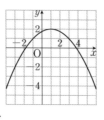

이때 축의 방정식은 $x=1$이고, 꼭짓점의 좌표는 $(1, 2)$이다.

04 답 (1) $-2, -3$ (2) 아래 (3) $x=-2$ (4) $-2, -3$

05 답 (1) × (2) × (3) ○
(1) 축의 방정식은 $x=-3$이다.
(2) $x<-1$일 때, x의 값이 증가하면 y의 값은 감소한다.

06 답 (1) 2 (2) 3
(1) $y=-2(x-1)^2+4$에 $x=2$, $y=k$를 대입하면
$k=-2\times(2-1)^2+4=2$
(2) $y=k(x+2)^2-5$에 $x=-4$, $y=7$을 대입하면
$7=k(-4+2)^2-5$, $7=4k-5$
$\therefore k=3$

07 답 (1) $p=2, q=3$ (2) -6
(1) 꼭짓점의 좌표가 $(2, 3)$이므로
$y=-(x-2)^2+3$
$\therefore p=2, q=3$
(2) $y=-(x-2)^2+3$의 그래프가 점 $(-1, k)$를 지나므로
$k=-(-1-2)^2+3=-6$

08 답 -1
$y=\dfrac{1}{3}x^2$의 그래프를 x축의 방향으로 2만큼, y축의 방향으로 q만큼 평행이동한 그래프의 식은
$y=\dfrac{1}{3}(x-2)^2+q$
이 그래프가 점 $(5, 2)$를 지나므로
$2=\dfrac{1}{3}\times(5-2)^2+q$
$\therefore q=-1$

09 답 $y=3(x-4)^2+4$
$y=3(x-1)^2+6$의 그래프를 x축의 방향으로 3만큼, y축의 방향으로 -2만큼 평행이동한 그래프의 식은
$y=3(x-3-1)^2+6-2$
$\therefore y=3(x-4)^2+4$

10 답 (1) $>, <, >$ (2) $<, <, >$ (3) $>, >, <$
(1) 그래프가 아래로 볼록하므로 $a>0$
꼭짓점 (p, q)가 제2사분면에 있으므로
$p<0, q>0$
(2) 그래프가 위로 볼록하므로 $a<0$
꼭짓점 (p, q)가 제1사분면에 있으므로
$p>0, q>0$
(3) 그래프가 아래로 볼록하므로 $a>0$
꼭짓점 (p, q)가 제4사분면에 있으므로
$p>0, q<0$

이것만은 꼭!

각 사분면 위의 점의 좌표의 부호

좌표 사분면	x좌표	y좌표
제1사분면	$+$	$+$
제2사분면	$-$	$+$
제3사분면	$-$	$-$
제4사분면	$+$	$-$

11 답 ㄱ, ㄷ
ㄱ. 그래프가 위로 볼록하므로 $a<0$
ㄴ. 꼭짓점 (p, q)가 제2사분면에 있으므로
$p<0, q>0$
ㄷ. $p<0, q>0$이므로 $pq<0$
ㄹ. $a<0, q>0$이므로 $a-q<0$
이상에서 옳은 것은 ㄱ, ㄷ이다.

소단원 핵심문제 139~140쪽

| 01 $(0, 1)$ | 02 2 | 03 ㄴ, ㄹ | 04 -3 | 05 ⑤ |
| 06 ④ | 07 1 | 08 7 | 09 ② | |

01 $y=2x^2+q$의 그래프가 점 $(-1, 3)$을 지나므로
$3=2\times(-1)^2+q$ $\therefore q=1$
따라서 구하는 꼭짓점의 좌표는 $(0, 1)$이다.

02 $y=\dfrac{5}{2}x^2$의 그래프를 y축의 방향으로 -4만큼 평행이동한 그

래프의 식은

$y=\dfrac{5}{2}x^2-4$

이 그래프가 점 $(k,6)$을 지나므로

$6=\dfrac{5}{2}k^2-4,\ \dfrac{5}{2}k^2=10,\ k^2=4\qquad\therefore k=\pm2$

그런데 $k>0$이므로 $k=2$

03 ㄱ. $y=-\dfrac{1}{2}x^2$의 그래프를 x축의 방향으로 3만큼 평행이동

한 것이다.

ㄷ. 꼭짓점의 좌표는 $(3,0)$이다.

이상에서 옳은 것은 ㄴ, ㄹ이다.

04 $y=7x^2$의 그래프를 x축의 방향으로 k만큼 평행이동한 그래

프의 식은

$y=7(x-k)^2$

이 그래프의 축의 방정식은 $x=k$이므로

$k=-3$

05 ⑤ $y=-2x^2$의 그래프를 x축의 방향으로 $\dfrac{1}{2}$만큼, y축의 방

향으로 3만큼 평행이동하면 $y=-2\left(x-\dfrac{1}{2}\right)^2+3$의 그래

프와 완전히 포갤 수 있다.

06 $y=5(x-1)^2-2$의 그래프의 꼭짓점의

좌표가 $(1,-2)$이고 아래로 볼록하며

점 $(0,3)$을 지나므로 그 그래프를 그

리면 오른쪽 그림과 같다.

④ 그래프는 제1, 2, 4사분면을 지난다.

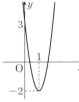

07 꼭짓점의 좌표가 $(p,3p^2)$이고 이 점이 직선 $y=2x+1$ 위에

있으므로

$3p^2=2p+1,\ 3p^2-2p-1=0$

$(3p+1)(p-1)=0\qquad\therefore p=-\dfrac{1}{3}$ 또는 $p=1$

그런데 $p>0$이므로 $p=1$

08 $y=-(x+5)^2-2$의 그래프를 x축의 방향으로 p만큼, y축

의 방향으로 q만큼 평행이동한 그래프의 식은

$y=-(x-p+5)^2-2+q$

이 그래프가 $y=-x^2$의 그래프와 일치하므로

$-p+5=0$에서 $p=5$

$-2+q=0$에서 $q=2$

$\therefore p+q=5+2=7$

09 그래프가 위로 볼록하므로 $a<0$

꼭짓점 (p,q)가 제4사분면에 있으므로

$p>0,\ q<0$

---

❸ 이차함수 $y=ax^2+bx+c$의 그래프

개념 40 **이차함수 $y=ax^2+bx+c$의 그래프**

개념 확인하기 ⟶ 141쪽

1 **답** 풀이 참조

$y=x^2+2x+3$

$\quad=(x^2+2x+1-\boxed{1})+3$

$\quad=(x+\boxed{1})^2+\boxed{2}$

$\Rightarrow$ 축의 방정식: $x=\boxed{-1}$

꼭짓점의 좌표: $(\boxed{-1},\boxed{2})$

y축과의 교점의 좌표: $(\boxed{0},\boxed{3})$

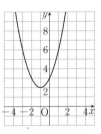

대표문제 142쪽

01 **답** (1) $y=4(x-1)^2-7$ (2) $y=-(x-2)^2+6$

$\qquad$ (3) $y=\dfrac{1}{2}(x+4)^2-1$

(1) $y=4x^2-8x-3$

$\quad=4(x^2-2x+1-1)-3$

$\quad=4(x^2-2x+1)-4-3$

$\quad=4(x-1)^2-7$

(2) $y=-x^2+4x+2$

$\quad=-(x^2-4x+4-4)+2$

$\quad=-(x^2-4x+4)+4+2$

$\quad=-(x-2)^2+6$

(3) $y=\dfrac{1}{2}x^2+4x+7$

$\quad=\dfrac{1}{2}(x^2+8x+16-16)+7$

$\quad=\dfrac{1}{2}(x^2+8x+16)-8+7$

$\quad=\dfrac{1}{2}(x+4)^2-1$

02 **답** (1) 축의 방정식: $x=-6$, 꼭짓점의 좌표: $(-6,-7)$

$\qquad$ (2) 축의 방정식: $x=1$, 꼭짓점의 좌표: $(1,2)$

$\qquad$ (3) 축의 방정식: $x=3$, 꼭짓점의 좌표: $(3,-3)$

(1) $y=x^2+12x+29$

$\quad=(x^2+12x+36-36)+29$

$\quad=(x^2+12x+36)-36+29$

$\quad=(x+6)^2-7$

(2) $y=-2x^2+4x=-2(x^2-2x+1-1)$

$\quad=-2(x^2-2x+1)+2$

$\quad=-2(x-1)^2+2$

(3) $y=\dfrac{2}{3}x^2-4x+3$

$\quad=\dfrac{2}{3}(x^2-6x+9-9)+3$

$\quad=\dfrac{2}{3}(x^2-6x+9)-6+3$

$\quad=\dfrac{2}{3}(x-3)^2-3$

03 답 (1) 그래프는 풀이 참조,

축의 방정식: $x=1$, 꼭짓점의 좌표: $(1, -5)$

(2) 그래프는 풀이 참조,

축의 방정식: $x=-3$, 꼭짓점의 좌표: $(-3, -1)$

(1) $y=2x^2-4x-3$

$\quad=2(x^2-2x+1-1)-3$

$\quad=2(x^2-2x+1)-2-3$

$\quad=2(x-1)^2-5$

즉, $y=2x^2-4x-3$의 그래프는 $y=2x^2$의 그래프를 x축의 방향으로 1만큼, y축의 방향으로 -5만큼 평행이동한 것이므로 그 그래프를 그리면 오른쪽 그림과 같다.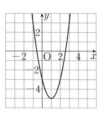

이때 축의 방정식은 $x=1$이고, 꼭짓점의 좌표는 $(1, -5)$이다.

(2) $y=-\dfrac{1}{3}x^2-2x-4$

$\quad=-\dfrac{1}{3}(x^2+6x+9-9)-4$

$\quad=-\dfrac{1}{3}(x^2+6x+9)+3-4$

$\quad=-\dfrac{1}{3}(x+3)^2-1$

즉, $y=-\dfrac{1}{3}x^2-2x-4$의 그래프는 $y=-\dfrac{1}{3}x^2$의 그래프를 x축의 방향으로 -3만큼, y축의 방향으로 -1만큼 평행이동한 것이므로 그 그래프를 그리면 오른쪽 그림과 같다.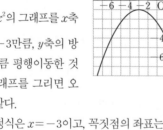

이때 축의 방정식은 $x=-3$이고, 꼭짓점의 좌표는 $(-3, -1)$이다.

04 답 (1) x축과의 교점의 좌표: $(-2, 0)$, $(3, 0)$

y축과의 교점의 좌표: $(0, 6)$

(2) x축과의 교점의 좌표: $\left(-\dfrac{3}{2}, 0\right)$, $(4, 0)$

y축과의 교점의 좌표: $(0, -12)$

(3) x축과의 교점의 좌표: $(-1, 0)$, $(5, 0)$

y축과의 교점의 좌표: $(0, 15)$

(1) $y=0$일 때, $-x^2+x+6=0$에서

$x^2-x-6=0$, $(x+2)(x-3)=0$

$\therefore x=-2$ 또는 $x=3$

즉, x축과의 교점의 좌표는 $(-2, 0)$, $(3, 0)$

$x=0$일 때, $y=6$이므로

y축과의 교점의 좌표는 $(0, 6)$

(2) $y=0$일 때, $2x^2-5x-12=0$에서

$(2x+3)(x-4)=0$ $\quad\therefore x=-\dfrac{3}{2}$ 또는 $x=4$

즉, x축과의 교점의 좌표는 $\left(-\dfrac{3}{2}, 0\right)$, $(4, 0)$

$x=0$일 때, $y=-12$이므로

y축과의 교점의 좌표는 $(0, -12)$

(3) $y=0$일 때, $-3x^2+12x+15=0$에서

$x^2-4x-5=0$, $(x+1)(x-5)=0$

$\therefore x=-1$ 또는 $x=5$

즉, x축과의 교점의 좌표는 $(-1, 0)$, $(5, 0)$

$x=0$일 때, $y=15$이므로

y축과의 교점의 좌표는 $(0, 15)$

05 답 (1) ○ (2) ○ (3) × (4) ○ (5) ×

$y=x^2-2x+2$

$\quad=(x^2-2x+1-1)+2$

$\quad=(x^2-2x+1)-1+2$

$\quad=(x-1)^2+1$

(1) $y=(x-1)^2+1$의 그래프는 $y=x^2$의 그래프를 x축의 방향으로 1만큼, y축의 방향으로 1만큼 평행이동한 것이다.

(2) 축의 방정식은 $x=1$이다.

(3) 꼭짓점의 좌표는 $(1, 1)$이다.

(4) $x=0$일 때, $y=2$이므로 y축과의 교점의 y좌표는 2이다.

(5) $y=(x-1)^2+1$의 그래프를 그리면 오른쪽 그림과 같으므로 그래프는 제1, 2사분면을 지난다.

개념 41 이차함수 $y=ax^2+bx+c$의 그래프에서 a, b, c의 부호

개념 확인하기 143쪽

1 답 (1) < (2) <, > (3) >

대표문제

01 답 (1) >, >, > (2) <, <, < (3) >, <, <

(1) 그래프가 아래로 볼록하므로 $a>0$

축이 y축의 왼쪽에 있으므로 $ab>0$ ∴ $b>0$

y축과의 교점이 x축보다 위쪽에 있으므로 $c>0$

(2) 그래프가 위로 볼록하므로 $a<0$

축이 y축의 왼쪽에 있으므로 $ab>0$ ∴ $b<0$

y축과의 교점이 x축보다 아래쪽에 있으므로 $c<0$

(3) 그래프가 아래로 볼록하므로 $a>0$

축이 y축의 오른쪽에 있으므로 $ab<0$ ∴ $b<0$

y축과의 교점이 x축보다 위쪽에 있으므로 $c>0$

02 답 $a<0$, $b<0$, $c<0$

그래프가 위로 볼록하므로 $a<0$

축이 y축의 오른쪽에 있으므로 $-ab<0$ ∴ $b<0$

y축과의 교점이 x축보다 위쪽에 있으므로

$-c>0$ ∴ $c<0$

03 답 (1) $a>0$ (2) $b<0$ (3) $bc>0$ (4) $a+b+c<0$

(1) 그래프가 아래로 볼록하므로 $a>0$

(2) 축이 y축의 오른쪽에 있으므로 $ab<0$ ∴ $b<0$

(3) y축과의 교점이 x축보다 아래쪽에 있으므로 $c<0$

∴ $bc>0$

(4) $x=1$일 때, $y<0$이므로

$a+b+c<0$

04 답 (1) ㄴ (2) ㄱ (3) ㄷ (4) ㄹ

(1) (i) $a>0$이므로 그래프는 아래로 볼록하다.

(ii) a와 b의 부호가 같으므로 축은 y축의 왼쪽에 있다.

(iii) $c<0$이므로 y축과의 교점은 x축보다 아래쪽에 있다.

이상에서 그래프로 알맞은 것은 ㄴ이다.

(2) (i) $a>0$이므로 그래프는 아래로 볼록하다.

(ii) a와 b의 부호가 같으므로 축은 y축의 왼쪽에 있다.

(iii) $c>0$이므로 y축과의 교점은 x축보다 위쪽에 있다.

이상에서 그래프로 알맞은 것은 ㄱ이다.

(3) (i) $a<0$이므로 그래프는 위로 볼록하다.

(ii) a와 b의 부호가 다르므로 축은 y축의 오른쪽에 있다.

(iii) $c<0$이므로 y축과의 교점은 x축보다 아래쪽에 있다.

이상에서 그래프로 알맞은 것은 ㄷ이다.

(4) (i) $a<0$이므로 그래프는 위로 볼록하다.

(ii) a와 b의 부호가 같으므로 축은 y축의 왼쪽에 있다.

(iii) $c>0$이므로 y축과의 교점은 x축보다 위쪽에 있다.

이상에서 그래프로 알맞은 것은 ㄹ이다.

개념 42 이차함수의 식 구하기

대표문제

01 답 3, 5, 3, 2, 2, 3, 2, 4, 5

02 답 (1) $y=x^2-4x+8$ (2) $y=\dfrac{1}{2}x^2+x-\dfrac{7}{2}$

(1) 꼭짓점의 좌표가 $(2, 4)$이므로 이차함수의 식을

$y=a(x-2)^2+4$로 놓을 수 있다.

이 그래프가 점 $(1, 5)$를 지나므로

$5=a(1-2)^2+4$, $a+4=5$ ∴ $a=1$

따라서 구하는 이차함수의 식은

$y=(x-2)^2+4=x^2-4x+8$

(2) 꼭짓점의 좌표가 $(-1, -4)$이므로 이차함수의 식을

$y=a(x+1)^2-4$로 놓을 수 있다.

이 그래프가 점 $(3, 4)$를 지나므로

$4=a(3+1)^2-4$, $16a-4=4$ ∴ $a=\dfrac{1}{2}$

따라서 구하는 이차함수의 식은

$y=\dfrac{1}{2}(x+1)^2-4=\dfrac{1}{2}x^2+x-\dfrac{7}{2}$

03 답 $y=-\dfrac{3}{4}x^2-3x+2$

꼭짓점의 좌표가 $(-2, 5)$이므로 이차함수의 식을

$y=a(x+2)^2+5$로 놓을 수 있다.

이 그래프가 점 $(0, 2)$를 지나므로

$2=a(0+2)^2+5$, $4a+5=2$ ∴ $a=-\dfrac{3}{4}$

따라서 구하는 이차함수의 식은

$y=-\dfrac{3}{4}(x+2)^2+5=-\dfrac{3}{4}x^2-3x+2$

04 답 1, 1, 9, 1, 10, 1, 10, -2, 4, 8

05 답 (1) $y=x^2-4x+3$ (2) $y=-3x^2+3x-2$

(1) 축의 방정식이 $x=2$이므로 이차함수의 식을

$y=a(x-2)^2+q$로 놓을 수 있다.

이 그래프가 두 점 $(0, 3)$, $(3, 0)$을 지나므로

$3=a(0-2)^2+q$에서 $4a+q=3$

$0=a(3-2)^2+q$에서 $a+q=0$

위의 두 식을 연립하여 풀면 $a=1$, $q=-1$

따라서 구하는 이차함수의 식은

$y=(x-2)^2-1=x^2-4x+3$

(2) 축의 방정식이 $x=\dfrac{1}{2}$이므로 이차함수의 식을

$y=a\left(x-\dfrac{1}{2}\right)^2+q$로 놓을 수 있다.

이 그래프가 두 점 $(-1, -8)$, $(1, -2)$를 지나므로

$-8 = a\left(-1 - \dfrac{1}{2}\right)^2 + q$에서 $\dfrac{9}{4}a + q = -8$

$-2 = a\left(1 - \dfrac{1}{2}\right)^2 + q$에서 $\dfrac{1}{4}a + q = -2$

위의 두 식을 연립하여 풀면 $a = -3$, $q = -\dfrac{5}{4}$

따라서 구하는 이차함수의 식은

$y = -3\left(x - \dfrac{1}{2}\right)^2 - \dfrac{5}{4} = -3x^2 + 3x - 2$

06 답 $y = 2x^2 - 4x$

축의 방정식이 $x = 1$이므로 이차함수의 식을
$y = a(x-1)^2 + q$로 놓을 수 있다.

이 그래프가 두 점 $(0, 0)$, $(3, 6)$을 지나므로

$0 = a(0-1)^2 + q$에서 $a + q = 0$

$6 = a(3-1)^2 + q$에서 $4a + q = 6$

위의 두 식을 연립하여 풀면 $a = 2$, $q = -2$

따라서 구하는 이차함수의 식은

$y = 2(x-1)^2 - 2 = 2x^2 - 4x$

07 답 $3, 3, 2, 3, 6, 4, 2, 4, 2, 3$

08 답 (1) $y = 3x^2 - 2x - 4$ (2) $y = -x^2 + 2x + 3$

(1) y축과 점 $(0, -4)$에서 만나므로 이차함수의 식을
$y = ax^2 + bx - 4$로 놓을 수 있다.

이 그래프가 두 점 $(1, -3)$, $(2, 4)$를 지나므로

$-3 = a + b - 4$에서 $a + b = 1$

$4 = 4a + 2b - 4$에서 $2a + b = 4$

위의 두 식을 연립하여 풀면 $a = 3$, $b = -2$

따라서 구하는 이차함수의 식은

$y = 3x^2 - 2x - 4$

(2) y축과 점 $(0, 3)$에서 만나므로 이차함수의 식을
$y = ax^2 + bx + 3$으로 놓을 수 있다.

이 그래프가 두 점 $(-1, 0)$, $(1, 4)$를 지나므로

$0 = a - b + 3$에서 $a - b = -3$

$4 = a + b + 3$에서 $a + b = 1$

위의 두 식을 연립하여 풀면 $a = -1$, $b = 2$

따라서 구하는 이차함수의 식은

$y = -x^2 + 2x + 3$

09 답 $y = -x^2 + 6x - 5$

y축과 점 $(0, -5)$에서 만나므로 이차함수의 식을
$y = ax^2 + bx - 5$로 놓을 수 있다.

이 그래프가 두 점 $(2, 3)$, $(5, 0)$을 지나므로

$3 = 4a + 2b - 5$에서 $2a + b = 4$

$0 = 25a + 5b - 5$에서 $5a + b = 1$

위의 두 식을 연립하여 풀면 $a = -1$, $b = 6$

따라서 구하는 이차함수의 식은
$y = -x^2 + 6x - 5$

10 답 $4, 1, 4, 1, -2, -2, 4, 1, -2, 6, 8$

11 답 (1) $y = 2x^2 - 8$ (2) $y = -x^2 + 2x + 3$

(1) x축과 두 점 $(-2, 0)$, $(2, 0)$에서 만나므로 이차함수의
식을 $y = a(x+2)(x-2)$로 놓을 수 있다.

이 그래프가 점 $(-1, -6)$을 지나므로

$-6 = a(-1+2)(-1-2)$, $-3a = -6$ ∴ $a = 2$

따라서 구하는 이차함수의 식은

$y = 2(x+2)(x-2) = 2x^2 - 8$

(2) x축과 두 점 $(-1, 0)$, $(3, 0)$에서 만나므로 이차함수의
식을 $y = a(x+1)(x-3)$으로 놓을 수 있다.

이 그래프가 점 $(1, 4)$를 지나므로

$4 = a(1+1)(1-3)$, $-4a = 4$ ∴ $a = -1$

따라서 구하는 이차함수의 식은

$y = -(x+1)(x-3) = -x^2 + 2x + 3$

12 답 $y = x^2 + 4x + 3$

x축과 두 점 $(-3, 0)$, $(-1, 0)$에서 만나므로 이차함수의
식을 $y = a(x+3)(x+1)$로 놓을 수 있다.

이 그래프가 점 $(0, 3)$을 지나므로

$3 = a(0+3)(0+1)$, $3a = 3$ ∴ $a = 1$

따라서 구하는 이차함수의 식은

$y = (x+3)(x+1) = x^2 + 4x + 3$

> **이런 풀이 어때요?**
>
> y축과 점 $(0, 3)$에서 만나므로 이차함수의 식을
> $y = ax^2 + bx + 3$으로 놓을 수 있다.
> 이 그래프가 두 점 $(-3, 0)$, $(-1, 0)$을 지나므로
> $0 = 9a - 3b + 3$에서 $3a - b = -1$
> $0 = a - b + 3$에서 $a - b = -3$
> 위의 두 식을 연립하여 풀면 $a = 1$, $b = 4$
> 따라서 구하는 이차함수의 식은
> $y = x^2 + 4x + 3$

따라서 구하는 이차함수의 식은
$y = -x^2 + 6x - 5$

개념 43 이차함수의 활용

개념 확인하기 148쪽

1 답 (1) $y = 2x^2$ (2) 128 m

(1) y는 x^2에 정비례하므로 $y = ax^2$으로 놓을 수 있다.

$y = ax^2$에 $x = 1$, $y = 2$를 대입하면 $a = 2$

∴ $y = 2x^2$

대표문제

149쪽

01 답 (1) 105 m (2) 2초 후 또는 8초 후

(1) $y=50x-5x^2$에 $x=3$을 대입하면

$y=50\times3-5\times3^2=105$

따라서 3초 후의 높이는 105 m이다.

(2) $y=50x-5x^2$에 $y=80$을 대입하면

$80=50x-5x^2$, $x^2-10x+16=0$

$(x-2)(x-8)=0$

$\therefore x=2$ 또는 $x=8$

따라서 높이가 80 m가 되는 것은 쏘아 올린 지 2초 후 또는 8초 후이다.

02 답 4초 후

$y=20x-5x^2$에 $y=0$을 대입하면

$0=20x-5x^2$, $x^2-4x=0$

$x(x-4)=0$

$\therefore x=0$ 또는 $x=4$

그런데 $x>0$이므로 $x=4$

따라서 지면에 떨어지는 것은 쏘아 올린 지 4초 후이다.

03 답 30개

$y=-\dfrac{1}{2}x^2+30x-200$에 $y=250$을 대입하면

$250=-\dfrac{1}{2}x^2+30x-200$, $x^2-60x+900=0$

$(x-30)^2=0$ $\therefore x=30$

따라서 하루에 생산해야 하는 제품은 30개이다.

04 답 (1) $x+16$ (2) $y=x^2+16x$ (3) 5, 21

(2) $y=x(x+16)=x^2+16x$

(3) $y=x^2+16x$에 $y=105$를 대입하면

$105=x^2+16x$, $x^2+16x-105=0$

$(x+21)(x-5)=0$

$\therefore x=-21$ 또는 $x=5$

그런데 x는 자연수이므로 $x=5$

따라서 두 수는 5, 21이다.

05 답 (1) $(14-x)$ cm (2) $y=-x^2+14x$ (3) 45 cm²

(4) 6 cm 또는 8 cm

(1) 직사각형의 둘레의 길이가 28 cm이므로

(가로의 길이)+(세로의 길이)$=14$(cm)

따라서 직사각형의 세로의 길이는 $(14-x)$ cm이다.

(2) $y=x(14-x)=-x^2+14x$

(3) $y=-x^2+14x$에 $x=5$를 대입하면

$y=-5^2+14\times5=45$

따라서 넓이는 45 cm²이다.

(4) $y=-x^2+14x$에 $y=48$을 대입하면

$48=-x^2+14x$, $x^2-14x+48=0$

$(x-6)(x-8)=0$ $\therefore x=6$ 또는 $x=8$

따라서 가로의 길이는 6 cm 또는 8 cm이다.

소단원 핵심문제

150~151쪽

01 ④	02 0	03 ②	04 ②	05 ⑤

06 -6 **07** ④ **08** 3초 후

09 (1) $y=-x^2+20x$ (2) 8, 12

01 $y=x^2+ax+1$의 그래프가 점 $(1, -2)$를 지나므로

$-2=1+a+1$, $a+2=-2$ $\therefore a=-4$

$\therefore y=x^2-4x+1=(x-2)^2-3$

따라서 이 그래프의 축의 방정식은 $x=2$이다.

02 $y=3x^2+12x+14$

$=3(x^2+4x+4-4)+14$

$=3(x^2+4x+4)-12+14$

$=3(x+2)^2+2$

즉, $y=3x^2$의 그래프를 x축의 방향으로 -2만큼, y축의 방향으로 2만큼 평행이동한 것이므로 $m=-2$, $n=2$

$\therefore m+n=-2+2=0$

03 $y=-\dfrac{1}{2}x^2-x-\dfrac{5}{2}$

$=-\dfrac{1}{2}(x^2+2x+1-1)-\dfrac{5}{2}$

$=-\dfrac{1}{2}(x^2+2x+1)+\dfrac{1}{2}-\dfrac{5}{2}$

$=-\dfrac{1}{2}(x+1)^2-2$

즉, $y=-\dfrac{1}{2}x^2-x-\dfrac{5}{2}$의 그래프는 위로 볼록하고 축의 방정식이 $x=-1$이므로 x의 값이 증가할 때, y의 값도 증가하는 x의 값의 범위는 $x<-1$이다.

04 $y=ax+b$의 그래프가 오른쪽 위로 향하는 직선이므로 $a>0$

y절편이 음수이므로 $b<0$

따라서 $y=x^2-ax+b$의 그래프는

(i) x^2의 계수가 양수이므로 아래로 볼록하다.

(ii) x^2의 계수와 x의 계수의 부호가 다르므로 축은 y축의 오른쪽에 있다.

(iii) $b<0$이므로 y축과의 교점은 x축보다 아래쪽에 있다.

이상에서 $y=x^2-ax+b$의 그래프로 가장 적당한 것은 ②이다.

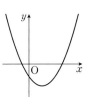

개념교재편

이것만은 꼭!
일차함수 $y=ax+b$의 그래프의 성질
① a는 그래프의 기울기이므로 $a>0$이면 오른쪽 위로 향하는
 직선, $a<0$이면 오른쪽 아래로 향하는 직선이다.
② b는 y절편이므로 $b>0$이면 y축과의 교점이 x축보다 위쪽에
 있고, $b<0$이면 y축과의 교점이 x축보다 아래쪽에 있다.

05 꼭짓점의 좌표가 $(2, -1)$이므로 이차함수의 식을
$y=a(x-2)^2-1$로 놓을 수 있다.
이 그래프가 점 $(1, 2)$를 지나므로
$2=a(1-2)^2-1$, $a-1=2$ $\quad \therefore a=3$
따라서 $y=3(x-2)^2-1$의 그래프가 점 $(3, k)$를 지나므로
$k=3(3-2)^2-1=2$

06 점 $(0, 1)$을 지나므로 이차함수의 식을 $y=ax^2+bx+1$로
놓을 수 있다.
이 그래프가 두 점 $(-2, 5)$, $(1, -4)$를 지나므로
$5=4a-2b+1$에서 $2a-b=2$
$-4=a+b+1$에서 $a+b=-5$
위의 두 식을 연립하여 풀면 $a=-1$, $b=-4$
따라서 이차함수의 식은 $y=-x^2-4x+1$이므로
$a=-1$, $b=-4$, $c=1$
$\therefore a+b-c=-1+(-4)-1=-6$

07 x축과 두 점 $(-3, 0)$, $(1, 0)$에서 만나므로 이차함수의 식을
$y=a(x+3)(x-1)$로 놓을 수 있다.
이 그래프가 점 $(0, 6)$을 지나므로
$6=a(0+3)(0-1)$, $-3a=6$
$\therefore a=-2$
즉, 주어진 포물선을 그래프로 하는 이차함수의 식은
$y=-2(x+3)(x-1)$
$\quad =-2(x^2+2x-3)$
$\quad =-2(x^2+2x)+6$
$\quad =-2(x^2+2x+1-1)+6$
$\quad =-2(x+1)^2+8$
따라서 이 그래프의 꼭짓점의 좌표는 $(-1, 8)$이다.

08 $y=-5x^2+30x+10$에 $y=55$를 대입하면
$55=-5x^2+30x+10$, $x^2-6x+9=0$
$(x-3)^2=0$ $\quad \therefore x=3$
따라서 높이가 55 m가 되는 것은 공을 던져 올린 지 3초 후
이다.

09 (1) 두 수 중 다른 한 수는 $20-x$이므로 x와 y 사이의 관계식은
$\quad y=x(20-x)=-x^2+20x$
(2) $y=-x^2+20x$에 $y=96$을 대입하면
$\quad 96=-x^2+20x$, $x^2-20x+96=0$
$\quad (x-8)(x-12)=0$ $\quad \therefore x=8$ 또는 $x=12$
따라서 두 수는 8, 12이다.

중단원 마무리 문제 152~155쪽

01 ㄷ, ㄹ	**02** ①	**03** ④	**04** ②
05 b, a, d, c		**06** $y=4x^2$	**07** ②
08 ③	**09** $x=3$	**10** ②	**11** 2	**12** 3
13 $(3, 13)$		**14** 6	**15** ④	**16** ②
17 ③	**18** ⑤	**19** 1	**20** ⑤	**21** ②
22 -2	**23** 0		
24 (1) $y=2x^2-16x+64$ (2) 3 cm 또는 5 cm			

01 ㄱ. $y=\dfrac{x}{3}$에서 $\dfrac{x}{3}$가 x에 대한 일차식이므로 이차함수가 아
니다.
ㄴ. $y=10x$에서 $10x$가 x에 대한 일차식이므로 이차함수가
아니다.
ㄷ. $y=x^2$이므로 이차함수이다.
ㄹ. $y=x(x+1)=x^2+x$이므로 이차함수이다.
이상에서 y가 x에 대한 이차함수인 것은 ㄷ, ㄹ이다.

02 $y=3x^2+ax(x-2)-3=(3+a)x^2-2ax-3$
이때 y가 x에 대한 이차함수이므로 x^2의 계수는 0이 아니다.
따라서 $3+a\neq0$이므로 $a\neq-3$

이것만은 꼭!
이차함수가 되도록 하는 조건
주어진 함수를 $y=ax^2+bx+c$의 꼴로 정리하였을 때, $a\neq0$
이어야 한다.

03 $f(x)=2x^2-ax+1$에서
$f(-1)=2\times(-1)^2-a\times(-1)+1=a+3$
$f(-1)=5$이므로
$a+3=5$ $\quad \therefore a=2$

04 x^2의 계수의 절댓값이 클수록 그래프의 폭이 좁아지므로
x^2의 계수의 절댓값이 가장 큰 이차함수를 찾으면 된다.
$\left|-\dfrac{1}{2}\right|<\left|-\dfrac{4}{3}\right|<\left|\dfrac{5}{2}\right|<|3|<|-4|$
따라서 그래프의 폭이 가장 좁은 것은 ②이다.

05 **전략** 이차함수의 그래프에서 x^2의 계수가 양수인 경우와 음수인 경
우로 나누어 생각한다.
$y=ax^2$, $y=bx^2$의 그래프는 아래로 볼록하므로
$a>0$, $b>0$
$y=cx^2$, $y=dx^2$의 그래프는 위로 볼록하므로
$c<0$, $d<0$ $\qquad\qquad \cdots$ ㉮
x^2의 계수의 절댓값이 클수록 그래프의 폭이 좁아지므로
$|b|>|a|$, $|c|>|d|$ $\qquad\qquad \cdots$ ㉯
따라서 크기가 큰 것부터 차례대로 나열하면
b, a, d, c $\qquad\qquad\qquad\qquad \cdots$ ㉰

단계	채점 기준	배점 비율
㉮	그래프의 모양으로 a, b, c, d의 부호 구하기	40 %
㉯	그래프의 폭으로 $|a|, |b|, |c|, |d|$의 크기 비교하기	40 %
㉰	크기가 큰 것부터 차례대로 나열하기	20 %

06 꼭짓점이 원점이므로 이차함수의 식을 $y=ax^2$으로 놓을 수 있다. 이 그래프가 점 $\left(\dfrac{1}{2}, 1\right)$을 지나므로

$1=a\times\left(\dfrac{1}{2}\right)^2, \dfrac{1}{4}a=1$ $\quad\therefore a=4$

따라서 구하는 이차함수의 식은 $y=4x^2$이다.

07 $y=-\dfrac{3}{4}x^2$의 그래프는 $y=\dfrac{3}{4}x^2$의 그래프와 x축에 대칭이다.

즉, $y=-\dfrac{3}{4}x^2$의 그래프가 점 $(-4, k)$를 지나므로

$k=-\dfrac{3}{4}\times(-4)^2=-12$

08 $y=ax^2$의 그래프를 y축의 방향으로 4만큼 평행이동한 그래프의 식은 $y=ax^2+4$

이 그래프가 점 $(-2, 2)$를 지나므로

$2=a\times(-2)^2+4, 4a=-2$ $\quad\therefore a=-\dfrac{1}{2}$

09 $y=\dfrac{2}{3}(x-p)^2$의 그래프가 점 $(0, 6)$을 지나므로

$6=\dfrac{2}{3}(0-p)^2, p^2=9$ $\quad\therefore p=\pm3$

그런데 $p>0$이므로 $p=3$

따라서 $y=\dfrac{2}{3}(x-3)^2$의 그래프의 축의 방정식은 $x=3$이다.

10 $y=-\dfrac{5}{4}(x+3)^2$의 그래프는 위로 볼록하고 축의 방정식이 $x=-3$이므로 x의 값이 증가할 때, y의 값은 감소하는 x의 값의 범위는 $x>-3$이다.

11 $y=ax^2-4$의 그래프가 $y=b(x-2)^2$의 그래프의 꼭짓점 $(2, 0)$을 지나므로

$0=a\times2^2-4, 4a=4$ $\quad\therefore a=1$ $\quad\cdots$ ㉮

$y=b(x-2)^2$의 그래프가 $y=x^2-4$의 꼭짓점 $(0, -4)$를 지나므로

$-4=b(0-2)^2, 4b=-4$ $\quad\therefore b=-1$ $\quad\cdots$ ㉯

$\therefore a-b=1-(-1)=2$ $\quad\cdots$ ㉰

단계	채점 기준	배점 비율
㉮	a의 값 구하기	40 %
㉯	b의 값 구하기	40 %
㉰	$a-b$의 값 구하기	20 %

12 $y=-4x^2$의 그래프를 x축의 방향으로 p만큼, y축의 방향으로 q만큼 평행이동한 그래프의 식은

$y=-4(x-p)^2+q$

이 그래프가 $y=-4(x+2)^2+5$의 그래프와 일치하므로 $-p=2$에서 $p=-2, q=5$

$\therefore p+q=-2+5=3$

13 $y=-3(x+2)^2+16$의 그래프를 x축의 방향으로 5만큼, y축의 방향으로 -3만큼 평행이동한 그래프의 식은

$y=-3(x-5+2)^2+16-3=-3(x-3)^2+13$

따라서 꼭짓점의 좌표는 $(3, 13)$이다.

14 **전략** 두 이차함수의 그래프의 모양과 폭이 같음을 이용하여 넓이가 같은 부분을 찾는다.

$y=(x-1)^2-3$의 그래프의 꼭짓점 P의 좌표는 $(1, -3)$

$y=(x-3)^2-3$의 그래프의 꼭짓점 Q의 좌표는 $(3, -3)$

오른쪽 그림에서 $y=(x-1)^2-3$의 그래프를 x축의 방향으로 2만큼 평행이동하면 $y=(x-3)^2-3$의 그래프와 같으므로 ㉠의 넓이와 ㉡의 넓이는 같다.

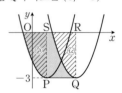

따라서 색칠한 부분의 넓이는 □PQRS의 넓이와 같고 $R(3, 0), S(1, 0)$이므로

$\square PQRS=\overline{PQ}\times\overline{QR}=2\times3=6$

15 주어진 이차함수의 그래프가 아래로 볼록하므로 $a>0$

또, 꼭짓점의 좌표가 $(-p, q)$이고, 제3사분면 위에 있으므로

$-p<0, q<0$ $\quad\therefore p>0, q<0$

즉, $y=p(x-a)^2+q$의 그래프는 $p>0$이므로 아래로 볼록하고, $a>0, q<0$이므로 꼭짓점 (a, q)가 제4사분면 위에 있다.

따라서 $y=p(x-a)^2+q$의 그래프로 가장 적당한 것은 ④이다.

16 $y=\dfrac{1}{3}x^2-\dfrac{2}{3}x+\dfrac{1}{3}=\dfrac{1}{3}(x-1)^2$의 그래프는 꼭짓점의 좌표가 $(1, 0)$이고 아래로 볼록하며, y축과의 교점의 좌표가 $\left(0, \dfrac{1}{3}\right)$인 포물선이므로 그 그래프는 ②이다.

17 $y=x^2-6x+5=(x-3)^2-4$

③ 꼭짓점의 좌표는 $(3, -4)$이다.

이것만은 꼭!
> 이차함수 $y=ax^2+bx+c$의 그래프의 성질을 알아보려면 먼저 $y=a(x-p)^2+q$의 꼴로 고친다.

18 $y=-\dfrac{1}{3}x^2+2x+k=-\dfrac{1}{3}(x-3)^2+3+k$

이므로 이 그래프의 꼭짓점의 좌표는 $(3, 3+k)$이다.

이때 꼭짓점이 직선 $y=2x+3$ 위에 있으므로

$x=3, y=3+k$를 $y=2x+3$에 대입하면

$3+k=2\times3+3, 3+k=9$

$\therefore k=6$

19 $y=-x^2+4x-3$
    $=-(x-2)^2+1$
이므로 그래프의 꼭짓점 C의 좌표
는 $(2, 1)$

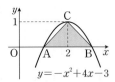
$y=-x^2+4x-3$

$y=-x^2+4x-3$에 $y=0$을 대입하면
$0=-x^2+4x-3$
$x^2-4x+3=0$, $(x-1)(x-3)=0$
$\therefore x=1$ 또는 $x=3$
즉, A$(1, 0)$, B$(3, 0)$이므로
$\overline{AB}=3-1=2$
$\therefore \triangle ABC = \dfrac{1}{2} \times \overline{AB} \times |(점\ C의\ y좌표)|$
          $= \dfrac{1}{2} \times 2 \times 1$
          $= 1$

20 ① 그래프가 위로 볼록하므로 $a<0$
② 축이 y축의 오른쪽에 있으므로 $ab<0$
    $\therefore b>0$
③ y축과의 교점이 x축보다 위쪽에 있으므로 $c>0$
④ $x=-2$일 때, $y=4a-2b+c<0$
⑤ $x=2$일 때, $y=4a+2b+c>0$

이것만은 꼭!

이차함수 $y=ax^2+bx+c$에서 a의 부호는 그래프의 모양으로, b의 부호는 축의 위치로, c의 부호는 y축과의 교점의 위치로 판단할 수 있다.

21 꼭짓점의 좌표가 $(1, 2)$이므로 이차함수의 식을
$y=a(x-1)^2+2$로 놓을 수 있다.
이 그래프가 점 $(0, 3)$을 지나므로
$3=a(0-1)^2+2$, $a+2=3$
$\therefore a=1$
따라서 구하는 이차함수의 식은
$y=(x-1)^2+2=x^2-2x+3$

22 축의 방정식이 $x=2$이므로 이차함수의 식을
$y=a(x-2)^2+q$로 놓을 수 있다.
이 그래프가 두 점 $(-2, -7)$, $(5, 0)$을 지나므로
$-7=a(-2-2)^2+q$에서 $16a+q=-7$
$0=a(5-2)^2+q$에서 $9a+q=0$
위의 두 식을 연립하여 풀면
$a=-1$, $q=9$
따라서 이차함수의 식은
$y=-(x-2)^2+9=-x^2+4x+5$
이므로 $a=-1$, $b=4$, $c=5$
$\therefore a+b-c=-1+4-5$
            $=-2$

23 y축과 점 $(0, -1)$에서 만나므로 이차함수의 식을
$y=ax^2+bx-1$로 놓을 수 있다.
이 그래프가 두 점 $(-2, -4)$, $(3, 1)$을 지나므로
$-4=4a-2b-1$에서 $4a-2b=-3$
$1=9a+3b-1$에서 $9a+3b=2$
위의 두 식을 연립하여 풀면
$a=-\dfrac{1}{6}$, $b=\dfrac{7}{6}$
$\therefore y=-\dfrac{1}{6}x^2+\dfrac{7}{6}x-1$ … ㉮

따라서 $y=-\dfrac{1}{6}x^2+\dfrac{7}{6}x-1$의 그래프가 점 $(1, p)$를 지나므로
$p=-\dfrac{1}{6}+\dfrac{7}{6}-1=0$ … ㉯

단계	채점 기준	배점 비율
㉮	이차함수의 식 구하기	60 %
㉯	p의 값 구하기	40 %

24 **전략** 두 정사각형의 넓이의 합은 $\overline{AP}^2+\overline{BP}^2$임을 이용하여 x와 y 사이의 관계식을 구한다.
(1) $\overline{BP}=(8-x)$ cm이므로
    $y=x^2+(8-x)^2=2x^2-16x+64$
(2) $y=2x^2-16x+64$에 $y=34$를 대입하면
    $34=2x^2-16x+64$
    $x^2-8x+15=0$, $(x-3)(x-5)=0$
    $\therefore x=3$ 또는 $x=5$
    따라서 $\overline{AP}$의 길이는 3 cm 또는 5 cm이다.

🔆 창의·융합 문제

155쪽

터널 바닥의 중앙을 원점 O$(0, 0)$이라 하면 바닥의 중앙으로부터의 높이는 10 m이므로 포물선의 꼭짓점의 좌표는 $(0, 10)$이다.
          … ❶
꼭짓점의 좌표가 $(0, 10)$이므로 이차함수의 식을 $y=ax^2+10$으로 놓을 수 있다.
이 그래프가 점 $(10, 0)$을 지나므로
$0=a \times 10^2+10$ $\therefore a=-\dfrac{1}{10}$
따라서 이차함수의 식은
$y=-\dfrac{1}{10}x^2+10$ … ❷

$y=-\dfrac{1}{10}x^2+10$의 그래프가 점 $(4, h)$를 지나므로
$h=-\dfrac{1}{10} \times 4^2+10=8.4$ … ❸

📮 8.4

1 **❶** 이차함수의 식을 $y=a(x-p)^2+q$의 꼴로 나타내면?

꼭짓점의 좌표가 $(1, -2)$이므로 이차함수의 식을

$y=a(x-\boxed{1})^2-\boxed{2}$로 놓을 수 있다.

이 그래프가 점 $(3, 6)$을 지나므로

$6=a(3-1)^2-2$

$4a-2=6$ ∴ $a=\boxed{2}$

∴ $y=\boxed{2}(x-\boxed{1})^2-\boxed{2}$ ⋯ ㉮

❷ ❶에서 구한 이차함수의 식을 $y=ax^2+bx+c$의 꼴로 나타내면?

$y=\boxed{2}(x-\boxed{1})^2-\boxed{2}=\boxed{2x^2-4x}$ ⋯ ㉯

❸ $a+b-c$의 값은?

$a=\boxed{2}, b=\boxed{-4}, c=\boxed{0}$이므로

$a+b-c=2+(-4)-0$

$=\boxed{-2}$ ⋯ ㉰

단계	채점 기준	배점 비율
㉮	이차함수의 식을 $y=a(x-p)^2+q$의 꼴로 나타내기	50 %
㉯	이차함수의 식을 $y=ax^2+bx+c$의 꼴로 나타내기	30 %
㉰	$a+b-c$의 값 구하기	20 %

2 **❶** 이차함수의 식을 $y=a(x-p)^2+q$의 꼴로 나타내면?

꼭짓점의 좌표가 $(-3, 2)$이므로 이차함수의 식을

$y=a(x+3)^2+2$로 놓을 수 있다.

이 그래프가 점 $(0, -7)$을 지나므로

$-7=a(0+3)^2+2$

$9a+2=-7$ ∴ $a=-1$

∴ $y=-(x+3)^2+2$ ⋯ ㉮

❷ ❶에서 구한 이차함수의 식을 $y=ax^2+bx+c$의 꼴로 나타내면?

$y=-(x+3)^2+2=-x^2-6x-7$ ⋯ ㉯

❸ $a-b+c$의 값은?

$a=-1, b=-6, c=-7$이므로

$a-b+c=-1-(-6)+(-7)$

$=-2$ ⋯ ㉰

단계	채점 기준	배점 비율
㉮	이차함수의 식을 $y=a(x-p)^2+q$의 꼴로 나타내기	50 %
㉯	이차함수의 식을 $y=ax^2+bx+c$의 꼴로 나타내기	30 %
㉰	$a-b+c$의 값 구하기	20 %

3 $f(x)=3x^2-x+2$에서

$f(-3)=3\times(-3)^2-(-3)+2=32$ ⋯ ㉮

$f(2)=3\times2^2-2+2=12$ ⋯ ㉯

∴ $f(-3)-f(2)=32-12=20$ ⋯ ㉰

답 20

단계	채점 기준	배점 비율
㉮	$f(-3)$의 값 구하기	40 %
㉯	$f(2)$의 값 구하기	40 %
㉰	$f(-3)-f(2)$의 값 구하기	20 %

4 그래프가 위로 볼록하므로 $-a<0$ ∴ $a>0$ ⋯ ㉮

꼭짓점 $(-p, -q)$가 제2사분면 위에 있으므로 ⋯ ㉯

$-p<0, -q>0$ ∴ $p>0, q<0$ ⋯ ㉰

∴ $apq<0$ ⋯ ㉱

답 $apq<0$

단계	채점 기준	배점 비율
㉮	a의 부호 구하기	30 %
㉯	꼭짓점이 위치한 사분면 구하기	30 %
㉰	p, q의 부호 각각 구하기	20 %
㉱	apq의 부호 구하기	20 %

5 $y=-x^2+4x+c=-(x-2)^2+c+4$

이므로 꼭짓점 C의 좌표는 $(2, c+4)$이다.

$\overline{AB}=6$이므로 x축과 만나는 두 점 A, B의 좌표는

$A(2-3, 0), B(2+3, 0)$ ∴ $A(-1, 0), B(5, 0)$ ⋯ ㉮

이때 $y=-x^2+4x+c$의 그래프가 점 $B(5, 0)$을 지나므로

$0=-25+20+c$ ∴ $c=5$

따라서 $C(2, 9)$이므로 ⋯ ㉯

$\triangle ABC=\dfrac{1}{2}\times6\times9=27$ ⋯ ㉰

답 27

단계	채점 기준	배점 비율
㉮	두 점 A, B의 좌표 각각 구하기	40 %
㉯	꼭짓점 C의 좌표 구하기	40 %
㉰	$\triangle ABC$의 넓이 구하기	20 %

6 $y=x^2+ax+b$의 그래프가 두 점 $(0, 5), (-5, 0)$을 지나므로

$5=b, 0=25-5a+b$ ∴ $a=6, b=5$ ⋯ ㉮

∴ $y=x^2+6x+5=(x+3)^2-4$ ⋯ ㉯

따라서 꼭짓점 A의 좌표는 $(-3, -4)$이다. ⋯ ㉰

답 $(-3, -4)$

단계	채점 기준	배점 비율
㉮	a, b의 값 각각 구하기	40 %
㉯	이차함수의 식을 $y=(x-p)^2+q$의 꼴로 나타내기	30 %
㉰	꼭짓점 A의 좌표 구하기	30 %

개념교재편

01 제곱근과 실수

❶ 제곱근

익힘문제

01 답 (1) $3, -3$　(2) $13, -13$　(3) $0.9, -0.9$　(4) $\dfrac{1}{2}, -\dfrac{1}{2}$

(5) $5, -5$　(6) $2, -2$　(7) $\dfrac{1}{7}, -\dfrac{1}{7}$　(8) $0.3, -0.3$

(8) $(-0.3)^2=0.09$이고 $0.3^2=0.09$, $(-0.3)^2=0.09$이므로 $(-0.3)^2$의 제곱근은 $0.3, -0.3$이다.

02 답 (1) $\pm\sqrt{2}$　(2) $\pm\sqrt{30}$　(3) $\pm\sqrt{0.7}$　(4) $\pm\sqrt{\dfrac{1}{6}}$

03 답 (1) $\sqrt{12}$　(2) $-\sqrt{\dfrac{7}{3}}$　(3) $\pm\sqrt{10}$　(4) $\sqrt{\dfrac{1}{8}}$

04 답 (1) $\sqrt{20}$　(2) $\sqrt{24}$

(1) 피타고라스 정리에 의하여 $4^2+2^2=x^2$이므로

$\quad x^2=20$　　∴ $x=\pm\sqrt{20}$

그런데 $x>0$이므로 $x=\sqrt{20}$

(2) 피타고라스 정리에 의하여 $5^2+x^2=7^2$이므로

$\quad x^2=24$　　∴ $x=\pm\sqrt{24}$

그런데 $x>0$이므로 $x=\sqrt{24}$

05 답 (1) 5　(2) ± 7　(3) 0.2　(4) $-\dfrac{8}{9}$

(3) $0.2^2=0.04$, $(-0.2)^2=0.04$이므로 0.04의 제곱근은 0.2, -0.2이다.

$\sqrt{0.04}$는 0.04의 양의 제곱근이므로 $\sqrt{0.04}=0.2$이다.

(4) $\left(\dfrac{8}{9}\right)^2=\dfrac{64}{81}$, $\left(-\dfrac{8}{9}\right)^2=\dfrac{64}{81}$이므로 $\dfrac{64}{81}$의 제곱근은 $\dfrac{8}{9}$, $-\dfrac{8}{9}$이다.

$-\sqrt{\dfrac{64}{81}}$는 $\dfrac{64}{81}$의 음의 제곱근이므로 $-\sqrt{\dfrac{64}{81}}=-\dfrac{8}{9}$이다.

06 답 (1) ± 20　(2) $\dfrac{5}{3}$　(3) -2　(4) 0.1

(3) $\sqrt{16}=4$이므로 4의 음의 제곱근은 $-\sqrt{4}=-2$

(4) $(-0.1)^2=0.01$이므로 제곱근 0.01은 $\sqrt{0.01}=0.1$

01 답 (1) 5　(2) 6　(3) -7　(4) -8　(5) $\dfrac{1}{2}$　(6) 0.3

02 답 (1) 7　(2) 2　(3) 24　(4) 2　(5) 14

(5) $\sqrt{49}\times\sqrt{(-3)^2}\div\left(\sqrt{\dfrac{3}{2}}\right)^2=7\times 3\div\dfrac{3}{2}=7\times 3\times\dfrac{2}{3}=14$

03 답 (1) $3a$　(2) $5a$

(2) $a>0$일 때, $-5a<0$이므로

$\quad \sqrt{(-5a)^2}=-(-5a)=5a$

04 답 (1) $-2a$　(2) $-7a$

(1) $a<0$일 때, $2a<0$이므로 $\sqrt{(2a)^2}=-2a$

(2) $a<0$일 때, $-7a>0$이므로 $\sqrt{(-7a)^2}=-7a$

05 답 (1) $5a$　(2) $-4a$　(3) $7a-4b$

(1) $a>0$일 때, $-9a<0$, $4a>0$이므로

$\quad \sqrt{(-9a)^2}-\sqrt{(4a)^2}=-(-9a)-4a$

$\qquad\qquad\qquad\qquad =9a-4a=5a$

(2) $a<0$일 때, $-a>0$, $3a<0$이므로

$\quad \sqrt{(-a)^2}+\sqrt{(3a)^2}=-a+(-3a)=-4a$

(3) $a>0$, $b<0$일 때, $-7a<0$, $5b<0$, $-b>0$이므로

$\quad \sqrt{(-7a)^2}+\sqrt{(5b)^2}-\sqrt{(-b)^2}$

$\quad =-(-7a)+(-5b)-(-b)$

$\quad =7a-5b+b=7a-4b$

06 답 (1) $-a+2$　(2) 3　(3) $-a+b$

(1) $0<a<2$일 때, $a-2<0$이므로

$\quad \sqrt{(a-2)^2}=-(a-2)=-a+2$

(2) $-2<a<1$일 때, $a-1<0$, $a+2>0$이므로

$\quad \sqrt{(a-1)^2}+\sqrt{(a+2)^2}=-(a-1)+(a+2)$

$\qquad\qquad\qquad\qquad\quad =-a+1+a+2=3$

(3) $a<0$, $b>0$일 때, $a-b<0$이므로

$\quad \sqrt{(a-b)^2}=-(a-b)=-a+b$

01 답 2, 2, 2, 2

02 답 (1) 7　(2) 5　(3) 3　(4) 5　(5) 2　(6) 10

(3) 108을 소인수분해하면 $108=2^2\times 3^3$

$\sqrt{108x}=\sqrt{2^2\times 3^3\times x}$가 자연수가 되려면 소인수의 지수가 모두 짝수가 되어야 하므로 $x=3\times(\text{자연수})^2$의 꼴이어야 한다.

따라서 가장 작은 자연수 x는 3이다.

(6) 250을 소인수분해하면 2×5^3

$\sqrt{\dfrac{250}{x}} = \sqrt{\dfrac{2 \times 5^3}{x}}$ 이 자연수가 되려면 x는 250의 약수이

면서 $2 \times 5 \times (자연수)^2$의 꼴이어야 한다.

따라서 가장 작은 자연수 x는 $2 \times 5 = 10$

03 답 제곱수, 6, 15, 26, 6

04 답 (1) 1 (2) 5 (3) 8 (4) 5 (5) 6 (6) 19

(3) $\sqrt{56+x}$ 가 자연수가 되기 위해서는 $56+x$가 56보다 큰 제곱수이어야 하므로

$56+x = 64,\ 81,\ 100,\ \cdots$

$\therefore x = 8,\ 25,\ 44,\ \cdots$

따라서 가장 작은 자연수 x는 8이다.

(5) $\sqrt{42-x}$ 가 자연수가 되기 위해서는 $42-x$가 42보다 작은 제곱수이어야 하므로

$42-x = 1,\ 4,\ 9,\ 16,\ 25,\ 36$

$\therefore x = 41,\ 38,\ 33,\ 26,\ 17,\ 6$

따라서 가장 작은 자연수 x는 6이다.

개념 04 제곱근의 대소 관계　6쪽

01 답 (1) < (2) > (3) < (4) <

(3) $0.6 = \dfrac{3}{5}$ 이고 $\dfrac{3}{5} < \dfrac{3}{4}$ 이므로 $\sqrt{0.6} < \sqrt{\dfrac{3}{4}}$

02 답 (1) < (2) > (3) > (4) <

(3) $-4 = -\sqrt{16}$ 이고 $-\sqrt{5} > -\sqrt{16}$ 이므로 $-\sqrt{5} > -4$

(4) $-0.2 = -\sqrt{0.04}$ 이고 $-\sqrt{0.26} < -\sqrt{0.04}$ 이므로

$-\sqrt{0.26} < -0.2$

03 답 5

(음수) $<0<$ (양수)이므로 음수와 양수로 나누어 비교한다.

양수 : $5 = \sqrt{25}$ 이고 $\sqrt{20} < \sqrt{25} < \sqrt{30}$ 이므로 $\sqrt{20} < 5 < \sqrt{30}$

$\therefore -\sqrt{19} < 0 < \sqrt{20} < 5 < \sqrt{30}$

따라서 네 번째에 오는 수는 5이다.

04 답 (1) 1, 2, 3, 4 (2) 1, 2, 3, 4 (3) 1, 2, 3

(4) 1, 2, 3, 4, 5, 6, 7, 8, 9

05 답 (1) 6개 (2) 2개 (3) 3개

(2) $1 < \sqrt{x} < 2$ 의 각 변을 제곱하면 $1 < x < 4$

따라서 자연수 x는 2, 3의 2개이다.

(3) $\sqrt{3} < x \le \sqrt{16}$ 의 각 변을 제곱하면 $3 < x^2 \le 16$

따라서 자연수 x는 2, 3, 4의 3개이다.

---

06 답 3, 9, 16, 13, 20, 14, 15, 16, 17, 18, 19

01 ②	02 ㄱ, ㄷ, ㄹ	03 ①	04 ①
05 ②	06 31	07 ⑤	08 5개

01 ② $9^2 = 81$의 제곱근은 ± 9이다.

02 ㄱ. $(\sqrt{a})^2 = a$　ㄴ. $-\sqrt{a^2} = -a$　ㄷ. $\sqrt{(-a)^2} = a$

ㄹ. $(-\sqrt{a})^2 = a$　ㅁ. $-\sqrt{(-a)^2} = -a$

이상에서 결과가 a인 것은 ㄱ, ㄷ, ㄹ이다.

03 $(-\sqrt{13})^2 + \sqrt{(-11)^2} \times \{-\sqrt{(-3)^2}\}$

$= 13 + 11 \times (-3) = 13 - 33 = -20$

04 $1 < a < 3$일 때, $1-a < 0,\ 3-a > 0$이므로

$\sqrt{(1-a)^2} - \sqrt{(3-a)^2} = -(1-a) - (3-a)$

$= -1 + a - 3 + a = 2a - 4$

05 $x = 3 \times (자연수)^2$의 꼴이어야 한다.

① 3　② $9 = 3 \times 3$　③ $12 = 3 \times 2^2$

④ $27 = 3 \times 3^2$　⑤ $75 = 3 \times 5^2$

따라서 x의 값이 아닌 것은 ②이다.

06 $\sqrt{15-n}$ 이 자연수가 되기 위해서는 $15-n$이 15보다 작은 제곱수이어야 하므로

$15-n = 1,\ 4,\ 9$　$\therefore n = 14,\ 11,\ 6$

따라서 n의 값의 합은 $14 + 11 + 6 = 31$

07 ① $-\sqrt{(-3)^2} = -\sqrt{9}$　④ $(-\sqrt{6})^2 = 6$

따라서 $-\sqrt{10} < -\sqrt{(-3)^2} < -\sqrt{\dfrac{4}{3}} < \sqrt{8} < (-\sqrt{6})^2$이므로

가장 작은 수는 ⑤이다.

08 $f(x) = 2$인 자연수 x는 $2 \le \sqrt{x} < 3$

$2^2 \le (\sqrt{x})^2 < 3^2$　$\therefore 4 \le x < 9$

따라서 자연수 x는 4, 5, 6, 7, 8의 5개이다.

---

② 무리수와 실수

개념 05 무리수와 실수　8쪽

01 답 (1) 유 (2) 무 (3) 유 (4) 무 (5) 유 (6) 무

02 답 (1) 2, $\sqrt{36}$

(2) 2, -8, $\sqrt{36}$, 0, $-\dfrac{10}{5}$

(3) 2, 2.4, $1.25\dot{2}$, -8, $\sqrt{36}$, 0, $\dfrac{2}{5}$, $-\dfrac{10}{5}$

(4) $-\sqrt{7}$, $1-\sqrt{2}$

03 답 (1) × (2) ○ (3) ○ (4) × (5) ×

04 답 (1) 무리수 (2) $1-\sqrt{3}$, $-\pi$

(2) $-\sqrt{\dfrac{9}{16}}=-\dfrac{3}{4}$

□ 안의 수는 무리수이고 무리수에 해당하는 수는 $1-\sqrt{3}$, $-\pi$이다.

개념 06 실수와 수직선　9쪽

01 답 (1) $4+\sqrt{2}$ (2) $-1-\sqrt{2}$

$\overline{AC}=\sqrt{1^2+1^2}=\sqrt{2}$이므로 $\overline{AP}=\overline{AC}=\sqrt{2}$

(1) 점 P는 점 A(4)에서 오른쪽으로 $\sqrt{2}$만큼 떨어진 점이므로 점 P가 나타내는 수는 $4+\sqrt{2}$이다.

(2) 점 P는 점 A(-1)에서 왼쪽으로 $\sqrt{2}$만큼 떨어진 점이므로 점 P가 나타내는 수는 $-1-\sqrt{2}$이다.

02 답 (1) $-\sqrt{2}$ (2) $-1+\sqrt{2}$ (3) $2-\sqrt{2}$ (4) $\sqrt{2}$ (5) $1+\sqrt{2}$

한 변의 길이가 1인 정사각형의 대각선의 길이는 $\sqrt{2}$이다.

(1) 점 A는 0에서 왼쪽으로 $\sqrt{2}$만큼 떨어진 점이므로 점 A가 나타내는 수는 $-\sqrt{2}$이다.

(2) 점 B는 -1에서 오른쪽으로 $\sqrt{2}$만큼 떨어진 점이므로 점 B가 나타내는 수는 $-1+\sqrt{2}$이다.

(3) 점 C는 2에서 왼쪽으로 $\sqrt{2}$만큼 떨어진 점이므로 점 C가 나타내는 수는 $2-\sqrt{2}$이다.

(4) 점 D는 0에서 오른쪽으로 $\sqrt{2}$만큼 떨어진 점이므로 점 D가 나타내는 수는 $\sqrt{2}$이다.

(5) 점 E는 1에서 오른쪽으로 $\sqrt{2}$만큼 떨어진 점이므로 점 E가 나타내는 수는 $1+\sqrt{2}$이다.

03 답 (1) $\overline{AC}$의 길이: $\sqrt{10}$, 점 P가 나타내는 수: $-1+\sqrt{10}$
(2) $\overline{AC}$의 길이: $\sqrt{8}$, 점 P가 나타내는 수: $-\sqrt{8}$

(1) $\overline{AC}=\sqrt{3^2+1^2}=\sqrt{10}$이므로 $\overline{AP}=\overline{AC}=\sqrt{10}$
점 P는 점 A(-1)에서 오른쪽으로 $\sqrt{10}$만큼 떨어진 점이므로 점 P가 나타내는 수는 $-1+\sqrt{10}$이다.

(2) $\overline{AC}=\sqrt{2^2+2^2}=\sqrt{8}$이므로 $\overline{AP}=\overline{AC}=\sqrt{8}$
점 P는 점 A(0)에서 왼쪽으로 $\sqrt{8}$만큼 떨어진 점이므로 점 P가 나타내는 수는 $-\sqrt{8}$이다.

04 답 (1) ○ (2) × (3) × (4) ○

(2) 모든 실수는 수직선 위의 점으로 하나씩 나타낼 수 있으므로 수직선 위에 모두 나타낼 수 있다.

(3) 수직선은 실수를 나타내는 점들 전체로 완전히 메울 수 있다.

개념 07 실수의 대소 관계　10쪽

01 답 $\sqrt{3}-2$, $<$, $<$, $<$

02 답 (1) $<$ (2) $>$ (3) $<$ (4) $>$ (5) $>$ (6) $>$

(2) $8-(\sqrt{21}+3)=5-\sqrt{21}=\sqrt{25}-\sqrt{21}>0$
∴ $8>\sqrt{21}+3$

(3) $(\sqrt{3}-1)-2=\sqrt{3}-3=\sqrt{3}-\sqrt{9}<0$
∴ $\sqrt{3}-1<2$

(4) $4-(5-\sqrt{2})=\sqrt{2}-1=\sqrt{2}-\sqrt{1}>0$
∴ $4>5-\sqrt{2}$

(5) $-6-(-4-\sqrt{5})=-2+\sqrt{5}=-\sqrt{4}+\sqrt{5}>0$
∴ $-6>-4-\sqrt{5}$

(6) $(-\sqrt{20}+3)-(-2)=-\sqrt{20}+5=-\sqrt{20}+\sqrt{25}>0$
∴ $-\sqrt{20}+3>-2$

03 답 $>$, $>$, $\sqrt{8}$, $>$

04 답 (1) $<$ (2) $>$ (3) $<$ (4) $>$

(2) $-\sqrt{3}>-\sqrt{5}$이므로 양변에 2를 더하면 $2-\sqrt{3}>2-\sqrt{5}$

(3) $3=\sqrt{9}$이고 $\sqrt{9}<\sqrt{10}$이므로 $3<\sqrt{10}$
양변에 $\sqrt{5}$를 더하면 $3+\sqrt{5}<\sqrt{10}+\sqrt{5}$

(4) $4=\sqrt{16}$이고 $\sqrt{16}>\sqrt{8}$이므로 $4>\sqrt{8}$
양변에서 $\sqrt{11}$을 빼면 $4-\sqrt{11}>\sqrt{8}-\sqrt{11}$
∴ $-\sqrt{11}+4>\sqrt{8}-\sqrt{11}$

05 답 (1) $a<c$ (2) $b>c$ (3) $a<c<b$

(1) $a-c=(6-\sqrt{6})-4=2-\sqrt{6}=\sqrt{4}-\sqrt{6}<0$
이므로 $a<c$

(2) $b-c=(\sqrt{7}+2)-4=\sqrt{7}-2=\sqrt{7}-\sqrt{4}>0$
이므로 $b>c$

(3) $a<c$, $b>c$이므로 $a<c<b$

06 답 (1) 2, 3, 4, 5 (2) -2, -1, 0, 1, 2, 3

(1) $\sqrt{1}<\sqrt{3}<\sqrt{4}$이므로 $1<\sqrt{3}<2$
$\sqrt{9}<\sqrt{10}<\sqrt{16}$, 즉 $3<\sqrt{10}<4$이므로
각 변에 2를 더하면 $5<\sqrt{10}+2<6$
따라서 $\sqrt{3}$과 $\sqrt{10}+2$ 사이에 있는 정수는 2, 3, 4, 5이다.

(2) $-\sqrt{16}<-\sqrt{12}<-\sqrt{9}$, 즉 $-4<-\sqrt{12}<-3$이므로
각 변에 1을 더하면 $-3<1-\sqrt{12}<-2$
$\sqrt{4}<\sqrt{7}<\sqrt{9}$, 즉 $2<\sqrt{7}<3$이므로
각 변에 1을 더하면 $3<1+\sqrt{7}<4$
따라서 $1-\sqrt{12}$와 $1+\sqrt{7}$ 사이에 있는 정수는 -2, -1, 0, 1, 2, 3이다.

개념 08 제곱근의 값
11쪽

01 답 (1) 1.428 (2) 1.503 (3) 8.521 (4) 8.562

02 답 (1) 6.46 (2) 6.54 (3) 6.76 (4) 6.88

03 답 풀이 참조

$\sqrt{a}$	$n<\sqrt{a}<n+1$(n은 정수)	정수 부분	소수 부분
(1) $\sqrt{8}$	$2<\sqrt{8}<3$	2	$\sqrt{8}-2$
(2) $\sqrt{11}$	$3<\sqrt{11}<4$	3	$\sqrt{11}-3$
(3) $\sqrt{55}$	$7<\sqrt{55}<8$	7	$\sqrt{55}-7$
(4) $\sqrt{90}$	$9<\sqrt{90}<10$	9	$\sqrt{90}-9$

04 답 4, 5, 4, 4, $\sqrt{12}-3$

05 답 (1) 정수 부분: 5, 소수 부분: $\sqrt{7}-2$
　　(2) 정수 부분: 5, 소수 부분: $\sqrt{15}-3$
　　(3) 정수 부분: 3, 소수 부분: $\sqrt{24}-4$

(1) $2<\sqrt{7}<3$이므로 $5<\sqrt{7}+3<6$
따라서 $\sqrt{7}+3$의 정수 부분은 5이고,
소수 부분은 $(\sqrt{7}+3)-5=\sqrt{7}-2$이다.
(2) $3<\sqrt{15}<4$이므로 $5<2+\sqrt{15}<6$
따라서 $2+\sqrt{15}$의 정수 부분은 5이고,
소수 부분은 $(2+\sqrt{15})-5=\sqrt{15}-3$이다.
(3) $4<\sqrt{24}<5$이므로 $3<\sqrt{24}-1<4$
따라서 $\sqrt{24}-1$의 정수 부분은 3이고,
소수 부분은 $(\sqrt{24}-1)-3=\sqrt{24}-4$이다.

필수문제
12쪽

01 ④　　**02** ①, ⑤　　**03** 점 P: $\sqrt{5}$, 점 Q: $\sqrt{6}$　**04** ④
05 $A<B<C$　　**06** ㄱ, ㄴ　　**07** 182　　**08** $1+\sqrt{2}$

01 각 수의 제곱근을 구하면 다음과 같다.
① $\pm\sqrt{0.9}$　　② $\pm\sqrt{\dfrac{5}{2}}$　　③ $\pm\sqrt{8}$
④ $\pm\sqrt{49}=\pm7$　⑤ $\pm\sqrt{120}$

02 ② 무한소수 중 순환소수는 유리수이다.
③ 모든 유한소수는 유리수이다.
④ 소수는 유한소수, 순환소수와 순환소수가 아닌 무한소수가 있다.

03 △ODE에서 $\overline{OE}=\sqrt{2^2+1^2}=\sqrt{5}$
즉, $\overline{OP}=\overline{OE}=\sqrt{5}$이므로 점 P가 나타내는 수는 $\sqrt{5}$이다.
또, △OPF에서 $\overline{OF}=\sqrt{(\sqrt{5})^2+1^2}=\sqrt{6}$
즉, $\overline{OQ}=\overline{OF}=\sqrt{6}$이므로 점 Q가 나타내는 수는 $\sqrt{6}$이다.

04 ① $(\sqrt{5}+1)-4=\sqrt{5}-3=\sqrt{5}-\sqrt{9}<0$
∴ $\sqrt{5}+1<4$
② $(3+\sqrt{7})-5=-2+\sqrt{7}=-\sqrt{4}+\sqrt{7}>0$
∴ $3+\sqrt{7}>5$
③ $(\sqrt{2}-2)-(-1)=\sqrt{2}-1=\sqrt{2}-\sqrt{1}>0$
∴ $\sqrt{2}-2>-1$
④ $3=\sqrt{9}$이고 $\sqrt{6}<\sqrt{9}$이므로 $\sqrt{6}<3$
양변에 $\sqrt{3}$을 더하면 $\sqrt{6}+\sqrt{3}<3+\sqrt{3}$
⑤ $2=\sqrt{4}$이고 $\sqrt{2}<\sqrt{4}$이므로 $\sqrt{2}<2$
양변에서 $\sqrt{8}$을 빼면 $\sqrt{2}-\sqrt{8}<2-\sqrt{8}$
따라서 옳지 않은 것은 ④이다.

05 $A-B=(\sqrt{5}-1)-2=\sqrt{5}-3=\sqrt{5}-\sqrt{9}<0$이므로
$A<B$
$B-C=2-(\sqrt{2}+1)=1-\sqrt{2}=\sqrt{1}-\sqrt{2}<0$이므로
$B<C$
∴ $A<B<C$

06 ㄱ. $\sqrt{7}+1=3.646$은 $\sqrt{10}=3.162$보다 수직선에서 오른쪽에 있다.
ㄴ. $\sqrt{7}+0.4$, $\sqrt{7}+0.45$ 등은 $\sqrt{7}$과 $\sqrt{10}$ 사이에 있는 3보다 큰 무리수이다.
이상에서 옳지 않은 것은 ㄱ, ㄴ이다.

07 $\sqrt{48.3}=6.950$이므로 $x=6.950$
$\sqrt{51.3}=7.162$이므로 $y=51.3$
∴ $100x-10y=100\times6.950-10\times51.3$
　　　　　$=695-513=182$

08 $3<\sqrt{11}<4$이므로 $-4<-\sqrt{11}<-3$
각 변에 6을 더하면 $2<6-\sqrt{11}<3$
즉, $6-\sqrt{11}$의 정수 부분은 2이다.　∴ $a=2$
$1<\sqrt{2}<2$이므로 각 변에 3을 더하면 $4<3+\sqrt{2}<5$
즉, $3+\sqrt{2}$의 정수 부분은 4이므로 소수 부분은
$(3+\sqrt{2})-4=\sqrt{2}-1$　∴ $b=\sqrt{2}-1$
∴ $a+b=2+(\sqrt{2}-1)=1+\sqrt{2}$

02 근호를 포함한 식의 계산

개념 정리 ························· 13쪽

❶ $mn\sqrt{ab}$ ❷ a^2b ❸ $\sqrt{\dfrac{a}{b}}$ ❹ b^2

❺ 분모의 유리화 ❻ $\sqrt{a}$ ❼ $\sqrt{a}$ ❽ $m+n$

❾ $m-n$ ❿ 분배법칙 ⓫ 무리수

❶ 근호를 포함한 식의 곱셈과 나눗셈

익힘문제

개념 09 제곱근의 곱셈 ························· 14쪽

01 탑 (1) $\sqrt{14}$ (2) $-\sqrt{39}$ (3) $\sqrt{\dfrac{3}{8}}$ (4) $-\sqrt{3}$ (5) $\sqrt{30}$

(3) $\sqrt{\dfrac{2}{3}}\sqrt{\dfrac{9}{16}}=\sqrt{\dfrac{2}{3}\times\dfrac{9}{16}}=\sqrt{\dfrac{3}{8}}$

(4) $-\sqrt{\dfrac{5}{6}}\sqrt{\dfrac{18}{5}}=-\sqrt{\dfrac{5}{6}\times\dfrac{18}{5}}=-\sqrt{3}$

(5) $\sqrt{2}\sqrt{3}\sqrt{5}=\sqrt{2\times3\times5}=\sqrt{30}$

02 탑 (1) $3\sqrt{10}$ (2) $32\sqrt{21}$ (3) $-10\sqrt{30}$ (4) $18\sqrt{\dfrac{3}{2}}$

(3) $-5\sqrt{6}\times2\sqrt{5}=\{(-5)\times2\}\times\sqrt{6\times5}=-10\sqrt{30}$

(4) $3\sqrt{\dfrac{4}{3}}\times6\sqrt{\dfrac{9}{8}}=(3\times6)\times\sqrt{\dfrac{4}{3}\times\dfrac{9}{8}}=18\sqrt{\dfrac{3}{2}}$

03 탑 7

$3\sqrt{\dfrac{5}{2}}\times4\sqrt{\dfrac{14}{10}}\times\sqrt{2}=(3\times4)\times\sqrt{\dfrac{5}{2}\times\dfrac{14}{10}\times2}$

$\qquad\qquad\qquad\qquad\qquad=12\sqrt{7}$

$\therefore a=7$

04 탑 (1) $2\sqrt{6}$ (2) $3\sqrt{10}$ (3) $-4\sqrt{2}$ (4) $-5\sqrt{5}$ (5) $10\sqrt{3}$

(1) $\sqrt{24}=\sqrt{2^2\times6}=2\sqrt{6}$

(2) $\sqrt{90}=\sqrt{3^2\times10}=3\sqrt{10}$

(3) $-\sqrt{32}=-\sqrt{4^2\times2}=-4\sqrt{2}$

(4) $-\sqrt{125}=-\sqrt{5^2\times5}=-5\sqrt{5}$

(5) $5\sqrt{12}=5\sqrt{2^2\times3}=5\times2\times\sqrt{3}=10\sqrt{3}$

05 탑 (1) $\sqrt{28}$ (2) $\sqrt{75}$ (3) $-\sqrt{54}$ (4) $-\sqrt{640}$

(4) $-8\sqrt{10}=-\sqrt{8^2\times10}=-\sqrt{640}$

06 탑 20

$\sqrt{63}=\sqrt{3^2\times7}=3\sqrt{7}$이므로 $a=3$

$\sqrt{68}=\sqrt{2^2\times17}=2\sqrt{17}$이므로 $b=17$

$\therefore a+b=3+17=20$

개념 10 제곱근의 나눗셈 ························· 15쪽

01 탑 (1) $\sqrt{3}$ (2) $\sqrt{5}$ (3) $-\sqrt{6}$ (4) 2 (5) $-\sqrt{3}$

(4) $\sqrt{20}\div\sqrt{5}=\dfrac{\sqrt{20}}{\sqrt{5}}=\sqrt{4}=2$

(5) $\sqrt{45}\div(-\sqrt{15})=-\dfrac{\sqrt{45}}{\sqrt{15}}=-\sqrt{3}$

02 탑 (1) $4\sqrt{6}$ (2) $-3\sqrt{3}$ (3) $2\sqrt{7}$

(1) $8\sqrt{30}\div2\sqrt{5}=\dfrac{8\sqrt{30}}{2\sqrt{5}}=\dfrac{8}{2}\sqrt{\dfrac{30}{5}}=4\sqrt{6}$

(2) $3\sqrt{21}\div(-\sqrt{7})=-\dfrac{3\sqrt{21}}{\sqrt{7}}=-3\sqrt{\dfrac{21}{7}}=-3\sqrt{3}$

(3) $(-12\sqrt{42})\div(-6\sqrt{6})=\dfrac{-12\sqrt{42}}{-6\sqrt{6}}=\dfrac{-12}{-6}\sqrt{\dfrac{42}{6}}=2\sqrt{7}$

03 탑 (1) $\sqrt{30}$ (2) $-\dfrac{\sqrt{21}}{8}$ (3) $\sqrt{2}$

(2) $\left(-\dfrac{\sqrt{3}}{4}\right)\div\dfrac{2}{\sqrt{7}}=\left(-\dfrac{\sqrt{3}}{4}\right)\times\dfrac{\sqrt{7}}{2}=-\dfrac{\sqrt{21}}{8}$

(3) $\sqrt{10}\div\dfrac{\sqrt{2}}{\sqrt{3}}\div\dfrac{\sqrt{15}}{\sqrt{2}}=\sqrt{10}\times\dfrac{\sqrt{3}}{\sqrt{2}}\times\dfrac{\sqrt{2}}{\sqrt{15}}$

$\qquad\qquad\qquad\qquad=\sqrt{10\times\dfrac{3}{2}\times\dfrac{2}{15}}=\sqrt{2}$

04 탑 (1) $\dfrac{\sqrt{6}}{7}$ (2) $-\dfrac{\sqrt{5}}{8}$ (3) $-\dfrac{\sqrt{3}}{10}$ (4) $\dfrac{\sqrt{5}}{2}$

(4) $\sqrt{1.25}=\sqrt{\dfrac{125}{100}}=\sqrt{\dfrac{5}{4}}=\sqrt{\dfrac{5}{2^2}}=\dfrac{\sqrt{5}}{2}$

05 탑 (1) $-\sqrt{\dfrac{7}{4}}$ (2) $\sqrt{\dfrac{11}{16}}$ (3) $\sqrt{\dfrac{54}{49}}$

(3) $\dfrac{3\sqrt{6}}{7}=\sqrt{\dfrac{3^2\times6}{7^2}}=\sqrt{\dfrac{54}{49}}$

06 탑 5

$\dfrac{\sqrt{3}}{5}=\sqrt{\dfrac{3}{5^2}}=\sqrt{\dfrac{3}{25}}$이므로 $a=25$

$\sqrt{0.08}=\sqrt{\dfrac{8}{100}}=\sqrt{\dfrac{2}{25}}=\sqrt{\dfrac{2}{5^2}}=\dfrac{\sqrt{2}}{5}$이므로 $b=\dfrac{1}{5}$

$\therefore ab=25\times\dfrac{1}{5}=5$

개념 11 분모의 유리화 ························· 16쪽

01 탑 (1) $\dfrac{\sqrt{6}}{6}$ (2) $2\sqrt{5}$ (3) $-\dfrac{\sqrt{35}}{7}$ (4) $\dfrac{\sqrt{33}}{11}$

(2) $\dfrac{10}{\sqrt{5}}=\dfrac{10\times\sqrt{5}}{\sqrt{5}\times\sqrt{5}}=\dfrac{10\sqrt{5}}{5}=2\sqrt{5}$

(3) $-\dfrac{\sqrt{5}}{\sqrt{7}}=-\dfrac{\sqrt{5}\times\sqrt{7}}{\sqrt{7}\times\sqrt{7}}=-\dfrac{\sqrt{35}}{7}$

02 답 (1) $\dfrac{2\sqrt{2}}{3}$ (2) $-\dfrac{3\sqrt{3}}{2}$ (3) $\dfrac{\sqrt{14}}{28}$ (4) $\dfrac{\sqrt{30}}{7}$

(4) $\dfrac{6\sqrt{5}}{7\sqrt{6}}=\dfrac{6\sqrt{5}\times\sqrt{6}}{7\sqrt{6}\times\sqrt{6}}=\dfrac{6\sqrt{30}}{42}=\dfrac{\sqrt{30}}{7}$

03 답 풀이 참조

$\dfrac{2}{\sqrt{45}}=\dfrac{2}{\boxed{3}\sqrt{5}}=\dfrac{2\times\boxed{\sqrt{5}}}{\boxed{3}\sqrt{5}\times\boxed{\sqrt{5}}}=\boxed{\dfrac{2\sqrt{5}}{15}}$

04 답 (1) $\dfrac{\sqrt{6}}{9}$ (2) $-\dfrac{5\sqrt{3}}{12}$ (3) $\dfrac{3\sqrt{35}}{10}$ (4) $-\dfrac{\sqrt{30}}{2}$

(1) $\dfrac{\sqrt{2}}{\sqrt{27}}=\dfrac{\sqrt{2}}{3\sqrt{3}}=\dfrac{\sqrt{2}\times\sqrt{3}}{3\sqrt{3}\times\sqrt{3}}=\dfrac{\sqrt{6}}{9}$

(2) $-\dfrac{5}{\sqrt{48}}=-\dfrac{5}{4\sqrt{3}}=-\dfrac{5\times\sqrt{3}}{4\sqrt{3}\times\sqrt{3}}=-\dfrac{5\sqrt{3}}{12}$

(3) $\dfrac{3\sqrt{7}}{\sqrt{20}}=\dfrac{3\sqrt{7}}{2\sqrt{5}}=\dfrac{3\sqrt{7}\times\sqrt{5}}{2\sqrt{5}\times\sqrt{5}}=\dfrac{3\sqrt{35}}{10}$

(4) $-\dfrac{9\sqrt{5}}{\sqrt{54}}=-\dfrac{9\sqrt{5}}{3\sqrt{6}}=-\dfrac{9\sqrt{5}\times\sqrt{6}}{3\sqrt{6}\times\sqrt{6}}=-\dfrac{9\sqrt{30}}{18}=-\dfrac{\sqrt{30}}{2}$

05 답 (1) $\sqrt{21}$ (2) $4\sqrt{3}$ (3) $-\dfrac{\sqrt{5}}{5}$ (4) $\dfrac{2\sqrt{15}}{5}$

(2) $3\sqrt{2}\times\dfrac{4}{\sqrt{6}}=(3\times4)\times\sqrt{2\times\dfrac{1}{6}}=12\sqrt{\dfrac{1}{3}}$

$\qquad=\dfrac{12}{\sqrt{3}}=\dfrac{12\times\sqrt{3}}{\sqrt{3}\times\sqrt{3}}=\dfrac{12\sqrt{3}}{3}=4\sqrt{3}$

(4) $\sqrt{\dfrac{18}{5}}\div\dfrac{\sqrt{6}}{2}=\sqrt{\dfrac{18}{5}}\div\sqrt{\dfrac{6}{4}}=\sqrt{\dfrac{18}{5}}\times\sqrt{\dfrac{4}{6}}$

$\qquad=\sqrt{\dfrac{18}{5}\times\dfrac{4}{6}}=\sqrt{\dfrac{12}{5}}$

$\qquad=\dfrac{2\sqrt{3}}{\sqrt{5}}=\dfrac{2\sqrt{3}\times\sqrt{5}}{\sqrt{5}\times\sqrt{5}}=\dfrac{2\sqrt{15}}{5}$

06 답 2

$\sqrt{7}\div\sqrt{14}\times4\sqrt{5}=\sqrt{7}\times\dfrac{1}{\sqrt{14}}\times4\sqrt{5}$

$\qquad=4\times\sqrt{7\times\dfrac{1}{14}\times5}$

$\qquad=4\sqrt{\dfrac{5}{2}}=\dfrac{4\sqrt{5}}{\sqrt{2}}=\dfrac{4\sqrt{5}\times\sqrt{2}}{\sqrt{2}\times\sqrt{2}}$

$\qquad=\dfrac{4\sqrt{10}}{2}=2\sqrt{10}$

$\therefore a=2$

개념 12 제곱근표에 없는 수의 제곱근의 값   17쪽

01 답 (1) 100, 10, 14.14 (2) 20, 20, 44.72

(3) 10000, 100, 141.4 (4) 100, 10, 0.4472

(5) 100, 10, 0.1414

---

02 답 (1) 26.46 (2) 83.67 (3) 264.6 (4) 0.8367

(5) 0.2646 (6) 0.08367

(1) $\sqrt{700}=\sqrt{7\times100}=10\sqrt{7}=10\times2.646=26.46$

(2) $\sqrt{7000}=\sqrt{70\times100}=10\sqrt{70}=10\times8.367=83.67$

(3) $\sqrt{70000}=\sqrt{7\times10000}=100\sqrt{7}=100\times2.646=264.6$

(4) $\sqrt{0.7}=\sqrt{\dfrac{70}{100}}=\dfrac{\sqrt{70}}{10}=\dfrac{1}{10}\times8.367=0.8367$

(5) $\sqrt{0.07}=\sqrt{\dfrac{7}{100}}=\dfrac{\sqrt{7}}{10}=\dfrac{1}{10}\times2.646=0.2646$

(6) $\sqrt{0.007}=\sqrt{\dfrac{70}{10000}}=\dfrac{\sqrt{70}}{100}$

$\qquad=\dfrac{1}{100}\times8.367=0.08367$

03 답 (1) 23.83 (2) 75.37 (3) 0.7537 (4) 0.2383

(1) $\sqrt{568}=\sqrt{5.68\times100}=10\sqrt{5.68}$

$\qquad=10\times2.383=23.83$

(2) $\sqrt{5680}=\sqrt{56.8\times100}=10\sqrt{56.8}$

$\qquad=10\times7.537=75.37$

(3) $\sqrt{0.568}=\sqrt{\dfrac{56.8}{100}}=\dfrac{\sqrt{56.8}}{10}$

$\qquad=\dfrac{1}{10}\times7.537=0.7537$

(4) $\sqrt{0.0568}=\sqrt{\dfrac{5.68}{100}}=\dfrac{\sqrt{5.68}}{10}$

$\qquad=\dfrac{1}{10}\times2.383=0.2383$

04 답 ㄱ, ㄷ

ㄱ. $\sqrt{0.0014}=\sqrt{\dfrac{14}{10000}}=\dfrac{\sqrt{14}}{100}$

$\qquad=\dfrac{1}{100}\times3.742=0.03742$

ㄴ. $\sqrt{0.014}=\sqrt{\dfrac{1.4}{100}}=\dfrac{\sqrt{1.4}}{10}$이므로 제곱근표에서 $\sqrt{1.4}$의 값

이 주어져야 $\sqrt{0.014}$의 값을 구할 수 있다.

ㄷ. $\sqrt{1400}=\sqrt{14\times100}=10\sqrt{14}$

$\qquad=10\times3.742=37.42$

ㄹ. $\sqrt{14000}=\sqrt{1.4\times10000}=100\sqrt{1.4}$이므로 제곱근표에서

$\sqrt{1.4}$의 값이 주어져야 $\sqrt{14000}$의 값을 구할 수 있다.

이상에서 제곱근의 값을 구할 수 있는 것은 ㄱ, ㄷ이다.

05 답 (1) 222 (2) 0.5762

(1) $\sqrt{49300}=\sqrt{4.93\times10000}=100\sqrt{4.93}$

$\qquad=100\times2.220=222$

(2) $\sqrt{0.332}=\sqrt{\dfrac{33.2}{100}}=\dfrac{\sqrt{33.2}}{10}$

$\qquad=\dfrac{1}{10}\times5.762=0.5762$

01 ③	02 ③	03 $-\dfrac{1}{5}$	04 8	05 ②
06 15	07 $7\sqrt{3}$	08 ⑤		

01 $\sqrt{5}\sqrt{8}=\sqrt{5\times8}=\sqrt{40}=\sqrt{2^2\times10}=2\sqrt{10}$이므로
$a=2$
$b\sqrt{3}\times2\sqrt{3}=b\times2\times3=6b$
즉, $6b=-24$이므로 $b=-4$
$\therefore a+b=2+(-4)=-2$

02 ① $\sqrt{\dfrac{5}{81}}=\sqrt{\dfrac{5}{9^2}}=\dfrac{\sqrt{5}}{9}$

② $-\sqrt{\dfrac{14}{50}}=-\sqrt{\dfrac{7}{25}}=-\sqrt{\dfrac{7}{5^2}}=-\dfrac{\sqrt{7}}{5}$

③ $\dfrac{\sqrt{55}}{\sqrt{20}}=\sqrt{\dfrac{55}{20}}=\sqrt{\dfrac{11}{4}}=\sqrt{\dfrac{11}{2^2}}=\dfrac{\sqrt{11}}{2}$

④ $\sqrt{0.24}=\sqrt{\dfrac{24}{100}}=\sqrt{\dfrac{6}{25}}=\sqrt{\dfrac{6}{5^2}}=\dfrac{\sqrt{6}}{5}$

⑤ $-\sqrt{0.75}=-\sqrt{\dfrac{75}{100}}=-\sqrt{\dfrac{3}{4}}=-\sqrt{\dfrac{3}{2^2}}=-\dfrac{\sqrt{3}}{2}$

따라서 옳지 않은 것은 ③이다.

03 $\dfrac{\sqrt{21}}{\sqrt{5}}\div(-5\sqrt{7})\div\dfrac{\sqrt{3}}{\sqrt{10}}=\dfrac{\sqrt{21}}{\sqrt{5}}\times\left(-\dfrac{1}{5\sqrt{7}}\right)\times\dfrac{\sqrt{10}}{\sqrt{3}}=-\dfrac{\sqrt{2}}{5}$

$\therefore a=-\dfrac{1}{5}$

04 $\sqrt{320}=\sqrt{8^2\times5}=8\sqrt{5}$이므로 $\sqrt{320}$은 $\sqrt{5}$의 8배이다.
$\therefore a=8$
$\sqrt{0.28}=\sqrt{\dfrac{28}{100}}=\sqrt{\dfrac{7}{25}}=\sqrt{\dfrac{7}{5^2}}=\dfrac{\sqrt{7}}{5}$이므로 $b=\dfrac{1}{5}$

$\therefore 5ab=5\times8\times\dfrac{1}{5}=8$

05 $\sqrt{63}=\sqrt{3^2\times7}=(\sqrt{3})^2\times\sqrt{7}=a^2b$

06 $\dfrac{\sqrt{a}}{3\sqrt{5}}=\dfrac{\sqrt{a}\times\sqrt{5}}{3\sqrt{5}\times\sqrt{5}}=\dfrac{\sqrt{5a}}{15}$

즉, $\dfrac{\sqrt{5a}}{15}=\dfrac{\sqrt{3}}{3}$이므로 $\dfrac{\sqrt{5a}}{15}=\dfrac{5\sqrt{3}}{15}$

이때 $5\sqrt{3}=\sqrt{5^2\times3}=\sqrt{75}$이므로 $5a=75$

$\therefore a=15$

07 $\dfrac{7}{\sqrt{2}}\times\dfrac{3}{\sqrt{7}}\div\dfrac{\sqrt{3}}{\sqrt{14}}=\dfrac{7}{\sqrt{2}}\times\dfrac{3}{\sqrt{7}}\times\dfrac{\sqrt{14}}{\sqrt{3}}=\dfrac{21}{\sqrt{3}}=\dfrac{21\times\sqrt{3}}{\sqrt{3}\times\sqrt{3}}$

$=\dfrac{21\sqrt{3}}{3}=7\sqrt{3}$

08 ⑤ $\sqrt{60000}=\sqrt{6\times10000}=100\sqrt{6}=100\times2.449=244.9$
따라서 옳지 않은 것은 ⑤이다.

---

② 근호를 포함한 식의 덧셈과 뺄셈

개념 13 제곱근의 덧셈과 뺄셈   19쪽

01 🖪 (1) $4\sqrt{2}$ (2) $10\sqrt{7}$ (3) $3\sqrt{3}$ (4) $4\sqrt{11}$ (5) $7\sqrt{5}$ (6) $6\sqrt{6}$
(5) $4\sqrt{5}+6\sqrt{5}-3\sqrt{5}=(4+6-3)\sqrt{5}=7\sqrt{5}$
(6) $7\sqrt{6}-4\sqrt{6}+3\sqrt{6}=(7-4+3)\sqrt{6}=6\sqrt{6}$

02 🖪 (1) $8\sqrt{7}+5\sqrt{2}$ (2) $-2\sqrt{3}-4\sqrt{5}$
(3) $5\sqrt{6}-3\sqrt{10}$ (4) $-4\sqrt{13}+\sqrt{11}$
(1) $9\sqrt{7}-\sqrt{7}-3\sqrt{2}+8\sqrt{2}=(9-1)\sqrt{7}+(-3+8)\sqrt{2}$
$=8\sqrt{7}+5\sqrt{2}$
(2) $4\sqrt{3}+\sqrt{5}-5\sqrt{5}-6\sqrt{3}=(4-6)\sqrt{3}+(1-5)\sqrt{5}$
$=-2\sqrt{3}-4\sqrt{5}$
(3) $\sqrt{6}-5\sqrt{10}+4\sqrt{6}+2\sqrt{10}=(1+4)\sqrt{6}+(-5+2)\sqrt{10}$
$=5\sqrt{6}-3\sqrt{10}$
(4) $-\sqrt{13}-6\sqrt{11}+7\sqrt{11}-3\sqrt{13}$
$=(-1-3)\sqrt{13}+(-6+7)\sqrt{11}$
$=-4\sqrt{13}+\sqrt{11}$

03 🖪 (1) 3, 5 (2) 5, 3, 2

04 🖪 (1) $5\sqrt{2}$ (2) $\sqrt{3}$ (3) $4\sqrt{2}$ (4) $6\sqrt{5}-4\sqrt{10}$
(1) $\sqrt{32}+\sqrt{2}=4\sqrt{2}+\sqrt{2}=5\sqrt{2}$
(2) $\sqrt{48}-\sqrt{27}=4\sqrt{3}-3\sqrt{3}=\sqrt{3}$
(3) $\sqrt{50}+\sqrt{8}-\sqrt{18}=5\sqrt{2}+2\sqrt{2}-3\sqrt{2}=4\sqrt{2}$
(4) $\sqrt{20}-\sqrt{90}+\sqrt{80}-\sqrt{10}=2\sqrt{5}-3\sqrt{10}+4\sqrt{5}-\sqrt{10}$
$=6\sqrt{5}-4\sqrt{10}$

05 🖪 (1) $3\sqrt{5}$ (2) $6\sqrt{7}$ (3) $3\sqrt{2}$ (4) $5\sqrt{6}$
(1) $\sqrt{5}+\dfrac{10}{\sqrt{5}}=\sqrt{5}+\dfrac{10\times\sqrt{5}}{\sqrt{5}\times\sqrt{5}}=\sqrt{5}+2\sqrt{5}=3\sqrt{5}$

(2) $7\sqrt{7}-\dfrac{7}{\sqrt{7}}=7\sqrt{7}-\dfrac{7\times\sqrt{7}}{\sqrt{7}\times\sqrt{7}}=7\sqrt{7}-\sqrt{7}=6\sqrt{7}$

(3) $5\sqrt{2}+\sqrt{8}-\dfrac{8}{\sqrt{2}}=5\sqrt{2}+2\sqrt{2}-\dfrac{8\times\sqrt{2}}{\sqrt{2}\times\sqrt{2}}$
$=5\sqrt{2}+2\sqrt{2}-4\sqrt{2}=3\sqrt{2}$

(4) $3\sqrt{6}-\dfrac{6\sqrt{2}}{\sqrt{3}}+\sqrt{96}=3\sqrt{6}-\dfrac{6\sqrt{2}\times\sqrt{3}}{\sqrt{3}\times\sqrt{3}}+4\sqrt{6}$
$=3\sqrt{6}-2\sqrt{6}+4\sqrt{6}=5\sqrt{6}$

06 🖪 $\dfrac{2\sqrt{3}}{3}$

$a-\dfrac{1}{a}=\sqrt{3}-\dfrac{1}{\sqrt{3}}=\sqrt{3}-\dfrac{\sqrt{3}}{\sqrt{3}\times\sqrt{3}}$
$=\sqrt{3}-\dfrac{\sqrt{3}}{3}=\dfrac{2\sqrt{3}}{3}$

01 🖍 (1) $\sqrt{6}+\sqrt{10}$ (2) $\sqrt{35}-\sqrt{15}$ (3) $6+4\sqrt{15}$ (4) $2-\sqrt{7}$

     (4) $(\sqrt{12}-\sqrt{21})\div\sqrt{3}=(2\sqrt{3}-\sqrt{21})\times\dfrac{1}{\sqrt{3}}$
                                    $=2-\sqrt{7}$

02 🖍 (1) $\sqrt{10}+4\sqrt{3}$ (2) $2\sqrt{2}$ (3) $\sqrt{21}$

     (1) $\sqrt{5}(\sqrt{2}+\sqrt{15})-\sqrt{3}=\sqrt{10}+5\sqrt{3}-\sqrt{3}$
                                 $=\sqrt{10}+4\sqrt{3}$

     (2) $\sqrt{3}(\sqrt{6}-\sqrt{2})+\sqrt{2}(\sqrt{3}-1)=3\sqrt{2}-\sqrt{6}+\sqrt{6}-\sqrt{2}$
                                       $=2\sqrt{2}$

     (3) $\sqrt{6}(\sqrt{14}+\sqrt{2})-\sqrt{3}(\sqrt{7}+2)=2\sqrt{21}+2\sqrt{3}-\sqrt{21}-2\sqrt{3}$
                                       $=\sqrt{21}$

03 🖍 (1) $\dfrac{\sqrt{5}+\sqrt{10}}{5}$ (2) $\dfrac{\sqrt{10}-2\sqrt{3}}{2}$

       (3) $\dfrac{\sqrt{6}-2\sqrt{2}}{2}$ (4) $\dfrac{2\sqrt{2}+1}{2}$

     (3) $\dfrac{3-\sqrt{12}}{\sqrt{6}}=\dfrac{(3-2\sqrt{3})\times\sqrt{6}}{\sqrt{6}\times\sqrt{6}}=\dfrac{3\sqrt{6}-6\sqrt{2}}{6}=\dfrac{\sqrt{6}-2\sqrt{2}}{2}$

     (4) $\dfrac{4+\sqrt{2}}{\sqrt{8}}=\dfrac{4+\sqrt{2}}{2\sqrt{2}}=\dfrac{(4+\sqrt{2})\times\sqrt{2}}{2\sqrt{2}\times\sqrt{2}}$
              $=\dfrac{4\sqrt{2}+2}{4}=\dfrac{2\sqrt{2}+1}{2}$

04 🖍 (1) $4\sqrt{10}$ (2) $3\sqrt{6}$ (3) $3\sqrt{2}$ (4) $6\sqrt{3}$

     (2) $\sqrt{72}\div\sqrt{12}+2\sqrt{2}\times\sqrt{3}=6\sqrt{2}\div2\sqrt{3}+2\sqrt{2}\times\sqrt{3}$
                                 $=\sqrt{6}+2\sqrt{6}=3\sqrt{6}$

     (4) $\sqrt{18}\times\dfrac{2}{\sqrt{6}}+\sqrt{48}=2\sqrt{3}+4\sqrt{3}=6\sqrt{3}$

05 🖍 $6\sqrt{6}$

     $\sqrt{27}\Big(\sqrt{2}+\dfrac{1}{\sqrt{3}}\Big)+\sqrt{3}(\sqrt{18}-\sqrt{3})$

     $=3\sqrt{3}\Big(\sqrt{2}+\dfrac{1}{\sqrt{3}}\Big)+\sqrt{3}(3\sqrt{2}-\sqrt{3})$

     $=3\sqrt{6}+3+3\sqrt{6}-3$

     $=6\sqrt{6}$

06 🖍 (1) -2 (2) 5

     (1) $3\sqrt{5}+a\sqrt{5}+2-\sqrt{5}=(3+a-1)\sqrt{5}+2$
                                 $=(2+a)\sqrt{5}+2$

       유리수가 되려면 $2+a=0$이어야 하므로

       $a=-2$

     (2) $(\sqrt{7}-6)a+11-5\sqrt{7}=a\sqrt{7}-6a+11-5\sqrt{7}$
                             $=(11-6a)+(a-5)\sqrt{7}$

       유리수가 되려면 $a-5=0$이어야 하므로

       $a=5$

> **01** ②, ④   **02** 6   **03** ③   **04** ④   **05** ①
> **06** -1 **07** 6   **08** ③

01 ② $\sqrt{20}+\sqrt{5}=2\sqrt{5}+\sqrt{5}=3\sqrt{5}$

     ④ $\sqrt{2}-2\sqrt{2}=-\sqrt{2}$

     따라서 옳지 않은 것은 ②, ④이다.

02 $\sqrt{54}-\sqrt{24}+\sqrt{150}=3\sqrt{6}-2\sqrt{6}+5\sqrt{6}=6\sqrt{6}$

     $\therefore k=6$

03 액자의 세로의 길이를 x cm라 하면

     $8\sqrt{2}\times x=160$

     $\therefore x=\dfrac{160}{8\sqrt{2}}=\dfrac{160\times\sqrt{2}}{8\sqrt{2}\times\sqrt{2}}=10\sqrt{2}$

     따라서 액자의 세로의 길이가 $10\sqrt{2}$ cm이므로 둘레의 길이는

     $2(8\sqrt{2}+10\sqrt{2})=36\sqrt{2}$(cm)

04 $\sqrt{50}-2\sqrt{18}+\dfrac{6}{\sqrt{2}}=5\sqrt{2}-6\sqrt{2}+\dfrac{6\times\sqrt{2}}{\sqrt{2}\times\sqrt{2}}$
                             $=5\sqrt{2}-6\sqrt{2}+3\sqrt{2}=2\sqrt{2}$

05 $\sqrt{10}x-\sqrt{15}y=\sqrt{10}(\sqrt{15}-\sqrt{10})-\sqrt{15}(\sqrt{15}+\sqrt{10})$
                     $=5\sqrt{6}-10-15-5\sqrt{6}=-25$

06 $\sqrt{2}(\sqrt{3}+\sqrt{8})+\dfrac{1}{\sqrt{2}}(\sqrt{12}-3\sqrt{2})$

     $=\sqrt{2}(\sqrt{3}+2\sqrt{2})+\dfrac{1}{\sqrt{2}}(2\sqrt{3}-3\sqrt{2})$

     $=\sqrt{6}+4+\dfrac{2\sqrt{3}}{\sqrt{2}}-3=\sqrt{6}+4+\sqrt{6}-3$

     $=1+2\sqrt{6}$

     따라서 $a=1$, $b=2$이므로

     $a-b=1-2=-1$

07 $a=\dfrac{4+\sqrt{6}}{\sqrt{2}}=\dfrac{(4+\sqrt{6})\times\sqrt{2}}{\sqrt{2}\times\sqrt{2}}=\dfrac{4\sqrt{2}+2\sqrt{3}}{2}=2\sqrt{2}+\sqrt{3}$

     $b=\dfrac{4-\sqrt{6}}{\sqrt{2}}=\dfrac{(4-\sqrt{6})\times\sqrt{2}}{\sqrt{2}\times\sqrt{2}}=\dfrac{4\sqrt{2}-2\sqrt{3}}{2}=2\sqrt{2}-\sqrt{3}$

     이므로 $a-b=(2\sqrt{2}+\sqrt{3})-(2\sqrt{2}-\sqrt{3})=2\sqrt{3}$

     $\therefore \sqrt{3}(a-b)=\sqrt{3}\times2\sqrt{3}=6$

08 $(4\sqrt{3}-2)k+12-5\sqrt{3}=4k\sqrt{3}-2k+12-5\sqrt{3}$
                              $=(-2k+12)+(4k-5)\sqrt{3}$

     유리수가 되려면 $4k-5=0$이어야 하므로

     $k=\dfrac{5}{4}$

03 다항식의 곱셈과 인수분해

개념 정리 ············· 22쪽

❶ 2 ❷ 2 ❸ b ❹ $a+b$ ❺ $a-b$

❻ $2ab$ ❼ 인수분해 ❽ $a+b$ ❾ $a-b$ ❿ $cx+d$

⓫ $\dfrac{a}{2}$ ⓬ $\pm 2b$ ⓭ 5 ⓮ 대입

❶ 다항식의 곱셈과 곱셈 공식

익힘문제

개념 15 다항식과 다항식의 곱셈 23쪽

01 답 (1) $ax+bx+ay+by$ (2) $ab+2a-7b-14$

(3) $2xy-5x-4y+10$ (4) $3xy-x+3y^2-y$

(5) $ax+ay-6a-bx-by+6b$

02 답 (1) $a^2+3a-28$ (2) $2x^2-5xy+2y^2$

(3) $-2x^2-9xy+5y^2$ (4) $a^2+ab+9a+b+8$

(5) $3x^2+19xy+6y^2-x-6y$

(4) $(a+1)(a+b+8)=a^2+ab+8a+a+b+8$
$$=a^2+ab+9a+b+8$$

(5) $(3x+y-1)(x+6y)$
$$=3x^2+18xy+xy+6y^2-x-6y$$
$$=3x^2+19xy+6y^2-x-6y$$

03 답 (1) 9 (2) -4 (3) -7 (4) 12

(1) $(x+3)(y+9)=xy+9x+3y+27$
이므로 x의 계수는 9이다.

(2) $(-2x+y)(x-4y)=-2x^2+8xy+xy-4y^2$
$$=-2x^2+9xy-4y^2$$
이므로 y^2의 계수는 -4이다.

(3) $(x-2y)(3x-y)=3x^2-xy-6xy+2y^2$
$$=3x^2-7xy+2y^2$$
이므로 xy의 계수는 -7이다.

(4) $(x-y+4)(y+3)=xy+3x-y^2-3y+4y+12$
$$=xy+3x-y^2+y+12$$
이므로 상수항은 12이다.

04 답 $a=12$, $b=15$, $c=-5$

$(4x+5)(3x-y)=12x^2-4xy+15x-5y$
이므로 $a=12$, $b=15$, $c=-5$

05 답 $A=3$, $B=14$

$(x+4y)(Ax+2y)=Ax^2+2xy+4Axy+8y^2$
$$=Ax^2+(2+4A)xy+8y^2$$
즉, $Ax^2+(2+4A)xy+8y^2=3x^2+Bxy+8y^2$이므로
$A=3$, $2+4A=B$ ∴ $A=3$, $B=14$

개념 16 곱셈 공식 (1) 24쪽

01 답 (1) x^2+4x+4 (2) $9a^2+24a+16$

(3) $\dfrac{1}{25}x^2+\dfrac{2}{5}x+1$ (4) $4a^2+12ab+9b^2$

(5) $25x^2+30xy+9y^2$

(5) $(-5x-3y)^2=\{-(5x+3y)\}^2=(5x+3y)^2$
$$=25x^2+30xy+9y^2$$

02 답 (1) $y^2-10y+25$ (2) $9a^2-12a+4$ (3) $4x^2-4xy+y^2$

(4) $\dfrac{1}{16}a^2-4ab+64b^2$ (5) $36x^2-48xy+16y^2$

(5) $(-6x+4y)^2=\{-(6x-4y)\}^2=(6x-4y)^2$
$$=36x^2-48xy+16y^2$$

03 답 (1) 풀이 참조 (2) 풀이 참조

(1) $25=5^2$이므로
$$(6x+\boxed{5})^2=36x^2+2\times 6x\times 5+5^2$$
$$=36x^2+\boxed{60}x+25$$

(2) $28x=2\times 2x\times 7$이므로
$$(2x-\boxed{7})^2=(2x)^2-2\times 2x\times 7+7^2$$
$$=4x^2-28x+\boxed{49}$$

04 답 (1) a^2-36 (2) $1-4y^2$ (3) $16x^2-25y^2$

(4) $-\dfrac{1}{4}a^2+\dfrac{4}{9}b^2$

(3) $(-4x+5y)(-4x-5y)=(-4x)^2-(5y)^2$
$$=16x^2-25y^2$$

(4) $\left(-\dfrac{1}{2}a-\dfrac{2}{3}b\right)\left(\dfrac{1}{2}a-\dfrac{2}{3}b\right)$
$$=\left(-\dfrac{2}{3}b-\dfrac{1}{2}a\right)\left(-\dfrac{2}{3}b+\dfrac{1}{2}a\right)$$
$$=\left(-\dfrac{2}{3}b\right)^2-\left(\dfrac{1}{2}a\right)^2=-\dfrac{1}{4}a^2+\dfrac{4}{9}b^2$$

05 답 $x^2+2xy+y^2-4x-4y+4$

$x+y=A$로 놓으면
$(x+y-2)^2=(A-2)^2=A^2-4A+4$
A에 $x+y$를 대입하면
$A^2-4A+4=(x+y)^2-4(x+y)+4$
$$=x^2+2xy+y^2-4x-4y+4$$

개념 **17** 곱셈 공식 (2) 25쪽

01 답 (1) x^2+6x+8 (2) $a^2+3a-18$ (3) $b^2-5b-14$

(4) $x^2-x+\dfrac{10}{49}$ (5) $x^2-4xy-5y^2$

(5) $(x+y)(x-5y)=x^2+(y-5y)x+y\times(-5y)$
$$=x^2-4xy-5y^2$$

02 답 (1) $8a^2+14a+5$ (2) $15x^2+4x-4$ (3) $63a^2-19a-4$

(4) $8x^2-\dfrac{1}{9}x-\dfrac{1}{9}$ (5) $10x^2-29xy+21y^2$

(5) $(2x-3y)(5x-7y)$
$$=(2\times5)x^2+\{2\times(-7y)+(-3y)\times5\}x$$
$$+(-3y)\times(-7y)$$
$$=10x^2-29xy+21y^2$$

03 답 12

$(3x-1)(5x+4)=15x^2+7x-4$이므로

$a=15,\ b=7,\ c=-4$

$\therefore a-b-c=15-7-(-4)=12$

04 답 (1) $A=4,\ B=12$ (2) $A=3,\ B=3$

(1) $(x-A)(x-3)=x^2+(-A-3)x+3A$

즉, $x^2+(-A-3)x+3A=x^2-7x+B$이므로

$-A-3=-7,\ 3A=B$ $\therefore A=4,\ B=12$

(2) $(Ax+3)(2x-1)=2Ax^2+(-A+6)x-3$

즉, $2Ax^2+(-A+6)x-3=6x^2+Bx-3$이므로

$2A=6,\ -A+6=B$ $\therefore A=3,\ B=3$

05 답 (1) ⑦: $4x-1$, ⑭: $2x-4$ (2) $8x^2-18x+4$

(1) ⑦: $(4x+2)-3=4x-1$

⑭: $(2x-1)-3=2x-4$

(2) $(4x-1)(2x-4)=8x^2-18x+4$

필수문제 26쪽

01 2	**02** ④	**03** ③	**04** $3x^2+8x-17$
05 $16-x^4$	**06** ④	**07** -11	**08** ②

01 $(ax+3y-1)(2x-y+2)$를 전개한 식에서 xy항은

$ax\times(-y)+3y\times2x=-axy+6xy=(-a+6)xy$

이때 xy의 계수가 4이므로

$-a+6=4$ $\therefore a=2$

02 ㄱ. $(x+y)^2=x^2+2xy+y^2$

ㄴ. $(x-y)^2=x^2-2xy+y^2$

ㄷ. $(-x+y)^2=\{-(x-y)\}^2=(x-y)^2$
$$=x^2-2xy+y^2$$

ㄹ. $-(x-y)^2=-(x^2-2xy+y^2)$
$$=-x^2+2xy-y^2$$

이상에서 같은 것끼리 짝 지은 것은 ④이다.

03 ① $(3a+2b)^2=9a^2+12ab+4b^2$

② $(2a-6)^2=4a^2-24a+36$

④ $(a-6)(a-2)=a^2-8a+12$

⑤ $(2a-5)(a+5)=2a^2+5a-25$

04 $(2x+1)(2x-1)-(x-4)^2$
$$=4x^2-1-(x^2-8x+16)$$
$$=4x^2-1-x^2+8x-16=3x^2+8x-17$$

05 $(2-x)(2+x)(4+x^2)=(4-x^2)(4+x^2)$
$$=16-x^4$$

06 $(x+2)(x-3)=x^2-x-6$이므로 $a=-1$

$(3x+2)(3x-5)=9x^2-9x-10$이므로 $b=-10$

$\therefore a-b=-1-(-10)=9$

07 $(5x+a)(bx-2)=5bx^2+(-10+ab)x-2a$

즉, $5bx^2+(-10+ab)x-2a=15x^2+cx+2$이므로

$5b=15,\ -10+ab=c,\ -2a=2$

$\therefore a=-1,\ b=3,\ c=-13$

$\therefore a+b+c=-1+3+(-13)=-11$

08 색칠한 직사각형의 가로의 길이는 $3a+2b$, 세로의 길이는

$3a-2b$이므로 그 넓이는

$(3a+2b)(3a-2b)=9a^2-4b^2$

---

② 곱셈 공식의 응용

익힘문제

개념 **18** 곱셈 공식의 응용 (1) 27쪽

01 답 (1) ㄱ (2) ㄷ (3) ㄴ (4) ㄹ (5) ㄷ

02 답 (1) 10609 (2) 2304 (3) 3.99 (4) 2756 (5) 81200

(2) $48^2=(50-2)^2=50^2-2\times50\times2+2^2$
$$=2500-200+4=2304$$

(3) $2.1\times1.9=(2+0.1)(2-0.1)=2^2-0.1^2$
$$=4-0.01=3.99$$

(4) $52 \times 53 = (50+2)(50+3) = 50^2 + (2+3) \times 50 + 2 \times 3$
$= 2500 + 250 + 6 = 2756$

(5) $280 \times 290 = (300-20)(300-10)$
$= 300^2 + (-20-10) \times 300 + (-20) \times (-10)$
$= 90000 - 9000 + 200 = 81200$

03 답 (1) $12+2\sqrt{11}$ (2) $5-2\sqrt{6}$ (3) 3 (4) -2

04 답 (1) $a=13, b=5$ (2) $a=8, b=10$

(1) $(\sqrt{7}+2)(\sqrt{7}+3) = 7+5\sqrt{7}+6 = 13+5\sqrt{7}$
$\therefore a=13, b=5$

(2) $(3\sqrt{2}-1)(2\sqrt{2}+4) = 12+10\sqrt{2}-4 = 8+10\sqrt{2}$
$\therefore a=8, b=10$

05 답 (1) $2\sqrt{5}$ (2) 1 (3) $2\sqrt{5}$

(1) $x+y = (\sqrt{5}-2)+(\sqrt{5}+2) = 2\sqrt{5}$

(2) $xy = (\sqrt{5}-2)(\sqrt{5}+2) = 1$

(3) $\dfrac{1}{x}+\dfrac{1}{y} = \dfrac{x+y}{xy} = \dfrac{2\sqrt{5}}{1} = 2\sqrt{5}$

개념 19 곱셈 공식의 응용 (2) 28쪽

01 답 (1) $-1+\sqrt{2}$ (2) $4\sqrt{3}+4$ (3) $\sqrt{10}+\sqrt{3}$ (4) $\sqrt{3}-\sqrt{2}$

02 답 (1) $-9-4\sqrt{5}$ (2) $2-\sqrt{3}$ (3) $31+8\sqrt{15}$ (4) $-7+4\sqrt{3}$

(1) $\dfrac{2+\sqrt{5}}{2-\sqrt{5}} = \dfrac{(2+\sqrt{5})^2}{(2-\sqrt{5})(2+\sqrt{5})}$
$= \dfrac{4+4\sqrt{5}+5}{4-5} = -9-4\sqrt{5}$

(2) $\dfrac{\sqrt{6}-\sqrt{2}}{\sqrt{6}+\sqrt{2}} = \dfrac{(\sqrt{6}-\sqrt{2})^2}{(\sqrt{6}+\sqrt{2})(\sqrt{6}-\sqrt{2})}$
$= \dfrac{6-4\sqrt{3}+2}{6-2} = 2-\sqrt{3}$

(3) $\dfrac{4+\sqrt{15}}{4-\sqrt{15}} = \dfrac{(4+\sqrt{15})^2}{(4-\sqrt{15})(4+\sqrt{15})}$
$= \dfrac{16+8\sqrt{15}+15}{16-15} = 31+8\sqrt{15}$

(4) $\dfrac{3-2\sqrt{3}}{3+2\sqrt{3}} = \dfrac{(3-2\sqrt{3})^2}{(3+2\sqrt{3})(3-2\sqrt{3})}$
$= \dfrac{9-12\sqrt{3}+12}{9-12} = -7+4\sqrt{3}$

03 답 4

$\dfrac{\sqrt{2}}{\sqrt{3}-\sqrt{2}} - \dfrac{\sqrt{2}}{\sqrt{3}+\sqrt{2}}$
$= \dfrac{\sqrt{2}(\sqrt{3}+\sqrt{2})}{(\sqrt{3}-\sqrt{2})(\sqrt{3}+\sqrt{2})} - \dfrac{\sqrt{2}(\sqrt{3}-\sqrt{2})}{(\sqrt{3}+\sqrt{2})(\sqrt{3}-\sqrt{2})}$
$= \dfrac{\sqrt{2}(\sqrt{3}+\sqrt{2})}{3-2} - \dfrac{\sqrt{2}(\sqrt{3}-\sqrt{2})}{3-2}$
$= \sqrt{6}+2-\sqrt{6}+2 = 4$

04 답 (1) 29 (2) 33

(1) $x^2+y^2 = (x-y)^2+2xy = 5^2+2 \times 2 = 29$

(2) $(x+y)^2 = (x-y)^2+4xy = 5^2+4 \times 2 = 33$

05 답 (1) 34 (2) 32

(1) $x^2+\dfrac{1}{x^2} = \left(x+\dfrac{1}{x}\right)^2-2 = 6^2-2 = 34$

(2) $\left(x-\dfrac{1}{x}\right)^2 = \left(x+\dfrac{1}{x}\right)^2-4 = 6^2-4 = 32$

06 답 (1) 46 (2) $\dfrac{46}{9}$

$x+y = (4+\sqrt{7})+(4-\sqrt{7}) = 8$
$xy = (4+\sqrt{7})(4-\sqrt{7}) = 4^2-(\sqrt{7})^2 = 9$

(1) $x^2+y^2 = (x+y)^2-2xy = 8^2-2 \times 9 = 46$

(2) $\dfrac{y}{x}+\dfrac{x}{y} = \dfrac{x^2+y^2}{xy} = \dfrac{46}{9}$

07 답 15

$x = \dfrac{1}{2-\sqrt{3}} = \dfrac{2+\sqrt{3}}{(2-\sqrt{3})(2+\sqrt{3})} = 2+\sqrt{3}$,
$y = \dfrac{1}{2+\sqrt{3}} = \dfrac{2-\sqrt{3}}{(2+\sqrt{3})(2-\sqrt{3})} = 2-\sqrt{3}$이므로
$x+y = (2+\sqrt{3})+(2-\sqrt{3}) = 4$
$xy = (2+\sqrt{3})(2-\sqrt{3}) = 1$
$\therefore x^2+xy+y^2 = (x+y)^2-xy$
$= 4^2-1 = 15$

필수문제 29쪽

01 ②	02 ④	03 ①	04 ④	05 6
06 16	07 ②	08 $\sqrt{7}, \sqrt{7}, 6, 7, -2, -2, -5$		

01 $198^2 = (200-2)^2 = 200^2-2 \times 200 \times 2+2^2$
$= 40000-800+4 = 39204$
따라서 ②를 이용하는 것이 가장 편리하다.

02 $(2+1)(2^2+1)(2^4+1)(2^8+1)$
$= (2-1)(2+1)(2^2+1)(2^4+1)(2^8+1)$
$= (2^2-1)(2^2+1)(2^4+1)(2^8+1)$
$= (2^4-1)(2^4+1)(2^8+1)$
$= (2^8-1)(2^8+1) = 2^{16}-1$
$\therefore a=16$

03 $(a-2\sqrt{5})(3-2\sqrt{5}) = 3a+(-2a-6)\sqrt{5}+20$
$= (3a+20)+(-2a-6)\sqrt{5}$
유리수이므로 $-2a-6=0$
$\therefore a=-3$

04
$$\frac{2\sqrt{2}+\sqrt{6}}{2\sqrt{2}-\sqrt{6}}=\frac{(2\sqrt{2}+\sqrt{6})^2}{(2\sqrt{2}-\sqrt{6})(2\sqrt{2}+\sqrt{6})}$$
$$=\frac{8+8\sqrt{3}+6}{8-6}$$
$$=7+4\sqrt{3}$$

05
$$\frac{\sqrt{10}-\sqrt{5}}{\sqrt{10}+\sqrt{5}}+\frac{\sqrt{10}+\sqrt{5}}{\sqrt{10}-\sqrt{5}}$$
$$=\frac{(\sqrt{10}-\sqrt{5})^2}{(\sqrt{10}+\sqrt{5})(\sqrt{10}-\sqrt{5})}+\frac{(\sqrt{10}+\sqrt{5})^2}{(\sqrt{10}-\sqrt{5})(\sqrt{10}+\sqrt{5})}$$
$$=\frac{10-10\sqrt{2}+5}{10-5}+\frac{10+10\sqrt{2}+5}{10-5}$$
$$=3-2\sqrt{2}+3+2\sqrt{2}=6$$

06
$$(x-y)^2=(x+y)^2-4xy$$
$$=(4\sqrt{3})^2-4\times 8$$
$$=16$$

07 $a^2+b^2=(a+b)^2-2ab$이므로
$$20=4^2-2ab \qquad \therefore ab=-2$$
$$\therefore \frac{1}{a}+\frac{1}{b}=\frac{a+b}{ab}=\frac{4}{-2}=-2$$

---

❸ 인수분해

익힘문제

개념20 인수분해 30쪽

01 답 (1) $3a^2-3ab$ (2) x^2+2x+1
(3) x^2+6x+8 (4) $6x^2-13x-5$

02 답 (1) a, b, b^2, ab (2) x, x^2, $x(x-y)$
(3) $x+1$, x^2-3

03 답 (1) a^3, $a^3(4-a)$ (2) xy, $xy(y-3)$
(3) ab^3, $ab^3(a^2+b)$ (4) $6xy$, $6xy(2x-y^2)$

04 답 (1) $a(2x-y)$ (2) $m(m^2+2)$
(3) $3b(4a^2+3b)$ (4) $2ab(2b^2-4ab-3)$

05 답 (1) $xy(x+y-1)$ (2) $(a+b)(x-y)$
(3) $(a-1)(x-y)$ (4) $(x+4)(x-5)$
(3) $x(a-1)+y(1-a)=x(a-1)-y(a-1)$
$$=(a-1)(x-y)$$

개념21 인수분해 공식 (1) 31쪽

01 답 (1) $(a+8)^2$ (2) $(x-11)^2$ (3) $\left(a+\frac{1}{2}\right)^2$ (4) $(3x-4y)^2$

02 답 (1) 1 (2) 25 (3) 4

03 답 (1) ± 12 (2) ± 18 (3) ± 40

04 답 (1) $(x+2)(x-2)$ (2) $(3x+y)(3x-y)$
(3) $\left(5x+\frac{2}{3}y\right)\left(5x-\frac{2}{3}y\right)$ (4) $(7+a)(7-a)$
(4) $-a^2+49=49-a^2=(7+a)(7-a)$

05 답 (1) $3(x+4)(x-4)$ (2) $5(3a+b)(3a-b)$
(3) $x(x+y)(x-y)$
(1) $3x^2-48=3(x^2-16)=3(x+4)(x-4)$
(2) $45a^2-5b^2=5(9a^2-b^2)=5(3a+b)(3a-b)$
(3) $x^3-xy^2=x(x^2-y^2)=x(x+y)(x-y)$

06 답 x^2, x^2, x^2, x^2, x, x

개념22 인수분해 공식 (2) 32쪽

01 답 (1) 1, 2 (2) -2, 6 (3) -5, -3

02 답 (1) 풀이 참조 (2) 풀이 참조
(1) 곱해서 -5인 두 정수는 1, -5 또는 -1, 5이다.
이 중 합이 -4인 것은 $\boxed{1}$, $\boxed{-5}$이므로

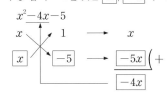

$$\Rightarrow x^2-4x-5=\underline{(x+1)(x-5)}$$

(2) 곱해서 20인 두 정수는 1, 20 또는 2, 10 또는 4, 5 또는
-1, -20 또는 -2, -10 또는 -4, -5이다.
이 중 합이 9인 것은 $\boxed{4}$, $\boxed{5}$이므로

$$x^2+9xy+20y^2$$

$$\Rightarrow x^2+9xy+20y^2=\underline{(x+4y)(x+5y)}$$

03 답 (1) $(x-3)(x+10)$ (2) $(x+5)(x-7)$
(3) $(a+b)(a+7b)$ (4) $(x-4y)(x-6y)$

04 🔢 (1) $3(x+3)(x-5)$　(2) $5(x+2y)(x-5y)$
　　(3) $a(x-3)(x-6)$

(1) $3x^2-6x-45=3(x^2-2x-15)=3(x+3)(x-5)$

(2) $5x^2-15xy-50y^2=5(x^2-3xy-10y^2)$
　　　　　　　　　$=5(x+2y)(x-5y)$

(3) $ax^2-9ax+18a=a(x^2-9x+18)=a(x-3)(x-6)$

05 🔢 (1) $a=24,\ b=6$　(2) $a=3,\ b=5$

(1) $x^2+10x+a=(x+4)(x+b)$에서
　　$10=4+b$이므로 $b=6$
　　$a=4b$이므로 $a=4\times6=24$

(2) $x^2+ax-10=(x-2)(x+b)$에서
　　$-10=-2b$이므로 $b=5$
　　$a=-2+b$이므로 $a=-2+5=3$

개념 **23** 인수분해 공식 (3)　　33쪽

01 🔢 (1) 풀이 참조　(2) 풀이 참조　(3) 풀이 참조　(4) 풀이 참조

(1) $3x^2-4x-4$

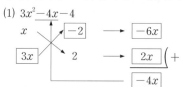

　　$\Rightarrow 3x^2-4x-4=\underline{(x-2)(3x+2)}$

(2) $6x^2+7x-3$

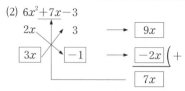

　　$\Rightarrow 6x^2+7x-3=\underline{(2x+3)(3x-1)}$

(3) $8x^2+10x+3$

$$\begin{array}{c} 2x \quad\quad 1 \longrightarrow \boxed{4x} \\ \boxed{4x} \quad\quad 3 \longrightarrow \boxed{6x}\Big(+ \\ \hline \boxed{10x} \end{array}$$

　　$\Rightarrow 8x^2+10x+3=\underline{(2x+1)(4x+3)}$

(4) $10x^2+11xy-6y^2$

$$\begin{array}{c} 2x \quad\quad \boxed{3y} \longrightarrow \boxed{15xy} \\ \boxed{5x} \quad\quad -2y \longrightarrow \boxed{-4xy}\Big(+ \\ \hline \boxed{11xy} \end{array}$$

　　$\Rightarrow 10x^2+11xy-6y^2=\underline{(2x+3y)(5x-2y)}$

---

02 🔢 (1) $(x+1)(2x+3)$　(2) $(2a-5)(3a+2)$
　　(3) $(x-y)(3x-2y)$　(4) $(x-4y)(4x+3y)$

03 🔢 (1) $5(x-2)(3x-1)$　(2) $3(3x-y)(4x+y)$
　　(3) $2a(b+1)(6b-1)$

(1) $15x^2-35x+10=5(3x^2-7x+2)=5(x-2)(3x-1)$

(2) $36x^2-3xy-3y^2=3(12x^2-xy-y^2)$
　　　　　　　　　$=3(3x-y)(4x+y)$

(3) $12ab^2+10ab-2a=2a(6b^2+5b-1)$
　　　　　　　　　$=2a(b+1)(6b-1)$

04 🔢 (1) $a=3,\ b=-3$　(2) $a=-1,\ b=-3$

(1) $2x^2-7x+a=(x+b)(2x-1)$에서
　　$-7=-1+2b$이므로 $b=-3$
　　$a=-b$이므로 $a=-(-3)=3$

(2) $12x^2+ax-6=(3x+2)(4x+b)$에서
　　$-6=2b$이므로 $b=-3$
　　$a=3b+8$이므로 $a=3\times(-3)+8=-1$

필수문제　　34쪽

01 $2x^2-5x-3$	**02** ④	**03** ③	**04** ②
05 $2x+1$	**06** ④	**07** 7	**08** $3x-1$

01　$(x-3)(2x+1)=2x^2-5x-3$이므로 $2x^2-5x-3$을 인수분해한 것이다.

02　① $2ab+b^2=b(2a+b)$
　　② $3x^2-6x=3x(x-2)$
　　③ $5x^2+10xy=5x(x+2y)$
　　④ $a(a-1)+a(b-1)=a(a-1+b-1)=a(a+b-2)$
　　⑤ $4ax^2-8ay=4a(x^2-2y)$
　　따라서 인수분해를 바르게 한 것은 ④이다.

03　① $16a^2-8a+1=(4a-1)^2$
　　② $4x^2-12xy+9y^2=(2x-3y)^2$
　　④ $3x^2+6x+3=3(x+1)^2$
　　⑤ $a^2+20ab+100b^2=(a+10b)^2$
　　따라서 완전제곱식으로 인수분해되지 않는 것은 ③이다.

04　$-4<a<2$이므로 $a-2<0,\ a+4>0$
　　$\therefore \sqrt{a^2-4a+4}+\sqrt{a^2+8a+16}=\sqrt{(a-2)^2}+\sqrt{(a+4)^2}$
　　　　　　　　　　　　　　$=-(a-2)+(a+4)$
　　　　　　　　　　　　　　$=-a+2+a+4=6$

05 $x^2+x-12=(x-3)(x+4)$이므로
$(x-3)+(x+4)=2x+1$

06 $6x^2-x-a=(2x-3)(3x+b)$에서
$-1=2b-9$이므로 $b=4$
$-a=-3b$, 즉 $a=3b$이므로 $a=3\times4=12$
$\therefore a+b=12+4=16$

07 $2x^2+Ax+6=(x+2)(2x+k)$ (k는 수)로 놓으면
$2x^2+Ax+6=2x^2+(k+4)x+2k$
따라서 $A=k+4, 6=2k$이므로
$k=3, A=3+4=7$

08 사다리꼴의 높이를 h라 하면
$\dfrac{1}{2}\times\{(x-2)+(x+8)\}\times h=3x^2+8x-3$
$(x+3)\times h=(x+3)(3x-1)$
$\therefore h=3x-1$
따라서 사다리꼴의 높이는 $3x-1$이다.

④ 인수분해 공식의 응용

익힘문제

개념 **24** 복잡한 식의 인수분해
35쪽

01 📋 (1) 4, 7 (2) $(a+1)(a-7)$ (3) $(3x+5)^2$
(4) $(x-y+2)(x-y+5)$
(2) $a-2=A$로 놓으면
$(a-2)^2-2(a-2)-15$
$=A^2-2A-15$
$=(A+3)(A-5)$
$=(a-2+3)(a-2-5)$
$=(a+1)(a-7)$
(3) $3x+2=A$로 놓으면
$(3x+2)^2+6(3x+2)+9$
$=A^2+6A+9=(A+3)^2$
$=(3x+2+3)^2$
$=(3x+5)^2$
(4) $x-y=A$로 놓으면
$(x-y)(x-y+7)+10$
$=A(A+7)+10$
$=A^2+7A+10$
$=(A+2)(A+5)$
$=(x-y+2)(x-y+5)$

02 📋 (1) 3, 2 (2) $(6+x)(2-x)$
(3) $(x+2y+z)(x-z)$ (4) $5a(3a+4b)$
(2) $x+2=A$로 놓으면
$16-(x+2)^2$
$=4^2-A^2$
$=(4+A)(4-A)$
$=(4+x+2)(4-x-2)$
$=(6+x)(2-x)$
(3) $x+y=A, y+z=B$로 놓으면
$(x+y)^2-(y+z)^2$
$=A^2-B^2$
$=(A+B)(A-B)$
$=(x+y+y+z)(x+y-y-z)$
$=(x+2y+z)(x-z)$
(4) $2a+b=A, a-2b=B$로 놓으면
$4(2a+b)^2-(a-2b)^2$
$=4A^2-B^2$
$=(2A+B)(2A-B)$
$=\{2(2a+b)+(a-2b)\}\{2(2a+b)-(a-2b)\}$
$=(4a+2b+a-2b)(4a+2b-a+2b)$
$=5a(3a+4b)$

03 📋 (1) $y+1, 1, y+1$ (2) $(y-1)(x-y)$
(3) $(y-3)(xy+1)$
(2) $xy-x-y^2+y=x(y-1)-y(y-1)$
$=(y-1)(x-y)$
(3) $xy^2-3xy+y-3=xy(y-3)+(y-3)$
$=(y-3)(xy+1)$

04 📋 (1) $2y, 2y, x+2y-1$ (2) $(a+b)(a-b+c)$
(2) $a^2+ac+bc-b^2=a^2-b^2+ac+bc$
$=(a+b)(a-b)+c(a+b)$
$=(a+b)(a-b+c)$

05 📋 (1) $y-1, 1, 1$ (2) $(x-y+2)(x-y-2)$
(3) $(a+3b+1)(a-3b-1)$
(2) $x^2+y^2-2xy-4$
$=x^2-2xy+y^2-4$
$=(x-y)^2-2^2$
$=(x-y+2)(x-y-2)$
(3) a^2-9b^2-6b-1
$=a^2-(9b^2+6b+1)$
$=a^2-(3b+1)^2$
$=(a+3b+1)(a-3b-1)$

개념 25 인수분해 공식의 응용　36쪽

01 답 (1) 600　(2) 1500　(3) 206

(1) $6 \times 87 + 6 \times 13 = 6(87 + 13)$
$= 6 \times 100 = 600$

(2) $15 \times 48 + 52 \times 15 = 15(48 + 52)$
$= 15 \times 100 = 1500$

(3) $103 \times 60 - 103 \times 58 = 103(60 - 58)$
$= 103 \times 2 = 206$

02 답 (1) 900　(2) 2500　(3) 40000

(1) $23^2 + 2 \times 23 \times 7 + 7^2 = (23 + 7)^2$
$= 30^2 = 900$

(2) $76^2 - 2 \times 76 \times 26 + 26^2 = (76 - 26)^2$
$= 50^2 = 2500$

(3) $195^2 + 2 \times 195 \times 5 + 5^2 = (195 + 5)^2$
$= 200^2 = 40000$

03 답 (1) 3800　(2) $10\sqrt{10}$　(3) 6000

(1) $69^2 - 31^2 = (69 + 31)(69 - 31)$
$= 100 \times 38 = 3800$

(2) $\sqrt{55^2 - 45^2} = \sqrt{(55 + 45)(55 - 45)}$
$= \sqrt{100 \times 10} = \sqrt{1000} = 10\sqrt{10}$

(3) $70^2 \times 1.5 - 30^2 \times 1.5 = 1.5(70^2 - 30^2)$
$= 1.5(70 + 30)(70 - 30)$
$= 1.5 \times 100 \times 40$
$= 6000$

04 답 (1) 10000　(2) 3600　(3) 49

(1) $x^2 + 8x + 16 = (x + 4)^2 = (96 + 4)^2$
$= 100^2 = 10000$

(2) $x^2 - 10x + 25 = (x - 5)^2 = (65 - 5)^2$
$= 60^2 = 3600$

(3) $x^2 - 2xy + y^2 = (x - y)^2 = (8.7 - 1.7)^2$
$= 7^2 = 49$

05 답 (1) $8\sqrt{6}$　(2) 12　(3) 8

(1) $a^2 - b^2 = (a + b)(a - b)$
$= \{(\sqrt{6} + 2) + (\sqrt{6} - 2)\}\{(\sqrt{6} + 2) - (\sqrt{6} - 2)\}$
$= 2\sqrt{6} \times 4 = 8\sqrt{6}$

(2) $x^2 - 2xy + y^2 = (x - y)^2 = \{(\sqrt{5} + \sqrt{3}) - (\sqrt{5} - \sqrt{3})\}^2$
$= (2\sqrt{3})^2 = 12$

(3) $x = \dfrac{1}{\sqrt{2} - 1} = \dfrac{\sqrt{2} + 1}{(\sqrt{2} - 1)(\sqrt{2} + 1)} = \sqrt{2} + 1$,

$y = \dfrac{1}{\sqrt{2} + 1} = \dfrac{\sqrt{2} - 1}{(\sqrt{2} + 1)(\sqrt{2} - 1)} = \sqrt{2} - 1$이므로

$x^2 + 2xy + y^2 = (x + y)^2 = \{(\sqrt{2} + 1) + (\sqrt{2} - 1)\}^2$
$= (2\sqrt{2})^2 = 8$

06 답 $16\sqrt{2}$

$x + 2y = (2\sqrt{2} + 2) + 2(-1 + \sqrt{2}) = 4\sqrt{2}$
$x - 2y = (2\sqrt{2} + 2) - 2(-1 + \sqrt{2}) = 4$
$\therefore x^2 - 4y^2 = (x + 2y)(x - 2y) = 4\sqrt{2} \times 4 = 16\sqrt{2}$

필수문제　37쪽

01 ②	02 $4(x - 2y)^2$	03 ①, ④	04 ③
05 2, 2, 2, 1	06 ①	07 60	08 $-4\sqrt{5}$

01 $2x + 1 = A$로 놓으면
$(2x + 1)^2 - 8(2x + 1) + 16 = A^2 - 8A + 16 = (A - 4)^2$
$= (2x + 1 - 4)^2 = (2x - 3)^2$
$\therefore a = -3$

02 $x - y = A$, $x + y = B$로 놓으면
$9(x - y)^2 - 6(x - y)(x + y) + (x + y)^2$
$= 9A^2 - 6AB + B^2 = (3A - B)^2$
$= \{3(x - y) - (x + y)\}^2 = (3x - 3y - x - y)^2$
$= (2x - 4y)^2 = 4(x - 2y)^2$

03 $x^3 - x^2 - x + 1 = x^2(x - 1) - (x - 1) = (x^2 - 1)(x - 1)$
$= (x + 1)(x - 1)^2$

04 $x^2 + y^2 - 4 - 2xy = (x^2 - 2xy + y^2) - 4 = (x - y)^2 - 2^2$
$= (x - y + 2)(x - y - 2)$
이므로 $a = 2$, $b = -1$
$\therefore a + b = 2 + (-1) = 1$

06 $7.5^2 + 5 \times 7.5 + 2.5^2 = 7.5^2 + 2 \times 7.5 \times 2.5 + 2.5^2$
$= (7.5 + 2.5)^2 = 10^2 = 100$
따라서 ①을 이용하는 것이 가장 편리하다.

07 $\sqrt{5 \times 28^2 - 5 \times 8^2} = \sqrt{5(28^2 - 8^2)}$
$= \sqrt{5(28 + 8)(28 - 8)}$
$= \sqrt{5 \times 36 \times 20} = \sqrt{3600} = 60$

08 $x = \dfrac{1}{\sqrt{5} + 2} = \dfrac{\sqrt{5} - 2}{(\sqrt{5} + 2)(\sqrt{5} - 2)} = \sqrt{5} - 2$,

$y = \dfrac{1}{\sqrt{5} - 2} = \dfrac{\sqrt{5} + 2}{(\sqrt{5} - 2)(\sqrt{5} + 2)} = \sqrt{5} + 2$이므로

$x + y = (\sqrt{5} - 2) + (\sqrt{5} + 2) = 2\sqrt{5}$
$x - y = (\sqrt{5} - 2) - (\sqrt{5} + 2) = -4$
$\therefore x^2 - y^2 + 2x + 2y = (x^2 - y^2) + (2x + 2y)$
$= (x + y)(x - y) + 2(x + y)$
$= (x + y)(x - y + 2)$
$= 2\sqrt{5}(-4 + 2) = -4\sqrt{5}$

04 이차방정식

❶ 이차방정식의 풀이 (1)

익힘문제

개념 26 이차방정식과 그 해　40쪽

01 답 (1) ○ (2) ○ (3) × (4) ○ (5) × (6) ○

02 답 (1) 0 (2) 6 (3) $-\dfrac{1}{2}$ (4) 3 (5) 4

(4) $ax^2-4x+1=3x^2+2x$에서 $(a-3)x^2-6x+1=0$

이 방정식이 (x에 대한 이차식)=0의 꼴이 되려면

$a-3\neq0$이어야 하므로

$a\neq3$

(5) $(2x+1)(2x-1)=ax^2$에서 $4x^2-1=ax^2$

$(4-a)x^2-1=0$

이 방정식이 (x에 대한 이차식)=0의 꼴이 되려면

$4-a\neq0$이어야 하므로

$a\neq4$

03 답 (1) × (2) ○ (3) × (4) ○

04 답 (1) $x=0$ 또는 $x=1$ (2) $x=-1$ (3) $x=1$

(1) $x=-1$일 때, $(-1)^2-(-1)\neq0$ (거짓)

$x=0$일 때, $0^2-0=0$ (참)

$x=1$일 때, $1^2-1=0$ (참)

따라서 해는 $x=0$ 또는 $x=1$이다.

(2) $x=-1$일 때, $2\times(-1)^2+(-1)-1=0$ (참)

$x=0$일 때, $2\times0^2+0-1\neq0$ (거짓)

$x=1$일 때, $2\times1^2+1-1\neq0$ (거짓)

따라서 해는 $x=-1$이다.

(3) $x=-1$일 때, $3\times(-1)^2+1\neq2\times\{(-1)+1\}$ (거짓)

$x=0$일 때, $3\times0^2+1\neq2\times(0+1)$ (거짓)

$x=1$일 때, $3\times1^2+1=2\times(1+1)$ (참)

따라서 해는 $x=1$이다.

05 답 (1) -4 (2) 1 (3) -8

(1) $x=1$을 $x^2+ax+3=0$에 대입하면

$1^2+a\times1+3=0,\ 4+a=0$ ∴ $a=-4$

(2) $x=3$을 $x^2-ax-6=0$에 대입하면

$3^2-a\times3-6=0,\ 3-3a=0$

∴ $a=1$

(3) $x=-4$를 $x^2+2x+a=0$에 대입하면

$(-4)^2+2\times(-4)+a=0,\ 8+a=0$

∴ $a=-8$

개념 27 이차방정식의 풀이; 인수분해　41쪽

01 답 (1) $x=-3$ 또는 $x=3$ (2) $x=0$ 또는 $x=4$

(3) $x=-1$ 또는 $x=\dfrac{1}{3}$ (4) $x=-\dfrac{3}{2}$ 또는 $x=\dfrac{5}{2}$

02 답 (1) $x=0$ 또는 $x=2$ (2) $x=-\dfrac{3}{2}$ 또는 $x=\dfrac{3}{2}$

(3) $x=-2$ 또는 $x=3$ (4) $x=\dfrac{1}{2}$ 또는 $x=3$

(2) $4x^2-9=0$에서 $(2x+3)(2x-3)=0$

∴ $x=-\dfrac{3}{2}$ 또는 $x=\dfrac{3}{2}$

(3) $x^2-x-6=0$에서 $(x+2)(x-3)=0$

∴ $x=-2$ 또는 $x=3$

(4) $2x^2+3=7x$에서 $2x^2-7x+3=0$

$(2x-1)(x-3)=0$

∴ $x=\dfrac{1}{2}$ 또는 $x=3$

03 답 (1) 4 (2) $x=\dfrac{4}{3}$

(1) $x=1$을 $3x^2-7x+a=0$에 대입하면

$3-7+a=0$ ∴ $a=4$

(2) $3x^2-7x+4=0$에서 $(x-1)(3x-4)=0$

∴ $x=1$ 또는 $x=\dfrac{4}{3}$

따라서 다른 한 근은 $x=\dfrac{4}{3}$이다.

04 답 (1) $x=-\dfrac{5}{2}$ (2) $x=-2$ (3) $x=2$

05 답 (1) ○ (2) ○ (3) × (4) ○

06 답 (1) 16 (2) ±10 (3) 6

(1) $x^2-8x+k=0$이 중근을 가지므로

$k=\left(\dfrac{-8}{2}\right)^2=16$

(2) $x^2+kx+25=0$이 중근을 가지므로

$25=\left(\dfrac{k}{2}\right)^2,\ k^2=100$ ∴ $k=\pm10$

(3) $x^2-6x+2k-3=0$이 중근을 가지므로

$2k-3=\left(\dfrac{-6}{2}\right)^2=9,\ 2k=12$ ∴ $k=6$

개념 28 이차방정식의 풀이; 제곱근, 완전제곱식 42쪽

01 답 (1) $x=\pm\sqrt{10}$ (2) $x=\pm2\sqrt{3}$ (3) $x=\pm\dfrac{\sqrt{5}}{4}$

  (4) $x=0$ 또는 $x=4$ (5) $x=1\pm\sqrt{6}$

02 답 -18
$(x+3)^2-27=0$에서 $(x+3)^2=27$
$x+3=\pm3\sqrt{3}$ $\therefore x=-3\pm3\sqrt{3}$
$\therefore \alpha\beta=(-3-3\sqrt{3})(-3+3\sqrt{3})$
    $=9-27=-18$

03 답 $a=1, b=8$
$4(x+a)^2=b$에서 $(x+a)^2=\dfrac{b}{4}$
$x+a=\pm\dfrac{\sqrt{b}}{2}$ $\therefore x=-a\pm\dfrac{\sqrt{b}}{2}$
따라서 $a=1$이고 $\dfrac{\sqrt{b}}{2}=\sqrt{2}$에서
$\sqrt{b}=2\sqrt{2}=\sqrt{8}$ $\therefore b=8$

04 답 (1) $(x-2)^2=10$ (2) $(x+3)^2=12$ (3) $(x+1)^2=11$
(1) $x^2-4x-6=0$에서 $x^2-4x=6$
  $x^2-4x+4=6+4$ $\therefore (x-2)^2=10$
(2) $-x^2-6x+3=0$에서 $x^2+6x=3$
  $x^2+6x+9=3+9$ $\therefore (x+3)^2=12$
(3) $(x-1)(x+3)=7$에서 $x^2+2x-3=7$
  $x^2+2x=10, x^2+2x+1=10+1$
  $\therefore (x+1)^2=11$

05 답 (1) $x=5\pm\sqrt{23}$ (2) $x=-3\pm3\sqrt{2}$ (3) $x=-7\pm2\sqrt{6}$
  (4) $x=4\pm\sqrt{7}$ (5) $x=-1\pm\sqrt{5}$
(3) $x^2+14x+25=0$에서 $x^2+14x=-25$
  $x^2+14x+49=-25+49, (x+7)^2=24$
  $x+7=\pm2\sqrt{6}$ $\therefore x=-7\pm2\sqrt{6}$
(4) $2x^2-16x+18=0$에서 $x^2-8x+9=0$
  $x^2-8x=-9, x^2-8x+16=-9+16, (x-4)^2=7$
  $x-4=\pm\sqrt{7}$ $\therefore x=4\pm\sqrt{7}$
(5) $-x^2-2x+4=0$에서 $x^2+2x-4=0$
  $x^2+2x=4, x^2+2x+1=4+1, (x+1)^2=5$
  $x+1=\pm\sqrt{5}$ $\therefore x=-1\pm\sqrt{5}$

06 답 -4
$x^2-2x+m=0$에서 $x^2-2x=-m$
$x^2-2x+1=-m+1, (x-1)^2=1-m$
$\therefore x=1\pm\sqrt{1-m}$
따라서 $1-m=5$이므로 $m=-4$

필수문제

01 ①, ④ 02 ④ 03 -7 04 $x=\dfrac{3}{2}$ 05 ②, ③
06 4 07 14 08 (개) 5 (내) 16 (대) 4 (래) $4\pm\sqrt{21}$

01 ① $2x(x+5)=x(x-1)$에서 $2x^2+10x=x^2-x$
  $\therefore x^2+11x=0 \Rightarrow$ 이차방정식
② $5x^2-4x+1 \Rightarrow$ 이차식
③ $(x-3)^2=x^2-x+3$에서 $x^2-6x+9=x^2-x+3$
  $\therefore -5x+6=0 \Rightarrow$ 일차방정식
④ $\dfrac{x^2-7x}{2}=1$에서 $x^2-7x=2$
  $\therefore x^2-7x-2=0 \Rightarrow$ 이차방정식
⑤ $(3-x)(3+x)=x-x^2$에서 $9-x^2=x-x^2$
  $\therefore -x+9=0 \Rightarrow$ 일차방정식
따라서 이차방정식인 것은 ①, ④이다.

02 $2(x-1)^2=ax^2-4x+1$에서
$2x^2-4x+2=ax^2-4x+1, (2-a)x^2+1=0$
이 방정식이 (x에 대한 이차식)$=0$의 꼴이 되려면
$2-a\neq0$이어야 하므로
$a\neq2$

03 $x=m$을 $x^2-6x+5=0$에 대입하면
$m^2-6m+5=0, m^2-6m=-5$
$\therefore m^2-6m-2=-5-2=-7$

04 $2x^2-x-3=0$에서 $(x+1)(2x-3)=0$
$\therefore x=-1$ 또는 $x=\dfrac{3}{2}$
$4x^2+4x-15=0$에서 $(2x+5)(2x-3)=0$
$\therefore x=-\dfrac{5}{2}$ 또는 $x=\dfrac{3}{2}$
따라서 공통인 근은 $x=\dfrac{3}{2}$이다.

05 $x^2+2ax=6a-16$에서 $x^2+2ax-6a+16=0$
이 이차방정식이 중근을 가지려면 $-6a+16=\left(\dfrac{2a}{2}\right)^2$이어야
하므로
$a^2+6a-16=0, (a+8)(a-2)=0$
$\therefore a=-8$ 또는 $a=2$

06 $4(x-2)^2=20$에서 $(x-2)^2=5$ $\therefore x=2\pm\sqrt{5}$
$\therefore \alpha+\beta=(2+\sqrt{5})+(2-\sqrt{5})=4$

07 $3x^2-12x-24=0$에서 $x^2-4x-8=0, x^2-4x=8$
$x^2-4x+4=8+4$ $\therefore (x-2)^2=12$
따라서 $p=2, q=12$이므로
$p+q=2+12=14$

❷ 이차방정식의 풀이 (2)

익힘문제

개념 29 이차방정식의 근의 공식   44쪽

01 답 (1) $x=\dfrac{3\pm\sqrt{29}}{2}$ (2) $x=\dfrac{5\pm\sqrt{5}}{2}$ (3) $x=\dfrac{-7\pm\sqrt{41}}{4}$

(4) $x=\dfrac{1\pm\sqrt{33}}{8}$ (5) $x=\dfrac{-5\pm\sqrt{13}}{6}$

02 답 (1) $x=-1\pm\sqrt{5}$ (2) $x=-3\pm\sqrt{7}$ (3) $x=\dfrac{2\pm\sqrt{7}}{3}$

(4) $x=\dfrac{1\pm\sqrt{6}}{5}$ (5) $x=\dfrac{-5\pm\sqrt{37}}{4}$

03 답 (1) -3 (2) -4 (3) -2 (4) -1

(1) $x^2+x+a=0$에서

$x=\dfrac{-1\pm\sqrt{1^2-4\times1\times a}}{2\times1}=\dfrac{-1\pm\sqrt{1-4a}}{2}$

즉, $\dfrac{-1\pm\sqrt{1-4a}}{2}=\dfrac{-1\pm\sqrt{13}}{2}$이므로

$1-4a=13,\ 4a=-12$ $\therefore a=-3$

(2) $x^2-2x+a=0$에서

$x=\dfrac{-(-1)\pm\sqrt{(-1)^2-1\times a}}{1}=1\pm\sqrt{1-a}$

즉, $1\pm\sqrt{1-a}=1\pm\sqrt{5}$이므로

$1-a=5$ $\therefore a=-4$

(3) $3x^2+4x+a=0$에서

$x=\dfrac{-2\pm\sqrt{2^2-3\times a}}{3}=\dfrac{-2\pm\sqrt{4-3a}}{3}$

즉, $\dfrac{-2\pm\sqrt{4-3a}}{3}=\dfrac{-2\pm\sqrt{10}}{3}$이므로

$4-3a=10,\ 3a=-6$ $\therefore a=-2$

(4) $4x^2-x+a=0$에서

$x=\dfrac{-(-1)\pm\sqrt{(-1)^2-4\times4\times a}}{2\times4}=\dfrac{1\pm\sqrt{1-16a}}{8}$

즉, $\dfrac{1\pm\sqrt{1-16a}}{8}=\dfrac{1\pm\sqrt{17}}{8}$이므로

$1-16a=17,\ 16a=-16$ $\therefore a=-1$

04 답 2

$2x^2-3x-k+1=0$에서

$x=\dfrac{-(-3)\pm\sqrt{(-3)^2-4\times2\times(-k+1)}}{2\times2}$

$=\dfrac{3\pm\sqrt{8k+1}}{4}$

즉, $\dfrac{3\pm\sqrt{8k+1}}{4}=\dfrac{3\pm\sqrt{17}}{4}$이므로

$8k+1=17,\ 8k=16$ $\therefore k=2$

05 답 $a=1,\ b=4$

$5x^2-8x+a=0$에서

$x=\dfrac{-(-4)\pm\sqrt{(-4)^2-5\times a}}{5}=\dfrac{4\pm\sqrt{16-5a}}{5}$

즉, $\dfrac{4\pm\sqrt{16-5a}}{5}=\dfrac{b\pm\sqrt{11}}{5}$이므로

$b=4,\ 16-5a=11$ $\therefore a=1,\ b=4$

개념 30 복잡한 이차방정식의 풀이   45쪽

01 답 (1) $x=-4$ 또는 $x=7$ (2) $x=\dfrac{5\pm\sqrt{41}}{2}$

(3) $x=-\dfrac{3}{2}$ 또는 $x=5$

(3) $5(x+1)(x-3)=3x(x-1)$에서

$5(x^2-2x-3)=3x^2-3x,\ 5x^2-10x-15=3x^2-3x$

$2x^2-7x-15=0,\ (2x+3)(x-5)=0$

$\therefore x=-\dfrac{3}{2}$ 또는 $x=5$

02 답 (1) $x=-5$ 또는 $x=3$ (2) $x=\dfrac{3\pm\sqrt{5}}{4}$

(3) $x=-\dfrac{5}{4}$ 또는 $x=\dfrac{3}{2}$

(3) $\dfrac{4x^2-15}{8}=\dfrac{x-2x^2}{4}$의 양변에 8을 곱하면

$4x^2-15=2(x-2x^2),\ 4x^2-15=2x-4x^2$

$8x^2-2x-15=0,\ (4x+5)(2x-3)=0$

$\therefore x=-\dfrac{5}{4}$ 또는 $x=\dfrac{3}{2}$

03 답 (1) $x=-4$ 또는 $x=-\dfrac{1}{2}$ (2) $x=10$ (3) $x=\dfrac{5\pm\sqrt{10}}{3}$

(3) $0.3x^2+0.5=x$의 양변에 10을 곱하면

$3x^2+5=10x,\ 3x^2-10x+5=0$

$\therefore x=\dfrac{-(-5)\pm\sqrt{(-5)^2-3\times5}}{3}=\dfrac{5\pm\sqrt{10}}{3}$

04 답 (1) $x=\dfrac{-2\pm\sqrt{7}}{3}$ (2) $x=\dfrac{1\pm\sqrt{17}}{2}$

(1) $0.5x^2+\dfrac{2}{3}x-\dfrac{1}{6}=0$의 양변에 6을 곱하면

$3x^2+4x-1=0$

$\therefore x=\dfrac{-2\pm\sqrt{2^2-3\times(-1)}}{3}=\dfrac{-2\pm\sqrt{7}}{3}$

(2) $\dfrac{x^2+x}{4}-0.5x-1=0$의 양변에 4를 곱하면

$x^2+x-2x-4=0,\ x^2-x-4=0$

$\therefore x=\dfrac{-(-1)\pm\sqrt{(-1)^2-4\times1\times(-4)}}{2\times1}=\dfrac{1\pm\sqrt{17}}{2}$

05 답 (1) $x=4$ 또는 $x=6$ (2) $x=-6\pm\sqrt{5}$

(3) $x=-1$ 또는 $x=7$ (4) $x=-2$ 또는 $x=\dfrac{5}{3}$

(1) $x-2=A$로 놓으면

$A^2-6A+8=0$, $(A-2)(A-4)=0$

$\therefore A=2$ 또는 $A=4$

즉, $x-2=2$ 또는 $x-2=4$이므로

$x=4$ 또는 $x=6$

(2) $x+4=A$로 놓으면

$A^2+4A-1=0$

$\therefore A=\dfrac{-2\pm\sqrt{2^2-1\times(-1)}}{1}=-2\pm\sqrt{5}$

즉, $x+4=-2\pm\sqrt{5}$이므로

$x=-6\pm\sqrt{5}$

(3) $5-x=A$로 놓으면

$A^2-4A-12=0$, $(A+2)(A-6)=0$

$\therefore A=-2$ 또는 $A=6$

즉, $5-x=-2$ 또는 $5-x=6$이므로

$x=7$ 또는 $x=-1$

(4) $3x+2=A$로 놓으면

$A^2-3A-28=0$, $(A+4)(A-7)=0$

$\therefore A=-4$ 또는 $A=7$

즉, $3x+2=-4$ 또는 $3x+2=7$이므로

$x=-2$ 또는 $x=\dfrac{5}{3}$

06 답 6

$x+1=A$로 놓으면

$A^2-2A-8=0$, $(A+2)(A-4)=0$

$\therefore A=-2$ 또는 $A=4$

즉, $x+1=-2$ 또는 $x+1=4$이므로

$x=-3$ 또는 $x=3$

$\alpha>\beta$이므로 $\alpha=3$, $\beta=-3$

$\therefore \alpha-\beta=3-(-3)=6$

개념 **31** 이차방정식의 근의 개수   46쪽

01 답 (1) 2개 (2) 0개 (3) 1개 (4) 0개 (5) 2개 (6) 2개

(6) $(x-1)^2=6$에서 $x^2-2x-5=0$

즉, $(-2)^2-4\times1\times(-5)=24>0$이므로 서로 다른 두 근을 갖는다.

02 답 (1) $k<\dfrac{25}{4}$ (2) $k=\dfrac{25}{4}$ (3) $k>\dfrac{25}{4}$

$(-5)^2-4\times1\times k=25-4k$

(1) $25-4k>0$ $\therefore k<\dfrac{25}{4}$

(2) $25-4k=0$ $\therefore k=\dfrac{25}{4}$

(3) $25-4k<0$ $\therefore k>\dfrac{25}{4}$

03 답 (1) 9 (2) $x=\dfrac{3}{2}$

(1) $(-12)^2-4\times4\times k=0$이므로

$144-16k=0$ $\therefore k=9$

(2) $4x^2-12x+9=0$이므로

$(2x-3)^2=0$ $\therefore x=\dfrac{3}{2}$

04 답 (1) $k>1$ (2) $k<-\dfrac{4}{3}$ (3) $k>11$

(1) $(-2)^2-4\times1\times k<0$이므로

$4-4k<0$ $\therefore k>1$

(2) $4^2-4\times3\times(-k)<0$이므로

$16+12k<0$ $\therefore k<-\dfrac{4}{3}$

(3) $6^2-4\times1\times(k-2)<0$이므로

$44-4k<0$ $\therefore k>11$

05 답 (1) $k\le\dfrac{9}{4}$ (2) $k\ge-2$ (3) $k\le\dfrac{5}{4}$

(1) $(-3)^2-4\times1\times k\ge0$이므로

$9-4k\ge0$ $\therefore k\le\dfrac{9}{4}$

(2) $4^2-4\times2\times(-k)\ge0$이므로

$16+8k\ge0$ $\therefore k\ge-2$

(3) $6^2-4\times4\times(k+1)\ge0$이므로

$20-16k\ge0$ $\therefore k\le\dfrac{5}{4}$

필수문제   47쪽

01 ①	02 ⑤	03 $x=1$ 또는 $x=2$	04 ④
05 $\dfrac{1}{2}$	06 9	07 ④	08 ④

01 $4x^2+x-1=0$에서

$x=\dfrac{-1\pm\sqrt{1^2-4\times4\times(-1)}}{2\times4}=\dfrac{-1\pm\sqrt{17}}{8}$

따라서 $a=-1$, $b=17$이므로

$b-a=17-(-1)=18$

02 $2x^2-6x+p=0$에서

$$x=\frac{-(-3)\pm\sqrt{(-3)^2-2\times p}}{2}=\frac{3\pm\sqrt{9-2p}}{2}$$

즉, $\dfrac{3\pm\sqrt{9-2p}}{2}=\dfrac{q\pm\sqrt{3}}{2}$이므로

$3=q,\ 9-2p=3$ $\quad\therefore p=3,\ q=3$

$\therefore p+q=3+3=6$

03 $\dfrac{1}{2}x(x+3)=x^2+1$의 양변에 2를 곱하면

$x(x+3)=2(x^2+1),\ x^2-3x+2=0$

$(x-1)(x-2)=0$ $\quad\therefore x=1$ 또는 $x=2$

04 $0.1x^2+0.8x+0.6=0$의 양변에 10을 곱하면

$x^2+8x+6=0$

$\therefore x=\dfrac{-4\pm\sqrt{4^2-1\times6}}{1}=-4\pm\sqrt{10}$

05 $2x-1=A$로 놓으면

$\dfrac{3}{10}A^2-\dfrac{1}{2}A-\dfrac{1}{5}=0$

위의 식의 양변에 10을 곱하면

$3A^2-5A-2=0,\ (3A+1)(A-2)=0$

$\therefore A=-\dfrac{1}{3}$ 또는 $A=2$

즉, $2x-1=-\dfrac{1}{3}$ 또는 $2x-1=2$이므로

$x=\dfrac{1}{3}$ 또는 $x=\dfrac{3}{2}$

따라서 두 근의 곱은 $\dfrac{1}{3}\times\dfrac{3}{2}=\dfrac{1}{2}$

06 $3a-b=A$로 놓으면

$A(A-7)-18=0,\ A^2-7A-18=0$

$(A+2)(A-9)=0$ $\quad\therefore A=-2$ 또는 $A=9$

그런데 $3a>b$이므로 $3a-b=A>0$

$\therefore 3a-b=9$

07 ① $3^2-4\times1\times(-5)=29>0$이므로 서로 다른 두 근을 갖는다.

② $2^2-4\times(-1)\times4=20>0$이므로 서로 다른 두 근을 갖는다.

③ $(-6)^2-4\times2\times(-1)=44>0$이므로 서로 다른 두 근을 갖는다.

④ $1^2-4\times3\times8=-95<0$이므로 근이 없다.

⑤ $0^2-4\times(-4)\times9=144>0$이므로 서로 다른 두 근을 갖는다.

08 $\{-(m+2)\}^2-4\times1\times(2m+1)=0$이어야 하므로

$m^2+4m+4-8m-4=0,\ m^2-4m=0$

$m(m-4)=0$ $\quad\therefore m=0$ 또는 $m=4$

그런데 $m>0$이므로 $m=4$

---

❸ 이차방정식의 활용

익힘문제

개념 32 이차방정식 구하기   48쪽

01 답 (1) $x^2-11x+30=0$ (2) $x^2+x-6=0$

(3) $2x^2+14x+20=0$ (4) $-4x^2-x+\dfrac{1}{2}=0$

(4) $-4\left(x+\dfrac{1}{2}\right)\left(x-\dfrac{1}{4}\right)=0$ $\quad\therefore -4x^2-x+\dfrac{1}{2}=0$

02 답 21

두 근이 $-4,\ 1$이고 x^2의 계수가 3인 이차방정식은

$3(x+4)(x-1)=0$ $\quad\therefore 3x^2+9x-12=0$

따라서 $a=9,\ b=-12$이므로

$a-b=9-(-12)=21$

03 답 (1) $1-\sqrt{5}$ (2) $2+\sqrt{3}$ (3) $-3-\sqrt{7}$

04 답 (1) $2-\sqrt{5}$ (2) $a=-4,\ b=-1$

(2) 두 근이 $2+\sqrt{5},\ 2-\sqrt{5}$이고 x^2의 계수가 1인 이차방정식은

$\{x-(2+\sqrt{5})\}\{x-(2-\sqrt{5})\}=0$

$x^2-(2+\sqrt{5}+2-\sqrt{5})x+(2+\sqrt{5})(2-\sqrt{5})=0$

$\therefore x^2-4x-1=0$ $\quad\therefore a=-4,\ b=-1$

05 답 (1) $x^2-2x+1=0$ (2) $3x^2+12x+12=0$

(3) $-x^2+x-\dfrac{1}{4}=0$ (4) $5x^2+2x+\dfrac{1}{5}=0$

(3) $-\left(x-\dfrac{1}{2}\right)^2=0$ $\quad\therefore -x^2+x-\dfrac{1}{4}=0$

(4) $5\left(x+\dfrac{1}{5}\right)^2=0$ $\quad\therefore 5x^2+2x+\dfrac{1}{5}=0$

06 답 6

중근이 $x=3$이고 x^2의 계수가 2인 이차방정식은

$2(x-3)^2=0$ $\quad\therefore 2x^2-12x+18=0$

따라서 $a=-12,\ b=18$이므로

$a+b=-12+18=6$

개념 33 이차방정식의 활용   49쪽

01 답 (1) $(x+1)^2=2x(x-1)-11$ (2) 5, 6, 7

(2) $(x+1)^2=2x(x-1)-11$에서 $x^2-4x-12=0$

$(x+2)(x-6)=0$ $\quad\therefore x=-2$ 또는 $x=6$

그런데 $x>1$이므로 $x=6$

따라서 세 자연수는 5, 6, 7이다.

02 답 64

어떤 자연수를 x라 하면

$2x = x^2 - 48$, $x^2 - 2x - 48 = 0$

$(x+6)(x-8) = 0$ ∴ $x = -6$ 또는 $x = 8$

그런데 x는 자연수이므로 $x = 8$

따라서 바르게 계산한 값은 $8^2 = 64$이다.

03 답 (1) $8(x+3) = x^2 + 4$ (2) 12살

(1) 작은형의 나이는 $(x+2)$살, 큰형의 나이는 $(x+3)$살이므로

$8(x+3) = x^2 + 4$

(2) $8(x+3) = x^2 + 4$에서 $x^2 - 8x - 20 = 0$

$(x+2)(x-10) = 0$ ∴ $x = -2$ 또는 $x = 10$

그런데 x는 자연수이므로 $x = 10$

따라서 작은형의 나이는 $10 + 2 = 12$(살)이다.

04 답 (1) $x^2 + (12-x)^2 = 90$ (2) 3 cm

(1) 큰 정사각형의 한 변의 길이는 $(12-x)$ cm이므로

$x^2 + (12-x)^2 = 90$

(2) $x^2 + (12-x)^2 = 90$에서 $x^2 - 12x + 27 = 0$

$(x-3)(x-9) = 0$ ∴ $x = 3$ 또는 $x = 9$

그런데 $0 < x < 6$이므로 $x = 3$

따라서 작은 정사각형의 한 변의 길이는 3 cm이다.

05 답 10 m

처음 꽃밭의 한 변의 길이를 x m라 하면 변화된 꽃밭의 가로의 길이는 $(x+2)$ m, 세로의 길이는 $(x-4)$ m이므로

$(x+2)(x-4) = 72$, $x^2 - 2x - 80 = 0$

$(x+8)(x-10) = 0$ ∴ $x = -8$ 또는 $x = 10$

그런데 $x > 4$이므로 $x = 10$

따라서 처음 꽃밭의 한 변의 길이는 10 m이다.

06 답 (1) $20x - 5x^2 = 20$ (2) 2초 후

(2) $20x - 5x^2 = 20$에서 $x^2 - 4x + 4 = 0$

$(x-2)^2 = 0$ ∴ $x = 2$

따라서 던져 올린 지 2초 후이다.

필수문제 ──────────── 50쪽

01 ①	**02** ④	**03** $x = 1 \pm \sqrt{13}$	**04** 9명
05 ③	**06** ②	**07** 3 m	**08** 7초

01 두 근이 -2, 3이고 x^2의 계수가 3인 이차방정식은

$3(x+2)(x-3) = 0$ ∴ $3x^2 - 3x - 18 = 0$

따라서 $a = -3$, $b = -18$이므로

$b - a = -18 - (-3) = -15$

02 두 근이 -2, 1이고 x^2의 계수가 1인 이차방정식은

$(x+2)(x-1) = 0$ ∴ $x^2 + x - 2 = 0$

∴ $a = 1$, $b = -2$

즉, $x^2 - 2x - 4 = 0$에서

$x = \dfrac{-(-1) \pm \sqrt{(-1)^2 - 1 \times (-4)}}{1} = 1 \pm \sqrt{5}$

03 한나는 상수항을, 수민이는 x의 계수를 바르게 보았으므로

한나: $(x+6)(x-2) = 0$, $x^2 + 4x \underline{-12} = 0$

수민: $(x+2)(x-4) = 0$, $x^2 \underline{-2x} - 8 = 0$

따라서 처음 이차방정식은 $x^2 - 2x - 12 = 0$

∴ $x = \dfrac{-(-1) \pm \sqrt{(-1)^2 - 1 \times (-12)}}{1} = 1 \pm \sqrt{13}$

04 이 모임의 회원이 모두 n명이라 하면

$\dfrac{n(n-1)}{2} = 36$, $n^2 - n - 72 = 0$

$(n+8)(n-9) = 0$ ∴ $n = -8$ 또는 $n = 9$

그런데 $n > 1$이므로 $n = 9$

따라서 이 모임의 회원은 모두 9명이다.

05 두 자연수를 x, $x+4$라 하면

$x(x+4) = 96$, $x^2 + 4x - 96 = 0$

$(x+12)(x-8) = 0$ ∴ $x = -12$ 또는 $x = 8$

그런데 x는 자연수이므로 $x = 8$

따라서 두 자연수는 8, 12이므로 두 자연수의 합은

$8 + 12 = 20$

06 여행 날짜를 $(x-1)$일, x일, $(x+1)$일이라 하면

$(x-1)^2 + x^2 + (x+1)^2 = 194$

$3x^2 = 192$, $x^2 = 64$ ∴ $x = \pm 8$

그런데 $x > 1$이므로 $x = 8$

따라서 여행의 출발 날짜는 7일이다.

07 도로의 폭을 x m라 하면 도로를 제외한 나머지 부분의 가로의 길이는 $(15-x)$ m, 세로의 길이는 $(10-x)$ m이므로

$(15-x)(10-x) = 84$, $150 - 25x + x^2 = 84$

$x^2 - 25x + 66 = 0$, $(x-3)(x-22) = 0$

∴ $x = 3$ 또는 $x = 22$

그런데 $0 < x < 10$이므로 $x = 3$

따라서 도로의 폭은 3 m이다.

08 x초 후의 높이가 20 m이므로

$-5x^2 + 35x + 20 = 20$, $x^2 - 7x = 0$

$x(x-7) = 0$ ∴ $x = 0$ 또는 $x = 7$

따라서 공이 건물의 옥상으로 떨어질 때까지 걸리는 시간은 7초이다.

05 이차함수

❶ 이차함수와 그 그래프

익힘문제

개념 34 이차함수의 뜻   53쪽

01 ❸ (1) ×   (2) ○   (3) ×   (4) ○

02 ❸ (1) $y=x^2+3x$, 이차함수이다.
(2) $y=300x$, 이차함수가 아니다.
(3) $y=6x$, 이차함수가 아니다.
(4) $y=\dfrac{1}{2}x^2-\dfrac{3}{2}x$, 이차함수이다.
(5) $y=x^2-2x$, 이차함수이다.

(4) x각형의 대각선의 개수는 $\dfrac{x(x-3)}{2}$ 개이므로

$$y=\dfrac{x(x-3)}{2}=\dfrac{1}{2}x^2-\dfrac{3}{2}x$$

03 ❸ (1) -8 (2) 10 (3) 16
(3) $f(0)=-4$
$f(-3)=(-3)^2-5\times(-3)-4=20$
$\therefore f(0)+f(-3)=-4+20=16$

04 ❸ (1) 4 (2) 2 (3) $-\dfrac{3}{4}$
(1) $f(1)=1^2+a+1=a+2$이므로
$a+2=6$ $\therefore a=4$
(2) $f(-1)=-(-1)^2-2\times(-1)+a=a+1$이므로
$a+1=3$ $\therefore a=2$
(3) $f(2)=a\times2^2-2+3=4a+1$이므로
$4a+1=-2$, $4a=-3$ $\therefore a=-\dfrac{3}{4}$

05 ❸ 풀이 참조
$f(a)=a^2-a-2$이므로 $f(a)=4$에서
$a^2-a-2=\boxed{4}$, $a^2-a-6=0$
$(a+\boxed{2})(a-\boxed{3})=0$
$\therefore a=\boxed{-2}$ 또는 $a=\boxed{3}$

개념 35 이차함수 $y=x^2$의 그래프
+ 개념 36 이차함수 $y=ax^2$의 그래프   54쪽

01 ❸ (1) 아래, $(0, 0)$ (2) y, $x=0$

02 ❸ $-7, 7$
$y=x^2$에 $x=a$, $y=49$를 대입하면
$a^2=49$ $\therefore a=\pm7$

03 ❸ (1) ×   (2) ×   (3) ○   (4) ○   (5) ○

04 ❸ (1) ㄴ, ㄷ   (2) ㄴ   (3) ㄱ, ㄹ
(2) x^2의 계수의 절댓값의 크기를 비교하면
$$\left|\dfrac{1}{4}\right|<\left|\dfrac{1}{2}\right|<\left|-\dfrac{2}{3}\right|<\left|-\dfrac{4}{5}\right|$$
따라서 그래프의 폭이 가장 넓은 것은 ㄴ이다.
(3) $x>0$일 때, x의 값이 증가하면 y의 값은 감소하는 그래프의 이차함수는 x^2의 계수가 음수인 경우이므로 ㄱ, ㄹ이다.

05 ❸ (1) 3 (2) 9 (3) -8
(1) $y=ax^2$에 $x=-3$, $y=27$을 대입하면
$27=a\times(-3)^2$, $9a=27$ $\therefore a=3$
(2) $y=ax^2$에 $x=\dfrac{2}{3}$, $y=4$를 대입하면
$4=a\times\left(\dfrac{2}{3}\right)^2$, $\dfrac{4}{9}a=4$ $\therefore a=9$
(3) $y=ax^2$에 $x=-\dfrac{1}{2}$, $y=-2$를 대입하면
$$-2=a\times\left(-\dfrac{1}{2}\right)^2, \dfrac{1}{4}a=-2 \quad \therefore a=-8$$

06 ❸ $\dfrac{1}{2}$
$y=ax^2$의 그래프가 점 $(4, 8)$을 지나므로
$8=a\times4^2$, $16a=8$ $\therefore a=\dfrac{1}{2}$

필수문제 ──────────────── 55쪽

01 ㄱ, ㄴ	02 ④	03 -3	04 ③	05 ③
06 ⑤	07 4	08 $-\dfrac{2}{3}$		

01 ㄱ. $y=5x^2$이므로 이차함수이다.
ㄴ. $y=\dfrac{1}{3}\times\pi\times x^2\times12=4\pi x^2$이므로 이차함수이다.
ㄷ. $y=300x$에서 $300x$가 x에 대한 일차식이므로 이차함수가 아니다.
이상에서 y가 x에 대한 이차함수인 것은 ㄱ, ㄴ이다.

02 $y=a(x^2-3)-4x^2+4x=(a-4)x^2+4x-3a$

이때 y가 x에 대한 이차함수이므로 x^2의 계수는 0이 아니다.

즉, $a-4\neq0$ $\quad\therefore a\neq4$

03 $f(-2)=3\times(-2)^2-2\times(-2)+a=16+a$

이므로 $16+a=13$ $\quad\therefore a=-3$

04 ③ y축을 축으로 한다.

05 $y=\dfrac{1}{2}x^2$의 그래프와 $y=-x^2$의 그래프 사이에 있는 그래프의 이차함수의 식을 $y=ax^2$으로 놓으면

$-1<a<0$ 또는 $0<a<\dfrac{1}{2}$

따라서 구하는 이차함수는 ③이다.

06 그래프가 아래로 볼록한 이차함수는 x^2의 계수가 양수인 ③, ④, ⑤이고, $\left|\dfrac{1}{4}\right|<\left|\dfrac{1}{2}\right|<|2|$이므로 ③, ④, ⑤ 중 그래프의 폭이 가장 좁은 것은 x^2의 계수의 절댓값이 가장 큰 ⑤이다.

07 $y=ax^2$의 그래프가 점 $(2,-3)$을 지나므로

$-3=a\times2^2,\ 4a=-3$ $\quad\therefore a=-\dfrac{3}{4}$

$y=-\dfrac{3}{4}x^2$의 그래프가 점 $(k,-12)$를 지나므로

$-12=-\dfrac{3}{4}k^2,\ k^2=16$ $\quad\therefore k=\pm4$

그런데 $k>0$이므로 $k=4$

08 $y=-3x^2$의 그래프는 $y=3x^2$의 그래프와 x축에 대칭이다.

즉, $y=-3x^2$의 그래프가 점 $(a,2a)$를 지나므로

$2a=-3a^2,\ a(3a+2)=0$ $\quad\therefore a=-\dfrac{2}{3}$ 또는 $a=0$

그런데 $a\neq0$이므로 $a=-\dfrac{2}{3}$

❷ 이차함수 $y=a(x-p)^2+q$의 그래프

익힘문제

개념 **37** 이차함수 $y=ax^2+q$의 그래프 56쪽

01 답
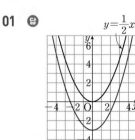
$y=\dfrac{1}{2}x^2$ (1) $y=\dfrac{1}{2}x^2-3$

(2) $x=0$

(3) $(0,-3)$

(4) $x>0$

02 답 (1) 6 (2) -4 (3) $\dfrac{1}{4}$

03 답 (1) 평행이동한 그래프의 식: $y=\dfrac{1}{3}x^2+2$

축의 방정식: $x=0$, 꼭짓점의 좌표: $(0,2)$

(2) 평행이동한 그래프의 식: $y=-2x^2-4$

축의 방정식: $x=0$, 꼭짓점의 좌표: $(0,-4)$

04 답 (1) × (2) ○ (3) ○

(1) $y=5x^2$의 그래프를 y축의 방향으로 -3만큼 평행이동한 것이다.

05 답 7

$y=4x^2$의 그래프를 y축의 방향으로 3만큼 평행이동한 그래프의 식은

$y=4x^2+3$

이 그래프가 점 $(-1,k)$를 지나므로

$k=4\times(-1)^2+3=7$

개념 **38** 이차함수 $y=a(x-p)^2$의 그래프 57쪽

01 답
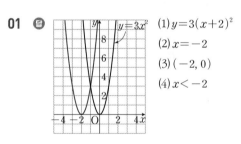
(1) $y=3(x+2)^2$

(2) $x=-2$

(3) $(-2,0)$

(4) $x<-2$

02 답 (1) 1 (2) -3 (3) $-\dfrac{1}{5}$

03 답 (1) 평행이동한 그래프의 식: $y=-5(x-2)^2$

축의 방정식: $x=2$, 꼭짓점의 좌표: $(2,0)$

(2) 평행이동한 그래프의 식: $y=\dfrac{3}{4}(x+1)^2$

축의 방정식: $x=-1$, 꼭짓점의 좌표: $(-1,0)$

04 답 (1) × (2) ○ (3) ×

(1) 위로 볼록한 포물선이다.

(3) $x>4$일 때, x의 값이 증가하면 y의 값은 감소한다.

05 답 12

$y=\dfrac{1}{3}x^2$의 그래프를 x축의 방향으로 5만큼 평행이동한 그래프의 식은

$y=\dfrac{1}{3}(x-5)^2$

이 그래프가 점 $(-1,a)$를 지나므로

$a=\dfrac{1}{3}\times(-1-5)^2=12$

개념 39 이차함수 $y=a(x-p)^2+q$의 그래프 58쪽

01 답

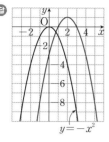

(1) $y=-(x-2)^2+1$ (2) $x=2$ (3) $(2, 1)$ (4) $x>2$

02 답 (1) 평행이동한 그래프의 식: $y=5(x-5)^2+4$

축의 방정식: $x=5$, 꼭짓점의 좌표: $(5, 4)$

(2) 평행이동한 그래프의 식: $y=-\dfrac{1}{2}(x+2)^2+3$

축의 방정식: $x=-2$, 꼭짓점의 좌표: $(-2, 3)$

03 답 (1) ○ (2) × (3) ○

(2) $y=2(x-1)^2+1$의 그래프는 꼭짓
점의 좌표가 $(1, 1)$이고 아래로 볼록
하며 점 $(0, 3)$을 지나므로 그 그래프
는 오른쪽 그림과 같다.
따라서 제1, 2사분면을 지난다.

04 답 (1) $y=4(x+4)^2-1$ (2) $y=4(x+3)^2+5$

(3) $y=4(x-1)^2-6$

(1) $y=4(x+1+3)^2-1$
$\quad =4(x+4)^2-1$

(2) $y=4(x+3)^2-1+6$
$\quad =4(x+3)^2+5$

(3) $y=4(x-4+3)^2-1-5$
$\quad =4(x-1)^2-6$

참고 이차함수 $y=a(x-p)^2+q$의 그래프의 평행이동
이차함수 $y=a(x-p)^2+q$의 그래프를 x축의 방향으로 m만
큼, y축의 방향으로 n만큼 평행이동한 그래프의 식은
⇨ $y=a(x-p)^2+q$에 x 대신 $x-m$을, y 대신 $y-n$을 대입
한다.
⇨ $y-n=a(x-m-p)^2+q$, 즉
$\quad y=a(x-p-m)^2+q+n$

05 답 $a<0$, $p>0$, $q<0$

그래프가 위로 볼록하므로 $a<0$
꼭짓점 (p, q)가 제4사분면에 있으므로
$p>0$, $q<0$

| 01 ① | 02 -3 | 03 ① | 04 $x>-3$ |
| 05 8 | 06 $-\dfrac{1}{2}$ | 07 ① | 08 ③ |

01 주어진 $y=ax^2+q$의 그래프는 $y=ax^2$의 그래프를 y축의 방
향으로 -3만큼 평행이동한 것이므로 $y=ax^2-3$에서
$q=-3$
$y=ax^2-3$의 그래프가 점 $(-1, 0)$을 지나므로
$0=a\times(-1)^2-3$ ∴ $a=3$
∴ $aq=3\times(-3)=-9$

02 $y=ax^2$의 그래프를 x축의 방향으로 5만큼 평행이동한 그래
프의 식은
$y=a(x-5)^2$
이 그래프가 점 $(4, -3)$을 지나므로
$-3=a(4-5)^2$ ∴ $a=-3$

03 ① x^2의 계수의 절댓값이 서로 같으므로 두 그래프의 폭이
같다.

04 $y=-2(x+3)^2+2$의 그래프는 위로 볼록하고 축의 방정식
이 $x=-3$이므로 x의 값이 증가할 때, y의 값은 감소하는 x
의 값의 범위는 $x>-3$이다.

05 $y=3x^2$의 그래프를 x축의 방향으로 2만큼, y축의 방향으로
5만큼 평행이동한 그래프의 식은
$y=3(x-2)^2+5$
이 그래프가 점 $(1, a)$를 지나므로
$a=3\times(1-2)^2+5=8$

06 꼭짓점의 좌표가 $(p, 2p^2)$이고 이 점이 직선 $y=x+1$ 위에
있으므로
$2p^2=p+1$, $2p^2-p-1=0$
$(2p+1)(p-1)=0$ ∴ $p=-\dfrac{1}{2}$ 또는 $p=1$
그런데 $p<0$이므로 $p=-\dfrac{1}{2}$

07 $y=-(x-2)^2+1$의 그래프를 x축의 방향으로 m만큼, y축
의 방향으로 n만큼 평행이동한 그래프의 식은
$y=-(x-m-2)^2+1+n$
이 그래프가 $y=-(x+3)^2+4$의 그래프와 일치하므로
$-m-2=3$에서 $m=-5$
$1+n=4$에서 $n=3$
∴ $m-n=-5-3=-8$

08 그래프가 아래로 볼록하므로 $a>0$
꼭짓점 (p, q)가 제3사분면에 있으므로 $p<0$, $q<0$

❸ 이차함수 $y=ax^2+bx+c$의 그래프

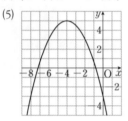
익힘문제

개념 40 이차함수 $y=ax^2+bx+c$의 그래프   60쪽

01 답 (1) 4, 5   (2) $x=-4$ (3) $(-4, 5)$ (4) $(0, -3)$

(5)

02 답 (1) $y=(x-1)^2-2$ (2) $y=-(x+4)^2+18$

(3) $y=\dfrac{1}{3}(x-3)^2+4$

03 답 (1) 축의 방정식: $x=-1$, 꼭짓점의 좌표: $(-1, -6)$
(2) 축의 방정식: $x=-3$, 꼭짓점의 좌표: $(-3, 1)$
(3) 축의 방정식: $x=1$, 꼭짓점의 좌표: $(1, 1)$
(4) 축의 방정식: $x=2$, 꼭짓점의 좌표: $(2, 5)$

(1) $y=x^2+2x-5=(x^2+2x+1-1)-5$
    $=(x+1)^2-6$

(2) $y=-x^2-6x-8=-(x^2+6x+9-9)-8$
    $=-(x+3)^2+1$

(3) $y=2x^2-4x+3=2(x^2-2x+1-1)+3$
    $=2(x-1)^2+1$

(4) $y=-\dfrac{3}{2}x^2+6x-1=-\dfrac{3}{2}(x^2-4x+4-4)-1$
    $=-\dfrac{3}{2}(x-2)^2+5$

04 답 (1) x축과의 교점의 좌표: $(-5, 0)$, $(3, 0)$
    y축과의 교점의 좌표: $(0, 15)$
(2) x축과의 교점의 좌표: $\left(-\dfrac{3}{2}, 0\right)$, $(2, 0)$
    y축과의 교점의 좌표: $(0, -6)$

(1) $y=0$일 때, $0=-x^2-2x+15$에서
    $x^2+2x-15=0$, $(x+5)(x-3)=0$
    $\therefore x=-5$ 또는 $x=3$
    즉, x축과의 교점의 좌표는 $(-5, 0)$, $(3, 0)$이다.
    $x=0$일 때, $y=15$이므로 y축과의 교점의 좌표는 $(0, 15)$
    이다.
(2) $y=0$일 때, $0=2x^2-x-6$에서
    $2x^2-x-6=0$, $(2x+3)(x-2)=0$
    $\therefore x=-\dfrac{3}{2}$ 또는 $x=2$

즉, x축과의 교점의 좌표는 $\left(-\dfrac{3}{2}, 0\right)$, $(2, 0)$이다.
$x=0$일 때, $y=-6$이므로 y축과의 교점의 좌표는
$(0, -6)$이다.

개념 41 이차함수 $y=ax^2+bx+c$의 그래프 에서 a, b, c의 부호   61쪽

01 답 (1) $>$ (2) 오른, $<$, $>$, $<$ (3) 위, $>$ (4) $<$, $<$

02 답 (1) $<$ (2) 왼, $>$, $<$, $<$ (3) 아래, $<$ (4) $>$, $>$

03 답 (1) $a>0, b<0, c<0$ (2) $a<0, b>0, c<0$
(3) $a>0, b>0, c>0$ (4) $a<0, b>0, c>0$

(1) 그래프가 아래로 볼록하므로 $a>0$
    축이 y축의 오른쪽에 있으므로 $ab<0$ $\therefore b<0$
    y축과의 교점이 x축보다 아래쪽에 있으므로 $c<0$
(2) 그래프가 위로 볼록하므로 $a<0$
    축이 y축의 오른쪽에 있으므로 $ab<0$ $\therefore b>0$
    y축과의 교점이 x축보다 아래쪽에 있으므로 $c<0$
(3) 그래프가 아래로 볼록하므로 $a>0$
    축이 y축의 왼쪽에 있으므로 $ab>0$ $\therefore b>0$
    y축과의 교점이 x축보다 위쪽에 있으므로 $c>0$
(4) 그래프가 위로 볼록하므로 $a<0$
    축이 y축의 오른쪽에 있으므로 $ab<0$ $\therefore b>0$
    y축과의 교점이 x축보다 위쪽에 있으므로 $c>0$

04 답 $a>0, b<0, c>0$
그래프가 아래로 볼록하므로 $a>0$
축이 y축의 왼쪽에 있으므로 $-ab>0$
$\therefore b<0$
y축과의 교점이 x축보다 아래쪽에 있으므로 $-c<0$
$\therefore c>0$

개념 42 이차함수의 식 구하기   62쪽

01 답 (1) $y=-\dfrac{1}{3}x^2+3$ (2) $y=-3x^2+12x-12$

(3) $y=x^2+4x+5$

(3) 꼭짓점의 좌표가 $(-2, 1)$이므로 이차함수의 식을
$y=a(x+2)^2+1$로 놓을 수 있다.
이 그래프가 점 $(-4, 5)$를 지나므로
$5=a(-4+2)^2+1$, $4a+1=5$ $\therefore a=1$
따라서 구하는 이차함수의 식은
$y=(x+2)^2+1=x^2+4x+5$

02 🅐 $y=-2x^2-4x+1$

꼭짓점의 좌표가 $(-1, 3)$이므로 이차함수의 식을
$y=a(x+1)^2+3$으로 놓을 수 있다.
이 그래프가 점 $(0, 1)$을 지나므로
$1=a(0+1)^2+3$, $a+3=1$ $\therefore a=-2$
따라서 구하는 이차함수의 식은
$y=-2(x+1)^2+3=-2x^2-4x+1$

03 🅐 (1) $y=-(x+1)^2+6$ (2) $y=-(x-2)^2+8$

(1) 축의 방정식이 $x=-1$이므로 이차함수의 식을
    $y=a(x+1)^2+q$로 놓을 수 있다.
    이 그래프가 두 점 $(-2, 5)$, $(1, 2)$를 지나므로
    $5=a+q$, $2=4a+q$
    위의 두 식을 연립하여 풀면 $a=-1$, $q=6$
    따라서 구하는 이차함수의 식은
    $y=-(x+1)^2+6$

(2) 축의 방정식이 $x=2$이므로 이차함수의 식을
    $y=a(x-2)^2+q$로 놓을 수 있다.
    이 그래프가 두 점 $(1, 7)$, $(0, 4)$를 지나므로
    $7=a+q$, $4=4a+q$
    위의 두 식을 연립하여 풀면 $a=-1$, $q=8$
    따라서 구하는 이차함수의 식은
    $y=-(x-2)^2+8$

04 🅐 (1) $y=-x^2-2x+8$ (2) $y=x^2+2x+3$
     (3) $y=-2x^2-x+4$

(1) y축과 점 $(0, 8)$에서 만나므로 이차함수의 식을
    $y=ax^2+bx+8$로 놓을 수 있다.
    이 그래프가 두 점 $(2, 0)$, $(-1, 9)$를 지나므로
    $0=4a+2b+8$에서 $2a+b=-4$
    $9=a-b+8$에서 $a-b=1$
    위의 두 식을 연립하여 풀면 $a=-1$, $b=-2$
    따라서 구하는 이차함수의 식은
    $y=-x^2-2x+8$

(2) y축과 점 $(0, 3)$에서 만나므로 이차함수의 식을
    $y=ax^2+bx+3$으로 놓을 수 있다.
    이 그래프가 두 점 $(1, 6)$, $(-1, 2)$를 지나므로
    $6=a+b+3$에서 $a+b=3$
    $2=a-b+3$에서 $a-b=-1$
    위의 두 식을 연립하여 풀면 $a=1$, $b=2$
    따라서 구하는 이차함수의 식은
    $y=x^2+2x+3$

(3) y축과 점 $(0, 4)$에서 만나므로 이차함수의 식을
    $y=ax^2+bx+4$로 놓을 수 있다.

이 그래프가 두 점 $(-1, 3)$, $(1, 1)$을 지나므로
$3=a-b+4$에서 $a-b=-1$
$1=a+b+4$에서 $a+b=-3$
위의 두 식을 연립하여 풀면 $a=-2$, $b=-1$
따라서 구하는 이차함수의 식은
$y=-2x^2-x+4$

05 🅐 (1) $y=-(x-1)(x-3)$ (2) $y=2(x+2)(x-4)$

(2) x축과 두 점 $(-2, 0)$, $(4, 0)$에서 만나므로 이차함수의
    식을 $y=a(x+2)(x-4)$로 놓을 수 있다.
    이 그래프가 점 $(3, -10)$을 지나므로
    $-10=a(3+2)(3-4)$, $-5a=-10$ $\therefore a=2$
    따라서 구하는 이차함수의 식은
    $y=2(x+2)(x-4)$

06 🅐 $y=2x^2-2x-4$

x축과 두 점 $(-1, 0)$, $(2, 0)$에서 만나므로 이차함수의 식을
$y=a(x+1)(x-2)$로 놓을 수 있다.
이 그래프가 점 $(0, -4)$를 지나므로
$-4=a(0+1)(0-2)$, $-2a=-4$ $\therefore a=2$
따라서 구하는 이차함수의 식은
$y=2(x+1)(x-2)=2x^2-2x-4$

개념 **43** 이차함수의 활용   63쪽

01 🅐 (1) 240 m   (2) 5초 후 또는 11초 후   (3) 16초 후

(1) $y=80x-5x^2$에 $x=4$를 대입하면
    $y=80\times4-5\times4^2=240$
    따라서 4초 후의 높이는 240 m이다.

(2) $y=80x-5x^2$에 $y=275$를 대입하면
    $275=80x-5x^2$, $x^2-16x+55=0$
    $(x-5)(x-11)=0$ $\therefore x=5$ 또는 $x=11$
    따라서 높이가 275 m가 되는 것은 쏘아 올린 지 5초 후
    또는 11초 후이다.

(3) $y=80x-5x^2$에 $y=0$을 대입하면
    $0=80x-5x^2$, $x^2-16x=0$
    $x(x-16)=0$ $\therefore x=0$ 또는 $x=16$
    그런데 $x>0$이므로 $x=16$
    따라서 지면에 떨어지는 것은 쏘아 올린 지 16초 후이다.

02 🅐 4초 후

$y=-5x^2+40x+10$에 $y=90$을 대입하면
$90=-5x^2+40x+10$, $x^2-8x+16=0$
$(x-4)^2=0$ $\therefore x=4$
따라서 높이가 90 m가 되는 것은 공을 던져 올린 지 4초 후
이다.

03 답 500개

$y=-\dfrac{1}{100}x^2+10x-300$에 $y=2200$을 대입하면

$2200=-\dfrac{1}{100}x^2+10x-300$, $x^2-1000x+250000=0$

$(x-500)^2=0$ ∴ $x=500$

따라서 하루에 생산해야 하는 제품은 500개이다.

04 답 (1) $y=-x^2+10x$ (2) 4, 6

(1) 두 수 중 다른 한 수는 $10-x$이므로 x와 y 사이의 관계식은 $y=x(10-x)=-x^2+10x$

(2) $y=-x^2+10x$에 $y=24$를 대입하면

$24=-x^2+10x$, $x^2-10x+24=0$

$(x-4)(x-6)=0$ ∴ $x=4$ 또는 $x=6$

따라서 두 수는 4, 6이다.

05 답 (1) $y=-x^2+18x$ (2) 80 cm²

(1) 직사각형의 가로의 길이가 $(18-x)$ cm이므로 x와 y 사이의 관계식은 $y=x(18-x)=-x^2+18x$

(2) $y=-x^2+18x$에 $x=10$을 대입하면

$y=-10^2+18\times10=80$

따라서 넓이는 80 cm²이다.

06 답 (1) $y=-\dfrac{1}{2}x^2+20x$ (2) 10 cm 또는 30 cm

(1) 삼각형의 높이가 $(40-x)$ cm이므로 x와 y 사이의 관계식은 $y=\dfrac{1}{2}x(40-x)=-\dfrac{1}{2}x^2+20x$

(2) $y=-\dfrac{1}{2}x^2+20x$에 $y=150$을 대입하면

$150=-\dfrac{1}{2}x^2+20x$, $x^2-40x+300=0$

$(x-10)(x-30)=0$ ∴ $x=10$ 또는 $x=30$

따라서 밑변의 길이는 10 cm 또는 30 cm이다.

필수문제 ─────────────────── 64쪽

01 12	**02** $x<-1$	**03** 8	**04** ②
05 ④	**06** -6	**07** $(4, 4)$	
08 (1) $y=-x^2+4x+32$ (2) 1 또는 3			

01 $y=x^2-6x+3=(x^2-6x+9-9)+3$

$=(x-3)^2-6$

이 그래프의 꼭짓점의 좌표는 $(3, -6)$이므로

$a=3$, $b=-6$

축의 방정식은 $x=3$이므로 $c=3$

∴ $a-b+c=3-(-6)+3=12$

02 $y=x^2+2x-4=(x+1)^2-5$의 그래프는 아래로 볼록하고 축의 방정식이 $x=-1$이므로 x의 값이 증가할 때, y의 값은 감소하는 x의 값의 범위는 $x<-1$이다.

03 $y=x^2-4x$에 $y=0$을 대입하면

$x^2-4x=0$, $x(x-4)=0$ ∴ $x=0$ 또는 $x=4$

즉, O$(0, 0)$, A$(4, 0)$이므로 $\overline{OA}=4$

$y=x^2-4x=(x-2)^2-4$이므로 B$(2, -4)$

∴ $\triangle OAB=\dfrac{1}{2}\times4\times4=8$

04 $y=ax+b$의 그래프에서 $a<0$, $b>0$

따라서 $y=x^2-ax+b$의 그래프는 아래로 볼록하고, 축은 y축의 왼쪽에 있으며 y축과의 교점은 x축보다 위쪽에 있으므로 가장 적당한 그래프는 ②이다.

05 ① y축과의 교점이 x축보다 위쪽에 있으므로 $c>0$

② 축이 y축의 왼쪽에 있으므로 $ab>0$

③ 그래프가 위로 볼록하므로 $a<0$이고, $c>0$이므로 $ac<0$

④ $x=-1$일 때, $y=a-b+c>0$

⑤ $x=1$일 때, $y=a+b+c>0$

따라서 옳지 않은 것은 ④이다.

06 축의 방정식이 $x=-1$이므로 이차함수의 식을 $y=a(x+1)^2+q$로 놓을 수 있다.

이 그래프가 두 점 $(-3, 0)$, $(0, 3)$을 지나므로

$0=4a+q$, $3=a+q$

위의 두 식을 연립하여 풀면 $a=-1$, $q=4$

따라서 이차함수의 식은

$y=-(x+1)^2+4=-x^2-2x+3$이므로

$a=-1$, $b=-2$, $c=3$

∴ $a+b-c=-1+(-2)-3=-6$

07 이차함수의 식을 $y=a(x-2)(x-6)$으로 놓을 수 있다.

이 그래프가 점 $(0, -12)$를 지나므로

$-12=a(0-2)(0-6)$, $12a=-12$ ∴ $a=-1$

∴ $y=-(x-2)(x-6)=-x^2+8x-12$

$=-(x-4)^2+4$

따라서 꼭짓점의 좌표는 $(4, 4)$이다.

08 (1) 새로운 직사각형의 가로, 세로의 길이는 각각 $(4+x)$ cm, $(8-x)$ cm이므로 x와 y 사이의 관계식은

$y=(4+x)(8-x)=-x^2+4x+32$

(2) $y=-x^2+4x+32$에 $y=35$를 대입하면

$35=-x^2+4x+32$, $x^2-4x+3=0$

$(x-1)(x-3)=0$ ∴ $x=1$ 또는 $x=3$